国家级物理实验教学示范中心系列教材
国家精品课程配套教材

近代物理实验

（第二版）

主　编　李保春

副主编　周海涛　马　杰

科学出版社

北　京

内 容 简 介

本书是根据普通高等学校理科"近代物理实验"课程教学大纲编写的.内容包括:原子物理、核物理、微波、磁共振、材料物理、光谱学、现代光学、现代测试测量技术、等离子体物理、生物物理等.全书共分四个单元,共 47 个实验项目.

本书涵盖了物理学史上一些著名的经典实验和在现代测量测试技术中有广泛应用的典型实验,同时增加了具有特色的创新研究性实验单元,其内容全部由科研成果转化而来.在编写中,本书强化了自主性、研究性的教学理念,注重理论知识与实验内容相结合,利于开展多层次实验教学.

本书可作为高等院校物理类专业或相近专业的近代物理实验教学用书,也可作为从事实验教学的教师、工程技术人员的参考书.

图书在版编目(CIP)数据

近代物理实验/李保春主编. —2 版. —北京:科学出版社,2019.6
国家级物理实验教学示范中心系列教材・国家精品课程配套教材
ISBN 978-7-03-061194-9

Ⅰ.①近… Ⅱ.①李… Ⅲ.①物理学-实验-高等学校-教材 Ⅳ.①O41-33

中国版本图书馆 CIP 数据核字(2019)第 090093 号

责任编辑:昌　盛　陈曰德 / 责任校对:杨聪敏
责任印制:吴兆东 / 封面设计:迷底书装

科学出版社 出版
北京东黄城根北街 16 号
邮政编码:100717
http://www.sciencep.com
北京建宏印刷有限公司印刷
科学出版社发行　各地新华书店经销
*
2004 年 1 月第　一　版　　开本:720×1000 1/16
2019 年 6 月第　二　版　　印张:24 1/4
2024 年 6 月第二十四次印刷　字数:489 000
定价:69.00 元
(如有印装质量问题,我社负责调换)

前　言

近代物理实验是为高等院校物理类专业高年级学生开设的一门综合性较强的实验课程.该课程以物理学史上一些著名经典实验和在现代测量测试技术中有广泛应用的典型实验为教学内容.它不仅能使学生掌握如何用实验方法观测物理现象、研究物理规律的方法,更能够让学生了解近代实验技术在科学研究领域与工程实践中的应用,也有助于开阔学生的视野,激发学习兴趣,培养学生的物理思维能力,提高他们的创新意识.

1980年,"全国综合大学物理系近代物理实验课程设置和教材建设研讨会"召开,之后经过两年多的筹备,我校在整合、优化原中级物理实验的基础上开设了近代物理实验课程.1994年,我校物理学专业被评为"理科基础科学研究和教学人才培养基地",进一步加强了对近代物理实验室的建设.2006年,近代物理实验被评为国家精品课程,物理实验教学中心被评为国家级实验教学示范中心.经过多年的教学积累,在吸收其他高校经验的基础上,我们对教学讲义进行了多次修订、完善,力求适应物理实验教学的需要,适应当今高等教育的发展趋势.

本书在内容上涵盖了原子物理、核物理、微波、磁共振、材料物理、光谱学、现代光学、现代测试测量技术、等离子体物理、生物物理等诸多方面;在选题上保证经典物理实验内容不削弱的前提下,对现代科学技术方面的内容进行了调整优化,以培养学生应用物理知识提出问题和解决问题的能力.依托于我校光学国家重点学科、量子光学与光量子器件国家重点实验室,因校制宜,通过教学改革和科研成果转化,新建和完善了大量的研究性实验项目,成为具有我校学科特色的实验教学模式.本书增加了创新研究性实验单元,选编了近年来具有代表性的10个项目,使学生逐步受到科学研究的基本训练,提高实践能力、创新能力,促进了教学科研的良性互动和协同发展.

本书以习近平新时代中国特色社会主义思想为指导,全面贯彻党的教育方针,落实立德树人根本任务,以提高人才培养能力为核心,为全面提高人才自主培养质量提供有力支撑,着力造就物理学拔尖创新人才.本书在撰写过程中将课程思政融入实验背景、实验设计、问题引导等全过程中,注重挖掘相关实验中所蕴含的孜孜以求的探索精神和勇于实践的创新精神,大力弘扬科学家精神,培养学生追求真理、崇尚创新、实事求是的科学精神,帮助学生树立正确的世界观、人生观和价值观,充分发挥近代物理实验的思政育人功能,坚持为党育人、为国育才.

实验教学是一项集体工作,从实验室建设到教材编写、实验内容的改革都凝聚着众多师生的心血.本书是物理实验教学中心的教师与实验技术人员二十几年来的教学积累和成果总结.编写人员为:李保春(第一单元、2-12、2-13、2-14、2-15、2-18、2-19、2-20、2-21、2-22、3-5、3-6、3-9、3-10),王晓勇(2-1、2-5、2-6、3-8),周海涛(2-2、2-8、2-10、4-6、4-7),王亚琼(2-3、3-4、3-12),朱海龙(2-4、4-8),杨保东(2-7、2-9、4-5),李倩(2-11、2-17、3-7、4-10),郭娟(2-16、3-11),王海鹏(3-1、3-2),屈晓田(3-3),董有尔(3-5、3-9、3-10),杨丽(3-13、3-14、3-15、4-9),马杰(4-1、4-2、4-3),杨荣国(4-4).在编写过程中,山西大学、国家重点实验室、学院都给予了大力支持,在此表示感谢.

由于我们水平有限,书中难免有不足之处,敬请批评指正.

编　者

2018 年 12 月

2023 年 8 月修改

目　录

第一单元　误差理论与数据处理基础知识

1-1　测量误差与不确定度

物理实验离不开对各种物理量进行测量,由测量所得的一切数据,都毫无例外地包含有一定数量的测量误差,没有误差的测量结果是不存在的.测量误差存在于一切测量之中,贯穿于测量的全过程.随着科学技术水平的不断提高,测量误差可以被控制得越来越小,但却永远不会降低到零.

测量误差＝测量值－真值

何谓真值?真值是在特定条件下被测量量的客观实际值,当被测量的过程完全确定,且所有测量的不完善性完全排除时,测量值就等于真值.这就是说,真值通过完善的测量才能获得.然而,严格、完善的测量难以做到,故真值就很难确定.

在实践中,有一些物理量的真值或从相对意义上来说的真值是可以知道的,这有如下几种:

(1)理论真值.如平面三角形三内角之和恒为 $180°$;某一物理量与本身之差恒为零,与本身之比值恒为 1;理论公式表达值或理论设计值等.

(2)计量单位制中的约定真值.国际单位制所定义的七个基本单位,根据国际计量大会的共同约定,凡是满足上述定义条件而复现出的有关量值都是真值.

(3)标(基)器相对真值.凡高一级标准器的误差是低一级或变通测量仪器误差的 $\frac{1}{3} \sim \frac{1}{20}$ 时,则可认为前者是后者的相对真值.

在科学实验中,真值就是指在无系统误差的情况下,观测次数无限多时所求得的平均值.但是,实际测量总是有限的,故用有限次测量所求得的平均值作为近似真值(或称最可信赖值).

1. 误差(error)

误差即观测值与真值之间的差异.如前所述,测量误差就是测量值减去真值.

1)绝对误差(absolute error)

某物理量值与其真值之差称绝对误差,它是测量值偏离真值大小的反映,有时又称真误差.即

$$绝对误差＝量值－真值$$
$$修正值＝－绝对误差＝真值－量值$$
$$真值＝量值＋修正值$$

这说明量值加上修正值后，就可以消除误差的影响. 在精密计量中，常常用加一个修正值的方法来保证量值的准确性.

2) 相对误差(relative error)

绝对误差与真值的比值所表示的误差大小称为相对误差或误差率. 有时，两组测量的绝对误差相同，但真值不同，而此时实际反映了两种不同的准确度. 所以采用相对误差就能够清楚地表示出测量的准确程度.

按定义

$$相对误差＝\frac{绝对误差}{真值}＝\frac{绝对误差}{测量值－绝对误差}＝\frac{1}{\dfrac{测量值}{绝对误差}-1}$$

当绝对误差很小时，$\dfrac{测量值}{绝对误差}\gg1$，此时

$$相对误差\approx\frac{绝对误差}{测量值}$$

相对误差还有一种表达形式，即分贝误差. 同种物理量之比取对数，再乘以20，这称为分贝 A(单位用 dB 表示).

设两个同种物理量之比为

$$a=\frac{p_2}{p_1} \tag{1-1-1}$$

则按定义有

$$A=20\cdot\lg a=20\times\frac{\ln a}{2.303}=8.69\cdot\ln a \tag{1-1-2}$$

如果比值 a 产生了一个误差 δa，那么将引起 A 产生一个误差 δA(此为分贝误差)，则

$$A+\delta A=20\cdot\lg(a+\delta a) \tag{1-1-3}$$

式(1-1-3)减去式(1-1-2)，得

$$\delta A=20\cdot\lg\left(1+\frac{\delta a}{a}\right)=8.69\cdot\ln\left(1+\frac{\delta a}{a}\right) \tag{1-1-4}$$

该式即为相对误差 $\dfrac{\delta a}{a}$ 与分贝误差 δA 之间的关系式. 从数学上可知

$$\lim_{\frac{\delta a}{a}\to0}\ln\left(1+\frac{\delta a}{a}\right)=\frac{\delta a}{a}$$

则式(1-1-4)可写成

$$\delta A = 8.69\frac{\delta a}{a}$$

或

$$\frac{\delta a}{a} = 0.1151\delta A$$

分贝误差主要用在声学及无线电计量之中,如计算声压级,按规定空气中的基准声压 $p_0 = 2\times10^{-5}$ Pa(大约相当于蚊子飞行发出声音的声压),如有一声的声压 $p_2 = 20$ Pa,则其声压级按式(1-1-4)计算为 $A = 20\cdot\lg\dfrac{20}{2\times10^{-5}} = 120$ (dB).

相对误差还有一种简便实用的形式——引用误差. 它在多挡或连续刻度的仪表中得到广泛应用. 为了减少误差计算中的麻烦和划分仪表正确度等级的方便,一律取仪表的量程或测量范围上限值作为误差计算的分母(即基准值),而分子一律取用仪表量程范围内可能出现的最大绝对误差值. 于是,定义引用误差为

$$引用误差 = \frac{绝对误差}{仪表量程}\times100\%$$

在热工、电工仪表中,正确度等级一般都是用引用误差来表示的,通常分成 0.1、0.2、0.5、1.0、1.5、2.5 和 5.0 七级. 上述数值表示该仪表最大引用误差的大小,但不能认为仪表在各个刻度上的测量都具有如此大的误差. 例如,某仪表正确度等级为 R 级(即引用误差为 $R\%$),满量程的刻度值为 X,实际使用时的测量值为 x(一般 $x\leqslant X$),则

$$\begin{cases} 测量值的绝对误差 \leqslant X\cdot R/100 \\ 测量值的相对误差 \leqslant \dfrac{X\cdot R}{x}\% \end{cases} \tag{1-1-5}$$

通过上面的分析,可知为了减少仪表测量的误差,提高正确度,应该使仪表尽可能在靠近满量程刻度的区域内使用. 这正是人们利用或选用仪表时,尽可能在满刻度量程的 $\dfrac{2}{3}$ 以上区域内使用的原因.

3) 误差的分类

根据误差产生的原因和性质将误差分为系统误差和随机误差两大类.

A. 系统误差

在相同条件下多次测量同一物理量时,测量值对真值的偏离(包括大小和方向)总是相同的,这类误差称为系统误差.

系统误差的特点是恒定性,不能用增加测量次数的方法使它减小,在实验中发现和消除系统误差是很重要的,因为它常常是影响实验结果准确程度的主要因素,能否用恰当的方法发现和消除系统误差,是测量者实验水平高低的反映,但是又没

有一种普遍适用的方法去消除系统误差,主要是靠对具体问题做具体的分析与处理,要靠实验经验的积累. 如果我们能够确定系统误差的数值,就应该把它从实验结果中扣除,消除它的影响,或者说,把系统误差的影响减小到偶然误差的范围以内,这种数值已知的系统误差称为"已定系统误差". 还有一类系统误差,只知道它存在的某个大致范围,而不知道它的具体数值,我们称之为"未定系统误差". 例如仪器的允差就属于这一类.

B. 随机误差(偶然误差)

由于偶然的不确定因素造成每一次测量值的无规律的涨落,测量值对真值的偏离时大时小、时正时负,不能由上次测量值预计下一次测量值的大小,这类误差称为随机误差,也称偶然误差.

造成偶然误差的因素是多方面的,如仪器性能和测量者感官分辨力的统计涨落,环境条件(如温度、湿度、气压、气流、微震等)的微小波动,测量对象本身的不确定性(如气压、放射性物质单位时间内衰变数、小球直径或金属丝直径等)等.

偶然误差的特点是它的随机性,如果在相同的宏观条件下,对某一物理量进行多次测量,当测量次数足够大时,便可以发现这些测量值呈现出一定的规律性——统计规律性,即它们服从某种概率分布.

下面我们对一个实际测量的结果进行统计分析(表 1-1-1),就可以发现随机误差的特点和规律. 表 1-1-1 中观测总次数 $n=150$ 次,某测量值的算术平均值为 3.01,共分 14 个分区间,每个区间的间隔为 0.01. 为直观起见,把表中的数据画成频率分布的直方图(图 1-1-1),从图中便可分析归纳出随机误差的以下四个特点.

表 1-1-1　测值分布

区间	1	2	3	4	5	6	7
测值 x_i	2.95	2.96	2.97	2.98	2.99	3.00	3.01
误差 Δx_i	−0.06	−0.05	−0.04	−0.03	−0.02	−0.01	0
出现次数 n_i	4	6	6	11	14	20	24
频率 $f_i\left(\dfrac{n_i}{n}\right)$	0.027	0.04	0.04	0.073	0.093	0.133	0.16

区间	8	9	10	11	12	13	14
测值 x_i	3.02	3.03	3.04	3.05	3.06	3.07	3.08
误差 Δx_i	0.01	0.02	0.03	0.04	0.05	0.06	0.07
出现次数 n_i	17	12	12	10	8	4	2
频率 $f_i\left(\dfrac{n_i}{n}\right)$	0.113	0.08	0.08	0.066	0.058	0.027	0.018

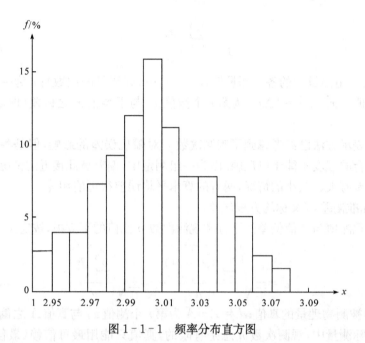

图 1-1-1　频率分布直方图

(1) 随机误差的有界性. 在某确定的条件下,误差的绝对值不会超过一定的限度. 表 1-1-1 中的 Δx_i 均不大于 0.07,可见绝对值很大的误差出现的概率近于零,即误差有一定限度.

(2) 随机误差的单峰性. 绝对值小的误差出现的概率比绝对值大的误差出现的概率大,最小误差出现的概率最大. 表 1-1-1 中 $|\Delta x| \leqslant 0.03$ 的次数为 110 次,其中 $|\Delta x| \leqslant 0.01$ 的占 61 次,而 $|\Delta x| > 0.03$ 的仅 40 次. 可见随机误差的分布成单峰形.

(3) 随机误差的对称性. 绝对值相等的正负误差出现的概率相等. 表 1-1-1 正误差出现的次数为 65 次,而负误差为 61 次,两者出现的频率分别为 0.427 和 0.407,大致相等.

(4) 随机误差的抵偿性. 在多次、重复测量中,由于绝对值相等的正负误差出现的次数相等,所以全部误差的算术平均值随着测量次数的增加趋于零,即随机误差具有抵偿性. 抵偿性是随机误差最本质的统计特性,凡是具有相互抵偿特性的误差,原则上都可以按随机误差来处理.

虽然随机误差产生的原因尚不清楚,但由于它总体上遵守统计规律,因此理论上可以计算出它对测量结果的影响.

4) 误差的表示方法

A. 算术平均误差

在一组测量中,用全部测值的随机误差绝对值的算术平均值来表示. 按定义

$$\delta = \frac{\sum\limits_{i=1}^{n} |x_i - \bar{x}|}{n} \tag{1-1-6}$$

式中 x_i 为一组测量中的各个测量值，$i=1,2,\cdots,n$(测量的次数)；$\bar{x}$ 为一组测值的算术平均值，$|x_i - \bar{x}| = |\Delta x_i|$ 为第 i 个测值 x_i 与平均值 $\bar{x}$ 之偏差(即误差)的绝对值.

这种表示方法已经考虑到了观测次数 n 对随机误差的影响，但是各次观测中相互间符合的程度不能予以反映. 因为一组测量中，偏差彼此接近的情况与另一组测量中偏差有大、中、小的情况，两者的算术平均误差很可能相等.

B. 标准偏差 σ(又称均方根误差)

它是观测值与真值偏差的平方和观测次数 n 比值的平方根，按定义

$$\sigma = \pm\sqrt{\frac{\sum\limits_{i=1}^{n}(x_i - A)^2}{n}} = \pm\sqrt{\frac{\sum\limits_{i=1}^{n} d_i^2}{n}} \tag{1-1-7}$$

式中 A 为被测物理量的真值；$d_i = x_i - A$ 为第 i 个测值 x_i 与真值 A 之偏差.

在实际测量中，观测次数 n 总是有限的，真值只能用最可信赖(最佳)值来代替，此时的标准偏差按下式计算：

$$\sigma_{n-1} = \pm\sqrt{\frac{\sum\limits_{i=1}^{n}(x_i - \bar{x})^2}{n-1}} = \pm\sqrt{\frac{\sum\limits_{i=1}^{n}(\Delta x_i)^2}{n-1}} \tag{1-1-8}$$

标准偏差 σ 对一组测量中的特大或特小误差反映非常敏感，所以，标准偏差能够很好地反映出测量的精密度. 这正是标准偏差在工程测量中广泛被采用的原因.

例 有两组观测数据：

第一组 2.9、3.1、3.0、2.9、3.1；

第二组 3.0、2.8、3.0、3.0、3.2.

求平均值 $\bar{x}$、算术平均偏差 δ、标准偏差 σ，并分析其准确度及精密度.

解 列表计算如下：

	第一组测量
算术平均值 $\bar{x}$	3.0
算术平均误差 δ	$\dfrac{0.1+0.1+0+0.1+0.1}{5} = 0.08$
标准偏差 σ_{n-1}	$\pm\sqrt{\dfrac{0.1^2+0.1^2+0.1^2+0.1^2}{5-1}} = \pm 0.1$

续表

	第二组测量
算术平均值 $\bar{x}$	3.0
算术平均误差 δ	$\dfrac{0+0.2+0+0+0.2}{5}=0.08$
标准偏差 σ_{n-1}	$\pm\sqrt{\dfrac{0.2^2+0.2^2}{5-1}}=\pm0.141$

从计算结果可知：① 两组数据的平均值一样，即测量的准确度一样；② 两组数据的测量精密度实际上不一样. 因为第一组数据的重现性较好，但此时的算术平均偏差 δ 是一样的，显然 δ 未能反映出精密度来. 标准偏差 σ_{n-1} 的计算结果说明第一组测量数据比第二组精密度高.

标准偏差不仅仅是一组观测值的函数，而且更重要的是它对一组测量中的大误差及小误差反应比较敏感. 因此，在实验中广泛用标准偏差来表示测量的精密度.

C. 极限误差

通常定义极限误差的范围为标准偏差的 3 倍，即 $\pm3\sigma_{n-1}$. 从统计的角度计算得，所测物理量的真值落在 $\pm3\sigma_{n-1}$ 范围内的概率为 99.7%，而超出此范围的可能性实际上已经非常小，故把它定义为极限误差.

5）几个重要概念

（1）精密度（precision 简称精度）. 它表示测量结果中随机误差大小的程度，即在一定条件下，进行多次、重复测量时，所得测量结果彼此之间符合的程度，通常用随机不确定度来表示.

（2）正确度（correctness）. 它表示测量结果中系统误差大小的程度，即在规定的条件下，测量中所有系统误差的综合.

（3）准确度（accuracy 又称精确度）. 准确度是测量结果中系统误差与随机误差的综合，它表示测量结果与真值的一致程度. 从误差的观点来看，准确度反映了测量的各类误差的综合. 如果所有已定系统误差已经修正，那么准确度可用不确定度来表示.

2. 不确定度（uncertainty）

不确定度是由于测量误差的存在而对被测量值不能肯定的程度. 表达方式有系统不确定度、随机不确定度、总不确定度. 可按估值的不同方法把不确定度归并为 A、B 两类分量. 前者是多次重复测量后，用统计方法计算出的标准偏差，后者是用其他方法估计出的近似的"标准偏差".

　　系统不确定度实质上就是系统误差限,常用未定系统误差可能不超过的界限或半区间宽度 e 来表示.随机不确定度实质上就是随机误差对应于置信概率 $1-a$ 时的置信区限 $\pm k\sigma$(a 为显著性水平).当置信因子 $k=1$ 时,标准偏差 σ 就是随机不确定度,此时的置信概率(按正态分布)为 68.27%.总不确定度是由系统不确定度与随机不确定度按合成方差的方法合成而得的.它反映了测量结果中未能确定的量值的范围.不确定度是测量结果的测度,没有不确定度说明,测量结果将无从比较.1993 年,国际计量局(BIPM)等 7 个国际组织发表了《测量不确定度表示指南》.这一国际的权威性文献,对计量和科学实验工作极其重要.

　　综上所述,不确定度与误差有区别,误差是一个理想的概念,一般不能准确知道;但不确定度反映误差存在分布范围,即随机误差分量和未定系统误差分量综合的分布范围,可由误差理论求得.总之,不确定度是未定误差的特征描述,而不是指具体的误差大小和符号,故不确定度不能用来修正测量结果.

　　图 1-1-2 给出了精密度、正确度和准确度的示意图.

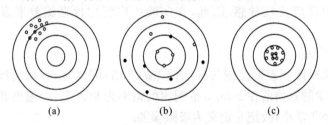

(a)　　　　　　　　(b)　　　　　　　　(c)

图 1-1-2　精密度(a)、正确度(b)、准确度(c)的示意图

1-2　概率统计基础

　　如前所述测量误差的存在是一切测量中的普遍现象.那么,研究测量误差的性质和产生的原因,研究如何有效地减小测量误差对实验结果的影响,科学地表达含有误差的测量结果,以及对实验结果如何评价等问题就显得十分重要.正是在这样的背景下,产生并发展了一门专门的学科,这就是测量误差理论.它是人们把概率论与数理统计理论应用于测量误差的研究中而形成并发展起来的一种科学理论.深入地讨论测量误差需要有丰富的实验经验和概率统计知识,下面我们将介绍常用的误差理论知识,阐述误差分析的概率统计理论基础.希望有助于读者提高实验的误差分析和数据处理能力.

一、几个基本概念

1. 随机事件及概率

如抛掷一枚硬币,出现正面向上和背面向上的事均有可能,我们把正面向上出现的事件记作 A,把背面出现的事件记为 B. 在抛掷之前,A 事件出现和 B 事件出现,事先是无法知道的. 也就是说,在一定条件下,事件 A 可能发生也可能不发生,把这类事件称为随机事件.

在物理实验中,有许多被测对象本身具有随机性. 例如宏观热力学量(温度、密度、压强等)的数值都是统计平均值,原子和原子核等微观领域的统计涨落现象也非常明显,这就使得实验观测值不可避免地带有随机性,

如果在一定的条件下,共进行 N 次试验,其中事件 A 发生了 N_A 次,比值 N_A/N 称为事件 A 发生的频率. 如果随着试验的次数 N 增加,频率 N_A/N 愈来愈趋近某个确定值,那么,当 $N \rightarrow \infty$ 时,频率的极限值称为事件 A 的概率,记为 $P_r(A)$,即

$$P_r(A) = \lim_{N \rightarrow \infty} \frac{N_A}{N} \tag{1-2-1}$$

2. 随机变量和随机子样

如果所研究的各个随机事件可以分别用一个数来表示,这个数就是随机事件的函数,称为随机变量. 在物理量的测量中,测量结果为某一个特定的数值,是一个随机事件,这个数值就是随机变量的取值.

随机变量全部可能取值的集合称为母体或总体. 一次测量得到的是随机变量的一个具体数值,称为随机变量的一个随机数. 如果总共进行了 N 次独立的试验,得到随机变量的 N 个随机数 $(x_1, x_2, \cdots, x_N)$,称为随机变量的一个随机子样(或称为样本),简称子样. 一个子样中随机数的数目 N 称为子样的容量. 物理量的测量结果总是获得某些随机变量的子样,子样的容量由重复观测的次数决定.

随机变量按其取值的情况分为离散型与连续型. 只能取有限个可数的一串数值的随机变量称为离散型随机变量,可能值布满某个区间的随机变量称为连续型的随机变量. 在核物理实验和单光子计数实验中,粒子或光子的计数率是离散型的随机变量,然而在物理量的测量中,更常见的是连续型的随机变量.

3. 分布函数、概率函数和概率密度函数

对于随机变量,我们关心的不只是随机变量的全部可能取值,还必须了解各种可能取值的概率,即随机变量的概率分布. 无论是离散型还是连续型的随机变量,其可能的全部取值可以排列在实数轴上,即实数轴上的一个子集合. 设 X 是一个

随机变量,x 是任意实数. 函数

$$F(x) = P\{X \leqslant x\} \tag{1-2-2}$$

称为 X 的分布函数. 因此,若已知 X 的分布函数,我们就知道 X 在任一区间$[x_1,$ $x_2]$上的概率,在这个意义上说,分布函数完整地描述了随机变量的统计规律性.

如果将 X 看成是数轴上的随机点的坐标,那么,分布函数 $F(x)$ 在 x 处的函数值就表示 X 落在区间$(-\infty, x]$上的概率.

分布函数 $F(x)$ 具有以下的基本性质:

(1) $F(x)$是一个不减函数;

(2) $0 \leqslant F(x) \leqslant 1$,且

$$F(-\infty) = \lim_{x \to -\infty} F(x) = 0, \quad F(\infty) = F(x) = 1 \tag{1-2-3}$$

对于离散型变量 X,它只能取可数的数值 $x = x_1, x_2, \cdots$,除了用分布函数描述外,还可以用概率函数 $p(x)$ 来描述它的分布. 概率函数在某一点 x 的取值等于随机变量 X 取值为 x 的概率,即

$$p(x) = P_r(X = x) \tag{1-2-4}$$

根据分布函数和概率函数的定义,有

$$P_x(x) = \sum_{x_i = x} p_i(x_i)$$

对于连续型随机变量可以引入概率密度函数 $p(x) = \mathrm{d}P(x)/\mathrm{d}x$. 因此有

$$P(x) = \int_{-\infty}^{x} p(x)\mathrm{d}x$$

根据式(1-2-3)应有

$$\int_{-\infty}^{+\infty} p(x)\mathrm{d}x = 1 \tag{1-2-5}$$

这就是 $p(x)$应满足的归一化条件.

随机变量在区间$[a,b]$内取值的概率 $P_r(a \leqslant x \leqslant b)$ 称为区间$[a,b]$的概率含量. 显然,区间$[a,b]$的概率为

$$P_r(a \leqslant x \leqslant b) = \int_{a}^{b} p(x)\mathrm{d}x$$

上述关于分布函数、概率函数和概率密度函数的概念都可以推广到多个随机变量的情形. 特别是,如果 X 和 Y 是两个互相独立的随机变量,那么根据概率论,它们的联合概率密度函数等于各自的概率密度函数的乘积,即

$$p(x,y) = p(x)p(y) \tag{1-2-6}$$

二、概率分布的数字特征量

随机变量有不同形式的分布,为研究方便,常用一些共同定义的数字特征量来表征它们. 最重要的特征量是随机变量的期望值和方差.

1. 随机变量的期望值

随机变量的期望值定义为

$$\langle x \rangle = \int_{-\infty}^{+\infty} x p(x) \mathrm{d}x \qquad (1-2-7)$$

期望值的物理意义是作无穷多次重复测量时,测量结果的平均值.根据期望值的定义可得

$$\int_{-\infty}^{+\infty} (x - \langle x \rangle) p(x) \mathrm{d}x = 0 \qquad (1-2-8)$$

上式表明 x 分布在期望值的周围.但期望值和概率密度函数取极大值的位置未必重合.以后我们仍用尖括号表示括号内随机变量的函数的期望值,例如随机变量 x 的函数 $f(x)$ 的期望值定义为

$$\langle f(x) \rangle = \int_{-\infty}^{+\infty} f(x) p(x) \mathrm{d}x \qquad (1-2-9)$$

2. 随机变量的方差

随机变量的方差定义为

$$\mathrm{Var}(x) = \int_{-\infty}^{+\infty} (x - \langle x \rangle)^2 p(x) \mathrm{d}x = \langle (x - \langle x \rangle)^2 \rangle \qquad (1-2-10)$$

方差描述随机变量围绕期望值分布的离散程度,亦即随机变量取值偏离期望值起伏的大小.通常把随机变量 x 的方差记为

$$\mathrm{Var}(x) = \sigma^2(x)$$

方差的平方根 $\sigma(x)$ 称为随机变量的均方根差或标准差.

3. 两个随机变量的协方差

两个随机变量的协方差定义为

$$\mathrm{Cov}(x,y) = \iint_{-\infty}^{+\infty} (x - \langle x \rangle)(y - \langle y \rangle) p(x,y) \mathrm{d}x \mathrm{d}y$$
$$= \langle (x - \langle x \rangle)(y - \langle y \rangle) \rangle \qquad (1-2-11)$$

协方差描述两个随机变量的相关程度.当 x 和 y 相互独立时,由式(1-2-6)和式(1-2-11)可得 $\mathrm{Cov}(x,y)=0$.若 $\mathrm{Cov}(x,y) \neq 0$,x 和 y 一定不相互独立;但是如果 $\mathrm{Cov}(x,y)=0$,x 和 y 可能相互独立,也可能不相互独立.通常还用相关系数 $\rho(x,y)$ 描述 x 和 y 的相关程度.

$$\rho(x,y) = \frac{\mathrm{Cov}(x,y)}{\sigma(x)\sigma(y)} \qquad (1-2-12)$$

根据协方差定义,不难证明

$$\mathrm{Cov}(x,y) = \langle xy \rangle - \langle x \rangle \langle y \rangle$$

三、几种常用的概率分布

由于随机变量受到不同因素的影响或者物理现象本身的统计性差异,使得随机变量的概率分布形式多种多样,这里讨论几种常用的分布.需要注意掌握其概率函数(或概率密度函数)的数字特征量.

1. 二项式分布

若随机事件 A 发生的概率为 P,不发生的概率为 $(1-P)$,现在讨论在 N 次独立试验中事件 A 发生 k 次的概率,显然 k 是一个离散型随机变量,可能取值为 0,$1,\cdots,N$.对于这样一个随机事件,可导出其概率分布为

$$p(k) = \frac{N!}{k!(N-k)!} P^k (1-P)^{N-k} \qquad (1-2-13)$$

式中因子 $N! \,/[k!\,(N-k)!]$ 代表 N 次试验中事件 A 发生 k 次,而不发生为 $(N-k)$ 次的各种可能组合数.若令 $q=1-P$,则这个概率表示式刚好是二项式展开

$$(P+q)^N = \sum_{k=0}^{N} \frac{N!}{k!(N-k!)} P^k q^{N-k} \qquad (1-2-14)$$

中的项,因此式 $(1-2-13)$ 所表示的概率分布称为二项式分布.

二项式分布中有两个独立的参数 N 和 P,故往往又把式 $(1-2-13)$ 中左边概率函数的记号写作 $p(k;N,P)$.遵从二项式分布的随机变量 k 的期望值和方差分别为

$$\langle k \rangle = \sum_{k=0}^{N} k \frac{N!}{k!(N-k)!} P^k (1-P)^{N-k} = NP \qquad (1-2-15)$$

$$\sigma^2(k) = \langle k^2 \rangle - \langle k \rangle^2 = \langle k^2 \rangle - N^2 P^2$$

$$= \sum k^2 \frac{N!}{k!(N-k)!} P^k (1-P)^{N-k} - N^2 P^2$$

$$= NP(1-P) \qquad (1-2-16)$$

二次式分布有许多实际应用.例如,穿过仪器的 N 个粒子被仪器探测到 k 个的概率,或 N 个放射性核经过一段时间后衰变 k 个的概率等,这些问题的随机变量 k 都服从二项式分布;又例如,在产品质量检验或民意测验中,抽样试验以确定合乎其条件的结果的概率,也是二项式分布问题.

2. 泊松分布

对于二项式分布,若 $N \to \infty$,且每次试验中 A 发生的概率 $P \to 0$,但期望值 $\langle k \rangle = NP$ 趋于有限值 m,在这种极限情况下其分布如何?

由二项式分布的概率函数式

$$p(k) = \frac{1}{k!} \cdot \frac{N!}{(N-k)!} P^k (1-P)^{N-k}$$

并考虑到 $N \to \infty$ 的情况,即

$$\lim_{N \to \infty} \frac{N!}{(N-k)!} = \lim_{N \to \infty} [N(N-1)(N-2)\cdots(N-k+2)(N-k+1)] = N^k$$

$$\lim_{N \to \infty} N^k P^k = \lim_{N \to \infty} (NP)^k = m^k, \quad \lim_{N \to \infty} (1-P)^{N-k} = \lim_{N \to \infty} (1-NP) = e^{-m}$$

便可得到

$$p(k) = \frac{m^k}{k!} e^{-m} \tag{1-2-17}$$

上式表示的概率分布称泊松分布,可见泊松分布是二项式分布的极限情况.

注意到 $P \to 0$ 时 $NP \to m$,便可得到遵从泊松分布的随机变量 k 的期望值和方差

$$\langle k \rangle = NP = m \tag{1-2-18}$$

$$\sigma^2(k) = NP(1-P) = m \tag{1-2-19}$$

因此,泊松分布只有一个参数 m,它等于随机变量的期望值或方差.

例如,一块放射性物质在一定时间间隔内的衰变数,一定时间间隔内计数器记录到的粒子数,高能荷电粒子在某固定长度的路径上的碰撞次数等,都遵从泊松分布.

3. 均匀分布

若连续随机变量 x 在区间 $[a,b]$ 上取值恒定不变,则这种分布为均匀分布,其概率密度函数

$$p(x) = \begin{cases} \dfrac{1}{b-a}, & a < x < b \\ 0, & \text{其他} \end{cases} \tag{1-2-20}$$

见图 1-2-1.

均匀分布的期望值和方差为

$$\langle x \rangle = (a+b)/2 \tag{1-2-21}$$

$$\sigma^2(x) = \frac{(b-a)^2}{2} \tag{1-2-22}$$

实验工作中常用 $[0,1]$ 区间的均匀分布,若用 r 表示该区间的随机变量,其概率密度函数为

$$p(r) = \begin{cases} 1, & 0 < r < 1 \\ 0, & \text{其他} \end{cases}$$

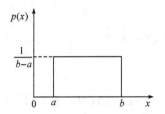

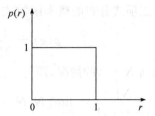

图 1-2-1　区间$[a,b]$上的均匀分布　　　　图 1-2-2　区间$[0,1]$上的均匀分布

　　这个分布如图 1-2-2 所示,随机变量 r 在该区间的期望值和方差,读者不难求得.均匀分布是一种最简单的连续型随机变量分布,如数字式仪表末位±1 量化误差、机械传动齿轮的回差、数值计算中凑整的舍人误差等都遵从均匀分布.

4. 正态分布

　　实际中最重要的概率分布是正态分布(又称高斯分布).正态分布的概率密度函数为

$$p(x) = \frac{1}{\sigma\sqrt{2\pi}}\exp\left[-\frac{1}{2}\left(\frac{x-\mu}{\sigma}\right)^2\right] \tag{1-2-23}$$

式中 x 是连续型随机变量,μ 和 σ 是分布参数,且 $\sigma>0$.为了标志其特征,通常又用 $n(x;\mu,\sigma^2)$ 表示正态分布的概率密度函数,用 $N(x;\mu,\sigma^2)$ 表示正态分布的分布函数,即

$$n(x;\mu,\sigma^2) = \frac{1}{\sigma\sqrt{2\pi}}\exp\left[-\frac{1}{2}\left(\frac{x-\mu}{\sigma}\right)^2\right]$$

$$N(x;\mu,\sigma^2) = \frac{1}{\sigma\sqrt{2\pi}}\int_{-\infty}^{x}\exp\left[-\frac{1}{2}\left(\frac{x-\mu}{\sigma}\right)^2\right]\mathrm{d}x$$

　　不难求得,遵从正态分布的随机变量 x 的期望值和方差分别为

$$\langle x\rangle = \int_{-\infty}^{\infty}x\cdot n(x;\mu,\sigma)\mathrm{d}x = \mu \tag{1-2-24}$$

$$\sigma^2(x) = \int_{-\infty}^{\infty}(x-\mu)^2\cdot n(x;\mu,\sigma)\mathrm{d}x = \sigma^2 \tag{1-2-25}$$

　　由此可见,正态分布中的参数 μ 是期望值,参数 σ 是标准偏差.正态分布的特征由这两个参数的数值完全确定.若消除了测量的系统误差,则 μ 就是待测物理量的真值,它决定分布的位置.而 σ 的大小与概率密度函数曲线的"胖"、"瘦"有关,即决定分布偏离期望值的离散程度.不同参数值的正态分布概率密度函数曲线如图 1-2-3 所示,曲线是单峰对称的,对称轴处于期望值和概率密度极大值所在处.

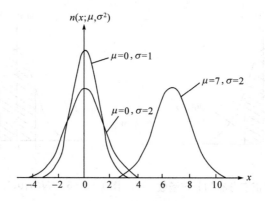

图 1-2-3　不同参数值的正态分布曲线

期望值 $\mu=0$ 和方差 $\sigma^2=1$ 的正态分布叫做标准正态分布,其概率密度函数和分布函数为

$$n(x;0,1) = \frac{1}{\sqrt{2\pi}}\exp\left(-\frac{1}{2}x^2\right) \tag{1-2-26}$$

$$N(x;0,1) = \frac{1}{\sqrt{2\pi}}\int_{-\infty}^{x}\exp\left(-\frac{1}{2}x^2\right)\mathrm{d}x \tag{1-2-27}$$

若 $\mu\neq0,\sigma^2\neq1$,只要把随机变量 x 做线性变换

$$u = \frac{x-\mu}{\sigma} \tag{1-2-28}$$

则随机变量 u 便遵从标准正态分布,且有

$$n(x;\mu,\sigma^2) = \frac{1}{\sigma}n(u;0,1) \tag{1-2-29}$$

$$N(x;\mu,\sigma^2) = N(u;0,1) \tag{1-2-30}$$

这样便可利用标准正态分布求概率分布.

例　某随机变量 x 遵从正态分布,试利用标准正态分布表分别求出 x 落在期望值 μ 附近 $\pm\sigma,\pm2\sigma$ 和 $\pm3\sigma$ 的概率含量.

解　由式(1-2-27)可知,当 x 偏离期望值 $\pm\sigma,\pm2\sigma$ 和 $\pm3\sigma$ 时,标准正态分布随机变量取值分别为 $\pm1,\pm2$ 和 ±3. 故查标准正态分布表求随机变量落在区间 $[-1,1]$、$[-2,2]$ 和 $[-3,3]$ 内的概率即可. 当随机变量等于1时,标准正态分布表给出 $N(u;0,1)=0.8413$,这是图1-2-4曲线下的阴影部分(区间为 $(-\infty,1]$),而我们求的是图 1-2-5 曲线下的阴影部分(区间为 $[-1,1]$),即

$$N(u;0,1) - [1-N(u;0,1)] = 2N(u;0,1) - 1 = 2\times0.8413 - 1$$
$$= 0.6826 \approx 68.3\%$$

同理,标准正态分布的随机变量等于2和3时,分别有

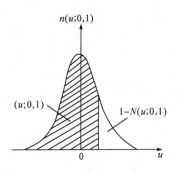
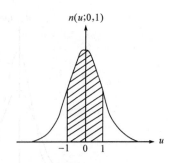

图 1-2-4　标准正态分布的分布函数　　图 1-2-5　$N(u;0,1) = \int_{-1}^{1} n(u;0,1)\mathrm{d}x$

$$2N(u;0,1) - 1 = 2 \times 0.9772 - 1 = 0.9544 \approx 95.4\%$$
$$2N(u;0,1) - 1 = 2 \times 0.9987 - 1 = 0.9974 \approx 99.7\%$$

故 x 落在区间 $[\mu - \sigma, \mu + \sigma]$ 内的概率含量为 68.3%;落在区间 $[\mu - 2\sigma, \mu + 2\sigma]$ 内的概率含量为 95.4%;落在区间 $[\mu - 3\sigma, \mu + 3\sigma]$ 内的概率含量为 99.7%.

　　理论上可以证明,若一个随机变量是由大量的、相互独立的、微小的因素所合成的总效果,则这个随机变量就近似地服从正态分布. 这就是说,由不能控制的大量的偶然因素造成的随机误差会遵从或近似遵从正态分布. 另外,许多非正态分布也常以正态分布为极限或很快趋于正态分布. 例如,对于泊松分布,若期望值 m 足够大时,它趋近于形式

$$p(k) = \frac{1}{\sqrt{2\pi m}} \exp\left[-\frac{(k-m)^2}{2m}\right]$$

而泊松分布的 $\sigma = \sqrt{m}$,故上式与正态分布的形式相同. 虽然泊松分布中的 k 是离散型变量,但当 $m \geqslant 10$ 时泊松分布已很接近于正态分布. 对于二项式分布,当 N 足够大时,也趋于形式为 $n(k;\mu,\sigma^2)$ 的正态分布,只不过 $\mu = NP$,$\sigma^2 = NP(1-P)$.

1-3　实验数据的分析与处理

一、系统误差的分析与处理

　　系统误差是一种固定的或服从一定规律变化的误差. 对某物理量做多次重复测量时,系统误差不具有抵偿性,故通常不能用处理随机误差的方法来处理. 前面讨论随机误差是以测量数据中不包含系统误差为前提的. 可是系统误差与随机误差往往是同时存在于测量数据中,有时系统误差对实验结果的影响比随机误差还要严重. 如果不消除或不减少系统误差的影响,就会使得对随机误差的估计变得毫无意义. 对于一个具体实验来说,要能找出造成系统误差的主要原因. 然后,从实验

中设法限制和消除这些因素的影响. 下面我们就系统误差的主要来源如何判断系统误差的存在以及限制和消除系统误差进行讨论.

1. 系统误差的来源分析

1) 装置误差

(1) 仪器、仪表误差. 仪器、仪表误差是由于使用的仪器或量具在结构上不完善或没有按照操作规程使用而引起的误差. 例如,电工仪表、电桥、电势差计等的误差.

(2) 标准器误差. 标准器误差是提供标准量值的器具,如标准电池、标准电阻等,它们本身的标称值含有的误差.

(3) 安置误差. 安置误差是由于仪器或被测工件的安置不当所引的误差. 例如,有些电工仪表按规定应水平放置,而在使用时垂直放置仪表引起的误差.

(4) 装备、附件误差. 装备、附件误差主要指的是电源的波形、三相电源的不对称度,各种测量附件如转换开关、触点、接线引起的误差以及测试设备和电路的安装、布置或调整不完善等产生的误差.

2) 方法误差(理论误差)

测量方法本身的理论根据不完善或采用了近似公式引起的误差称为方法误差. 例如,电阻与温度的关系为

$$R = R_{20} + \alpha(t - 20) + \beta(t - 20)^2$$

式中,R 为温度 t 的电阻;R_{20} 为温度 20℃时的电阻;α 为电阻的一次温度系数;β 为电阻的二次温度系数. 在实验中不考虑温度因素的影响而引起的系统误差 $\Delta R = -\alpha(t-20) - \beta(t-20)^2$,消除它的方法就是进行温度修正.

3) 观测者误差

观测者误差是由观测者的生理或心理上的特点和固有习惯所造成的. 例如,观测者对刻度尺进行估读时,习惯地偏向某一方向(始终偏大或偏小)记录信息或计时的滞后等所造成的误差.

4) 环境误差

环境误差是在测量时的环境影响量(如温度、湿度、气压、电磁场等)偏离规定值时而产生的误差.

除上述系统误差的来源外,还有很多系统误差是很复杂的. 例如,刻度盘刻度线不准确而引起的测量示数的误差,就是一种比较复杂的系统误差. 因此,我们在设计和制造测量仪器以及设计选择测量方法时,都要预先考虑系统误差的来源,尽可能将系统误差减小到所允许的范围内.

2. 系统误差存在的判断

对比检验是判断系统误差存在的常用方法. 这里所说的对比,可以是把要判断的实验结果跟标准值、理论值比较,或者是跟准确度较高的仪器设备的测量值相比较;还可以是跟采用不同的实验方法测得的结果相比较. 由于随机误差不可避免,在系统误差与随机误差同时存在的情况下,应进行多次测量以减少随机误差的影响,才能有效地判断系统误差的存在. 在多次测量中,分析测量数据随时间变化的规律(特别是偏差 $x_i - \overline{x}$ 的变化),往往会有助于发现随时间线性变化或周期变化的系统误差.

分布检验也是判断系统误差的一种重要方法. 这是一种假设检验,先由理论分析和过去同类测量的经验,认为测量值应该遵从某种分布,然后用 χ^2 统计量作检验,判断实验结果是否与假设分布相符,如果不符可怀疑测量中存在着系统误差.

直接分析实验原理、方法以及实验条件的变化,也是判断系统误差的一种有效方法. 如果实验方案本身就存在着不完备性. 比如:计算公式是近似的,测量方法受到某种副效应或某种干扰的影响,则这个实验必然存在着系统误差. 另外,有些实验所研究的物理现象存在着统计涨落,测量仪器产生零点漂移,控制的实验条件随时间而明显变化等,这些因素也就带来了系统误差. 总之,对实验本身的分析研究会使我们能直接找出系统误差并可估计其大小.

3. 系统误差的限制和消除方法

1) 消除产生系统误差的根源

在测量之前,要求测量者对可能产生系统误差的环节作仔细的分析,从产生根源上加以消除. 例如,若系统误差来自仪器不准确或使用不当,则应该把仪器校准并按规定的使用条件去使用;若理论公式只是近似的,则应在计算时加以修正;若测量方法上存在着某种因素会带来系统误差,则应估计其影响的大小或改变测量方法以消除其影响;若外界环境条件急剧变化,或存在着某种干扰,则应设法稳定实验条件,排除有关干扰;若测量人员操作不当,或者读数有不良偏向,则应该加强训练以改进操作技术,以及克服不良偏向等. 总之,从产生系统误差的根源上加以消除,无疑是一种最根本的方法.

2) 在测量中限制和消除系统误差

对于固定不变的系统误差的限制和消除,在测量过程中常常采用下列方法.

(1) 抵消法.

有些定值的系统误差无法从根源上消除,也难以确定其大小而修正,但可以进行两次不同的测量,使两次读数时出现的系统误差大小相等而符号相反,然后取两次测量的平均值便可消除系统误差. 例如,螺旋测微计空行程(螺旋旋转但量杆不动)引起的固定系统误差,可以从两个方向对标线来消除.先顺时针方向旋转,对准标志读数 $d=a+\theta$(a 为不含系统误差的读数,θ 为空行程引起的误差).再逆时针方向旋转,对准标志读数 $d'=a-\theta$.两次读数取平均,即得 $(d+d')/2=(a+\theta+a-\theta)/2=a$,空行程所引起的误差已经消除.

(2) 代替法.

在某装置上对未知量测量后,用一标准量代替未知量再进行测量,若仪器示值不变,便可肯定被测的未知量即等于标准量的值,从而消除了测量结果中的仪器误差.例如用天平秤物体质量 m,若天平两臂 l_1 和 l_2 不等,先使 m 与砝码 G 平衡,则有 $m=Gl_2/l_1$.再以标准砝码 P 取代质量为 m 的物体,若调节 P 与 G 达到平衡,则有 $P=Gl_2/l_1$.从而 $m=P$,消除了天平不等臂引起的系统误差.

(3) 交换法.

根据误差产生的原因,对某些条件进行交换,以消除固定的误差.例如,用电桥测电阻,得 $R_x=R_sR_1/R_2$.若两臂 R_1 和 R_2 有误差,可将被测电阻 R_x 与 R_s 互换再测得 $R'_s=R_xR_1/R_2$.从而可得 $R_x=\sqrt{R_sR'_s}$,消除了 R_1 和 R_2 带来的误差.

下面再讨论一定规律变化的系统误差的消除方法.

(4) 对称观测法.

这是消除随时间线性变的系统误差的有效方法.随着时间的变化,被测量的量值线性变化,如图 1-3-1 所示.若定某时刻为中点,则对称于点的系统误差的算术平均值彼此相等,即有 $(\Delta l_1+\Delta l_5)/2=(\Delta l_2+\Delta l_4)/2=\Delta l_3$.利用此规律,可把测量点对称安排,取每组对称点读数的算术平均值作为测量值,便可消除这类系统误差.

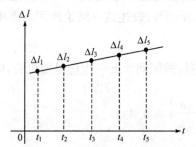 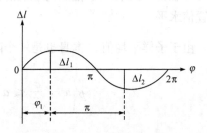

图 1-3-1　线性变化的系统误差　　　　图 1-3-2　周期变化的系统误差

有些按复杂规律变化的系统误差,若在短时间内可认为是线性变化的,也可近似地作为线性误差处理,从而也可用对称测量法减少误差.

(5) 半周期偶次测量法.

这是消除周期性系统误差的基本方法,如图 1-3-2 所示.周期性误差一般出现在有圆周运动的情况(如度盘等),以 2π 为周期呈正弦变化.因此,在相距半周期

(180°)的位置上作一次测量,取两次读数的平均值,便可有效地消除周期性系统误差.这种误差一般表示为

$$\Delta l = a\sin\varphi$$

式中 a 为周期性系统误差的幅值. 当相位 $\varphi = \varphi_1$ 时,误差 $\Delta l_1 = a\sin\varphi_1$,当相位 $\varphi = \varphi_1 + \pi$ 时,误差 $\Delta l_1 = a\sin(\varphi_1 + \pi) = -a\sin\varphi_1$. 故相隔半周期两次观测误差的平均值 $(\Delta l_1 + \Delta l_2)/2 = 0$,周期性系统误差得到消除.

（6）实时反馈修正法.

这是消除各种变值系统误差的自动控制方法. 当查明某种误差因素(如位移、气压、温度、光强等)的变化时,由传感器将这些因素引起的误差反馈回控制系统,通过计算机根据其影响测量结果的函数关系进行处理,对测量结果作出自动补偿修正. 这种方法在自动控制的在线测量技术中得到了广泛的应用.

二、随机误差的统计分析

数据处理的任务是从测量结果找出随机变量的分布规律或它的数字特征量,从而得出结论. 从理论上讲,只要测量的次数足够多,随机变量的规律性一定能呈现出来,但实际上进行的或允许的观测次数总是有限的,有时甚至是少量的,因此,我们关心的是怎样有效地利用有限的数据,去掉那些由于测量次数不够多引起的随机干扰,尽可能作出精确可靠的结论. 由于测量时不是对全部可能的取值进行研究,只是得到一个容量有限的随机子样. 因此,基于这个随机子样得出的结论包含一定的不确定性,概率就是这种不确定性的量度. 这时必须用概率的语言来表述结论. 例如,对于某个正态变量测量结果表述为 $x = \bar{x} \pm \sigma$,通常意味着 x 在 $\bar{x} - \sigma$ 到 $\bar{x} + \sigma$ 范围内取值的概率为 68.3%,表述这一结论所用的概率称为置信水平.

由于子样平均值 $\bar{x}$ 本身也是一个随机变量,故区间 $\bar{x} \pm \dfrac{\sigma}{\sqrt{n}}$ 也应是随机的,则

$$p\left[\bar{x} - \frac{\sigma}{\sqrt{n}} < a < \bar{x} + \frac{\sigma}{\sqrt{n}}\right] = 0.683$$

或

$$p\left[a - \frac{\sigma}{\sqrt{n}} < \bar{x} < a + \frac{\sigma}{\sqrt{n}}\right] = 0.683$$

该两式说明在区间 $\bar{x} \pm \dfrac{\sigma}{\sqrt{n}}$ 内包含真值的可靠程度为 68.3%,或者说子样均值有 68.3% 的可能性落在以真值 a 为中心、$\bar{x} \pm \dfrac{\sigma}{\sqrt{n}}$ 的区间范围内.

通常，称 $\bar{x} \pm \dfrac{\sigma}{\sqrt{n}}$ 为置信区间（或置信限），$\dfrac{\sigma}{\sqrt{n}}$ 为置信区间的半长. 68.3% 为置信概率（或置信度），常表示为 $1-\alpha$，α 称显著性水平.

概括起来，可以对测量结果作以下结论：

$$测量结果 = 子样平均值\,\bar{x} \pm 置信区间半长\,\frac{\sigma}{\sqrt{n}}$$

该结论说明，一切测量结果应该理解为在一定置信概率下，以子样平均值为中心，以置信区间半长为界限的量，这正是误差统计意义的所在.

当随机变量规律的函数形式已知，未知的只是其中某些参数的数值时，数据处理的任务就是要估计这些参数的数值. 在实验测量中，这些参数往往就是我们要求的物理量的数值，如正态变量的期望值常常就是所要测量的物理量的真值. 假设 θ 是分布 $p(x;\theta)$ 的参数，测量得到的子样为 $(x_1, x_2, \cdots, x_N)$. 当 θ 未知时，我们可寻找子样的一个合适的函数 $\hat{\theta}(x_1, x_2, \cdots, x_N)$ 作为 θ 的估计量，并给出这种估计的误差大小，这种估计方法称为分布参数的点估计，子样的函数称为统计量. 我们也可以寻找两个统计量 $\hat{\theta}_1(x_1, x_2, \cdots, x_N)$ 和 $\hat{\theta}_2(x_1, x_2, \cdots, x_N)$，而且有 $\hat{\theta}_1 < \hat{\theta}_2$，使参数 θ 落在区间 $[\hat{\theta}_1, \hat{\theta}_2]$ 之间有足够大的（给定的）概率，这种估计方法称为分布参数的区间估计. 此外还可以根据经验或其他方面的知识给参数以某假设值，然后建立统计推断方法. 利用子样提供的信息在一定的概率水平下对接受或拒绝这个假设做出决断，这一类的假设检验称为参数检验. 当随机变量分布规律的函数形式未知时，我们也可以根据理论的预测或经验对它所遵从的分布规律做出假设. 用统计推断的方法对是否接受这一假设做出决断，这一类的假设检验称为拟合性检验. 还可以利用测量结果对其他假设进行检验. 根据近代物理实验数据分析处理的需要，我们着重介绍参数估计（点估计）的最大似然法与分布规律的 χ^2 检验方法.

三、分布参数的点估计

分布参数点估计的方法是用统计量做出参数的估计量，而统计量是随机子样的函数. 随机子样 $(x_1, x_2, \cdots, x_N)$ 可以看作是一个 N 维的随机变量. 一次测量得到子样的 N 个随机数值 $(x_1', x_2', \cdots, x_N')$，另一次测量得到另 N 个随机数值 $(x_1'', x_2'', \cdots, x_N'')$. 因此，它们的函数必然也是随机变量. 统计量既然是随机变量，它必然遵从一定的分布规律，有它的期待值、方差及其他数字特征量. 由于统计量是对母体分布参数和分布规律进行推断的基础，因此，统计量本身的分布和数字特征量是必须加以研究的. 根据母体的分布规律及统计量的函数形式，原则上可以导出统计量遵从的分布规律. 一般来说，要确定统计量的精确分布是很复杂的，对于一些特殊情形,如母体是正态分布时,这个问题有较简单的解法.必须指出:统计量遵从的分布规律和母体的分布不一定相同.例如,当母体为正态分布时,某些统计量却遵从 χ^2 分布、t 分布或者其他分布规律.

如果参数 θ 的估计量 $\hat{\theta}(x_1,x_2,\cdots,x_N)$ 的期待值满足

$$\langle \hat{\theta} \rangle = 0 \qquad\qquad (1-3-1)$$

则 $\hat{\theta}(x_1,x_2,\cdots,x_N)$ 称为 θ 的无偏估计量.有些估计量不满足式(1-3-1),但是当子样容量 $N\to\infty$ 时满足

$$\lim_{N\to\infty}(\theta - \langle \hat{\theta} \rangle) = 0$$

这种估计量称为渐近的无偏估计量.

对于同一个参数 θ,可以用不同方法设计不同形式的统计量作为 θ 的估计量,常用的方法之一是最大似然法.

1. 参数估计的最大似然法

子样 $(x_1,x_2,\cdots,x_N)$ 可看作 N 维的随机变量,它们的联合概率密度称为子样的似然函数.由于 $(x_1,x_2,\cdots,x_N)$ 是随机变量 x 的随机子样,因此其中各个随机变量 x 的概率密度函数(对于离散型变量,则是概率函数)的形式和 x 的概率密度函数 $p(x;\theta)$ 相同,只需把 x 换为 x_i.由于各 x_i 是互相独立的,根据式(1-3-6)似然函数等于各个观测值 x_i 概率密度的乘积,即似然函数为

$$L(x_1,x_2,\cdots,x_N;\theta) = \prod_{i=1}^{N} p(x_i;\theta)$$

对于已知的 θ,L 的大小说明哪些子样有较大的可能性.当 θ 未知而 $(x_1,x_2,\cdots,x_N)$ 已知时,采用 θ 的不同估算计值 L 将有不同的数值.L 的大小说明哪些 θ 值有较大的可能性,亦即实测子样 $(x_1,x_2,\cdots,x_N)$ 对 θ 的估计提供了一定的信息.选择使实测数值有较大概率密度的参数值作为 θ 的估计值是一种很自然的估计办法,这就是最大似然法.如果估计值 $\hat{\theta}$ 使似然函数最大,即

$$L(x_1,x_2,\cdots,x_N;\theta) \mid_{\theta=\hat{\theta}} = \max L$$

则 $\hat{\theta}$ 称为参数 θ 的最大似然估计.求最大似然估计量的具体办法是解似然方程

$$\frac{\partial \ln L(x_1,x_2,\cdots,x_N;\theta)}{\partial \theta} = 0 \qquad\qquad (1-3-2)$$

数理统计的理论证明,用最大似然法求出估算计量具有一系列的优良性质,但最大似然估计量通常是渐近的无偏估计量.小子样的最大似然估计量不一定是无偏估计量,然而可以通过适当的调整使其成为无偏估计量.

2. χ^2 检验

若 N 个不等精度的观测值 x_i 分别服从正态分布 $n(x_i;\mu,\sigma_i^2)$，这时 χ^2 量定义为

$$\chi^2 = \sum_{i=1}^{N} \frac{(x_i - \bar{x})^2}{\sigma_i^2} \qquad (1-3-3)$$

式中的 $\bar{x}$ 为 x_i 的加权平均值. 如果某些观测值存在系统误差使得它们的期待值偏离被测的真值 μ，或者某些观测值对误差 σ_i 的估计过小都会使 χ^2 量的数值远小于 $N-1$. 因此，当 χ^2 量的数值远远大于 $N-1$ 时，表明这组观测值之间存在着不协调.

由于 $\sqrt{\chi^2} - \sqrt{N-1} > 2$ 的概率小于 $1/400$，若 $\sqrt{\chi^2} - \sqrt{N-1} < 1$，通常不能认为有系统误差存在；若 $\sqrt{\chi^2} - \sqrt{N-1} > 2$ 则表明有系统误差存在或者在某些测量中误差 σ_i 的估计过小；当 $\sqrt{\chi^2} - \sqrt{N-1}$ 介于 1 与 2 之间则不能确定是否有系统误差的存在. 当检验表明有系统误差存在时，应对各个观测结果进行审核，把可疑值剔去，重新计算并再作检验.

χ^2 检验可以帮助我们发现是否有明显的系统误差，但并不能通过 χ^2 检验把系统误差都找出来，例如，当 $\sqrt{\chi^2} - \sqrt{N-1}$ 的数值介于 1 与 2 之间时，χ^2 量偏大有可能是由于存在系统误差，也可能是统计涨落的结果.

1-4　最小二乘法拟合

在物理实验中经常要观测两个有函数关系的物理量. 根据两个量的许多组观测数据来确定它们的函数曲线，这就是实验数据处理中的曲线拟合问题. 这类问题通常有两种情况：一种是两个观测量 x 与 y 之间的函数形式已知，但一些参数未知，需要确定未知参数的最佳估计值；另一种是 x 与 y 之间的函数形式还不知道，需要找出它们之间的经验公式. 后一种情况常假设 x 与 y 之间的关系是一个待定的多项式，多项式系数就是待定的未知参数，从而可采用类似于前一种情况的处理方法.

一、最小二乘法原理

在两个观测量中，往往总有一个量精度比另一个高得多，为简单起见，把精度较高的观测量看作没有误差，并把这个观测量选作 x，而把所有的误差只认为是 y 的误差. 设 x 和 y 的函数关系由函数

$$y = f(x;c_1,c_2,\cdots,c_m) \qquad (1-4-1)$$

给出,其中 $c_1,c_2,\cdots,c_m$ 是 m 个要通过实验确定的参数. 对于每组观测数据 (x_i,y_i), i $=1,2,\cdots,N$. 都对应于 xy 平面上一个点. 若不存在测量误差,则这些数据点都准确落在理论曲线上. 只要选取 m 组测量值代入式(1-4-1),便得到方程组

$$y_i = f(x;c_1,c_2,\cdots,c_m) \tag{1-4-2}$$

式中 $i=1,2,\cdots,m$. 求 m 个方程的解,得到 m 个参数的数值. 显然 $N<m$ 时,参数不能确定.

在 $N>m$ 的情况下,式(1-4-2)成为矛盾方程组,不能直接用解方程的方法求得 m 个参数值,只能用曲线拟合的方法来处理. 设测量中不存在着系统误差,或者说已经修正,则 y 的观测值 y_i 围绕着期望值 $\langle f(x;c_1,c_2,\cdots,c_m)\rangle$ 摆动,其分布为正态分布,则 y_i 的概率密度为

$$p(y_i) = \frac{1}{\sqrt{2\pi}\sigma_i}\exp\left\{-\frac{[y_i - \langle f(x_i;c_1,c_2,\cdots,c_m)\rangle]^2}{2\sigma_i^2}\right\}$$

式中 σ_i 是分布的标准偏差. 为简便起见,下面用 C 代表 $(c_1,c_2,\cdots,c_m)$. 考虑各次测量是相互独立的,故观测值 $(y_1,y_2,\cdots,c_N)$ 的似然函数为

$$L = \frac{1}{(\sqrt{2\pi})^N\sigma_1\sigma_2\cdots\sigma_N}\exp\left\{-\frac{1}{2}\sum_{i=1}^{N}\frac{[y_i - f(x;C)]^2}{\sigma_i^2}\right\}$$

取似然函数 L 最大来估计参数 C,应使

$$\sum_{i=1}^{N}\frac{1}{\sigma_i^2}[y_i - f(x_i;C)]^2 \text{ 取极小} \tag{1-4-3}$$

对于 y 的分布不限于正态分布来说,式(1-4-3)称为最小二乘法准则. 若为正态分布的情况,则最大似然法与最小二乘法是一致的. 因权重因子 $\omega_i = 1/\sigma_i^2$,故式(1-4-3)表明,用最小二乘法来估计参数,要求各测量值 y_i 的偏差的加权平方和为最小.

根据式(1-4-3)的要求,应有

$$\frac{\partial}{\partial c_k}\sum_{i=1}^{N}\frac{1}{\sigma_i^2}[y_i - f(x_i;C)]^2\Big|_{c=\hat{c}} = 0, \qquad k=1,2,\cdots,m$$

从而得到方程组

$$\sum_{i=1}^{N}\frac{1}{\sigma_i^2}[y_i - f(x_i;C)]\frac{\partial f(x;C)}{\partial c_k}\Big|_{c=\hat{c}} = 0, \qquad k=1,2,\cdots,m \tag{1-4-4}$$

解方程组(1-4-4),即得 m 个参数的估计值 $\hat{c}_1,\hat{c}_2,\cdots,\hat{c}_m$,从而得到拟合曲线的函数 $f(x;\hat{c}_1,\hat{c}_2,\cdots,\hat{c}_m)$.

然而,对拟合的结果还应给予合理的评价. 若 y_i 服从正态分布,可引入拟合的 χ^2 量

$$\chi^2 = \sum_{i=1}^{N}\frac{1}{\sigma_i^2}[y_i - f(x_i;C)]^2 \tag{1-4-5}$$

把参数估计$\hat{c}=(\hat{c}_1,\hat{c}_2,\cdots,\hat{c}_m)$代入上式并比较式（1-4-3），便得到最小的$\chi^2$值

$$\chi^2_{\min}=\sum_{i=1}^{N}\frac{1}{\sigma_i^2}[y_i-f(x_i;\hat{c})]^2 \qquad (1-4-6)$$

可以证明，$\chi^2_{\min}$服从自由度$v=N-m$的χ^2分布，由此可对拟合结果做χ^2检验.

由χ^2分布得知，随机变量$\chi^2_{\min}$的期望值为$N-m$.如果由式（1-4-6）计算出$\chi^2_{\min}$接近$N-m$（如$\chi^2_{\min}\leqslant N-m$），则认为拟合结果是可接受的；如果$\sqrt{\chi^2_{\min}}-\sqrt{N-m}>2$，则认为拟合结果与观测值有显著的矛盾.

二、直线的最小二乘拟合

曲线拟合中最基本和最常用的是直线拟合.设x和y之间的函数关系由直线函数

$$y=a_0+a_1x \qquad (1-4-7)$$

给出.式中有两个待定参数，a_0代表截距，a_1代表斜率.对于等精度测量所得到的N组数据(x_i,y_i),$i=1,2,\cdots,N$,x_i值被认为是准确的，所有的误差只联系着y_i.下面利用最小二乘法把观测数据拟合为直线.

1. 直线参数的估计

前面指出，用最小二乘法估计参数时，要求观测值y_i的偏差的加权平方和为最小.对于等精度观测值的直线拟合来说，由式（1-4-3）可得

$$\sum_{i=1}^{N}[y_i-(a_0+a_1x_i)]^2\big|_{a=\hat{a}} \qquad (1-4-8)$$

最小即对参数a（代表a_0,a_1）最佳估计，要求观测值y_i的偏差的平方和为最小.

根据式（1-4-8）的要求，应有

$$\frac{\partial}{\partial a_0}\sum_{i=1}^{N}[y_i-(a_0+a_1x_i)]^2\big|_{a=\hat{a}}=-2\sum_{i=1}^{N}(y_i-\hat{a}_0-\hat{a}_1x_i)=0$$

$$\frac{\partial}{\partial a_1}\sum_{i=1}^{N}[y_i-(a_0+a_1x_i)]^2\big|_{a=\hat{a}}=-2\sum_{i=1}^{N}(y_i-\hat{a}_0-\hat{a}_1x_i)=0$$

整理后得到正规方程组

$$\begin{cases}\hat{a}_0N+\hat{a}_1\sum x_i=\sum y_i\\ \hat{a}_0\sum x_i+\hat{a}_1\sum x_i^2=\sum x_iy_i\end{cases} \qquad (1-4-9)$$

解正规方程组便可求得直线参数a_0和a_1的最佳估计值$\hat{a}_0$和$\hat{a}_1$

$$\hat{a}_0 = \frac{(\sum x_i^2)(\sum y_i) - (\sum x_i)(\sum x_iy_i)}{N(\sum x_i^2) - (\sum x_i)^2} \qquad (1-4-10)$$

$$\hat{a}_1 = \frac{N(\sum x_iy_i) - (\sum x_i)(\sum y_i)}{N(\sum x_i^2) - (\sum x_i)^2} \qquad (1-4-11)$$

2. 拟合结果的偏差

由于直线参数的估计值$\hat{a}_0$和$\hat{a}_1$是根据有误差的观测数据点计算出来的,它们不可避免地存在着偏差.同时,各个观测数据点不是都准确地落于拟合线上面,观测值y_i与对应于拟合直线上的$\hat{y_i}$之间有偏差.

首先讨论测量值y_i的标准差S.考虑式$(1-4-6)$,因等精度测量值y_i所有的σ_i都相同,可用y_i的标准偏差S来估计,故该式在等精度测量值的直线拟合中应表示为

$$\chi_{\min}^2 = \frac{1}{S^2}\sum_{i=1}^{N}\big[y_i - (\hat{a}_0 + \hat{a}_1x)\big]^2 \qquad (1-4-12)$$

已知测量值服从正态分布时,$\chi_{\min}^2$服从自由度$v = N-2$的χ^2分布,其期望值

$$\langle \chi_{\min}^2 \rangle = \Big\langle \frac{1}{S^2}\sum_{i=1}^{N}\big[y_i - (\hat{a}_0 + \hat{a}_1x_i)\big]^2 \Big\rangle = N-2$$

由此可得y_i的标准偏差

$$S = \sqrt{\frac{1}{N-2}\sum_{i=1}^{N}\big[y_i - (\hat{a}_0 + \hat{a}_1x_i)\big]^2} \qquad (1-4-13)$$

这个表示式不难理解,它与贝塞尔公式是一致的,只不过这里计算S时受到两参数$\hat{a}_0$和$\hat{a}_1$估计式的约束,故自由度变为$N-2$.

式$(1-4-13)$所表示的S值又称为拟合直线的标准偏差,它是检验拟合结果是否有效的重要标志.如果xy平面上作两条与拟合直线平行的直线

$$y' = \hat{a}_0 + \hat{a}_1x - S, \quad y'' = \hat{a}_0 + \hat{a}_1x + S$$

如图$1-4-1$所示,则全部观测数据点(x_i, y_i)的分布,约有68.3%的点落在这两条直线之间的范围内.

下面讨论拟合参数偏差,由式$(1-4-10)$和式$(1-4-11)$可见,直线拟合的两个参数估计值$\hat{a}_0$和$\hat{a}_1$是y_i的函数.因为假定x_i是精确的,所有测量误差只与y_i有关,故两个估计参数的标准偏差可利用不确定度传递公式求得,即

$$S_{a_0} = \sqrt{\sum_{i=1}^{N}\Big(\frac{\partial \hat{a}_0}{\partial y_i}S\Big)^2}, \quad S_{a_1} = \sqrt{\sum_{i=1}^{N}\Big(\frac{\partial \hat{a}_1}{\partial y_i}S\Big)^2}$$

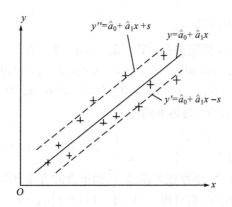

图 1-4-1　拟合直线两侧数据点的分布

把式(1-4-10)与式(1-4-11)分别代入上两式,便可计算得

$$S_{a_0} = S \sqrt{\frac{\sum x_i^2}{N(\sum x_i^2) - (\sum x_i)^2}} \qquad (1-4-14)$$

$$S_{a_1} = S \sqrt{\frac{N}{N(\sum x_i^2) - (\sum x_i)^2}} \qquad (1-4-15)$$

例　光电效应实验中照射光的频率 ν 与遏止电压 V 的关系为 $V = \varphi - (h/e)\nu$,式中 φ 为脱出功,e 和 h 分别为电子电荷与普朗克常量. 现有实验观测数据 (ν_i, V_i) 如表 1-4-1 所示,试用最小二乘法做直线拟合,并求 h 的最佳估计值.

表 1-4-1　某光电效应实验的测量数据

序号	$\nu_i/(10^{14}\,\text{Hz})$	V_i/V	$\nu_i^2/(10^{28}\,\text{Hz}^2)$	V_i^2/V^2	$\nu_i V_i/(10^{14}\,\text{Hz} \cdot \text{V})$
1	7.021	−1.435	49.29	2.059	−10.08
2	6.056	−0.975	36.68	0.951	−5.905
3	5.678	−0.773	32.24	0.598	−4.389
4	5.334	−0.700	28.45	0.490	−3.734
5	4.931	−0.555	24.31	0.308	−2.737
6	5.087	−0.630	25.88	0.397	−3.205
7	4.738	−0.438	22.45	0.192	−2.075
和	38.845	−5.506	219.30	4.995	−32.125

由于频率 ν 的测量精度比遏止电压 V 的精度高得多,故 ν 的误差可忽略不计. 对照前面讨论的直线方程 $y = a_0 + a_1 x$,则 ν 相当于 x,V 相当于 y,$a_0 = \varphi$,$a_1 = h/e$. 把表 1-4-1 内的数据代入参数估计式(1-4-10)和式(1-4-11),即得 $\hat{a}_0 =$

$1.54\text{V}; \hat{a}_1 = -4.19 \times 10^{-15}\,\text{V} \cdot \text{s}.$

为了求出拟合精度,先计算偏差 $\delta_i = V_i - \hat{a}_0 - \hat{a}_1 \nu_1$ 以及 δ_i^2.

$\delta_i = -0.033, 0.023, 0.067, -0.004, -0.055, -0.037, 0.009$

$\delta_i^2 = 0.00109, 0.00053, 0.00449, 0.00016, 0.00303, 0.00137, 0.00081$

代入式(1-4-13),可得 V_i 的标准偏差

$$S = \sqrt{\frac{1}{7-2} \sum_{i=1}^{7} \delta_i^2} = \sqrt{\frac{1}{5} \times 0.0115} = 0.048\,(\text{V})$$

经检验所有观测值 V_i 不存在大误差,从而拟合的直线方程为 $V = 1.54 - 4.19 \times 10^{15}\nu$. 该直线参量的标准偏差可由式(1-4-14)和式(1-4-15)得

$$S_{a_0} = 0.138\text{V}, \quad S_{a_1} = 0.248 \times 10^{-15}\,\text{V} \cdot \text{s}$$

由于 $a_1 = -h/e$,则 $h = -ea_1$. 若取 $e = 1.6021 \times 10^{-19}$ C,便可求得 $h = -e\hat{a}_1 \approx 6.71 \times 10^{-34}$ J · s,其标准差 $S_h = eS_{a_1} \approx 0.39 \times 10^{-34}$ J · s.

故本实验测定的普朗克常量最佳估计值可表示为

$$h = (6.71 \pm 0.39) \times 10^{-34}\,\text{J} \cdot \text{s}$$

三、相关系数及其显著性检验

把观测数据点 (x_i, y_i) 作直线拟合时,还不大了解 x 与 y 之间线性关系的密切程度,需要用相关系数 $\rho(x, y)$ 来判断. 其定义已由式(1-4-12)给出,现改写为另一种形式,并改用 r 表示相关系数,得

$$r = \frac{\sum\limits_i (x_i - \bar{x}) \cdot (y_i - \bar{y})}{\left[\sum\limits_i (x_i - \bar{x})^2 \cdot \sum\limits_i (x_i - \bar{y})^2\right]^{1/2}} \qquad (1-4-16)$$

式中 $\bar{x}$ 和 $\bar{y}$ 分别为 x 和 y 的算术平均值. r 值范围介于 -1 与 $+1$ 之间,即 $-1 \leqslant r \leqslant 1$. 当 $r > 0$ 时,直线的斜率为正,称正相关;当 $r < 0$ 时,直线的斜率为负,称负相关. 当 $|r| = 1$ 时,全部数据点 (x_i, y_i) 都落在拟合直线上. 若 $r = 0$,则 x 与 y 之间完全不相关. r 值愈接近 ± 1 则它们之间的线性关系愈密切.

用相关系数作显著性检验,需要给出相关系数的绝对值大到什么程度才可用拟合直线来近似表示 x 与 y 的关系. 所谓相关系数显著,即 x 与 y 关系密切. 表1-4-2给出了自由度 $N-2$ 两种显著水平 $a(0.05$ 和 $0.01)$ 的相关系数达到显著的最小值. 例如,$N = 10$,若 $|r| \geqslant 0.765$,则 r 在 $a = 0.01$ 水平上显著;若 $|r| < 0.632$,则 r 不显著,用这些数据点做直线拟合没有意义.

从上例的光电效应实验数据,可求得相关系数 $r = -0.994$,读者可由表1-4-2查出相关系数显著的最小值,然后判断在 $a = 0.01$ 水平上 μ 与 V 的线性关系是否显著.

表 1 - 4 - 2　相关系数检验表

N−2	a		N−2	a	
	0.05	0.01		0.05	0.01
1	0.997	1.000	10	0.576	0.708
2	0.950	0.990	11	0.553	0.684
3	0.878	0.959	12	0.532	0.661
4	0.811	0.917	13	0.514	0.641
5	0.754	0.874	14	0.497	0.623
6	0.707	0.834	15	0.482	0.606
7	0.666	0.798	16	0.468	0.590
8	0.632	0.765	17	0.456	0.575
9	0.602	0.735	18	0.444	0.561

四、非线性关系的线性化处理

　　若两个变量之间并非线性关系,通常要进行线性化处理才能做曲线拟合,有些非线性函数,只要做适当的变量置换,便可变为待定参数的线性拟合问题求解.

参 考 文 献

国家技术监督局.1992.JJG 1027-91.测量误差及数据处理(试行).北京:中国计量出版社

何桂荣,郭懿.1984.Student's t 分布及其在实验数据处理中的应用.物理实验,4(4):192-194

李惕碚.1981.实验的数学处理.北京:科学出版社

林林欣.1999.近代物理实验教程.北京:科学出版社

刘智敏,刘凤.1996.测量不确定度的评定与表示.物理,25(2):96-99

牛长山,等.1988.试验设计与数据处理.西安:西安交通大学出版社

吴思诚,王祖铨.1995.近代物理实验.北京:北京大学出版社

肖明耀.1985.误差理论与应用.北京:中国计量出版社

第二单元　经典综合性实验

2-1　密立根油滴实验

密立根(R. A. Millikan)教授是美国著名的物理学家,电子电荷的最先测定者.为了证明电荷的颗粒性,他从1906年起就致力于细小油滴带电的测量.起初他是对油滴群体进行观测,后来才转向对单个油滴观测.他用了11年的时间,经过多次重大改进,终于以上千个油滴的确凿实验数据,首先证明了电荷的颗粒性,即任何油滴所带电量都是某一基本电荷e的整数n倍,这个基本电荷就是电子所带的电荷值为$e=1.6\times10^{-19}$C.密立根因测出电子电荷及其他方面的贡献,荣获1923年度诺贝尔物理奖.

本实验的目的是通过对带电油滴在重力场和静电场中运动的测量,验证电荷的不连续性,并测量电子的电荷e;了解CCD图像传感器的原理与应用;通过实验过程中对仪器的调整、油滴的选择、耐心地跟踪和测量以及数据的处理等,培养学生应用科学方法论的能力.

一、实验原理

一个质量m、带电量为q的油滴处在两块平行极板之间,在平行极板未加电压时,油滴受重力作用而加速下降,由于空气阻力的作用,下降一段距离后,油滴将做匀速运动,其速度为v_g,这时重力与阻力平衡(空气浮力忽略不计),如图2-1-1所示.根据斯托克斯定律,黏性阻力为:$f_r=6\pi a\eta v_g$,式中,η是空气的黏性系数,a是油滴的半径.这时有

$$6\pi a\eta v_g = mg \qquad\qquad (2-1-1)$$

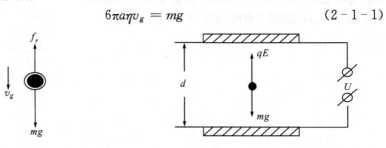

图2-1-1　油滴未加电压时的运动　　　　图2-1-2　油滴在电场中的运动

当在平行极板上加电压U时,油滴处在场强为E的静电场中,设电场力qE与

重力相反,如图 2-1-2 所示.使油滴受电场力加速上升,由于空气阻力作用,上升一段距离后,油滴所受的黏性阻力、重力与电场力达到平衡(空气浮力忽略不计),油滴将以匀速上升,此时速度为 v_e,则有

$$6\pi a\eta v_e + mg = qE \tag{2-1-2}$$

又因为

$$E = \frac{U}{d} \tag{2-1-3}$$

由式(2-1-1)~式(2-1-3)可解出

$$q = mg \frac{d}{U}\left(\frac{v_g + v_e}{v_g}\right) \tag{2-1-4}$$

为测定油滴所带电荷 q,除应测出 U、d 和速度 v_g、v_e 外,还需知道油滴质量 m.由于空气的悬浮和表面张力作用,可将油滴看作圆球,其质量为

$$m = \frac{4}{3}\pi a^3\rho \tag{2-1-5}$$

式中 ρ 为油滴密度.

由式(2-1-1)和式(2-1-5)得油滴的半径

$$a = \left(\frac{9\eta v_g}{2\rho g}\right)^{\frac{1}{2}} \tag{2-1-6}$$

考虑到油滴非常小,空气已不能看成连续介质,空气的黏度 η 应修正为

$$\eta' = \frac{\eta}{1 + \dfrac{b}{pa}} \tag{2-1-7}$$

式中 b 为修正常数,p 为空气压强,a 为未经过修正的油滴半径.由于它的修正项中不必计算得很精确,由式(2-1-6)计算就够了.

实验时取油滴匀速下降和匀速上升的距离相等,都设为 l,测出油滴匀速下降的时间 t_g,匀速上升的时间为 t_e,则

$$v_g = \frac{l}{t_g}, \quad v_e = \frac{l}{t_e} \tag{2-1-8}$$

将式(2-1-5)~式(2-1-8)代入式(2-1-4),可得

$$q = \frac{18\pi}{\sqrt{2\rho g}}\left[\frac{\eta l}{1 + \dfrac{b}{pa}}\right]^{\frac{3}{2}} \times \frac{d}{U}\left(\frac{1}{t_e} + \frac{1}{t_g}\right)\left(\frac{1}{t_g}\right)^{\frac{1}{2}}$$

令

$$K = \frac{18\pi}{\sqrt{2\rho g}}\left[\frac{\eta l}{1 + \dfrac{b}{pa}}\right]^{\frac{3}{2}} \times d$$

则

$$q = K\left(\frac{1}{t_e} + \frac{1}{t_g}\right)\left(\frac{1}{t_g}\right)^{\frac{1}{2}} \times \frac{1}{U} \qquad (2-1-9)$$

此式便是动态(非平衡)法测油滴电荷的公式.

下面导出静态(平衡)法测油滴的电荷的公式.

调节平行板间的电压,使油滴不动,$v_e = 0$,即 $t_e \to \infty$,由式(2-1-9)可求得

$$q = K\left(\frac{1}{t_g}\right)^{\frac{3}{2}} \times \frac{1}{U}$$

或

$$q = \frac{18\pi}{\sqrt{2\rho g}}\left[\frac{\eta l}{t_g\left(1 + \frac{b}{pa}\right)}\right]^{\frac{3}{2}} \times \frac{d}{U} \qquad (2-1-10)$$

上式即静态法测油滴电荷的公式.

为了求电子电荷 e,对实验测得的各个电荷 q_i 求最大公约数,就是基本电荷 e 的值,即电子电荷 e.也可以测量同一油滴所带电荷的改变量 Δq_i(可以用紫外线或放射源照射油滴,使它所带电荷改变),这时 Δq_i 应近似为某一最小单位的整数倍,此最小单位即为基本电荷 e.

二、实验装置

实验仪器由油滴仪和 CCD 成像系统组成,它改变了从显微镜中观察油滴的传统方式,而用 CCD 摄像头成像,将油滴在监视器屏幕上显示.视野宽广,观测省力,免除眼睛疲劳,这是油滴仪的重大改进.电视显微油滴仪构成图如图 2-1-3(a)所示.

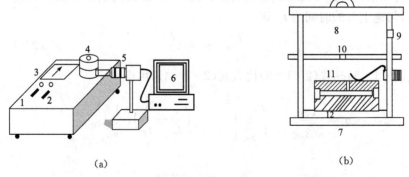

(a)　　　　　　　　　　　　　(b)

图 2-1-3　电视显微油滴仪示意图(a)和油滴盒剖面图(b)

1. 平衡电压按钮;2. 升降电压按钮;3. 平衡电压表头;4. 油滴盒;5. CCD 摄像头;6. 计算机;

7. 放大的油滴盒;8. 油雾室;9. 喷雾口;10. 油雾孔;11. 上极板;12. 下极板

1. 油滴仪主要包括油滴盒和电源两部分

(1) 油滴盒,如图 2-1-3(b)所示. 中间是两个圆形平行板,间距为 d,放在有机玻璃防风罩中. 上有极板中心有一个直径 0.4mm 的小孔,油滴经雾孔落入小孔,进入上下电极板之间,由聚光电珠照明. 防风罩前装有测量显微镜. 目镜中有分划板,视场为 3mm 高,可以测量油滴匀速运动的距离 2mm,以求出均匀速度 v_g 或 v_e.

(2) 电源部分. 提供下列几种电源:

① 2.2V 油滴照明灯电源.

② 500V 直流平衡电压. 大小可连续调节,并且从电压表(指针式或数字式)上直接读出. 平衡电压由换向开关换向,以满足正负电荷对不同极性电压的需要.

③ 300V 直流升降电压. 该电压大小可连续调节,并可通过拨动开关叠加在平衡电压上,以控制油滴在平行极板间的上下位置. 注意在读平衡电压时,升降电压应拨到零.

④ 12V 直流稳压电源,作为 CCD 摄像头的电源.

2. CCD 成像系统

CCD 是电荷耦合器件的英文缩写(charge-coupled device),它是固体图像传感器件的核心器件. 由它制成的摄像头,可把光学图像变为视频电信号,由视频电缆接到监视器上显示;用计算机对数据进行处理. 本实验使用灵敏度和分辨率甚高的黑白 CCD 摄像头,以及高分辨率的黑白监视器,检测油滴的运动,图像清晰逼真地显示在屏幕上,以便观察和测量.

三、实验内容

(1) 用静态法测量 5 个以上油滴的电荷,求出电子电荷 e.

(2) (选做项目)用动态法测量油滴的电荷,求出电子电荷 e.

(3) (选做项目)用改变油滴所带电荷的方法,测量油滴电荷的改变量,求电子电荷 e.

四、数据处理

1. 计算机处理数据

用静态法测量电荷的步骤如下:

(1) 参照图 2-1-3(a)将 CCD 摄像头装上,镜头调焦距离置于 2.5cm 处. 调节测量显微镜的目镜使其分划板清晰(用眼睛看),将目镜放入接口中,再把接口旋到镜头上. 对 MOD-4 型油滴仪,将接口套在显微镜筒上,即可使摄像机与显微镜连接起来,应注意将目镜插到底.

(2) 把 75Ω 视频电缆的一端接摄像头的视频输出端(video out),另一端接监视器的视频输入端(video in).将 12V 直流稳压电源接到摄像头电源输入端(注意正负极!),稳压电源接到 220V 交流电源插座上,摄像头上的指示灯亮.

(3) 将油滴盒和油雾室用布擦拭干净,用镜头纸把显微物镜和导光棒端面弄清洁;特别注意油滴盒上电极板中央的小孔保持畅通,油雾孔无油膜堵住.为增加反光,可将油滴盒的胶木圆环上贴上白纸条,而正对显微镜的地方,纸条不要太长,以免背景太亮,使对比度降低.

(4) 在电脑上打开计算机辅助测量软件(包括视频显示软件与数据处理软件).

(5) 接通 CCD 摄像头电源,在电脑屏幕上视频显示软件将会显示出实验油滴视场,调节显微镜使刻度与视场更清晰.

(6) 旋动照明灯室的灯座,使照在胶木圆环白纸条上的光又亮又集中.把油滴盒和油雾室的盖子盖上,油雾孔开启,检查导光棒是否插入胶木圆环上的进光孔中,上电极板压簧是否和上电极板接触好.

(7) 将仪器放平稳,调整左右两只调平螺栓,使水准泡指示水平,这时油滴盒处于水平状态.

(8) 利用喷雾器向油雾室喷油.转动显微镜调焦手轮,使显微镜聚焦,屏幕上出现清晰的油滴图像.适当调节监视器的亮度、对比度旋钮,使油滴图像最清晰,且与背景的反差适中.监视器亮度一般不要调的太亮,否则油滴不清楚.如图像不稳,可调监视器的帧同步与行同步旋钮.

(9) 关闭油雾孔,加平衡电压,除掉一些油滴,屏幕上仅保留一个或几个油滴,记录平衡电压,则可开始测量油滴速度(建议取油滴运动距离 $l = 2\text{mm}$).利用数据记录处理软件,跟踪记录所示油滴的实验数据,将平衡电压输入软件所示窗口中,距离由视频软件所示视场中的刻度读出,时间由软件计时器自动计时.具体步骤如下:选择一个油滴,将油滴位置选好,去掉平衡电压,油滴开始下落,到某一位置按计时器开始.此时密立根计时器开始计时,当油滴开始下落 2mm 后按停止.油滴仪加上升降电压不要使油滴丢失.此时观察油滴下落时间是否合适,如果认为油滴下落是匀速可以按计时器的确定,否则按放弃.计时器将确认的油滴时间自动保存.

(10) 用软件的处理部分对实验所记录的数据进行分析,显示记录结果,显示相对误差.

2. 手动处理数据

静态法测油滴电荷的公式为式(2-1-10),即

$$q = \frac{18\pi}{\sqrt{2\rho g}} \left[\frac{\eta l}{t_g \left(1 + \dfrac{b}{pa} \right)} \right]^{\frac{3}{2}} \times \frac{d}{U}$$

式中

$$a = \sqrt{\frac{9\eta l}{2\rho g t_g}}$$

其中钟油密度 $\rho = 981 \text{kg} \cdot \text{m}^{-3}$（20℃）；空气黏度 $\eta = 1.83 \times 10^{-5} \text{kg} \cdot \text{m}^{-1} \cdot \text{s}^{-1}$；重力加速度 $g = 9.79 \text{m} \cdot \text{s}^{-2}$；修正常数 $b = 6.17 \times 10^{-6} \text{m} \cdot \text{cmHg}$；大气压强 $p = 76.0 \text{cmHg}$；平行极板间距 $d = 5.00 \times 10^{-3} \text{m}$；油滴运动的距离 $l = 2 \times 10^{-3} \text{m}$；式中的时间 t 应为测量数次时间的平均值.

计算出各油滴的电荷后，求它们的最大公约数，即为基本电荷 e 值. 若求最大公约数有困难，可用作图法求 e 值. 设实验得到 m 个油滴的带电量分别为 q_1，q_2，$\cdots$，q_m，由于电荷的量子化特性，应有 $q_i = n_i e$，此为一直线方程，n 为自变量，q 为因变量，e 为斜率. 因此 m 个油滴对应的数据在 n-q 坐标系中将在同一条过原点的直线上，若找到满足这一关系的曲线，就可用斜率求得 e 值. 将 e 值的实验值与公认值比较，求相对误差.

五、思考题与讨论

（1）如何判断油滴盒内两平行极板是否水平？如果不水平对实验有何影响？

（2）为什么向油雾室喷油时，一定要使电容器的两平行极板短路？这时平行电压的换向开关置于何处？

（3）应选什么样的油滴进行测量？选太小的油滴对测量有什么影响？选太大或带电太多的油滴存在什么问题？

参 考 文 献

刘海涛. 2001. Delphi 程序设计基础. 北京：清华大学出版社

王正行. 1996. 近代物理学. 北京：北京大学出版社

2-2　弗兰克-赫兹实验

1911 年，卢瑟福根据 α 粒子散射实验，提出了原子核模型. 1913 年，玻尔将普朗克量子假说运用到原子有核模型，建立了与经典理论相违背的两个重要概念：原子定态能级和能级跃迁概念. 电子在能级之间迁跃时伴随电磁波的吸收和发射，电磁波频率的大小取决于原子所处两定态能级间的能量差，并满足普朗克频率定则. 随着英国物理学家埃万斯（E. J. Evans）对光谱的研究，玻尔理论被确立. 但是任何重要的物理规律都必须得到至少两种独立的实验方法的验证. 随后,在 1914 年,德国科学家弗兰克和他的助手赫兹采用慢电子与稀薄气体中原子碰撞的方法(与光谱研究相独立),简单而巧妙地直接证实了原子能级的存在,并且实现了对原子的可控激发,从而为玻尔原子理论提供了有力的证据.

1925 年,由于他们两人的卓越贡献,他们获得了当年的诺贝尔物理学奖(1926年于德国洛丁根补发). 弗兰克-赫兹实验至今仍是探索原子内部结构的主要手段之一. 所以,在近代物理实验中,仍把它作为传统的经典实验.

本实验通过对汞原子第一激发电位的测量,了解弗兰克和赫兹在研究原子内部能量问题时所采用的基本实验方法. 了解电子与汞原子碰撞和能量交换过程的微观图像和影响这个过程的主要物理因素,进一步理解玻尔理论. 学习用计算机采集和处理数据,了解温度传感器的工作特性及控温原理.

一、实验原理

根据玻尔的原子理论,原子只能处于一系列不连续的稳定状态之中,其中每一种状态相应于一定的能量值 $E_i(i=1,2,3,\cdots)$,这些能量值称为能级. 最低能级所对应的状态称为基态,其他高能级所对应的态称为激发态(图 2-2-1).

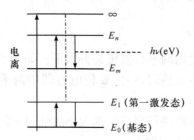

图 2-2-1　原子能级跃迁原理图

当原子从一个稳定状态过渡到另一个稳定状态时就会吸收或辐射一定频率的电磁波,频率大小取决于原子所处两定态能级间的能量差,并满足普朗克频率选择定则:

$$h\nu = E_n - E_m \quad (h \text{ 为普朗克常量})$$

使原子从低能级向高能级跃迁,可以通过吸收光子来实现,也可通过让具有一定能量的电子与原子碰撞交换能量而实现,并满足能量选择定则:

$$eV = E_n - E_m$$

1914 年,弗兰克和赫兹首次用慢电子轰击汞蒸气中汞原子的实验方法,测定了汞原子的第一激发电位.

实验采用三极管型弗兰克-赫兹管(F-H 管). 在常温状态下,F-H 管中装的水

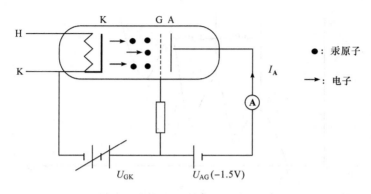

图 2 - 2 - 2　弗兰克-赫兹管(F-H)

银呈液态,当用加热炉加热时,形成汞蒸气.管的结构及实验原理见图 2 - 2 - 2,其中 H、K 是管的灯丝,用于加热阴极;K 是阴极,发射电子;G 是网状栅极,与阴极提供电子的加速电压;A 是板极(阳极),用于接收电子并转化成电流显示出来,同时与栅极产生一个反向拒斥电压 U_{AG}(−1.5V),过滤掉能量较小的电子.

　　阴极 K 由灯丝加热后发射大量的电子,这些电子经 G、K 间的电压 U_{GK} 加速而获得能量.板极 A 与栅极 G 间加有−1.5V 的拒斥电压 U_{GA},穿过栅网 G 进入 G、A 空间的电子,如果其能量 ≥eU_{GA},则可冲过拒斥电场到达板极 A,形成板极电流 I_A,如果电子在 K、G 空间与汞原子碰撞,把一部分能量交给汞原子后,剩余能量小于 eU_{GA},电子将不可能到达板极,此时 I_A 将显著减少.

　　电子与原子的碰撞分弹性碰撞和非弹性碰撞两种:

　　若原子第一激发态与基态的能量差为 eU_C(U_C 为第一激发态电位,对汞原子 U_C=4.9V),则当电子的加速电压<U_C 时,加速电子与汞原子发生弹性碰撞,碰撞后电子只改变运动方向而无能量损失.

　　当加速电压 U_{GK}≥U_C 时,电子与汞原子将发生非弹性碰撞,电子交出的能量 eU_C 使原子从基态跃迁到第一激发态,剩余能量 $e(U_{GK}-U_C)$ 仍为电子所具有.当 U_{GK} 足够大时,电子获得的能量可使原子从基态跃迁到更高的激发态,特别是当 U_{GK}≥V_i(V_i 为电离电势,对于汞原子,V_i=10.5V) 电子具有足够的能量可将原子最外层的电子轰击掉,使原子电离.

　　当 U_{GK}≥V_i 时,弹性碰撞、第一激发态的激发、高激发态的激发和电离都可能发生,具体事件发生的概率取决于电子的能量分布状况及各能级的碰撞截面的大小.

　　在实验中,使 U_{GK} 逐渐增加,由电流计读出板极电流 I_A,得到如图 2 - 2 - 3 所示的变化曲线.

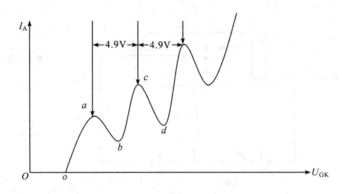

图 2-2-3　弗兰克-赫兹 U-I 曲线

下面我们讨论几个有关的问题.

1. 弗兰克-赫兹 U-I 曲线的解释

如果我们先不考虑阴极 K 发射的热电子具有一定的初始能量分布,则:

当加速电压 $U_{GK}<U_{AG}$ 时,电子在 K、G 空间被加速而获得的能量很低,穿过栅极 G 的电子不能克服拒斥电压到达板极,因而 $I_A=0$(如图 2-2-3 所示 O—o 段).

当 $U_{AG}<U_{GK}<U_C$ 时,电子在 K、G 空间与汞原子将发生弹性碰撞,碰撞后电子只改变运动方向而无能量损失.因而能够穿过栅极到达板极,且板极电流 I_A 随着 U_{GK} 的增大而增大(如图 2-2-3 所示 o—a 段).

当 $U_{GK}=U_C$ 时,电子在栅极附近与汞原子将发生非弹性碰撞,碰撞后电子能量损失耗尽,全部交给汞原子,使汞原子最外层电子跃迁到第一激发态.这些电子因损失能量不能克服拒斥电压,故板极电流 I_A 将开始减小(如图 2-2-3 所示 a 处).

当 $U_C<U_{GK}<U_C+U_{AG}$ 时,在接近栅极但未到栅极 G 处,电子已经获得了 eU_C 的能量,若跟汞原子碰撞将发生非弹性碰撞,电子交出能量使汞原子发生第一激发态的跃迁.碰撞后电子在到达栅极前还要加速一段,获得 $e(U_{GK}-U_C)<eU_{AG}$ 的动能.此时电子能量不能克服 U_{AG} 不会到达阳极,且由于 U_{GK} 的增加,与汞原子发生碰撞的电子会越来越多,故电流 I_A 将会继续减小(如图所示 2-2-3 所示 a—b 段).

当 $U_C+U_{AG}<U_{GK}<2U_C$ 时,电子再次加速获得的能量 $e(U_{GK}-U_C)>eU_{AG}$,此时电子有足够的动能可以克服拒斥电压到达阳极,随着 U_{GK} 的增加,与汞原子发生碰撞后,到达阳极板的电子会越来越多,故电流 I_A 将会随着 U_{GK} 再次增加(如图 2-2-3 所示 b—c 段).

当 $U_{GK}=2U_C$ 时,在 K、G 空间的中部电子已经获得了 eU_C 的能量,此时若跟汞原子碰撞,电子将交出能量使汞原子跃迁.碰撞后,电子加速到栅极时再次获得

了 eU_C 的能量,这时若跟另外一个汞原子碰撞,电子将再次交出能量使这一个汞原子从基态跃迁到第一激发态. 经过两次碰撞后电子损失能量不能克服拒斥电压,板极电流 I_A 开始减小(如图 $2-2-3$ 所示 c 处).

再往后重复以上过程.

由此可见:

(1) 凡当 $U_{GK}=nU_C(n=1,2,3,\cdots)$ 即加速电压等于汞原子第一激发电位 U_C 的整数倍时,板流 I_A 都会相应下跌,形成规则起伏的 $U\text{-}I$ 曲线;

(2) 任何两个相近峰间的加速电势差都应是汞原子的第一激发态电势.

所以,只要测出弗兰克-赫兹 $U_{GK}\text{-}I_A$ 曲线,即可求出汞原子的第一激发电位,并由此证实原子确实有不连续的能级存在.

弗兰克-赫兹实验设计的巧妙之处在于板极 A 与栅极 G 之间加了一个小而稳定的拒斥电压 U_{AG},用它筛去能量小于 eU_{AG} 的电子,从而能检测出电子因非弹性碰撞而损失能量的情况,后来弗兰克本人对 F-H 管进行了改进,测得了汞的更高能级的激发态. 而赫兹在此基础上重新设计了一套仪器可用来测量原子的电离电势.

2. 实验中的一些其他现象

(1) 接触电势差的影响. 实际的 F-H 管,其阴极 K 与栅极 G 采用不同的金属材料制成,它们的逸出功不同,因此会产生接触电势差. 接触电势差的存在,使真正加在电子上的加速电压不等于 U_{GK},而是 U_{GK} 与接触电势差的代数和. 使得整个 $U_{GK}\text{-}I_A$ 曲线平移.

(2) 由于阴极 K 发射电子后,在阴极表面积聚了许多的电子. 这些空间电荷的存在改变了 KG 间的空间电势分布. 当 U_{GK} 较小时,阴极附近会出现负电势,称为虚阴极. 负电势的绝对值随 U_{GK} 的增大而减小. U_{GK} 值较大时,虚阴极消失. 虚阴极的存在使得 $U_{GK}\text{-}I_A$ 曲线的前几个峰(2~3 个)的峰间距减小,而对后面的峰无影响. 灯丝电压越高,阴极 K 发射的电子流越大,空间电荷的影响越严重.

(3) 因为 K 极发出的热电子能量服从麦克斯韦统计分布规律,因此 $U_{GK}\text{-}I_A$ 图中的板极电流下降不是陡然的. 在 I_A 极大值附近出现的峰有一定宽度.

(4) 图中峰间距随 $p_H\times d$ 的上升而下降(p_H 为汞的饱和气压,对应于温度,d 为阴-栅级间距). 当 $p_H\times d=20\mathrm{mPa\cdot cm}$ 时峰间距为 4.9V. 而在实验中 d 一定,因而峰间距只与 p_H 有关,即与温度有关. p_H 上升则峰间距下降. 在图中还可以看出板流并不下降到零. 这是因为电子的自由程 λ 有一定的分布,及一部分电子在栅极 G 附近发生碰撞时,另一部分电子由于自由程的不同,在栅极 G 附近并没有发生碰撞仍能到达板极.

(5) 当 U_{GK} 较大时,由于部分电子自由程大,可积累较多的能量,使汞原子跃迁到更高的激发态,甚至使汞原子电离. F-H 管内出现淡绿色的光环,可证实更高激发态的存在(汞原子从第一激发态跃迁回到基态时,发出波长 2537Å 的紫外线,是不可见的).

(6) 电离的发生引起电子繁流,产生电流放大作用. 随着 U_{GK} 的增大,电子繁流迅速增长,使得 U_{GK}-I_A 曲线各峰高度迅速增加. 但 U_{GK} 超过一定值时,将导致管内气体击穿,应避免发生这种情况,否则将使管损坏.

弗兰克-赫兹实验作为一个经典实验被后人广泛研究,使 F-H 实验装置及内容得到了更大的改进和丰富.

二、控温原理

1. 炉温对实验的影响

F-H 管在加热炉中加热、恒温. 管内汞的饱和蒸气压强 P_H 的大小取决于炉温的大小. 炉温较低时,P_H 值小,电子的自由程大,这时电子繁流引起的电流放大作用增大,F-H 管容易击穿,测得的第一激发态电位峰间距小于 4.9V. 反之,炉温较高时,P_H 值大,电子的自由程小,电流放大作用减小,F-H 管的击空电压增高,测得的第一激发态电位峰间距大于 4.9V. 其次,只有保持炉温的恒定才能准确测得第一峰. 否则,测得的结果并非某一温度下的图形,而是在某一温度区域内的图形. 而且,由于加热炉与 F-H 管为垂直放置,加热丝在炉底,F-H 管在中部,加热炉中的温度是从底部到顶部逐渐减小的,因此 F-H 管碰撞区的温度并非加热丝的温度,而是略低于加热丝,且受到空间中导热介质的影响. 故而,让加热炉预热并能保持碰撞区为一定的温度很关键. 在实验中我们把炉温加到 140℃ 后,才开始做实验.

2. 控温原理

为了解决温度变化对实验的影响,我们用传感器对碰撞区的炉温进行监控,在加热方式上采用功率加热法(即在功率稳定的情况下,电热丝单位时间内辐射的热量不变),通过对电炉丝功率的智能控制而达到精确控温的目的. 当加热炉经过一定的时间预热后(大约 40min),炉中各个部分的温度都趋于稳定. F-H 管中碰撞区的温度也趋于稳定.

图 2-2-4 为温度自动控制系统的结构图. 在控制仪的面板上有手动/微机两挡. 在手动挡时,通过人工设置可以对控温电路进行控制. 同时控温电路又可对 220V 的工作电源进行控制使其在加热丝上产生的功率为我们想要的值(手动设置温度). 而设置的温度可在控制仪的面板上的显示屏上显示出来. 测温电路利用传感器获取数据(炉温),通过显示电路显示其值.

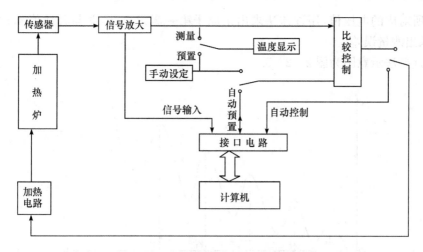

图 2-2-4 温度自动控制系统原理图

当用微机挡时,利用计算机的输出电压通过接口电路(自动设置)控制控温电路进行温度设置.测温电路获得数据除在面板上显示外,还可被输送到计算机通过专门的软件从显示器中显示出来.

计算机除可设置温度外,还可通过光电耦合电路对弗兰克-赫兹管的 U_{GK} 进行自动扫描,自动采集板极电流 I_A.对采集到的数据自动绘成 I-U 图,并演示绘制过程.处理程序还将把处理结果直接显示出来以便于我们同手动绘制结果进行对照.

三、实验内容

本实验的实验装置有智能弗兰克-赫兹实验仪、弗兰克-赫兹实验仪、加热炉、温度控制仪、计算机、打印机等.

实验步骤如下:

(1) 调整灯丝电压 $U_{HK}=6.3V$.

(2) 加热 F-H 管.调整温度控制仪,使炉温稳定在 160℃ 左右,手调"栅压调节"电位器.做出 U_{GK}-I_A 曲线,注意 U_{GK} 不得超过 30V.

(3) 使炉温控制稳定在 190～200℃,手调"栅压调节",U 变化范围为 0～50V,作 I-U 曲线,将上面两曲线画在一张图上,进行比较讨论.

(4) 在炉温为 190～200℃ 情况下,启动计算机打开"弗兰克-赫兹实验.exe"文件,用计算机采集和处理数据,最后用打印机打出 I-U 曲线和数据处理结果.

四、数据处理

根据手调"栅压调节"作出的 I-U 曲线和计算机显示所显示的 I-U 曲线,求出各峰所对应的电压值,用逐差法求出汞原子第一激发电势,并与公认值 4.9V 比较,求出测量误差.

逐差法示意图为图 2 - 2 - 5.

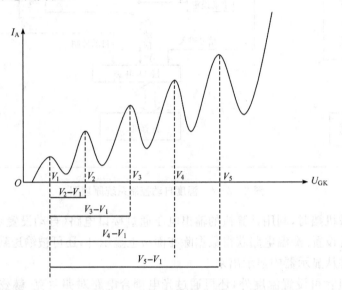

图 2 - 2 - 5　数据处理示意图

计算 $\bar{V}_c$ 的公式为 $\bar{V}_c = \left[(V_2 - V_1) + (V_3 - V_1)/2 + \cdots + \dfrac{V_{n+1} - V_1}{n} \right] \Big/ n$

五、思考题与讨论

(1) 能否用氢气代替汞蒸气,为什么?

(2) 为什么 I-U 曲线不是从原点开始?

(3) 为什么 I 不会降到零?

(4) 为什么 I 的下降不是陡然的?

(5) F-H 管内淡绿色光环证明了什么?

(6) 在 F-H 实验中,得到的 I-U 曲线为什么呈周期性变化?

(7) 在 F-H 管内为什么要在板极和栅极之间加反向拒斥电压?

(8) 温度过低时,栅压为什么不能调得过高?

(9) 在 F-H 管的 I-U 曲线上第一个峰的位置,是否对应于汞原子的第一激发电势?

参 考 文 献

褚圣麟. 1979. 原子物理学. 北京:人民教育出版社

胡镜寰,刘玉华. 1999. 原子物理学. 北京:北京大学出版社
钱临照,许志英. 1990. 世界著名科学家传记. 北京:科学出版社
杨福家. 1999. 原子物理学. 北京:高等教育出版社

2-3　钠原子光谱的拍摄与分析

研究元素的原子光谱,可以了解原子的内部结构,认识原子内电子的运动,并促成电子自旋的发现. 钠原子是多电子原子,既存在着原子核和电子的相互作用,又存在着电子之间的相互作用,还有电子自旋运动与轨道运动的相互作用.

本实验通过对钠原子光谱的观察、拍摄与分析,加深对碱金属原子外层电子与原子实相互作用以及自旋与轨道运动相互作用的了解,在分析光谱线系和测量波长的基础上,计算钠原子的价电子在不同轨道运动时的量子数亏损,绘制钠原子的能级跃迁图.

一、实验原理

让我们先回顾一下氢原子结构及其光谱规律. 对于氢原子,人们发现当电子在主量子:数 n_1 和 n_2 的上下两能级间发生跃迁时,相应的光谱线波数可写成以下形式:

$$\tilde{v} = \frac{R}{n_1^2} - \frac{R}{n_2^2} \qquad (2-3-1)$$

其中 R 为里德伯常量. 当 $n_1 = 2$ 且 n_2 依次为 $3,4,5,\cdots$ 时,对应熟知的巴耳末线系.

在氢原子中,只有一个电子在原子核的单位正点电荷的库仑场中围绕核运动. 根据玻尔理论计算,电子的能量为

$$E_n = -\frac{2\pi^2 \mu Z^2 e^4}{(4\pi\varepsilon_0)^2 n^2 h^2}, \quad n = 1,2,\cdots \qquad (2-3-2)$$

式中 μ 为折合质量,e 为电子电荷,Z 为原子序数,ε_0 为真空介电常数,h 为普朗克常量,n 为主量子数. 若令 E_{n_2} 与 E_{n_1} 分别表示上下两能级的能量,则频率条件为

$$\tilde{v} = \frac{1}{hc}(E_{n_2} - E_{n_1}) \qquad (2-3-3)$$

式中 c 为光速. 将式(2-3-2)代入,即得

$$\tilde{v} = \frac{2\pi^2 \mu Z^2 e^4}{(4\pi\varepsilon_0)^2 h^3 c}\left(\frac{1}{n_1^2} - \frac{1}{n_2^2}\right) \qquad (2-3-4)$$

与式(2-3-1)比较,并注意到氢原子 $Z=1$,得

$$R = \frac{2\pi^2 \mu e^4}{(4\pi\varepsilon_0)^2 h^3 c} \qquad (2-3-5)$$

因此电子能量 E_n 可表示为

$$E_n = -hc\frac{R}{n^2} \qquad\qquad (2-3-6)$$

令 $T_n = \dfrac{R}{n^2}$，T 称为光谱项，则

$$E_n = -hcT_n \qquad\qquad (2-3-7)$$

对于碱金属(如钠)情况和氢原子有显著的不同. 我们知道,钠的原子序数 $Z=$ 11,也就是说钠的原子核带有 11 个单位的正电荷,核外有 11 个电子,其中 10 个电子分别占据 $n=1$(2 个电子)和 $n=2$(8 个电子)的所有轨道,形成稳定的满壳层结构,它们与原子核构成原子实. 最外层的第 11 个电子称为价电子,它的轨道只能从 $n=3$ 开始,虽然原子实的场对价电子来说可以认为基本上是球对称的,但毕竟不全同于点电荷的场,因而其能级结构虽与氢原子相似,但有异于氢. 由于原子实的存在,将出现以下两种情况:轨道贯穿与原子实的极化. 由于这两者的影响,电子的能量不仅与主量子数 n 有关,而且与轨道角动量量子数 l(或 n_φ)有关. 在同一主量子数 n 的条件下,l 越小(椭圆轨道越扁),越容易出现轨道贯穿,原子实的极化也越强. 也就是说,在这种情况下,电子的能量下降,其能级比具有相同主量子数的氢原子能级要低,l 越小能级下降越多.

因此,对于钠原子,我们可以用所谓的有效量子数 n^* 来代替 n,其定义为 $n^* = n-\Delta$,它反映了轨道贯穿与原子实极化的总效果. 相应地,光谱项可写成

$$T = \frac{R}{n^{*2}} = \frac{R}{(n-\Delta)^2} \qquad\qquad (2-3-8)$$

很明显,n^* 不再是整数,而 Δ 称为量子数亏损.

可见,量子数亏损 Δ 反映的正是作用于价电子的原子实电场对点电荷电场近似的偏离程度. Δ 的大小与 n 和 l 有关. 价电子越靠近原子实(主量子数越小),椭圆的偏心率越大(量子数 l 越小),Δ 的数值也就越大. 不过,实验与理论计算表明,当 n 不是很大时,量子数亏损 Δ 的大小主要取决于 l,受 n 的影响很小;故本实验中近似地认为 Δ 与 n 无关.

电子由上能级跃迁到下能级时,发射光谱中的谱线波数可写为

$$\tilde{v} = \frac{R}{n_1^{*2}} - \frac{R}{n_2^{*2}} = \frac{R}{(n'-\Delta_{l'})^2} - \frac{R}{(n-\Delta_l)^2} \qquad\qquad (2-3-9)$$

式中 n_2^* 与 n_1^* 分别为上下能级的有效量子数;n 和 Δ_l 与 n' 和 $\Delta_{l'}$ 分别为上下能级的主量子数和量子数亏损,脚标 l 及 l' 分别表示上下能级所属轨道角量子数. 这种以两光谱项之差来表示某一谱线波数的表达式,称为里德伯关系式. 若将 n' 和 l' 固定,n 依次改变(l 的选择定则为 $\Delta l = +1$ 或 -1),则可得到一系列的 $\tilde{v}$,它们构成

一个线系. 通常用符号 nL 代表一能级或光谱项（须注意二者不但单位不同，而且相差一个正负号），当 $l=1,2,3,4,\cdots$ 时，按惯例分别写成 S，P，D，F，$\cdots$

钠光谱中通常包含四个线系：

主线系（谱线在紫外线和可见区）

$$\tilde{v} = 3\text{S} - n\text{P} = \frac{R}{(3-\Delta_\text{S})^2} - \frac{R}{(n-\Delta_\text{P})^2}, \quad n = 3,4,5,\cdots$$

锐线系（第二辅助线）（谱线在可见区）

$$\tilde{v} = 3\text{P} - n\text{S} = \frac{R}{(3-\Delta_\text{P})^2} - \frac{R}{(n-\Delta_\text{S})^2}, \quad n = 4,5,6,\cdots$$

漫线系（第一辅线系）（谱线在可见区）

$$\tilde{v} = 3\text{P} - n\text{D} = \frac{R}{(3-\Delta_\text{P})^2} - \frac{R}{(n-\Delta_\text{D})^2}, \quad n = 3,4,5,6,\cdots$$

基线系（柏格曼系）（谱线在红外区）

$$\tilde{v} = 3\text{D} - n\text{F} = \frac{R}{(3-\Delta_\text{D})^2} - \frac{R}{(n-\Delta_\text{F})^2}, \quad n = 4,5,6,\cdots$$

根据理论分析和实验情况，有以下几个特点：

（1）主线系各谱线是由 nP 能级（$n=3,4,5,\cdots$）向 3S 能级的跃迁产生的；而锐线系各谱线是由 nS 能级（$n=4,5,6,\cdots$）向 3P 能级的跃迁产生的. 对于碱金属原子，它们的 S 能级都是单重的，其他能级（P，D，F，$\cdots$）分裂为双重的，这称为谱线的精细结构. 精细结构可用电子的自旋轨道耦合所引起的能级分裂来解释. 根据选择定则，主线系与锐线系皆呈现双线结构. 正由于此，我们所熟知的钠黄线实际上就是由波长分别为 5889.963Å 与 5895.930Å 的两条谱线所组成，它是主线系的第一条谱线，是该系落在可见光区唯一的谱线. 主线系其他谱线皆出现在紫外线区.

在钠原子的弧光光谱中，各线系有明显的不同特征. 若电弧中钠蒸气的原子密度比较大，主线系的光谱线将产生自吸收. 这是因为电弧中心温度较高，而外围的温度较低，从而在外围的钠蒸气中基态原子的密度较大，处于电弧中心的钠原子发出的光通过外围的钠蒸气时有一部分被吸收. 在光谱片上自吸收则表现为黑色谱线中心的一条白道. 主线系的其他谱线也有自吸收现象，因此可以根据存在自吸收把主线系和其他线系分开. 主线系和其他线系的另一个不同点是双重线中不同成分的强度比不同，据此也可以帮助我们把主线系和其他线系区分开. 若存在自吸收，主线系谱线的波长将不易测准，为了比较准确地测量主线系谱线的波长，拍摄主线系的光谱线时应设法使电弧中钠蒸气的密度减小. 实验室备有中心波长为 3000Å 的闪耀光栅，故可以拍摄钠光谱主线系紫外区部分.

（2）锐线系的第一条谱线在红外区，在可见光区通常可以观测到该线系的 3～

4 条谱线.谱线较锐,每对双线之间的波数间隔都是等宽的.

（3）漫线系的谱线是由 nD 能级（$n=3,4,5,\cdots$）向 3P 能级的跃迁产生的；基线系的谱线是由 nF 能级（$n=4,5,6,\cdots$）向 3D 能级间的跃迁产生的.碱金属原子 P,D,F 等能级都是双重的.设若上下各能级之间都能发生跃迁,似应有四条谱线存在.但是根据选择定则（$\Delta J=0,\pm1$,其中 J 是原子总角动量量子数）,实际上只有三种跃迁才是可能的.因此,漫线系与基线系都是复双重线结构.由于 D 能级的分裂（分裂后二能级之差）远较 P 能级的分裂小,而且这种分裂随主量子数 n 的增大而减小,这就使得漫线系任何一条谱线的三个成分中波长较大的两个成分彼此靠得很近,非高分辨率光谱仪不足以把它们分开,所以看起来好像是双线似的,而且谱线在长波侧的边缘显得模糊和漫散,漫线系因此而得名.波长越大,谱线的漫散越显著,甚至连成一片了.

漫线系的第一条谱线在红外区,在可见光区通常也可观测到 3～4 条.

（4）基线系的谱线都落在红外区,限于条件,本实验中不作研究.

线系中每一谱线的精细结构的不同成分具有不同的强度,其强度取决于有关能级值的大小（玻尔兹曼因子）、能级的统计权重以及能级间的跃迁概率.这些问题在本实验里也不作进一步的讨论与研究.

二、实验内容和数据处理

1. 摄谱

本实验中用 WPG-100 型平面光栅摄谱仪拍摄钠原子在紫外区的光谱,摄谱仪的简介及使用方法见本节附录 A.

拍摄钠谱时,将少量的 NaCl 装入特制的纯碳杯形电极中,用电弧发生器激发电弧.利用哈特曼光阑先后拍摄 Na 谱与 Fe 谱.摄谱条件可参看实验室的说明卡.经显影、定影、冲洗后得一谱片.

2. 测波长

用映谱仪将谱线放大（其放大率为 20 倍）,根据各线系的特点来辨认钠谱的各线系的谱并计算出钠原子光谱的波长.见图 2-3-1,在波长很接近时,可以认为距离与波长差成正比.测出选定的铁谱线间的距离 d 和一条钠谱线与一条铁谱线间的距离,例如,波长较短一根之间 x_1,代入下列公式求出 Na 谱的波长.

$$(\lambda_{Na}-\lambda_{Fe_1})/(\lambda_{Fe_2}-\lambda_{Fe_1})=x_1/d,\qquad \lambda_{Na}=\lambda_{Fe_1}+[(\lambda_{Fe_2}-\lambda_{Fe_1})/d]x_1$$

3. 计算量子数亏损

将计算好的波长值换算成波数.由式（2-3-9）可知,在每一个线系中,相邻两条谱线的波数差为

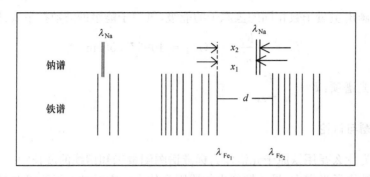

图 2-3-1 钠原子光谱与铁原子光谱测量对比图

$$\Delta \tilde{v} = \tilde{v}_{n+1} - \tilde{v}_n = \frac{R}{(n-\Delta_l)^2} - \frac{R}{(n+1-\Delta_l)^2} \qquad (2-3-10)$$

令 $n-\Delta_l = m+a$，其中 m 为整数，a 为正值小数，则式（2-3-10）可改写为

$$\Delta \tilde{v} = \tilde{v}_{n+1} - v_n = \frac{R}{(m+a)^2} - \frac{R}{(m+1+a)^2} \qquad (2-3-11)$$

$\Delta\tilde{v}$ 可通过各线的波长来求出，R 已知（$R=109737.31 \mathrm{cm}^{-1}$），由式（2-3-11）可算出 $(m+a)$ 的值。为计算方便，可借助于里德伯表（参看表Ⅲ）。表中，取 $R=109737.31\mathrm{cm}^{-1}$，通过计算列出了所有各 m 及 a 对应的光谱项值及光谱项差的值，故可由所得的 $\Delta\tilde{v}$，用内插法求出对应的 m 与 a 的值，然后由 $n-\Delta_l = m+a$ 求出量子数亏损 Δ_l。由于相邻两线可决定一个 Δ_l 值（属于同一量子数 l），若在主线系中测的 3 条谱线的波长，将可得 2 个 Δ_l，取其平均（忽略 n 的影响），即可求得该线系的量子数亏损 Δ。

4. 求固定项

当量子数亏损 Δ 及主量子数 n 确定后根据 $\tilde{v}$ 的数值及式（2-3-9），可求出固定项的项值，即

$$\frac{R}{(n'-\Delta_{l'})^2} = \tilde{v} + \frac{R}{(n-\Delta_l)^2} \qquad (2-3-12)$$

将三个固定项取平均，每一线系的固定项即已确定，则整个线系至此完全确定了。当 $n \rightarrow \infty$ 时，算出主线系限波长即

$$\tilde{v}_\infty = \frac{R}{(n'-\Delta_{l'})^2} = \overline{T}_{固} \qquad (2-3-13)$$

具体计算过程举例可参看本节附录 B。

5. 绘制能级图

根据计算结果，绘出钠原子的主线系以波数来表示能级图。为了比较，在同一

能级图上画出主量子数相同的氢原子的能级,氢原子能级的波数按下式计算:

$$T_H = -\frac{R_H}{n^2} \quad (R_H = 109677.58 \text{cm}^{-1})$$

钠原子的光谱项:$T = \dfrac{R}{(n' - \Delta_{l'})^2} - \bar{v}.$

三、思考题与讨论

(1) 为什么要用铁原子光谱作为标准谱图测量未知谱线的波长?

(2) 钠原子光谱中,量子缺产生的原因是什么? 它对钠原子能级有何影响?

附录 A　平面光栅摄谱仪简介及使用说明

1. 仪器结构及原理简介

本实验所用为 WPG-100 型 1m 平面光栅摄谱仪,它是一种波段范围为 2000~8000Å,具有中等和较大色散率的精密贵重仪器. 光栅摄谱仪是由准直系统、色散系统和照明系统三部分所组成,其光学系统如图 2-3-2.

由光源 s 发出的光线通过三透镜照明系统 1 均匀照亮狭缝 2,再经过反射镜 3 折向大球面反射镜下部(准直镜 4)后成平行光束投射至光栅 5 上. 经光栅分光后,不同波长的平行光束以不同方向射向大球面反射镜中部的照相物镜 6,最后成像在感光底板 7 上.

由于光栅的色散较大,在底板 7 上每次只能摄得一部分光谱,为了得到较大波长范围的谱片,可旋转光栅平台 8,即可得到不同的波段.

本仪器目前所装光栅的闪耀波长为 3000Å,5700Å 刻槽数为 1200 条·mm⁻¹,线色散为 8Å·mm⁻¹ 一级光谱. 球面反射镜的焦距约为 1m,故称 1m 平面光栅摄谱仪.

1) 平面反射光栅的构造与光栅方程

透射光栅有很大缺点,就是衍射图样中无色散的 0 级主极强占有总光能的很大一部分,其余的光能也分散在各级光谱,以至每级光谱的强度都比较小. 实际上使用光栅时只利用它的某一级光谱,我们需要设法把光能集中到这一级光谱上来,用闪耀光栅可以解决这个问题.

目前闪耀光栅多是平面反射光栅,它是在玻璃基板上镀上铝层,用特殊的刀具刻画出许多互相平行而且间距相等的槽面制成的见图 2-3-3 是垂直于光栅刻槽的断面放大图. 目前我国大量生产的平面反射光栅每毫米的刻槽数目为 600 条、1200 条和 800 条,本实验所用的 WPG-100 型摄谱仪配备的两块光栅都是每毫米 1200 条. 由于铝在近红外区域和可见区域的反射系数都比较大,而且几乎是常数,此外在紫外区域铝的反射系数比金和银都要大,加上它比较软,易于刻画,所以通

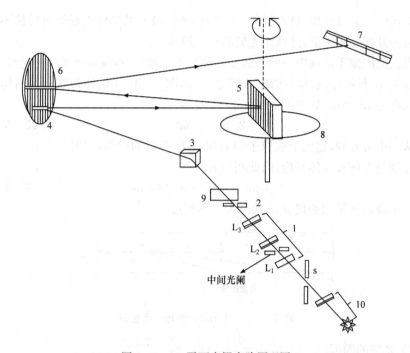

图 2-3-2 平面光栅光路原理图

s. 光源；1. 三透镜照明系统；2. 狭缝；3. 小平面反射镜；4. 准直镜；5. 光栅；6. 照相物镜；7. 底板；

8. 光栅转台；9. 电磁快门；10. 对光灯

常都用铝来刻制反射光栅. 铝制的反射光栅几乎在红外、可见和紫外区域都能用. 也就是说在铝层上刻划出适当的槽形，就能把光的能量集中到某一级，克服透射光栅光谱线强度微弱的缺点. 在图 2-3-3 中，衍射槽面（宽度为 a）与光栅平面的夹角，或者说光栅衍射平面法线 n 和光栅平面法线 N 之间的夹角 θ 称为光栅的闪耀角. 当平行光束入射到光栅上，由于槽面的衍射以及各个槽面衍射

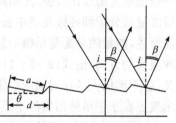

图 2-3-3 光栅刻槽断面示意图

光的相干叠加，不同方向的衍射光束强度不同. 考虑槽面之间的干涉，当满足光栅方程

$$d(\sin i \pm \sin \beta) = m\lambda \qquad (2-3-14)$$

光强将有一极大值，或者说将出现一亮条纹. 式中 i 及 β 分别是入射光及衍射光与光栅平面法线的夹角，即入射角与衍射角，d 为光栅常数（通常所给的是每毫米刻线数，可根据它求出光栅常数），$m = \pm 1, \pm 2, \pm 3, \cdots$，代表干涉级，$\lambda$ 是出现亮条纹的光的波长. 公式中当入射线与衍射线在光栅法线同侧时取正号，异侧时取负号.

由式(2-3-14)知,当入射角 i 一定时,不同波长的光经光栅衍射后按不同的方向被分开排列成光谱,这就是光栅的分光原理.

我们把成像于谱面中心的谱线波长称为中心波长.本仪器所采用的光路中,对中心波长 λ_0 而言,入射角与衍射角相等 $i=\beta$,图 2-3-4 这种特殊而又通用的布置方式称为 Littrow 型,因此对中心波长 λ_0 有

$$2d\sin i = m\lambda_0 \qquad\qquad (2-3-15)$$

从图中可看到,谱面上成像于中心波长 λ_0 两侧的谱线,衍射角为 $\beta=i\pm\delta$,正负号分别与右侧及左侧对应,因此相应有

$$d[\sin i + \sin(i\pm\delta)] = m\lambda \qquad\qquad (2-3-16)$$

对于我们所采用的仪器,δ 的最大值不超过 5°.

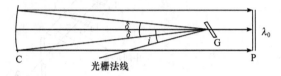

图 2-3-4　Littrow 型光路示意图

2) 光栅的闪耀

对于棱镜摄谱仪而言,入射光束经过棱镜分光以后,某一波长的单色光的能量除了被棱镜表面反射及被棱镜吸收的那部分外,全部集中到某一确定的方向,因此一般说来光谱线比较强.光栅则不同,入射光中某一波长的单色光,经过光栅衍射后能量被分配到各级光谱中去,而分配方式与光栅的形式及各种几何参数有关.如前所述,能量的分配是单槽衍射与槽间干涉的综合结果,光栅方程只是给出各级干涉极大的方向,由式(2-3-14)可知,光栅方程只包含光栅常数 d 而与槽面形状无关,各干涉极大的相对强度决定于单槽衍射强度分布曲线.反射式闪耀光栅的基本出发点在于把单缝衍射的主极强方向从没有色散的零级转到某一级有色散的方向上去,以增大该级光谱的谱线强度.图 2-3-3 所示的反射光栅,每个衍射槽面的作用和单缝相同,可以证明,槽面衍射的主极强方向,对于槽面来说正好是服从几何光学反射定律的方向.因此,当满足光栅方程(2-3-14)的某一波长的某一级衍射方向正好与槽面衍射主极强方向一致时,从这个方向观察到的光谱特别亮,就好像看到表面光滑的物体反射的耀眼的光一样,所以这个方向称为闪耀方向.下面分析闪耀的条件.

入射光线、衍射光线与光栅法线、槽面法线的几何关系见图 2-3-5 所示.对光栅平面的法线而言,入射角、衍射角分别为 i 及 β(图中画出入射光线与衍射光线在光栅法线同侧的情形).显然,光栅法线与槽面法线之间夹角等于光栅的闪耀角 θ,因此,对衍射槽面而言,入射角为 $i-\theta$,反射角为 $\theta-\beta$.根据上面的分析,实现闪

耀的条件是 $i-\theta=\theta-\beta$,从而有

$$i+\beta=2\theta \qquad (2-3-17)$$

因此,对某一波长而言实现闪耀时,i、β、λ 除了满足光栅方程(2-3-14),还必须同时满足式(2-3-17).

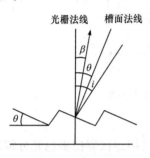

图 2-3-5　入射光线、衍射光线与光栅法线、槽面法线的几何关系

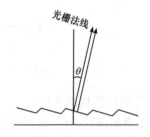

图 2-3-6　中心波长的入射与衍射方向

按照 Littrow 方式布置的光栅,对于中心波长有 $i=\beta$,代入式(2-3-16)得到 $i=\theta$,亦即入射角 i 等于光栅的闪耀角,此时入射光及衍射光均垂直于衍射槽面,见图 2-3-6 所示.把 $i=\beta=\theta$ 代入光栅方程,得

$$2d\sin\theta=m\lambda \qquad (2-3-18)$$

只要 i、β、λ 同时满足式(2-3-14)和式(2-3-17),对波长 λ 而言也就满足闪耀条件,但通常却是把满足式(2-3-18)的波长称为闪耀波长.由于 m 可以取 $m=1,2,3,\cdots$,因此对一块确定的光栅(d,θ 一定)仍然有第一级闪耀波长、第二级闪耀波长等各种数值,但习惯上在说明光栅的规格时,闪耀波长通常指的是第一级闪耀波长.WPG-100 摄谱仪配备的两块光栅的闪耀波长分别为 3000Å 和 5700Å.

由于 $d\approx a$(图 2-3-3),对满足闪耀条件的波长为 λ 的某一级光谱来说,同一波长的其他级(包括零级)光谱都几乎落在单槽衍射强度曲线的零点附近,见图 2-3-7 所示(在图中,单槽衍射主极强方向与 $m=1$ 的光谱线重合),这样一来,就可以把 80%~90%以上的能量集中到闪耀方向上,因此对满足闪耀条件的波长来说衍射效率最高.在它两侧的波长则不能同时满足闪耀条件,衍射效率下降,而且随干涉级增加下降速度加快.当衍射效率下降太多时,光谱线就很弱,经验表明:当光栅常数 d 较大($d>2\lambda$)时,如果第一级闪耀波长为 λ_b,光栅适用范围可由下面经验公式计算:

$$\frac{2}{2m+1}\lambda_b<\lambda<\frac{2}{2m-1}\lambda_b$$

式中 m 所用的光谱级次在这范围内,相对效率大于 0.4.

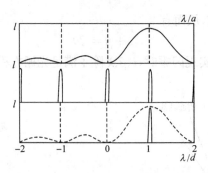

图 2-3-7　不同级光谱的强度分布

3) 光栅摄谱仪的色散

与棱镜光谱仪一样,光栅摄谱仪的色散大小是描述仪器把多色光分解成各种波长单色光的分散程度.这里我们把相邻两束单色光衍射角之差 $\Delta\beta$ 与波长之差 $\Delta\lambda$ 之比称为光栅的角色散,当入射角 i 一定时,对式(2-3-16)求微分,取绝对值,得

$$\frac{\mathrm{d}\beta}{\mathrm{d}\lambda} = \frac{m}{d}\frac{1}{\cos\beta} \qquad (2-3-19)$$

可见干涉级越高或光栅常数 d 越小,角色散越大.由于 $\Delta\beta$ 是两束光线分开的角距离,使用时很不方便,实际测量的是它们在谱面上的距离 Δl,显然 $\Delta l = f\Delta\beta$,f 为凹面镜的焦距.我们把 Δl 与 $\Delta\lambda$ 的比值称为仪器的线色散,根据式(2-3-19),线色散为

$$\frac{\mathrm{d}l}{\mathrm{d}\lambda} = f\frac{\mathrm{d}\beta}{\mathrm{d}\lambda} = \frac{mf}{d}\frac{1}{\cos\beta} \qquad (2-3-20)$$

习惯上,为方便起见,经常使用的是线色散的倒数,即上式的倒数,它表示谱面上单位距离的波长间隔,常用单位是 Å/mm,线色散的倒数越小越好.

实际使用时 β 不是太大,而且在谱面范围内,β 的变化也不大.因此 $\cos\beta$ 变化很小,从而 $\dfrac{\mathrm{d}l}{\mathrm{d}\lambda}$ 接近于一常量,亦即光栅的色散是均匀的,在谱面上得到的是接近于按波长均匀排列的光谱,这是与棱镜光谱仪不同的地方.

4) 光栅摄谱仪的分辨率

与棱镜摄谱仪一样,分辨率定义为谱线波长 λ 与邻近的刚好能分开的谱线波长差 $\Delta\lambda$ 的比值,即 $R = \lambda/\Delta\lambda$.根据这个定义,可以求出光栅的理论分辨率.

一块宽度为 b 的光栅见图 2-3-8,其光栅常数为 d,刻线数为 N,它在衍射方向的投影宽度 $b' = b\cos\beta = Nd\cos\beta$.与单缝衍射一样,其衍射主级强半角宽度,亦即最小可分辨角为

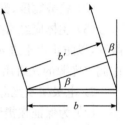

图 2 - 3 - 8　光栅在衍射方向的投影宽度

$$\Delta\beta = \frac{\lambda}{b\cos\beta} = \frac{\lambda}{Nd\cos\beta}$$

而根据式(2 - 3 - 19),如果两谱线刚好能被分开,它们的角距离应该等于这个最小分辨角,即

$$\frac{m}{d\cos\beta}\Delta\lambda = \frac{\lambda}{Nd\cos\beta}$$

从而得到

$$R = \frac{\lambda}{\Delta\lambda} = mN \qquad (2 - 3 - 21)$$

可见,为了提高分辨率,应在高级次下使用较大的光栅(尺寸较大或每毫米刻线较多). 如果从光栅方程(2 - 3 - 14)解出 m 代入上式可得

$$R = \frac{Nd(\sin i \pm \sin\beta)}{\lambda} = \frac{b(\sin i \pm \sin\beta)}{\lambda} \qquad (2 - 3 - 22)$$

由于 $|\sin i \pm \sin\beta|$ 的最大值是 2,因此光栅可达到的最大分辨率为

$$R_{\max} = \frac{2b}{\lambda} \qquad (2 - 3 - 23)$$

由式(2 - 3 - 21)和式(2 - 3 - 22)可知,光栅的分辨率受到光栅尺寸 b 及工作波长的限制,在大角度下工作可以提高分辨率,但 i 和 β 接近 90°时,谱线太弱不实用.

理论分辨率实际上是达不到的,由于种种原因,如光栅表面的光学质量、刻线间距均匀性及其他光学元件质量的限制等等,在正常狭缝宽度使用时,实际分辨率在一级光谱中只能达到理论值的 70%~80%,在二级光谱中为 60%左右. 狭缝正常宽度 s_0 为上述最小可分辨角与准直镜焦距 f 的乘积,即

$$s_0 = \frac{\lambda}{b}f = \frac{\lambda f}{Nd\cos\beta}$$

光栅摄谱仪的性能及质量指标除了上述几个问题以外,还有诸如刻线间距周期性误差造成光谱中出现各种假的谱线(鬼线及伴线)等问题,这里就不一一介绍了.

本仪器目前所装光栅的闪耀波长为 3000Å,5700Å 刻槽数为 1200 条·mm^{-1},线色散为 8Å·mm^{-1}一级光谱. 球面反射镜的焦距约为 1m,故称 1m 平面光栅摄谱仪.

2. 使用说明

1) 注意事项

(1) 由于本仪器为精密贵重仪器,使用前应先阅读台上的说明卡. 使用和调节各部分时,必须按操作规程进行,以确保人身及设备的安全.

(2) 狭缝宽度、聚焦及倾斜角皆已调好,切勿随意变动.

(3) 主体应经常处在封闭状态,所以暗箱位置应经常装有毛玻璃,不得长时间敞开,以防止尘土进入主体内.狭缝除在使用时,前面经常盖上金属套,该盖套还兼作调整光源的光斑用.

2) 电极架及光源照明系统

(1) 为保证在摄谱时,弧焰能准确地成像在狭缝上,应检查电极、透镜系统与狭缝的等高共轴.电极中心高度的控制,可利用电极后面的对光灯束调整——既让电极隙成像在三透镜照明系统中的 L_2 前的中间光阑上,并利用此像调整电极间的大小和位置,使电极间隙略大于中间光阑,并上下左右对称于光阑.注意不要使电极头的像落在光阑孔里.

(2) 点燃电弧(如 Fe 弧),细调透镜 L_2 使中间光阑像对称地充满准直镜(即大球面反射镜下部),这时应从暗箱的位置观察照相物镜(即大球面反射镜上部),使能看到中间的光阑像上下左右都充满光栅.调好后固定 L_2(在细调 L_2 的过程中,应随时调整 L_1 及光源 S,使光能通过 L_2 射入仪器),并检查电极是否仍对称地成像在中间光阑上.

(3) 细调 L_1,使通过 L_2 所成 L_1 像(即圆光斑)均匀对称地照射在狭缝前兼做保护用的金属盖套上的十字线,光斑充满整个黑线圆圈,然后固定 L_1.在这个过程中,光源 S 亦应随时调整.

(4) 最后微调光源 S,使电极清晰对称的成像在中间光阑上.

以上的操作,对拍好一张钠谱片是十分关键的.

3) 哈特曼光阑

见图 2-3-9 哈特曼光阑制作在一个圆形薄板上,分⊕、Ⅱ、Ⅲ(即 A、C、B)三部分,封在狭缝前,它旁边的一个上面有三种图形的数字小转盘用来调节.

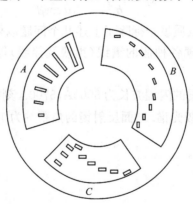

图 2-3-9　哈特曼光阑

限制谱线高度用的光阑⊕(A)共 7 挡,在调节转盘上用数字(0.5、1、2、4、6、8、10)来表示.

比较光谱用的光阑有两组:光阑高度为 1mm,各有 9 孔.其一Ⅱ(C)按 1~9 顺序排列,其中 2、5、8 孔在一条竖线上,即排列在同一半径的不同位置上,以便同时一次曝光;其余各孔依次排列,用 1、3、4、6、7、9 表示.Ⅲ(B)用数字表示 1、2、3、4、5、6、7、8、9.这三部分可根据不同的需要加以选用.

4) 光栅台和中心波长指示

光栅台是固定放置光栅的小平台,它可以绕轴转动,来改变中心波长的位置,以求得到不同的波长范围.它的转动是通过旋转手轮来实现的.光栅转角可直接在转盘上读出.

5) 摄谱仪的自动控制部分及弧光发生器的使用简单了解.

附录 B　量子数亏损及固定项项值的计算举例

1. 计算量子数亏损 Δ_l

设实测得锐线系的两条双重谱线(3P—5S)与(3P—6S)的平均波长分别为 $\lambda_1=$ 6155.02Å 与 $\lambda_2=5149.60$Å,则其波数分别为 $\bar{v}_1=16246.9\text{cm}^{-1}$ 与 $\bar{v}_2=19419.0\text{cm}^{-1}$,则 $\bar{v}_2-\bar{v}_1=3172.1\text{cm}^{-1}$,这就是 6S 与 5S 能级间的波数差.这个数值在里德伯表中介于 3138.65 和 3185.27(在 m 为 3~4 一行上).3138.65 的左侧为 8192.04,即 5S 的项值 T_{5S},对应于 $m=3$ 和 $a=0.66$,有效量子数 $n_1'^{*}=3.66$.右侧为 $T_{6S}=$ 5053.39,对应于 $m=4$ 和 $a=0.66$,有效量子数 $n_2'^{*}=4.66$,也就是说,3138.65 实为 $n_1'^{*}=3.66$ 和 $n_2'^{*}=4.66$ 两光谱项之差.同理 3185.27 实为 $n_1''^{*}=3.66$ 和 $n_2''^{*}=$ 4.64 两光谱项之差.可见,设实测所得的项值差 3172.1 为 n_1^{*} 与 n_2^{*} 两光谱项之差,则 n_1^{*} 应介于 3.64 与 3.66 之间,n_2^{*} 应介于 4.64 与 4.66 之间,差别在于小数部分.

利用内插法求 a 的实际值:

$$a=0.66-\frac{3172.1-3138.65}{3185.27-3138.65}\times(0.66-0.64)=0.646$$

所以

$$m+a=n^{*}=3.646$$

因此,$n_1^{*}=3.646,n_2^{*}=4.646$.由于 $n-\Delta_l=m+a$,令 $n=5$,得 $\Delta_l=1.354$.

2. 利用 T_{5S} 的项值求固定项 T_{3P}

同样用内插法可以求得与 $n^{*}=3.646$ 所对应的实际项值 $T_{5S}=8255.23$.由式(2-3-13),固定项(3P 项)的项值

$$\frac{R}{(n'-\Delta_{l'})^2} = \bar{v}_\infty = \bar{v} + \frac{R}{(n-\Delta_l)^2}$$

或写成

$$T_{5P} = \bar{v} + T_{5S} = 16246.9 + 8255.23 = 24502.1(\text{cm}^{-1})$$

当然,也可以用内插法算出 T_{6S} 的项值去求,其结果为 24502.9cm^{-1},在误差范围内与上面的计算结果是一致的.

参 考 文 献

吴思诚,王祖铨. 1995. 近代物理实验. 2 版. 北京:北京大学出版社

杨福家. 2000. 原子物理学. 北京:高等教育出版社

2-4　塞曼效应

皮特尔·塞曼(Pieter Zeeman)是荷兰著名的实验物理学家,"塞曼效应"的发现者. 塞曼效应的发现是 19 世纪末、20 世纪初的几十年内实验物理学家最重要的成就之一,是继法拉第发现"法拉第效应"、克尔发现"克尔效应"之后已被发现的磁场对光影响的第三个例子. 这一发现使得人们对物质的光谱、原子和分子有了更多的理解.

在发现塞曼效应的整个过程中,塞曼和他的老师洛伦兹密切配合共同奋斗,攻克一个又一个难关. 他们合作研究的精神已成为历史的光辉典范. 1902 年塞曼和他的老师共同获得诺贝尔物理学奖. 塞曼是一位精通多方面技术的实验物理学家,同时也是一位杰出的语言学家,他经常与研究生进行各方面的讨论显示出他是一位卓越的老师.

本实验用高分辨率的分光器件法布里-珀罗标准具去观察 5461Å 汞绿线的塞曼效应并用 CCD 摄像头捕捉图像,再用直读式望远镜测量谱线分裂的波长差,计算出电子荷质比 e/m 的值.

一、实验原理

1896 年塞曼发现将光源放在足够强的磁场中时,原来的一条谱线分裂成几条谱线,分裂后的谱线是偏振的,分裂成的条数随跃迁前后能级的类别而不同. 后人称此现象为塞曼效应,塞曼效应的理论解释如下.

1. 原子的总磁矩和总角动量的关系

原子中的电子既作轨道运动也作自旋运动. 在 LS 耦合的情况下,原子的总轨道磁矩 μ_L 与总轨道角动量 P_L 的大小关系为

$$\mu_L = \frac{e}{2m}P_L, \qquad P_L = \sqrt{L(L+1)}\,\hbar \qquad (2-4-1)$$

总自旋磁矩 μ_s 与总自旋角动量 P_s 的关系为

$$\mu_s = \frac{e}{m}P_s, \qquad P_s = \sqrt{S(S+1)}\,\hbar \qquad (2-4-2)$$

其中的 L,S 以及下面的 J 都是熟知的量子数,$\hbar$ 等于普朗克常量除以 2π. 轨道角动量和自旋角动量合成原子的总角动量 P_J,轨道磁矩和自旋磁矩合成原子的总磁矩 μ 见图 $2-4-1$,由于比值 μ_s/P_s 不同于比值 μ_L/P_L,总磁矩矢量 μ 不在总角动量 $\boldsymbol{P_J}$ 的方向上. 但由于 μ 绕 $\boldsymbol{P_J}$ 的进动,只有 μ 在 $\boldsymbol{P_J}$ 方向的投影 μ_J 对外界来说平均效果不为零. 按图 $2-4-1$ 所示的矢量模型进行叠加,得到 μ_J 与 P_J 的大小关系为

$$\mu_J = g\frac{e}{2m}P_J, \qquad P_J = \sqrt{J(J+1)}\,\hbar$$

其中 g 称为朗德因子,可以算出为

$$g = 1 + \frac{J(J+1) - L(L+1) + S(S+1)}{2J(J+1)} \qquad (2-4-3)$$

它表征了原子的总磁矩与总角动量的关系,并且决定了分裂后的能级在磁场中的裂距.

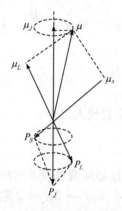 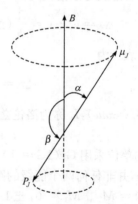

图 $2-4-1$ 电子磁矩同角动量的关系   图 $2-4-2$ 总磁矩绕磁场方向旋进

2. 外磁场对原子能级的作用

原子总磁矩在外磁场中受力矩 $\boldsymbol{L} = \boldsymbol{\mu_J} \times \boldsymbol{B}$ 的作用,见图 $2-4-2$,该力矩使总磁矩 μ_J 绕磁场方向作旋进. 这时附加能量 ΔE 为

$$\Delta E = -\mu_J B\cos\alpha = g\frac{e}{2m}P_J B\cos\beta \qquad (2-4-4)$$

其中角 α 与角 β 的意义见图 2-4-2. 由于 P_J 在磁场中的取向是量子化的,即

$$P_J\cos\beta = M\hbar, \qquad M = J, J-1, \cdots, -J \qquad (2-4-5)$$

磁量子数共有 $2J+1$ 个值. 式(2-4-5)代入式(2-4-4)得

$$\Delta E = Mg\frac{e\hbar}{2m}B \qquad (2-4-6)$$

这样,无外磁场时的一个能级在外磁场的作用下分裂为 $2J+1$ 个子能级. 由式 (2-4-6)决定的每个子能级的附加能量正比于外磁场 B,并且与朗德因子 g 有关.

3. 塞曼效应的选择定则

设某一光谱线在未加磁场时跃迁前后的能级为 E_2 和 E_1,则谱线的频率 ν 取决于

$$h\nu = E_2 - E_1$$

在外磁场中,上下能级分别分裂为 $2J_2+1$ 和 $2J_1+1$ 个子能级,附加能量分别为 ΔE_2 和 ΔE_1 并且可按式(2-4-6)算出. 新的谱线频率 ν' 取决于

$$h\nu' = (E_2 + \Delta E_2) - (E_1 + \Delta E_1) \qquad (2-4-7)$$

所以分裂后谱线与原谱线的频率差为

$$\Delta\nu = \nu' - \nu = \frac{1}{h}(\Delta E_2 - \Delta E_1) = (M_2 g_2 - M_1 g_1)\frac{eB}{4\pi m} \qquad (2-4-8)$$

用波数来表示为

$$\Delta\bar{\nu} = (M_2 g_2 - M_1 g_1)\frac{eB}{4\pi mc} \qquad (2-4-9)$$

令 $L = eB/(4\pi mc)$,L 称为洛伦兹单位. 将有关物理常数代入得

$$L = 4.67 \times 10^{-3} B m^{-1}$$

其中 B 的单位采用 Gs($1Gs = 10^{-4}T$).

但是,并非任何两个能级的跃迁都是可能的. 跃迁必须满足以下选择定则:

$$\Delta M = M_2 - M_1 = 0, \pm 1 \quad (当 J_2 = J_1 时, M_2 = 0 \rightarrow M_1 = 0 \text{ 除外})$$

习惯上取较高能级与较低能级的 M 量子数之差为 ΔM.

(1)当 $\Delta M = 0$ 时,产生 π 线,沿垂直于磁场的方向观察时,得到光振动方向平行于磁场的线偏振光. 沿平行于磁场的方向观察时,光强度为零,观察不到.

(2)当 $\Delta M = \pm 1$ 时,产生 $\sigma^{\pm}$ 线,合称 σ 线. 沿垂直于磁场的方向观察时,得到的都是光振动方向垂直于磁场的线偏振光. 当光线的传播方向平行于磁场方向时 σ^+ 线为一左旋圆偏振光,σ^- 线为一右旋圆偏振光. 当光线的传播方向反平行于磁场方向时,观察到的 σ^+ 和 σ^- 线分别为右旋和左旋圆偏振光.

沿其他方向观察时,π 线保持为线偏振光. σ 线变为圆偏振光. 由于光源必须置于电磁铁两磁极之间,为了在沿磁场的方向上观察塞曼效应,必须在磁极

上镀孔.

4. 汞绿线在外磁场中的塞曼效应

本实验中所观察的汞绿线 5461Å 对应于跃迁 $6s7s^3S_1 \rightarrow 6s6p^3P_2$. 这两个状态的朗德因子 g 和在磁场中的能级分裂,可以由式(2-4-3)和式(2-4-4)计算得出,并且绘成能级跃迁图 2-4-3.

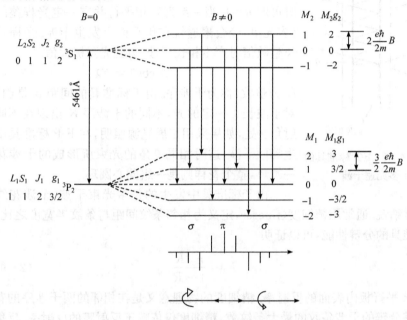

图 2-4-3 汞绿线的塞曼效应及谱线强度分布

由图可见,上下能级在外磁场中分别分裂为三个和五个子能级. 在能级图上画出了选择规则允许的 9 种跃迁. 在能级图下方画出了与各跃迁相应的谱线在频谱上的位置,它们的波数从左到右增加,并且是等距的,为便于区分,将 π 线,σ 线都标在相应的地方. 各线段的长度表示光谱线的相对强度.

二、实验装置

1. F-P 标准具的原理和性能

F-P 标准具有两块平行平面玻璃板和夹在中间的一个间隔圈组成. 平面玻璃板内表面是平整的,其加工精度要求优于 1/20 中心波长. 内表面上镀有高反射膜,膜的反射率高于 90%. 间隔圈用膨胀系数很小的熔融石英材料制作,精加工成一定的厚度,用来保证两块平面玻璃板之间有很高的平行度和稳定间距.

标准具中的光路图见图 2-4-4 所示. 当单色平行光束 S_0 以某一小角度入射

到标准具的 M 平面上时,光束在 M 和 M′二表面上经过多次反射和透射,分别形成一系列相互平行的反射光束 $1,2,3,\cdots$ 及透射光束 $1',2',3',\cdots$,任何相邻光束间的光程差 Δ 是一样的,即

$$\Delta = 2nd\cos\theta$$

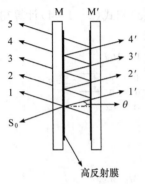

图 2 - 4 - 4　F-P 标准具的
多光速干涉

其中 d 为两平行板之间的间距大小为 2mm,θ 为光束折射角,n 为平行板间介质的折射率,在空气中使用标准具时可取 $n=1$. 当一系列互相平行并有一定光程差的光束(多光束)经会聚透镜在焦平面上发生干涉. 光程差为波长整数倍时产生相长干涉,得到光强极大值

$$2d\cos\theta = K\lambda \qquad (2-4-10)$$

K 为整数,称为干涉序. 由于标准具的间距 d 是固定的,对于波长 λ 一定的光,不同的干涉序 K 出现在不同的入射角 θ 处,如果采用扩展光源照明,在 F-P 标准具中将产生等倾干涉,这时相同 θ 角的光束所形成的干涉花纹是一圆环,整个花样则是一组同心圆环.

　　由于标准具中发生的是多光束干涉,干涉花纹的宽度非常细锐. 通常用精细度(finesse,定义为相邻条纹间距与条纹半宽度之比)F 表征标准具的分辨性能,可以证明

$$F = \frac{\pi\sqrt{R}}{1-R} \qquad (2-4-11)$$

其中 R 平行板内表面的反射率. 精细度的物理意义是在相邻的两干涉序的花纹之间能够分辨的干涉条纹的最大条纹数. 精细度仅依赖于反射膜的反射率. 反射率越大,精细度越大. 则每一干涉花纹愈细锐,仪器能分辨的条纹数越多也就是仪器的分辨本领越高. 实际上玻璃内表面加工精度受到一定的限制,反射膜层中出现各种非均匀性,这些都会带来散射等耗散因素,往往使仪器的实际精细度比理论值低.

　　我们考虑两束具有微小波长差的单射光 λ_1 和 λ_2($\lambda_1 > \lambda_2$ 且 $\lambda_1 \approx \lambda_2 \approx \lambda$),例如,加磁场后汞绿线分裂成的九条谱线中的,对于同一干涉序 K 根据式(2 - 4 - 10),λ_1 和 λ_2 的光强极大值对应于不同的入射角 θ_1 和 θ_2,因而所有的干涉序形成两套花纹. 如果 λ_1 和 λ_2 的波长差(随磁场 B)逐渐加大,使得 λ_2 的 K 序花纹与 λ_1 的 $(K-1)$ 序花纹重合,这时以下条件得到满足:

$$K\lambda_2 = (K-1)\lambda_1$$

考虑到靠近干涉圆环中央处 θ 都很小,因而 $K=2d/\lambda$,于是上式可写作

$$\Delta\lambda = \lambda_1 - \lambda_2 = \frac{\lambda^2}{2d} \qquad (2-4-12)$$

用波数表示为

$$\Delta \tilde{v} = \frac{1}{2d} \tag{2-4-13}$$

按以上两式算出的 $\Delta\lambda$ 或 $\Delta\tilde{v}$ 定义为标准具的色散范围,又称为自由光谱范围. 色散范围是标准具的特征量,它给出了靠近干涉圆环中央处不同波长的干涉花纹不重序时所允许的最大波长差.

2. 分裂后各谱线的波长差或波数差的测量

用焦距为 f 的透镜使 F-P 标准具的干涉花纹成像在焦平面上,这时靠近中央各花纹的入射角 θ 与它的直径 D 有如下关系,如图 $2-4-5$ 所示.

$$\cos\theta = \frac{f}{\sqrt{f^2 + (D/2)^2}} \approx 1 - \frac{1}{8}\frac{D^2}{f^2} \tag{2-4-14}$$

代入式(2-4-10)得

$$2d\left(1 - \frac{D^2}{8f^2}\right) = K\lambda \tag{2-4-15}$$

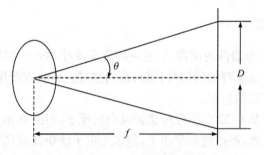

图 $2-4-5$　入射角 θ 与干涉圆环直径关系

由式(2-4-15)可见,靠近中央各花纹的直径平方与干涉序呈线性关系. 对同一波长而言,随着花纹直径的增大花纹愈来愈密,并且式(2-4-15)左侧括号中符号表明,直径大的干涉环对应的干涉序低. 同理,就不同波长同序的干涉环而言,直径大的波长小.

同一波长相邻两序 K 和 $K-1$ 花纹的直径平方差 ΔD^2 可从式(2-4-15)求得

$$\Delta D^2 = D_{K-1}^2 - D_K^2 = \frac{4f^2\lambda}{d} \tag{2-4-16}$$

可见 ΔD^2 是一常数,与干涉序 K 无关.

由式(2-4-15)又可求出在同一序中不同波长 λ_a 和 λ_b 之差,例如,分裂后两相邻谱线的差为

$$\lambda_a - \lambda_b = \frac{d}{4f^2 K}(D_b^2 - D_a^2) = \frac{\lambda}{K}\frac{D_b^2 - D_a^2}{D_{K-1}^2 - D_K^2} \qquad (2-4-17)$$

测量时通常可以只利用在中央附近的 K 序干涉花纹. 考虑到标准具间隔圈的厚度比波长大得多,中心花纹的干涉序是很大的. 因此,用中心花纹干涉序代替被测花纹的干涉序所引入的误差可以忽略不计,即

$$K = \frac{2d}{\lambda} \qquad (2-4-18)$$

将式(2-4-18)代入式(2-4-17)得

$$\lambda_a - \lambda_b = \frac{\lambda^2}{2d}\frac{D_b^2 - D_a^2}{D_{K-1}^2 - D_K^2} \qquad (2-4-19)$$

用波数表示为

$$\tilde{v}_b - \tilde{v}_a = \frac{1}{2d}\frac{\Delta D_{ab}^2}{\Delta D^2} \qquad (2-4-20)$$

其中 $\Delta D_{ab}^2 = D_b^2 - D_a^2$. 由式(2-4-20)得知波数差与相应花纹的直径平方差成正比.

3. CCD 摄像器件

CCD 是电荷耦合器件的简称. 它是一种金属氧化物——半导体结构的新型器件,具有光电转换、信息存储和信号传输(自扫描)的功能,在图像传感、信息处理和存储多方面有着广泛的应用.

CCD 摄像器件是 CCD 在图像传感领域中的重要应用. 在本实验中,经由 F-P 标准具出射的多光束,经透镜会聚相干,呈多光束干涉条纹成像于 CCD 光敏面. 利用 CCD 的光电转换功能,将其转换为电信号"图像",由荧光屏显示. 因为 CCD 是对弱光极为敏感的光放大器件,故荧屏上呈现明亮、清晰的 F-P 干涉图像.

三、实验内容

如图 2-4-6 所示.

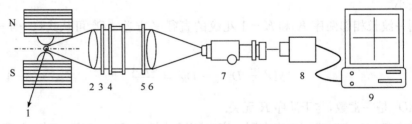

图 2-4-6　塞曼效应的实验装置

1. 笔型汞灯;2. 聚光镜;3. 标准具滤色片;4. F-P 标准具;5. 偏振片;6. 会聚透镜;7. 直读式望远镜;
8. CCD 摄像头;9. 显示器

（1）笔型汞灯，本实验中用作光源，将汞灯固定于两磁极之间的灯架上，接通漏磁变压器灯管便发出很强的谱线. 灯起辉电压 1500V.

（2）聚光镜. 灯源经过聚光镜均匀的射到 F-P 标准具上.

（3）干涉滤光片. 其作用是只允许 5461Å 通过，滤掉 Hg 原子发出的其他谱线，从而得到单色光.

（4）F-P 为法布里-珀罗标准具.

（5）偏振片. 在垂直于磁场方向观察时用以鉴别 π 成分和 σ 成分.

（6）会聚透镜. 使 F-P 标准具的干涉花样成像在会聚透镜的焦平面上.

（7）直读式望远镜，调焦于干涉花样后即可对花纹进行观测.

（8）CCD 摄像头.

（9）监视器，通过 CCD 摄像头，将捕捉到的图像，传输到监视器上.

四、实验步骤

（1）按图 2-4-6 调节光路，即以磁场中心到 CCD 窗口中心的等高线为轴，暂不放置干涉滤色片，不开启 CCD 及显示器，光源通过聚光镜以平行光入射 F-P 标准具，出射光通过会聚透镜成像于 CCD 光敏面.

（2）调节 F-P 标准具的平行度使两平晶平行，即调节 F-P 标准具的三个螺丝，使左右上下移动人眼时对着 F-P 标准具看到的干涉条纹形状不变.

（3）开启 CCD 和显示器，调节 CCD 上的平移微调机构至荧屏显示最佳成像状态，因汞灯是复色光源，荧屏呈亮而粗纹.

（4）放置 5461Å 干涉滤色片，则荧屏呈现明细的 F-P 干涉条纹.

（5）开启磁场电源，观察荧屏上的分裂的 π 光和 σ 光条纹随磁场的变化情况.

（6）调节螺旋测微器使 CCD 沿垂直方向移动，则荧屏上条纹也相应移动. 分别测量 π 光和 σ 光条纹的直径. 注意：由于 π 光和 σ 光所加磁场不同，必须每测量一种成分后用毫特斯拉计测量光源处的磁场强度.

五、数据处理

1. 由公式

$$\frac{e}{4\pi mc} = \frac{\Delta\bar{v}}{(1/2)B} = 4.67 \times 10^{-1}\,\mathrm{cm^{-1}} \cdot \mathrm{T^{-1}} \qquad (2-4-21)$$

计算出电子的荷质比，并和理论值比较算出相对误差. 其中 B 是外加磁场强度. 当给直流电磁铁加上电流时，就有一定的磁场 B，可以用毫特斯拉计测量. $\Delta\bar{v}$ 是当外加磁场时同级相邻裂变环之间的波数差.

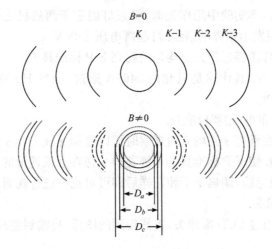

图 2 - 4 - 7　5461Å 加磁场后的裂变环

2. 加磁场后的裂变环如图 2 - 4 - 7 所示,由公式

$$\Delta \tilde{v} = v_a - v_b = \left(\frac{1}{2d}\right)(D_b^2 - D_a^2)/(D_{K-1}^2 - D_K^2)$$

$$\Delta \tilde{v} = v_b - v_c = \left(\frac{1}{2d}\right)(D_c^2 - D_b^2)/(D_{K-1}^2 - D_K^2)$$

(2 - 4 - 22)

计算出同级的两个波数差,要求测两个级次四个波数差,最后取平均值.

六、思考题与讨论

(1) 实验中如何观察和鉴别塞曼分裂谱线中的 π 成分和 σ 成分? 如何观察和分辨 σ 成分中的左旋和右旋圆偏振光?

(2) 调整 F - P 标准具时,如何判别标准具的两个内平面是严格平行的? 标准具调整不好会产生怎样的后果?

参 考 文 献

母国光,战元龄. 1979. 光学. 北京:人民教育出版社

杨福家. 2000. 原子物理学. 北京:高等教育出版社

张孔时,丁慎训. 1991. 物理实验教程. 北京:清华大学出版社

2 - 5　氦氖激光器放电特性、输出功率和效率特性的测量

氦氖激光器是具有连续输出特性的气体激光器. 虽然它的输出功率一般来说并不很高,通常只有几毫瓦,最大也不过百毫瓦,但由于它的光束质量好;光束发散

角很小,一般能达到衍射极限;相干长度是气体激光器中最长的,另外由于器件结构简单、操作方便、造价低廉、输出光束又是可见光,氦氖激光器在精密计量、准直、导航、全息照相、通信、激光医学等方面得到了极其广泛的应用.氦氖激光器是放电激励的气体激光器的典型代表,它的工作过程、制造工艺及设计器件的方法等对其他气体激光器都可以作为参考.

本实验要求学生测量激光管的伏安特性(V-I)曲线、输出功率与电流关系曲线(P-I)、电光转换效率 η 与电流的关系曲线(ηI).了解激光器的放电特性:负阻效应,起辉电压;学会确定激光器的最佳工作点.

通过实验掌握 He-Ne 激光器的组成结构、工作原理,学会正确使用激光管,学会有关仪器的使用方法.

一、氦氖激光器的构造、工作原理及供电电源

1. 氦氖激光器的几种结构形式

按照组成激光共振腔的两块反射镜相对于激光放电管安置方式是否是直接接触,氦氖激光器可分为三种结构形式,如图 2-5-1 所示.图 2-5-1(a)为内腔式,两块反射镜直接贴在放电管两端.这种形式的最大优点是使用方便,反射镜贴好后就不能再调整.其缺点是由于发热或外界扰动等,放电管发生形变,两块反射镜的位置发生相对变化,共振腔失调,因而输出频率及功率发生较大的变化.

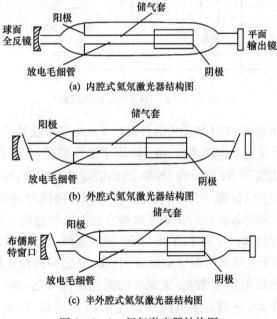

(a) 内腔式氦氖激光器结构图

(b) 外腔式氦氖激光器结构图

(c) 半外腔式氦氖激光器结构图

图 2-5-1　氦氖激光器结构图

图 2-5-1(b)是外腔式,组成共振腔的两块反射镜与放电管完全分离,反射镜安装在专门设计的调整支架上,放电管两端布儒斯特窗口以布儒斯特角密封. 这种结构的优点是能避免因放电管形变而引起的共振腔失调,同时获得线偏振光,这对某些应用和光学研究是必要的. 其缺点是需要不断调整腔镜使用不如内腔式方便.

图 2-5-1(c)是半外腔式,它的放电管一端直接贴反射镜,另一块反射镜与放电管分离,输出光束也是线偏振光,其性能介于(a)和(b)两者之间.

2. 基本原理

氦氖激光器中充有氦氖混合气体,这是激光的工作物质. 氦氖激光器的最佳充气总气压值 p 与放电毛细管的直径 d 有关,根据实验经验总结,p 与 d 乘积的取值范围为 $p \cdot d = 3.6 \sim 4.0$,式中 p 单位为"Torr",d 的单位用"mm".

氦氖气体的混合比例选用与总气压 p 有关,其范围在 $4 : 1 \sim 10 : 1$.

氦氖激光器的组成包括有:共振腔、工作物质和放电电源.

当 He-Ne 激光器的电极上加上几千伏的直流高压后,管内就产生辉光发电,对工作物质进行激励从而引起受激辐射,经共振腔进行光放大以后,即产生激光输出,其工作原理如图 2-5-2 所示.

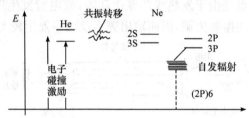

图 2-5-2 He 和 Ne 的能级图

在辉光放电状态下,工作物质中的许多电子从电场中获得足够的能量,并与处于基态的 He 原子发生非弹性碰撞,将 He 原子激发到 2^1S_0 和 2^3S_1 能级上去. 由于这两个能级的能量与 Ne 原子的 3S 和 2S 的能量几乎相同,所以当处于 2^1S_0 和 2^3S_1 两个激发态上的 He 原子与 Ne 原子产生非弹性碰撞时,两者交换能量,使得激发态的 He 原子回到基态,而 Ne 原子被激发到能级相近的 3S 和 2S 能级上去,这一过程称为共振转移. Ne 原子的 3S 和 2S 能级是两个亚稳态,所以当这两个能级上的受激 Ne 原子足够多时即可实现对 3P 和 2P 之间的粒子数反转,这样由于上下能级间的受激辐射产生激光. 氖原子的激光谱线可达 100 多条,而以 $3S_2 \rightarrow 3P_4$、$3S_2 \rightarrow 2P_4$ 和 $2S_2 \rightarrow 3P_4$ 能级间所产生的激光谱线 $3.39\mu m$、$0.6328\mu m$ 和 $1.15\mu m$ 为最强. 处于下能级(3P 和 2P)上的 Ne 原子通过自发辐射回到 1S 能级,处于 1S 能级上的 Ne 原子通过与放电毛细管壁或其处于基态的气体分子多次碰撞放出能量回到基态.

对每一支氦氖激光器来说,由于它们的结构、充气比例、气压大小不同以及具体工作情况的不同,在一个特定的电流值时,激光器有最大输出功率,此电流称为激光器的最佳工作电流,其对应的最大输出功率称为激光器的额定输出功率.图 2-5-3 所示为氦氖激光器的 P-I 曲线.从曲线看出,当电流 I 不同时,输出功率 P 也不同,激光器的能量转换效率 η 也不同,由激光原理可知,氦氖激光器的量子效率是很低的,仅在 $0.001\%\sim0.1\%$ 之间.输出功率也仅为毫瓦数量级.设激光管的管压降为 V,工作电流为 I,则电源输入给激光器的电功率为 $P_0=VI$,设激光器输出的光功率为 P,则激光器的有效功率为:$\eta=P/P_0$.

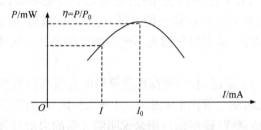

图 2-5-3 激光器工作的 P-I 图

3. 氦氖激光器的供电系统

供电系统(即电源)是氦氖激光器的重要组成部分,它的作用是对工作物质进行激励,把电源供给的电能转换成激光器输出的光能.氦氖激光器是一种气体放电管.它通过气体放电激励实现粒子数反转,并靠共振腔产生足够的正反馈,从而获得激光振荡.显然,激光输出功率的稳定性与气体激光管的放电特性有很大关系,为保证激光管可靠工作,必须根据气体激光管中的放电特性来设计气体激光管的供电系统.

连续工作的氦氖激光管中的放电形式均为正常辉光放电,这种放电形式有两大特点:

(1) 放电的着火电压(亦叫起辉电压)较高,而工作电压却较低.一般氦氖激光管的着火电压为 6~8kV,而工作电压约为 2kV 左右.例如,腔长 450mm 的管子工作电压约 2kV,相当于着火电压的 1/3,腔长为 250mm 的管子的工作电压约为 1.5kV,相当于着火电压的 1/4.不同腔长的管子,其着火电压与工作电压的比值是不一样的.

通常气体放电管的伏安特性如图 2-5-4 所示.在 OA 段里,管内气体导电率很低,无辉光,是暗放电区.

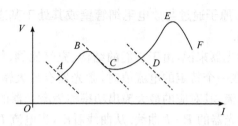

图 2-5-4 气体放电管的伏安特性

在 AB 段内出现极弱的辉光. B 点为着火电压,这个电压取决于气体的类型、充气气压和管子的结构. 过了 B 点,管内电流迅速增加,而管压降突然下降,达到 CD 段时,虽然电流可在大范围内变化,而电压几乎恒定不变,这一段称为正常辉光放电区,氦氖激光器就工作在这一段区域,过了 CD 段以后,还可能出现异常辉光放电区和弧光放电区,然而氦氖激光器绝不能工作到这一区域上,否则激光管就会损坏.

我们用图 2-5-5 来说明,经过高压整流后的直流高压电源对电容 C 充电、电压由零逐渐上升,此时激光管内电流很小. 可视为开路,R 为限流电阻. 在图 2-5-4 中所画出的 R 的负载线(即虚线),用来说明激光管的启动过程,负载线的斜率为 $\tan\theta = V/I = R$. 当 C 充电时,负载线平行地向右移动,它和放电管的伏安特性曲线的相交点,就是放电管的瞬时工作点,当这一点与 B 点重合时. 激光管就着火,管内电流突然增加,管压降减小,当电源电压继续上升,工作点就进入正常辉光放电区,直到最佳工作点 N 为止,此时激光管就在正常条件下工作了.

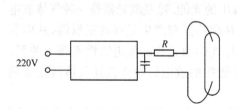

图 2-5-5 电源原理图

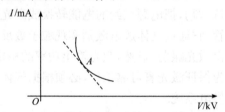

图 2-5-6 氦氖激光管正常放电的伏安特性

(2) 放电具有负阻特性. 如上所述,当激光管起辉后,随着电流的增加,管压降反而减小,这一现象称为负阻特性,所对应的区域称为负阻区. 图 2-5-6 示出了氦氖管在正常辉光放电区的伏安特性曲线,让激光管的工作状态处于特性曲线的 A 点,设激光管的交流负载电阻为 R(A 点切线的斜率),根据气体放电的稳定条件,在放电管的外电路中必须串接一个 R^+ 负载,以使 $R^+ + R^- > 0$,放电才能稳定,这就要求激光电源要具有与放电管相匹配的适当电阻,一般都是在电源的输出端串接外加镇流电阻来使激光器放电稳定.但是放电管的负阻特性值得注意切忌电源有和放电管并联的任何电容性负载,否则容易产生寄生的张弛振荡,表现为激光管有时工作正常,有时不正常(激光管放电出现闪动)破坏了激光输出的稳定性,常规的解决办法是在激光管的阳极串接一个 $5\sim10\text{k}\Omega$ 的电阻,然后再接馈线,以破坏其振荡条件.

二、实验装置

(1) 氦氖激光管.
(2) 直流高压电源.
(3) 高压直流电压表.
(4) 氦氖激光功率计.

三、实验步骤及实验内容

(1) 按照图 2-5-7 接好电路注意分清激光管的阳极和阴极,阳极接电源正极,阴极接电源负极,不得接错.

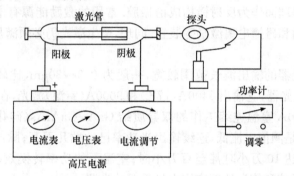

图 2-5-7　实验连接图

(2) 将电路连接好,经教师检查无误后即可开始测量激光器的 $V\text{-}I$ 曲线、$P\text{-}I$ 曲线和 ηI 曲线.具体方法是:接通高压电源逐步调节高压电源的输出电压,并记下激光管两端的电压及相应的电流值,直至激光管起辉后,记下起辉电压和电流,此时的电流即为测量 $P\text{-}I$ 和 ηI 曲线的起点,所以要将功率计探头对准激光束,接着再继续调节电源电压,并记下每一测量点所对应的电压 V、电流 I、输出光功率 P 的数值.当放电电流增大到某一数值后,激光器的输出功率显示出下降的趋势,此时即可停止测量,千万不要把电流调得过大,以免降低激光管的寿命.

(3) 对实验所得数据进行处理,画出 $V\text{-}I$、$P\text{-}I$ 和 ηI 曲线,并对曲线进行分析,测出激光管的着火电压,找出激光器的最佳工作点及工作电压,计算在最佳工作电流时激光的电光转换效率.

（4）对实验结果进行分析讨论并提出改进意见.

四、思考题与讨论

（1）影响氦氖激光器输出功率的因素是什么？

（2）外腔式激光器中所加的布儒斯特窗口起什么作用？

参 考 文 献

周炳琨. 1995. 激光原理. 北京：国防工业出版社

2-6　半导体激光器电学、光学特性参数的测量

半导体激光器是用半导体材料作为工作物质的一类激光器，它是 1962 年研制成功的. 类似气体和固体激光器，其基本结构原则上仍由工作物质、谐振腔和激励能源组成. 半导体激光器主要工作物质有Ⅲ-Ⅴ族化合物半导体 GaAs（砷化镓）、MoSb（锑化钼）等；Ⅱ-Ⅳ族化合物半导体 ZnS（硫化锌）、CdS（硫化镉）等. 一般采用半导体晶体的解理面作为反射镜构成谐振腔. 常用的激励能源有电注入、光激励、高能电子束激励和碰撞电离激励等装置. 同理，产生激光仍必须满足"增益条件"和"阈值条件".

半导体激光器的输出波长范围较宽，一般为 $0.3\sim30\mu m$，比较成熟且最受重视的是 GaAs 激光器，它输出 8400Å（77K）和 9000Å（室温）激光，在 1970 年实现了激光波长为 9000Å 室温连续工作的双异质结 GaAs-GaAlAs（砷化镓-镓铝砷）激光器，它的特点是阈值电流低，连续输出光功率已达数几百瓦；脉冲输出可达几千瓦；工作寿命已达 10 万小时甚至百万小时；室温下的功率转换效率已超过 20%，使其成为光纤通信和信息处理应用中最重要的光源.

半导体激光器由于具有体积小，效率高，寿命长和高速工作的优异特点，所以有着极其广泛的用途，这类器件的发展，从一开始就和光通信技术紧密结合在一起，它是当前通信领域中发展最快、最为重要的激光光纤通信的重要光源，预期在光信息处理和光存储、光计算机和外部设备和光耦合和全息照相以及测距、雷达等方面都将得到重要的应用. 可以预料，在飞速发展的激光光纤通信技术中，半导体激光器将发挥出它的巨大潜力.

一、在半导体激光器电学特性的测量

通过本实验学会正确地使用测量仪器，掌握半导体激光器电学特性的测量方法.

1. 实验原理

半导体激光器的核心是 pn 结,当用光照和电子束激励或电注入等方式使半导体中的载流子从平衡状态时的基态跃迁到非平衡状态时的激发态,此过程称为激发或激励,它的逆过程就是处于非平衡态激发态上的非平衡载流子回复到较低的能态而放出光子的过程,这就是复合辐射. 半导体发光器件的本质就是注入半导体 pn 结中的非平衡载流子-电子空穴对复合发光. 这是一种非平衡载流子复合的自发辐射,激光器则是上述的非平衡载流子的复合发光在激光器的具有增益的光介质谐振腔作用下形成相干振荡而输出激光,所以发光管的发光效率决定于半导体材料的自发辐射系数的大小. 激光器辐射发光除与材料的增益系数有关外还与谐振腔的特性和结构尺寸有关. 半导体材料的增益系数为

$$g = \beta j m \qquad (2-6-1)$$

β 为增益因子,m 为与结构有关的指数,j 为电流密度.

激光器的阈值条件为

$$g = a + (1/(2L))L_n(1/(R_1R_2)) \qquad (2-6-2)$$

a 为腔内的其他损耗,L 为腔长,R_1R_2 为腔端面的反射系数,所以激光器的阈值电流密度为

$$j_{th}^m = 1/\beta[\alpha + (1/(2L))L_n(1/(R_1R_2))] \qquad (2-6-3)$$

由上可知一个制作好的激光器件或发光管,它既是一个 pn 结二极管,又是一个电光转换器,它们的工作过程是:当给它正向注入载流子时则在二极管中产生电子空穴对的复合跃迁而发射光子,光子的能量由二极管的材料的禁带宽度 E_g 决定,$E_g = h\nu$,h 为普朗克常量,ν 为光频率,发射的同时还存在光的吸收,称为吸收跃迁. 注入过大时,吸收大于发射,没有光输出,当注入载流子增大时随发射的增加将逐渐大于吸收而得到荧光输出. 但对于激光器由于有介质谐振腔存在,则输入载流子达到激光器的阈值电流时产生激光输出,再继续增加注入电流,输出光功率也增大;同理,管的功率发热也增加,注入过大时管子因发热而损坏,我们可以看出,半导体激光器件的特性包括 pn 结二极管的 I-V 特性和载流子注入而产生的电光转换特性,测量其特性参数可采用两种电注入方法:一种为脉冲法,另一种为直流法. 所谓脉冲法就是用低频率脉冲电流注入器件进行测量,一般用于非线型管或不能在室温下连续工作的器件. 直流法是直流电流注入的方法,对能在室温下连续工作的器件进行测试. 有时为获得某个特性参数,可在特定条件下进行测量,这里我们不去讨论它. 我们的实验主要是通过测量器件的 I-V 特性曲线和 I-P 特性曲线来获得器件的主要电学参数和电光参数. 下面就几个参数作一介绍.

(1) 正向电压(V_F)——二极管开始导通时的管压降;

(2) 正向电阻(R_F)——二极管导通后的正向电阻;

(3) 反向击穿电压(V_R)——二极管的反向击穿电压;

(4) 阈值电流 I_{th}——开始出现激光的注入电流;

(5) 外微分量子效率 η_D——输出光子数随注入的电子数增加的比率,考虑到 $h\nu \approx E_g \approx eV_b$,则有

$$\eta_D = \frac{\mathrm{d}p/h\nu}{\mathrm{d}I/e} \approx \frac{\mathrm{d}p}{\mathrm{d}I} \cdot \frac{e}{E_g} \approx \frac{\mathrm{d}p}{\mathrm{d}I} \frac{1}{E_g} \qquad (2-6-4)$$

基于在激光器阈值以上的 P-I 曲线几乎是直线,同时在 I_{th} 对应的输出功率 P_{th} 很小,可忽略不计;也不去涉及光子数与电子数,而用一些不可测量来表示斜率效率 $\eta_s = \mathrm{d}p/\mathrm{d}I$,在实际测量中,$\eta_s$ 由下式得出:

$$\eta_s = \frac{P_2 - P_1}{I_2 - I_1} \qquad (2-6-5)$$

式中,P_1 和 P_2 分别为阈值以上额定光效率的 10% 和 90%;I_1 和 I_2 分别为 P_1 和 P_2 对应的电流. 外微分量子效率应用百分比表示,而斜率用 W/A 或 mW/mA 表示. 例如,$\mathrm{d}p/\mathrm{d}I = 0.4\mathrm{mW/mA}$,$E_g = 1.45\mathrm{eV}$,则 $\eta_D = 28\%$.

(6) 功率效率 η_P——输出功率与输入电功率之比,假如加在激光器上的正向电流为 I,输出功率为 P,则功率效率可表示成

$$\eta_P = P/(IV + I^2 R_s) \text{ 或 } \eta_P = P/(IV) \qquad (2-6-6)$$

式中,V 为 pn 结上的电压降;R_s 为激光器的串联电阻,它包括材料的体电阻和接触电阻.

另外,激光器发射的激光脉冲响应特性,也是应用中的一个重要参数. 它决定了器件在高频调节时的调制深度,同时可以观测到器件的噪声特性,这方面的测量需要一个高上升速率的脉冲源、激光器的高速调制电路装置、快速响应的光噪测器和高速的取样示波器作显示.

测量 I-V 曲线和 I-P 曲线可以对激光器件和发光管的特性作全面的了解,知道它的发光强弱、效率的高低、线性好坏的程度和有无扭折和扭折出现的位置,进一步可以通过曲线定量的导出器件的特性参数. I-V 曲线就是二极管的伏安特性曲线如图 2-6-1 所示. 下面介绍由它确定的几个参数. 首先,正电压 V_F 可利用 I-V 曲线的外推法得到,见图 2-6-1 中的 V_F 点. 对 GaAs 双异质结激光器,$V_F \leq 1.4\mathrm{V}$,由 V_F 可以估算出阈值时的电压 $V_{th} = [V_F + 0.1 - 0.4]\mathrm{V}$. 如不是此值,则器件的正向电阻大,对器件的室温连续工作不利. 其次正向电阻 R_F 也可以由曲线求出,见图 2-6-1.

$$R_F = \tan\theta, \quad R = \Delta V/\Delta I \qquad (2-6-7)$$

R_F 越小越好.

对 GaAs 双异质激光器 $R_F = (V_{th} - 1.5)/I_{th}$,值 R_F 还可以用定标电流点测量. 如电流为 I_1,此时的电压点为 V_1 见图 2-6-1,则

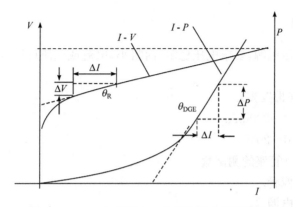

图 2-6-1　*I-V* 曲线和二极管的伏安特性曲线

$$R_F = (V_1 - V_F)/I_1 \qquad\qquad (2-6-8)$$

V_F 和 R_F 两个参数表示激励电流通过器件时其内部的热损耗,它们与激光器的腔宽、腔长、处延层的厚度和电阻率有关,测量它对器件的制造者改良工艺设计,提高器件质量很有意义,而对于使用者则要选用,V_F 不能大,R_F 越小越好的管子.

阈值电流 I_{th} 和外微分量子效率 η_0 通常都用实验得到,从测量 *I-P* 曲线获得 I_{th} 和 η_D 是一种简便的方法. 阈值电流 I_{th} 可利用 *I-P* 曲线的外推法得到如图 2-6-1 所示. I_{th} 对不同的激光器件差别是很大的,它对温度也是很敏感的. 温度升高,I_{th} 增大. 外微分量子效率 η_D,可以先求 $\eta_s = \dfrac{\Delta P}{\Delta I}$,然后代入公式(2-6-4)求得. I_{th} 和 η_D 表现了器件的电光特性,它与器件的腔长,有深层的厚度及外延层的质量有关.

对阈值电流 I_{th} 还可以用变像管观察光发射的远场图测量. 变像管的作用是将不可见的红外光显示到荧光屏上观察远场图. 图 2-6-2 中(a)是发荧光时的光场图,(b)是产生超辐射的光场图,(c)是产生激光时的光场图. 当开始出现激光图形时的注入电流值,读作阈值电流值. 观测 I_{th} 时的远场图时要求变像管尽量地距激光器近一些,这样图形清楚,这是半导体激光器辐射光发散角大的缘故.

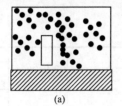
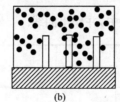
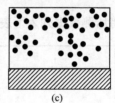

图 2-6-2　CaAs 激光器的远场图样

2. 实验装置

(1) 直流稳压电源,要求电压稳定、内阻小,电流或电压可调,用作 LD 注入电流源.

(2) 功率计(带探头).

(3) 电流表 0~200mA.

(4) 电压表 0~20V.

(5) 带有 LD 管座的测试盒.

(6) 红外变像管.

(7) 变像管电源.

3. 实验步骤

实验前要认真阅读讲义,弄清实验内容,了解仪器的使用方法,然后开始实验. 要求测量半导体激光器的 I-V 特性和 I-P 特性并绘成曲线,运用测得曲线定量分析器件的特性参数,其中包括阈值电流、正向电压 V_F、正向电阻 R_F、外微分量子效率 η_D 和功率 η_P.

(1) 按测量电路接好各仪器的连线,并检查无误,注意激光器的注入电流电源输出为零.

(2) 将激光器装在测试盒的管座上.

(3) 依次开通各仪器、功率探测器、记录仪和稳压电源.

(4) 调整使用仪器,慢慢增加 LD 的注入电流,记录电流、电压和功率(注意电流不要超过 LD 的最大限定电流),并得出 I-V 和 I-P 曲线.

(5) 拿走功率探测器,放上变像管,接通变像管电流然后慢慢增加注入电流,并同时观察变像管的图像,记下刚出现激光图像时的注入电流,此即为阈值电流.

(6) 实验完毕后,关闭电源,整理好所使用的仪器和元件.

4. 实验结果

(1) 将所测数据列入下表中,并作出曲线.

I							
V							
P							

(2) 记录仪画出的曲线进行计算.

(3) 将被测器件的参数列入下表中.

器件名称	V_F	R_F	I_{th}	R_F	η_D	η_P

二、半导体激光器的光束空间分布测量

（1）实验目的是测量绘制半导体激光器光束空间分布图，了解半导体激光器的光束特性.

（2）根据所绘制的光束空间分布图求出发散角 $\theta_\perp$ 和 $\theta_/$.

1. 实验原理

众所周知，在光学系统中，光源的光束分布对光学系统的设计是一个很重要的参数，特别是光通信中它直接影响到光耦合到光纤中去的技术选择，并决定耦合效率. 通过对光束空间分布的实测值与计算值的比较，也可以分析光场在波导中的分布. 因此，进行器件的光束空间分布测量无论对于应用还是对于器件的研究都是有意义的.

光束的空间分布由发射角来进行度量. 发散角的定义为光强下降为最大值的 $\frac{1}{e}$ 或一半时所对应的光束空间分布角度. 发散角在两个方向上分别为平行于 pn 结的发散角 $\theta_/$ 和垂直于 pn 结的发散角 $\theta_\perp$. $\theta_/$ 和 $\theta_\perp$ 的情况如图 2-6-3 所示.

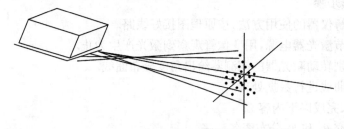

图 2-6-3　光束空间分布图（$\theta_\perp$ 与 $\theta_/$）

与其他类型的激光器相比，半导体激光器的发散角要大得多，一般 $\theta_\perp$ 在 45°左右，$\theta_/$ 在 10°左右. 这时由于半导体激光器的谐振腔及发光面很小所造成的，半导体激光器相当于一个矩形波导腔，其垂直于 pn 结方向的尺寸狭窄，衍射作用较强，而平行于 pn 结方向有较大的宽度，相应的衍射作用较小，故其 $\theta_\perp$ 要大于 $\theta_/$. 对于一个均匀的 pn 结器件，可以把它看做发光面为 $A=d\omega$（d 为有源区厚度，ω 为有源区宽度）的相干光源. 其辐射图样应该与一个矩形狭缝的衍射图形大致相同. 光束发散分布示意图如图 2-6-4 所示.

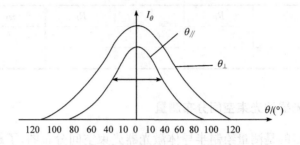

图 2 - 6 - 4　　激光器光束发散角分布

测量发散角的方法将光源固定,探测器绕着以光源为中心,以光源到探测器的距离为半径的圆旋转便可测得各个方向的光束发散角.测量时可将激光器装于可垂直转动的台面上,而将探测器装于可水平转动的台面上,当转动激光器时可测 $\theta_\perp$,转动探测器可测 $\theta_{/\!/}$.

2. 实验装置

(1) 驱动源、激光器和探测器.

(2) 垂直或水平转动平台.

(3) 变像管.

3. 实验步骤及要求

1) 实验步骤

(1) 了解仪器的使用方法,按原理图接好线路.

(2) 调节激光器电源,用变像管观察到激光产生为止.

(3) 分别转动激光器的探测器绘出角度分布曲线.

(4) 对曲线进行数据处理.

2) 要求完成以下内容

(1) 提交 $\theta_\perp$ 和 $\theta_{/\!/}$ 分布图各一张.

(2) 计算出 $\theta_\perp$ 及 $\theta_{/\!/}$ 的值.

3) 注意事项

(1) 严格控制激光管电流,调整时要从小到大.

(2) 事先一定要详细了解仪器的性能及使用方法以免损坏.

三、思考题与讨论

半导体激光器的输出功率和输出波长与什么有关?

参 考 文 献

黄德修,刘雪峰.1999.半导体激光器及其应用.北京:国防工业出版社
江剑平.2001.半导体激光器.北京:电子工业出版社

2-7　调 Q 实 验

　　激光的优点在于它具有良好方向性、单色性和相干性.从一台简单激光器出射的激光束,其性能往往不能满足应用的需要,因此不断地发展了旨在挖掘与改善激光器输出特性的各种技术.为了获得窄脉冲高峰值功率的激光束,发展了 Q 调制、锁模、增益开关及腔倒空等技术.调 Q 技术自1961年提出来以后,发展极为迅速,激光器的输出功率几乎每年约增加一个数量级,脉冲宽度的压缩也取得很大进展,同时推动诸如激光测距、激光雷达、高束全息照相、激光加工等应用技术的发展.本实验仪器是 Nd:YAG 激光器,通过对激光器调试和静态、动态激光能量的测试以及计算,使学生对固体激光器和激光调 Q 技术有更多的了解,对所学的知识得到巩固,培养学生掌握这一新技术的知识和技能.

　　本实验要求学生了解调 Q 技术在激光应用中的重要性,熟悉调 Q 技术的基本原理和方法,掌握电光调 Q 和染料调 Q 技术.

一、调 Q 原理及方法简介

　　我们知道一般固体脉冲激光器由于存在弛豫振荡现象,输出激光为一无规尖峰脉冲序列,其总的脉冲宽度持续几百微秒甚至几毫秒,峰值功率也只有几十千瓦的水平,这就远不能满足某些激光应用(如测距等)的要求.

　　采用调 Q 技术,可以大大压缩脉宽和提高峰值功率.它的基本原理是通过某种方法,使谐振腔的损耗 δ(或 $Q=2\pi nl/\delta\lambda$)按照规定的程序变化,在光泵激励刚开始时,先使光腔具有高损耗 δ_H,激光器由于处于高阈值而不能产生振荡,于是激光上能级亚稳态上的粒子数可以积累到较高的水平.当其粒子数积累到相应于泵浦而言最大值时,使腔的损耗突然降低到 δ_L,阈值也随之突然降低.此时反转粒子数大大超过阈值,受激辐射极为迅速地增强.于是在极短时间内,上能级储存的大部分粒子的能量转变为激光能量,在输出端有一个强的激光巨脉冲输出.采用调 Q 技术很容易获得峰值功率高于兆瓦、脉宽为数十个纳秒的激光巨脉冲.调 Q 过程如图2-7-1所示(自己分析).

　　目前,比较广泛采用的有转镜调 Q,线性电光调 Q,声光调 Q 和染料调 Q 等.我们着重讨论线性电光调 Q 技术和染料调 Q 技术.

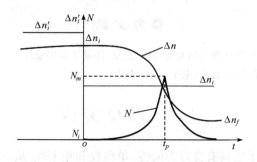

图 2 - 7 - 1　调 Q 过程反转粒子数密度及光
子数密度随时间的变化

1. 线性电光调 Q

线性电光调 Q 开关通常也称为普克尔盒开关,它的基本原理是利用某些单轴晶体的线性电光效应,使通过晶体的光束的偏振状态发生改变,从而达到接通或切断腔内振荡光路的开关作用.

线性电光开关基本上又可分为两类:一类是利用 KDP(磷酸二氢钾)型晶体的纵向线性电光效应,即光束方向及外加电场方向均与晶体光轴同向,另一类是利用 $LiNbO_3$(铌酸锂)型晶体的横向线性电光效应,即光束与晶体光轴同向,而外加电场方向与光轴及光束方向相垂直. 在上述两类情况下,沿光轴传播的光束都将经历由外加电场引起的感应双折射的影响,这种影响的大小与外加电场强度成正比,亦即沿光轴行进的光束中的寻常光分量与非寻常光分量之间的光程差可表示为

$$\Delta = n_0^3 \gamma E l \qquad\qquad (2 - 7 - 1)$$

式中 l 为光束沿光轴方向所通过的晶体长度,n_0 为晶体不加外场时的寻常光折射率,E 为外加电场强度,γ 为晶体的线性电光系数. 对于 KDP 晶体的纵向电光效应来说,$E=V/L$,这里 V 为外加的纵向电场电压;对于 $LiNbO_3$ 型晶体的横向电光效应来说,$E=V/d$,这里 d 为垂直于光轴方向上外加电场的电极间距(即电场方向上的晶体横向厚度).

作为电光开关一个重要参数,是电光晶体的所谓半波长电压或四分之一波长电压,它们是按式(2 - 7 - 1)所示的光程差 Δ 正好等于 $\lambda/2$ 或 $\lambda/4$ 而定义的. 例如,对于两类晶体分别写出它们的半波长电压为

$$V_{\lambda/2} = \lambda/(n_0^3 \gamma_{22}) \cdot d/l \quad (LiNbO_3 \text{ 型晶体})$$
$$V_{\lambda/2} = \lambda/(2n_0^3 \gamma_{63}) \quad (\text{KDP 型晶体}) \qquad (2 - 7 - 2)$$

一般多使用带起偏器的 $\lambda/4$ 电光开关,这种开关又分为退压和加压两种工作方式. 图 2 - 7 - 2 为退压式电光开关,电光晶体施加 $\lambda/4$ 调制电压,由透过起偏器的 P 线偏振光两次通过电光晶体后,偏振面正好偏转 90°变成 S 光,被偏振片反射

到腔外,激光器处于高损耗关门状态,当突然去掉晶体上的调制电压后,开关迅速打开,振荡光路接通,从而产生强的短脉冲激光振荡输出.

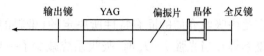

图 2-7-2　退压式调 Q 示意图

图 2-7-3 为加压式调 Q 示意图,与上不同的是在晶体和偏振片间插入一块 $\lambda/4$ 波片. 旋转 $\lambda/4$ 波片使激光器处于关门状态,当突然在晶体上施加 $\lambda/4$ 电压后,电光晶体抵消 $\lambda/4$ 波片的作用,接通光路,产生短脉冲激光输出.加压式虽然增加了一个 $\lambda/4$ 波片,但它消除了晶体的光弹效应其效果要比退压式的好.

图 2-7-3　加压式调 Q 示意图

2. 染料调 Q

染料调 Q 的工作原理是利用染料的饱和吸收(光漂白)作用. 光通过吸收介质时光强的变化由下式给出:

$$-\frac{1}{I} \cdot \frac{\mathrm{d}I}{\mathrm{d}z} = \alpha \qquad (2-7-3)$$

α 叫做吸收系数,它表示在染料体中光通过单位长度光强的相对衰减.上式积分得到

$$I = I_0 \mathrm{e}^{-\alpha z} \qquad (2-7-4)$$

z 表示染料的厚度.染料的透过率 T 定义为

$$T = \frac{I}{I_0} = \mathrm{e}^{-\alpha z} \qquad (2-7-5)$$

一般吸收系数 α 是频率(波长)及光强的函数,可用 $\alpha(\nu, I)$ 表示.在波长一定的情况下(例如,波长为 $1.06\,\mu\mathrm{m}$ 的 YAG 激光器)吸收系数只是光强的函数,下面我们用一个二能级模型来说明. 该染料分子浓度为 N_1,在弱光照射下,下能级的分子数基本等于 N,即 $N_1 \approx N$,因此吸收系数为常数.随光强增加,下能级分子吸收光子跃迁到上能级,吸收系数与两能级分子数差成正比,这样吸收系数变小,当光强足够强时,上能级粒子数与下能级相等,如果吸收概率与受激辐射概率相同,这时光就不再被吸收,出现了光漂白($\alpha=0$).

一般吸收系数与光强关系可由下式表描述:

$$\alpha = \alpha_0 \frac{1}{1+\dfrac{I}{I_s}} \tag{2-7-6}$$

I_s 称为饱和光强,它是由吸收介质的固有特性所决定的(染料的能带结构、自发辐射概率、受激辐射概率等). 当光强 $I=I_s$ 时,吸收系统减少了一半.

染料调 Q 有它本身的优点. 转镜调 Q 和电光调 Q 是由外加信号控制的,难以实现与激光增益变化的匹配. 染料是被动调 Q 开关,只要事先选择好染料的浓度(透过率),就可以在增益达到最大时自动接通谐振腔. 此外染料不像转镜或电光开关需要电机及电源等,所以还具有操作简便、使用方便等优点. 选择染料的要求:① 染料吸收峰位置与激光波长相一致;② 染料吸收带宽应尽量窄;③ 染料要具有一定的稳定性.

适用于 YAG 激光器 $1.06\mu m$ 波长的调 Q 染料有多种,如五甲川、十一甲川和 BDN 等,前两种染料稳定性很差,现已不采用. BDN 稳定性极好,目前国内外中小测距机中普遍应用这种染料. BDN 全名为双(4 - 二甲基氨基二硫代二苯乙二酮)镍,英文全名为 Bis-(4-dimethylaminodithiobenzil)-nickel. 它是一种具有矩形平面结构的二价过渡金属络合物. BDN 染料可溶于甲苯溶液制成的染料盒,也可以溶合在有机物玻璃里制成的染料片.

染料调 Q 激光器的阈值泵浦能量可通过光在激光腔中往返一次增益等于损耗算出

$$e_{ti} = \frac{Ah\nu}{2\Gamma_H\sigma\eta}[-\ln T_0 - \ln R + \alpha] \tag{2-7-7}$$

式中 e_{ti} 为阈值泵浦能量,A 为 YAG 棒的截面,h 为普朗克常量,ν 为激光频率,Γ_H 为 $4F_{3/2}$ 两能级上能级的粒子数与该能态上总粒子数之比,σ 是受激发射截面,η 是泵浦效率,T_0 是染料小信号透过率,R 是输出反射镜反射率,α 是光在腔往返一次的总损耗. 式(2-7-7)给出阈值能量 e_{ti} 与染料透过率 T_0 的关系. 当输入能量超过阈值能量 e_{ti},便可发出调 Q 巨脉冲. 这时如输入能量继续增加,输出能量基本保持不变,这是由于被动调 Q 只要粒子反转数达到一定数值,染料开关自动接通,光强迅速增加,吸收饱和,反转粒子数变成光能输出,腔内光强减弱,Q 开关关闭,染料恢复初始状态. 当输入能量增加到某个值时,可能会出现这样的一种情况,即第一次发射终止后,由于泵浦继续抽运,反转粒子数也就重新继续积累,以致又能满足阈值条件,发射出第二个光脉冲. 表现出输出能量加倍,如用脉冲示波器观察,可看到两个脉冲. 我们定义染料调 Q 的坪宽为产生双脉冲时阈值输入与产生单脉冲时阈值输入能量之差

$$\Delta E_t = E_{t2} - E_{t1} \tag{2-7-8}$$

染料调 Q 激光的坪宽是一个很重要的参数,坪宽过窄难免发生双脉冲,如果用于

测距,就会出现测距混乱以致无法工作.实验光路如图 2-7-4 所示.

图 2-7-4　染料调 Q 示意图

我们主要测量输出巨脉冲能量和脉宽,而不去进一步研究它的特性.

二、实验装置

常用的固体激光器有 Nd^{+3}:YAG 激光器、Nd^{+3}:YAP 激光器、钕玻璃激光器、红宝石激光器等.工作方式有脉冲和连续两种.本实验主要研究 Nd^{+3}:YAG(以 Nd^{+3} 部分取代 $Y_3Al_5O_{12}$ 晶体中 Y^{3+} 的激光工作物质称为掺钕钇铝石榴石)激光器,Nd^{+3}:YAG 是一种晶体激光材料,属四能级系统,输出激光波长 $1.06\mu m$.

通常固体激光器的基本构成如图 2-7-5 所示.

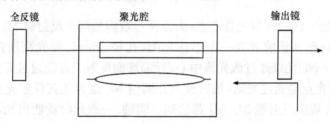

图 2-7-5　固体激光器的结构示意图

1. 工作物质

常采用的有红宝石、钕玻璃、YAG、YAP 等.

2. 谐振腔

大多采用相应波长的两块或多块介质膜片组成.

3. 泵浦系统

(1)聚光腔.常用的有圆柱面和椭圆柱面聚光腔,内表面通常镀银、镀金或蒸铝,也有用漫反射面的聚光腔(陶瓷腔、氧化镁腔).

(2)泵灯.按脉冲工作方式与连续工作方式分别采用脉冲氙灯和连续氪灯.

(3)电源.按脉冲与连续两种工作方式,分别采用脉冲激光电源和连续激光电源.

(4)冷却系统.滤紫外灯用自来水冷却,非滤紫外灯、钕玻璃、YAG、YAP,用

0.5％重铬酸钾水溶液冷却,以吸收对工作物质有害的紫外线.

三、实验内容

1. 谐振腔调试

在激光工作物质两端安放两个介质反射膜片构成固体激光器的谐振腔. 要使激光器能正常工作,必须将两介质膜片及激光工作物质调到共轴,调试谐振腔可用测角仪、内调焦望远镜与 He-Ne 激光器. 下面我们使用 He-Ne 激光束调整激光器,实验装置如图 2－7－6 所示.

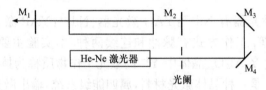

图 2－7－6　He-Ne 激光束调整激光器示意图

调整时先将 He-Ne 激光器准直,为方便一般附加两个反射镜 M_3 和 M_4. 其方法是在 He-Ne 激光管前放置一个小孔光阑(孔径 1mm),使光束通过光阑. 调整 M_3、M_4 使 He-Ne 光束通过激光棒中心,近端端面反射光点能通过光阑,接着调整 M_1 使其反射光点也通过光阑,最后放入并调整 M_2 也能使其反射光点通过光阑. 这样棒和二介质膜反射镜 M_1、M_2 都达到了同轴. 一般此时就能出光,稍作动态调整使其输出最佳. 测试脉冲波形、脉冲宽度和能量,以检验调整质量.

2. 实验测试

激光器输出性能与激光输出镜的反射率有关,即存在最佳反射率 R_m. 一般中小功率 Nd:YAG 激光器,不调 Q 的静态激光器的输出镜反射率 $R＝50％$,而调 Q 的动态激光器的输出镜 $R≤20％$.

1) 晶体调 Q

(1) 晶体调 Q 激光器,我们选用 $R＝4％$ 的 K_9 玻璃片作输出镜. 先将薄膜偏振片插入谐振腔内,利用 He-Ne 激光进行准直,再依次插入晶体 Q 开关和 $\lambda/4$ 波片——进行准直. 启动泵浦源,旋转 $\lambda/4$ 波片使激光器输出为零或最小,即封死. 在适当的输入能量 $E_\lambda＝\dfrac{C}{2}V^2$ 下,再打开加压 Q 开关,微调使激光输出最佳,像纸取光斑,定性倍频观察,然后测量三次能量求平均值,即动态激光输出能量. 示波器测量脉宽(约 10ns).

(2) 抽出 $\lambda/4$ 波片,换 $R＝50％$ 的输出镜,调到激光输出最佳,测量三次能量求平均值,即静态输出激光能量.

（3）数据处理

$$调Q激光峰值功率=\frac{调Q激光能量}{调Q激光脉宽}$$

$$静态激光峰值功率=\frac{静态输出激光能量}{静态激光脉宽}$$

2）染料调Q

（1）染料盒比较容易损坏，为保护染料盒和避免麻烦，我们取动、静态激光输出镜反射率均为 30％．利用 He-Ne 激光准值，启动泵浦源，在适当的输入能量 $E_\lambda=\frac{C}{2}V^2=25$ J 下，微调使激光输出最好，像纸取光斑，定性倍频观察，测量三次能量求平均值，即动态输出激光能量．示波器测量脉宽（约 10ns）．

（2）保持输入能量 $E_\lambda=\frac{C}{2}V^2=25$J 不变的情况下，将 BDN 染料盒换成 $1.06\mu m$ 的全反镜，调整使激光输出最佳，然后测量三次取平均，即静态输出激光能量．像纸取光斑，定性倍频观察．

（3）数据处理（脉宽约 10ns）

$$染料调Q动静比=\frac{动态输出激光能量}{静态输出激光能量}$$

$$调Q激光峰值功率=\frac{调Q输出激光能量}{调Q激光脉宽}$$

$$静态激光峰值功率=\frac{静态输出激光能量}{静态激光脉宽}$$

四、思考题与讨论

（1）激光器输出镜的反射率对激光器输出性能的影响？

（2）动静比说明什么？

参 考 文 献

蓝信钜,等.1995.激光技术.北京:科学出版社

周炳琨,等.1995.激光原理.北京:国防工业出版社

2-8　全 息 照 相

　　全息照相可以记录和重现物光波的波阵面，并且可以将一个变化过程不同时刻的瞬时波阵面记录在同一张底板上，以便在以后的任何时刻同时重现并加以比较．因此它既对艺术照相开辟了新领域，也在科研和生产中具有十分重要意义．它可以解决许多用其他方法所不能解决的问题，所以我们学习全息照相的知识不仅

能加深我们对光的波动性的理解,而且还有十分重要的实际意义.

本实验是要使同学们对全息照相的基本原理和一些基本规律作一直观的了解,并且熟悉全息照相的拍摄过程.

一、基本原理

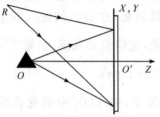

图 2-8-1　全息图平面坐标示意图

将坐标取在全息图平面上,原点放在全息图的中心,$XO'Y$ 面与全息图重合,Z 轴垂直于全息图平面,如图 2-8-1 所示.设物光和参考光在全息图平面上的复振幅分别为

$$O(x,y) = O_0(x,y)\exp[i\Phi_O(x,y)]$$
$$R(x,y) = R_0(x,y)\exp[i\Phi_R(x,y)]$$

其中,$O_0(x,y)$ 和 $R_0(x,y)$ 是物光和参考光在全息图平面上的振幅分布.于是在全息图平面上的光强分布为

$$I = (O+R)(O+R)^*$$
$$= O_0^2 + R_0^2 + O_0R_0\exp[i(\Phi_O - \Phi_R)] + O_0R_0\exp[-i(\Phi_O - \Phi_R)]$$

$$(2-8-1)$$

对吸收型的全息图在线性记录情况下,全息图的透过率分布 $t(X,Y)$ 与光强分布 I 成正比,即

$$t \propto I = O_0^2 + R_0^2 + O_0R_0\exp[i(\Phi_O - \Phi_R)] + O_0R_0\exp[-i(\Phi_O - \Phi_R)]$$

$$(2-8-2)$$

在重现时照明光波的复振幅分布为

$$C(x,y) = C_0(x,y)\exp[i\Phi_C(x,y)]$$
$$Ct \propto (O_0^2 + R_0^2)C_0\exp(i\Phi_C) + C_0O_0R_0\exp[i(\Phi_C + \Phi_O - \Phi_R)] +$$
$$C_0O_0R_0\exp[i(\Phi_C - \Phi_O + \Phi_R)] \qquad\qquad (2-8-3)$$

第一项的相位部分与照明光波相同,所以是直接透射光波或叫零级衍射项,第三项的相位部分含有与原始物光波相反的部分 $-\Phi_O$,所以称它为共轭像光波或叫负一级衍射项.

当照明光波与参考光波全同时,第二项的相位部分为 Φ_O,与原始物光波的相位部分完全相同,即重现了物光波的波阵面,得到无畸变的原始像,并且它是位于原始物体的位置上的虚像.此时第三项的相位部分为 $(2\Phi_R - \Phi_O)$ 是畸变了的共轭像.因为此项光波与物光波没有共轭关系,所以它是会聚光束,成实像.

当用与参考光共轭的光波照明全息图时,第三项的相位部分成为 $-\Phi_O$ 与原始物光波相同且只差一个负号,便得到了不畸变的共轭实像.此时第二项成为畸变了的原始虚像(请同学们考虑如何在实验上实现与参考光共轭的光波).

　　如果照明光束与参考光束成对称入射(以 Z 轴为对称轴),则照明光束在全息图上的相位分布与参考光束反号,即 $\Phi_C = -\Phi_R$,第三项的指数部分亦为 $-\Phi_O$,此时这一项将成为不畸变的共轭实像,而第二项也将成为畸变了的原始虚像.

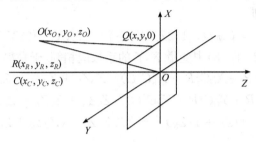

图 2-8-2　物、像、参考光及照明光的关系示意图

　　下边来叙述物、像、参考光源、照明光源四者的关系,如图 2-8-2 所示为便于处理和说明问题,四者均取为点光源,假设它们的坐标分别为 $O(X_O, Y_O, Z_O)$,$Q(X_I, Y_I, Z_I)$,$R(X_R, Y_R, Z_R)$ 及 $C(X_C, Y_C, Z_C)$,全息图仍取在 XY 平面内,中心为坐标原点 O.

　　在全息图上的物波场 $O(X, Y) = O_0(X, Y) \exp[i\Phi_O(X, Y)]$ 的相函数为 $\Phi_O(X, Y)$ 可以表示为

$$\begin{aligned}
\Phi_O(X, Y) &= (2\pi/\lambda)(\overline{OQ} - \overline{OO}) \\
&= (2\pi/\lambda)\{[(X-X_O)^2 + (Y-Y_O)^2 + Z_O^2]^{1/2} - (X_O^2 + Y_O^2 + Z_O^2)^{1/2} \\
&= (2\pi/\lambda)Z_O\left\{\left[1 + \left[\frac{(X-X_O)^2 + (Y-Y_O)^2}{Z_O^2}\right]^{1/2}\right.\right. \\
&\quad \left.\left. - [1 + (X_O^2 + Y_O^2)/Z_O^2]^{1/2}\right\}\right.
\end{aligned}$$

Q 为全息图上任意点,λ 为记录时的波长. 式中括号内为正值时,Q 点的位相落后于原点 O 的相位,故加了负号,第三项中 Z_O 为负值,取负号,消去了前面的负号,应用二项式定理展开后略去高次项(当 $Z_O^2 > X_O^2, Y_O^2$ 时)得

$$\Phi_O(X, Y) = (2\pi/\lambda)\frac{X^2 + Y^2 - 2XX_O - 2YY_O}{2Z_O} \tag{2-8-4}$$

对参考光波和照明光波作同样处理,可以得到它们在全息图平面上的相位函数为

$$\Phi_R(X, Y) = (2\pi/\lambda)\frac{X^2 + Y^2 - 2XX_R - 2YY_R}{2Z_O} \tag{2-8-5}$$

$$\Phi_C(X, Y) = (2\pi/\lambda)\frac{X^2 + Y^2 - 2XX_C - 2YY_C}{2Z_O} \tag{2-8-6}$$

按式(2-8-3)原始像光波的相位函数为

$$\Phi_r = \Phi_C + \Phi_O - \Phi_R$$

将式(2-8-4)~式(2-8-6)代入得

$$\Phi_r = (\pi/\lambda)[(X^2 + Y^2)(1/Z_C + 1/Z_O - 1/Z_R)$$

$$-2X(X_C/Z_C+X_O/Z_O-X_R/Z_R)$$
$$-2Y(Y_C/Z_C+Y_O/Z_O+Y_R/Z_R)] \tag{2-8-7}$$

对单色光制作的全息图再用单色光重现仍得到点像,因此 Φ_r 也可写为 $\Phi_O(X,Y)$ 的形式,即

$$\Phi_r=(2\pi/\lambda)[1/2Z_r(X^2+Y^2-2XX_r-2YY_r)] \tag{2-8-8}$$

式(2-8-7)与式(2-8-8)中变量 X,Y 的系数应相等,于是得

$$X_r=(XC^2O^2R+X_O^2C^2R-X_R^2C^2O)/(Z_OZ_R+Z_CZ_R-Z_CZ_O)$$
$$Y_r=(YC^2O^2R+Y_O^2C^2R-Y_R^2C^2O)/(Z_OZ_R+Z_CZ_R-Z_CZ_O)$$
$$Z_r=(1/Z_C-1/Z_O+1/Z_R)^{-1}=(Z_CZ_OZ_R)/(Z_OZ_R+Z_CZ_R-Z_CZ_O) \tag{2-8-9}$$

由式(2-8-3)的第三项知共轭像的相位函数为

$$\Phi_r=\Phi_C-\Phi_O+\Phi_R$$

再进行同样的处理得到共轭像点的位置坐标为

$$\begin{cases} X_p=(X_CZ_OZ_R-X_OZ_CZ_R+X_RZ_CZ_O)/(Z_OZ_R-Z_CZ_R-Z_CZ_O) \\ Y_p=(Y_CZ_OZ_R-Y_OZ_CZ_R+Y_RZ_CZ_O)/(Z_OZ_R-Z_CZ_R+Z_CZ_O) \\ Z_p=(1/Z_C-1/Z_O+1/Z_R)^{-1}(Z_CZ_OZ_R)/(Z_OZ_R-Z_CZ_R+Z_CZ_O) \end{cases} \tag{2-8-10}$$

以上两式是全息照相关系式,可见原始像点与共轭像点的位置与物点、参考点光源及照明点光源的位置有关,在我们所用的坐标系中,如 Z_r 或 Z_p 得负值时表示像在全息图的左边和照明光源同侧是虚像,若 Z_r 或 Z_p 得正值时表示像在全息图的右侧和照明光源异侧是实像,若 $X_r,X_p(Y_r,Y_p)$ 与 X_O(或 Y_O)符号相同则是正立的像,若反号则是倒立的像.

全息照相的横向放大率和纵向放大率的定义与透镜成像的放大率的定义相同,横向放大率的定义为

$$M_t=\mathrm{d}X/\mathrm{d}X_O=\mathrm{d}Y/\mathrm{d}Y_O$$

于是有

$$M_{t,r}=(1+Z_O/Z_C-Z_O/Z_R)^{-1} \qquad 原始像 \tag{2-8-11}$$
$$M_{t,p}=(1-Z_O/Z_C-Z_O/Z_R)^{-1} \qquad 共轭像 \tag{2-8-12}$$

据式(2-8-11)和式(2-8-12)可判断像是放大还是缩小,是倒立还是正立,纵向放大率定义为

$$M_l=\mathrm{d}Z/\mathrm{d}Z_O$$

而有

$$M_l=M_{t,r}^2 \qquad 原始像 \tag{2-8-13}$$
$$M_l=M_{t,p}^2 \qquad 共轭像 \tag{2-8-14}$$

由式(2-8-9)、式(2-8-11)和式(2-8-13)知,若照明光波与参考光波完全相同,即 $X_C=X_R,Y_C=Y_R,Z_C=Z_O$ 时,原始像光波则与物光波完全相同,即 $X_r=$

$X_O, Y_r = Y_O, Z_r = Z_O$，并且 $M_{t,r} = M_l$，$r = 1$，得到不畸变的原始像，在原始物体的位置上无像差. 由式（2-8-10）、式（2-8-12）和式（2-8-14）知，若照明光波与参考光波共轭，即 $X_C = -X_R, Y_C = -Y_R, Z_C = -Z_R$（对平面全息图共轭光可以这样处理）时，共轭像光波与物光波异号，即 $X_p = -X_O, Y_p = -Y_O, Z_p = -Z_O$，并且 $M_{t,p} = 1, M_{l,p} = -1$ 看到不畸变的共轭像无像差，但由于 $M_{l,p} = -1$，这个像具有视差倒反现象，即所谓的像性.

以上是对平面全息图在一级近似情况下讨论的并且没有考虑照明光与参考光不同波长和全息图的放大问题.

平面型全息图类似一个平面衍射光栅，它满足光栅方程

$$d = \sin i + \sin \delta = \lambda$$

式中 d 为光栅常数，i 为照明光的入射角，δ 为衍射角，λ 为照明光的波长，可见对一确定的入射角，不同波长具有不同的衍射角，因此对这样的全息图，若用白光照明，各种波长的衍射光将错开以致形成一个彩色团，像将模糊不清. 我们可以用下面的方法制得可用白光重现的反射式全息图.

使物光与参考光从底版两侧照射，此时物光与参考光之夹角接近 $180°$，如图 2-8-3，显影后的银层几乎平行于底板表面复杂的反射面（半透半反）. 如果用和参考光相同的光束照明这个底板时，反射光的波面将与物光波的波面相同，并且这些银层的间距 d 很小.

$$d = \lambda / [2\sin(180°/2)] = \lambda/2$$

对于 He-Ne 光，$d = 0.32\mu m$，全息底片的乳胶厚度约为 $6 \sim 15\mu m$，可见在乳胶层内将得到 $20 \sim 50$ 个银层，这已是体积型全息图了，它好比一个半玻璃堆型干涉滤波器，当入射方向满足相邻层反射光的光程差为 $\lambda/2$ 时，具有最高的反射能力，偏离这个方向反射率将迅速下降，如图 2-8-4 所示. 所以满足

$$2d\sin\theta = \lambda \tag{2-8-15}$$

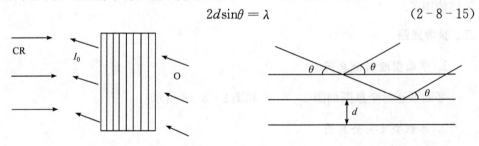

图 2-8-3　物光与参考光对照示意图　　　　图 2-8-4　半玻璃堆型干涉示意图

此时发生强烈反射，得到明亮的全息像，这种现象也类似 X 射线的晶体点阵衍射. 公式（2-8-15）就是所谓的布拉格（Bragg）条件，即对某确定的波长 λ 只对应一个入射方向可以看到衍射像，它的波长灵敏性是很高的，以致可以用白光观察

到清晰的三维重现像.

二、实验条件

(1) 要求所用激光器具有单横模,否则光强分布不均匀、不稳定,将给实验带来很大困难.如果用多纵模激光器则需使物光和参考光的光程差在激光谐振腔腔长的偶数倍附近,以得到良好的相干性,最好使物光和参考光等光程即使两者的光程差在零附近,这样除保证激光的相干性外,还可以减小激光输出的波长漂移对全息图的影响.

(2) 隔振措施.物参两光束的光程差改变 $\lambda/2$,全息图上亮条纹和暗条纹将要移位,因而将使底板感光平均,底板上得不到全息图,为了使全息图的对比度良好,物、参两光束光程差的变动在曝光时间内常控制在 $\lambda/4$ 或 $\lambda/8$ 以下,因此实验必须在隔振平台上进行.

(3) 对底板曝光时,必须使曝光的动态部分处在底板的乳剂特性曲线的线性部分,以保持透过率 $t \propto E$. 对此采取的措施为

① 物光与参考光的强度不等.为了减少物光自身干涉所产生的干涉条纹在重现时引起的晕轮光,常使物光弱参考光强,两者之比约为 $1:3$ 或 $1:6$.若隔振条件不理想和实验室内杂散光太大,则这个比例要向 $1:1$ 靠近.

② 控制曝光量使显影后底板的黑度在 0.5 或 0.6 附近.

(4) 全息图上干涉条纹的宽度为

$$d = \frac{\lambda}{2} \sin(\varphi/2)$$

λ 为波长,φ 为物光、参考光之间夹角,因此必须选用能分辨开干涉条纹的底板或控制 φ 使能被感光板分辨开,天津生产的全息感光板的分辨率在 $3000\,\text{mm}^{-1}$ 以上,已足够使用了.

三、参考光路

1. 平面型透射全息图

平面型透射全息图如图 2-8-5 和图 2-8-6 所示.

2. 体积型反射全息图

图 2-8-5 和图 2-8-6 中 L 为激光器,S 为分束器,M_1、M_2 为全息反射镜,L_1、L_2 为扩束器,H 为感光板,O 为被照物体.如图 2-8-6 表示,自底板左边入射的光为参考光,透射底板后再经物体反射回来为物光,两者由底板两侧入射,$\varphi \approx 180°$ 且物光较弱,满足体积型反射全息图的条件,为使物光不致过于弱小物体要靠近底板放置,平均黑度应比平面透射型的大.

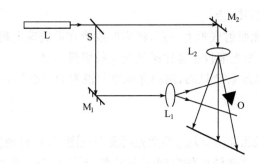

图 2-8-5 平面型透射全息图光路

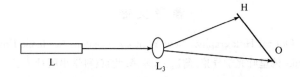

图 2-8-6 体积型反射全息图光路

四、实验注意事项

(1) 一定不要用手或其他东西接触各光学元件以保持其清洁不损,这是光学实验室的一般常识,在全息照相实验室中尤为重要,因为一个尘埃就可以产生一套衍射环,将对全息图引入噪声.

(2) 注意做到物、参光束等光程.

(3) 曝光时不要走动,不要大声讲话,不要接触台面和台上的任何部件,以保证光路稳定.

(4) 底板胶面朝向物光,鉴别胶面时用手摸底板边缘,不要触摸底板中央的使用部分,显影时胶面向上放入显影盘中,并且要经常摇动显影盘以使显影均匀.

(5) 要记录光路图,物、参光强之比,曝光时间,显影定影时间,温度、物体及参考光源与底板之距离等.

五、实验内容

(1) 制作平面型透射全息图,取以下三种情况各照一张.
$$Z_R > Z_O, Z_R = Z_O, Z_R = \infty(即参考光为平面波)$$
要记录好 Z_R、Z_O 值和参考光对底板的入射角,以及物参光之光强比、曝光时间、显影定影时间和显影温度等.

观察各张全息图的原始像,共轭像,放大的、缩小的倒立像和正立像等并用公式(2-8-9)~式(2-8-14)说明之.

观察像性并说明其成因.

用不扩束的细光照射底板上一点,将实像投影在毛玻璃上观察,与扩束激光照射比较,说明为什么细光束投影像比扩展光束投影像清楚.

(2) 制作体积型反射全息图,用白光观察并说明为什么像是绿颜色的.

六、思考题与讨论

(1) 当选用波长为 $\lambda_{再现} > \lambda_{记录}$ 的激光再现全息图,分析再现像有何变化?

(2) 由于全息图光栅结构的空间频率很高,不能像普通照相底片那样复制全息图,试构思利用全息图的特点进行全息图复制方法.

参 考 文 献

Collier R J. 1971. Optical Holography. New York and London:Academic Press

J. W. 顾德门. 1976. 傅里叶光学导论.詹达三,等译. 北京:科学出版社

于美文,等. 1984. 光学全息及信息处理. 北京:国防工业出版社

2-9　阿贝成像原理和空间滤波

1873 年,阿贝在研究显微镜成像规律时,提出了相干成像的理论以及随后的阿贝-波特空间滤波实验,在傅里叶光学早期发展史上做出重要的贡献,这些实验简单、形象、令人信服,对相干光成像的机理及频谱分析和综合原理做出深刻的解释,同时这种用简单的模板作滤波的方法,一直到现在,在图像处理技术中仍然有广泛的应用价值.

本实验的目的在于加强对傅里叶光学中有关空间频率、空间频谱和空间滤波等概念的理解,熟悉空间滤波的光路及实现高通、低通、方向滤波的方法.

一、实验原理

阿贝认为在相干的平行光照明下,透镜的成像可分为两步,第一步是平行光透过物后产生的衍射光,经透镜后在其后焦面上形成衍射图样. 第二步是这些衍射图上的每一点可看作是相干的次波源,这些次波源发出的光在像平面上相干叠加,形成物体的几何像,如图 2-9-1 所示.

成像的这两步,从频谱分析观点看,本质上就是两次傅里叶变换,如果物光的复振幅分布是 $g(x_0,y_0)$,可以证明在物镜后焦面(ξ,η)上的复振幅分布是 $g(x_0,y_0)$的傅里叶变换 $G(f_x,f_y)$(只要令 $f_x=\dfrac{\xi}{\lambda f},f_y=\dfrac{\eta}{\lambda f}$;$\lambda$ 为光的波长,f 为透镜的焦距). 所以第一步就是将物光场分布变换为空间频率分布,衍射图所在的后焦面称

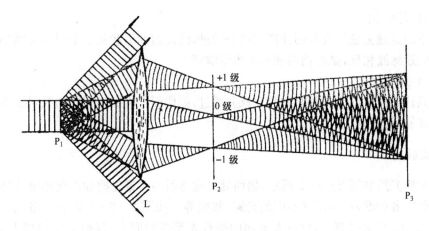

图 2 - 9 - 1　阿贝成像原理图

频谱面(简称谱面或傅氏面).第二步是将谱面上的空间频率分布作逆傅氏变换还原为物的像(空间分布).按频谱分析理论,谱面上的每一点均具有以下四点明确的物理意义.

(1)谱面上任一光点对应着物面上的一个空间频率成分.

(2)光点离谱面中心的距离是标志着物面上该频率成分的高低,离中心远的点代表物面上的高频成分,反映物的细节部分.靠近中心的点,代表物面的低频成分,反映物的粗轮廓,中心亮点是 0 级衍射即零频,它不包含任何物的信息,所以反映在像面上呈现均匀光斑而不能成像.

(3)光点的方向是指出物平面上该频率成分的方向,例如横向的谱点表示物面有纵向栅缝两者相互垂直.

(4)光点的强弱则显示物面上该频率成分的幅度大小.

如果在谱面上人为地插上一些滤波器(吸收板/可移相板)以改变谱面上的光场分布,就可以根据需要改变像面上的光场分布,这就叫空间滤波.最简单的滤波器就是一些特种形状的光阑.把这种光阑放在谱面上,使一部分频率分量能通过而挡住其他的频率分量,从而使像平面的图像中某部分频率得到相对加强或减弱,以达到改善图像质量的目的.常用的滤波方法有以下三种:

1)低通滤波

目的是滤去高频成分,保留低频成分,由于低频成分集中在谱面的光轴(中心)附近,高频成分落在远离中心的地方,故低通滤波器就是一个圆孔.图像的精细结构及突变部分主要由高频成分起作用,所以经低通滤波后图像的精细结构将消失,黑白突变处也变得模糊.

2) 高通滤波

目的是滤去低频成分而让高频成分通过,滤波器的形状是一个圆屏.其结果正好与低通滤波相反,是使物的细节及边缘清晰.

3) 方向滤波

只让某一方向(如横向)的频率成分通过,则像面上将突出了物的纵向线条.这种滤波器呈狭缝状.

二、实验内容

实验光路如图 2-9-2 所示,物面处可放透射的一维光栅和正交光栅(网格),谱面处放各种滤波器(形状不同的光阑、狭缝等).按图 2-9-2 调节光路,使激光束经 L_1、L_2 扩束准直后,形成大截面的平行光照在物面上,移动 L 使像面上得到一个放大的实像,并使谱面的衍射图适于各种滤波器的大小,以便于滤波处理.例如当 $f=250$mm 时,则可选光栅常数 $d=0.1$mm;像面(x,y)可放得比较远些,能获得较大的放大倍数,以便看到光栅清晰的放大像.

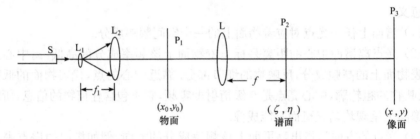

图 2-9-2　实验光路图

1. 观察一维光栅的空间滤波现象

物面上放置一维光栅,光栅条纹沿铅直方向,频谱面上可看到水平排列的等间距衍射光点如图 2-9-3(a),中间最亮点为 0 级衍射,两侧分别为 ±1,±2,…级衍射点.像面上可看到黑白相间且界线明显的光栅像.

(1) 在频谱面上可放一可调狭缝,逐步缩小狭缝,使只有 0 级、±1 级衍射光点通过,如图 2-9-3(b).像面上光栅像变为正弦形,光栅间距不变.这一变化目测不易察觉,如用感光片记录条纹,则可看到黑白条纹之间不再有明显界限而是逐步渐变.

(2) 进一步缩小狭缝,仅使 0 级衍射光点通过,如图 2-9-3(c),这时像面上虽有亮斑,但不出现光栅像.

(3) 在谱面上加光阑,使 0 级、±2 级衍射点通过,如图 2-9-3(d),则像面上的光栅像的空间频率加倍.

（4）用光阑挡去 0 级衍射而使其他衍射光通过，如图 2-9-3(e)，则像面上发生反衬度的半反转，即原来暗条纹的中间出现细亮线，而原来亮条纹仍然是亮的.

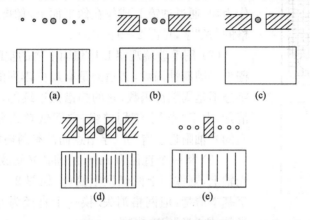

图 2-9-3 空间滤波示意图

2. 方向滤波

在物面上换上正交光栅，则频谱面上出现衍射图为二维的点阵列，像面出现正交光栅像（网格），如图 2-9-4(a)所示.在谱面中间加一狭缝光阑，使狭缝沿铅直方向，让中间一列衍射光点通过，如图 2-9-4(b)，则像面上原来的正交光栅像变为一维光栅，光栅条纹沿水平方向，与狭缝方向垂直.

转动狭缝，使之沿水平方向，则光栅像随之变为铅垂方向，如图 2-9-4(c).

当使狭缝与水平方向成 45° 角时，像面上呈现的光栅条纹沿着垂直于狭缝的倾斜方向，如图 2-9-4(d)，其空间频率为原光栅像的 $\sqrt{2}$ 倍.

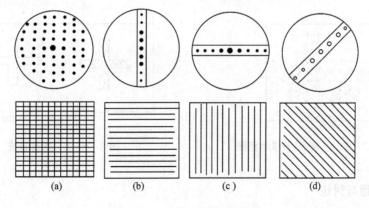

图 2-9-4 方向滤波示意图

3. 低通滤波

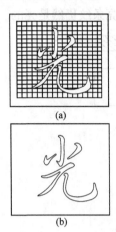

(a)

(b)

图 2-9-5　成像示意图

(1) 将一正交光栅与一个透明的"光"字重叠在一起作为物,通过透镜 L 成像在像平面上,像屏上将出现带网格的"光"字,见图 2-9-5(a).

(2) 用毛玻璃观察 L 后焦面上物的空间频谱.由于光栅为一周期性函数,其频谱是有规律排列的分立点阵,而字迹不是周期性函数,它的频谱是连续的,一般不容易看清楚,由于"光"字笔划较粗,空间低频成分较多,因此谱面的光轴附近只有"光"字信息而没有网格信息.

(3) 将一个直径为 1mm 的圆孔光阑放在 L 后焦面的光轴上,则像面上图像发生变化,如图 2-9-5(b),"光"字基本清楚,但网格消失.换一个直径为 0.3mm 的圆孔光阑,则"光"字亦模糊.

(4) 如果网格为 12 条/mm,字的笔划粗为 0.5mm,从理论上计算要网格消失和字迹模糊时滤波器的孔径,并解释上述实验结果.

(5) (选做)将谱面上的光阑作一平移,使不在光轴上的一个衍射点通过光阑,参考图 2-9-6,此时在像面上有何现象?试对现象作出解释.

4. 高通滤波

(1) 将一漏光字板作为物,可在像面上观察到物的像,见图 2-9-7(a).

(2) 在透镜 L 的后焦面上放一圆屏光阑挡去谱面的中心部分,可看到像面上只保留了"十"字的轮廓,参考图 2-9-7(b),试从空间滤波概念解释实验中观察到的现象.

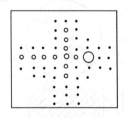

图 2-9-6　光阑平移示意图

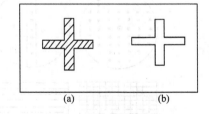

(a)　　　　(b)

图 2-9-7　高通滤波

三、思考题与讨论

(1) 根据本实验结果,你如何理解显微镜和望远镜的分辨本领?为什么说一定孔径的物镜只能具有有限的分辨本领？如果增大放大倍数能否提高仪器的分辨本领？

　　(2) 如果用其他单色光源(例如钠光灯)代替激光管进行实验,将遇到什么困难？如果要使图 2 - 9 - 2 中透镜 L 的后焦面仍为谱面,光路应怎样修改？

　　(3) 如果本实验所用光源为非单色光源(例如白炽灯),将产生什么问题？

参 考 文 献

梁绍荣,等. 1997. 普通物理学,光学分册. 北京:高等教育出版社

清华大学光学仪器教研组. 1985. 信息光学基础. 北京:机械工业出版社

赵凯华,钟锡华. 1999. 光学(下册). 北京:北京大学出版社

2 - 10　光拍频法测量光速

　　光波是电磁波,光速是最重要的物理常数之一,许多物理概念和物理量都与它有密切的关系,光速值的精确测量将关系到许多物理量值精确度的提高,所以长期以来对光速的测量一直是物理学家十分重视的课题. 尤其近几十年来天文测量、地球物理、空间技术的发展以及计量工作的需要,使得光速的精确测量已变得越来越重要.

　　测量光速的方法很多,有经典的也有现代的. 早在 1676 年,天文学家罗默(Romer)第一个测出了光的速度. 1941 年美国人安德森(H. L. Anderson)用克尔盒调制光弹法,测得光速值为 2.99776×10^8 m/s,此值的前四位与现在的公认值一致.

　　我们知道,光速 $c = S/\Delta t$, S 是光传播的距离. Δt 是光传播 S 所需的时间. 根据波动基本公式, $c = f\lambda$, λ 相当于上式的 S,可以方便地测得,但光频 f 大约为 10^{14} Hz,我们没有那样高的频率计,同样传播 λ 距离所需的时间 $\Delta t = 1/f$ 也没有比较方便的测量方法. 如果使 f 变得很低,例如 30MHz,那么波长约为 10m. 这种测量对我们来说是十分方便的. 这种使光频"变低"的方法就是所谓"光拍频法". 频率相近的两束光同方向共线传播,叠加成拍频光波,其强度包络的频率(光拍频)即为两束光的频差,适当控制它们的频差可达到降低拍频光波的目的. 当高稳定的激光出现以后,人们渴望更精确地测量光速. 1970 年美国国立物理实验室最先用激光作了光速测定. 1975 年第十五届国际计量大会提出了真空中光速为 $c = 299\ 792\ 458$m/s.

　　本实验是用声光频移法获得光拍,通过测量光拍的波长和频率来确定光速. 实验的目的是理解光拍频的概念及其获得;掌握光拍频法测量光速的技术.

一、实验原理

1. 光拍的产生及其特征

根据振动叠加原理,两列速度相同、振幅相同、频差较小而同相传播的简谐波的叠加即形成拍.

设有振幅 E 相同(为讨论问题的方便)、频率分别为 f_1 和 f_2(频差 $\Delta f = f_1 - f_2 \ll f_1, f_2$)的二列光波

$$E_1 = E\cos(\omega_1 t - k_1 x + \varphi_1)$$
$$E_2 = E\cos(\omega_2 t - k_2 x + \varphi_2)$$

式中,$k_1 = 2\pi/\lambda_1$ 和 $k_2 = 2\pi/\lambda_2$ 为波数,φ_1 和 φ_2 为初相位. 这二列波叠加后得

$$E_s = E_1 + E_2$$
$$= 2E\cos\left[\frac{\omega_1 - \omega_2}{2}\left(t - \frac{x}{c}\right) + \frac{\varphi_1 - \varphi_2}{2}\right] \times \cos\left[\frac{\omega_1 + \omega_2}{2}\left(t - \frac{x}{c}\right) + \frac{\varphi_1 + \varphi_2}{2}\right]$$

$$(2 - 10 - 1)$$

上式是沿 X 轴方向的前进波,其角频率为 $\dfrac{\omega_1 + \omega_2}{2}$,振幅为

$2E\cos\left[\dfrac{\omega_1 - \omega_2}{2}\left(t - \dfrac{x}{c}\right) + \dfrac{\varphi_1 - \varphi_2}{2}\right]$ 的带有低频调制的高频波. 显然,E 的振幅是时

间和空间的函数,振幅以频率 $\Delta f = \dfrac{\omega_1 - \omega_2}{2\pi}$ 周期性地变化,称这种低频的行波为光

拍频波,Δf 就是拍频,如图 2 - 10 - 1 所示.

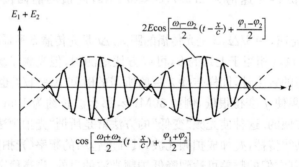

图 2 - 10 - 1　光拍频波

2. 光拍信号的检测

用光电检测器(如光电倍增管等)接收光拍频波,可把光拍信号变为电信号. 因光检测器光敏面上光照反应所产生的光电流与光强(即电场强度的平方)成正比,即

$$i_0 = gE_s^2 \qquad (2\text{-}10\text{-}2)$$

g 为接收器的光电转换常数.

由于光波的频率甚高$(f_0 > 10^{14}\,\text{Hz})$,而光敏面的频率响应一般$\leqslant 10^8\,\text{Hz}$,来不及反映如此快的光强变化,因此检测器所产生的光电流都只能在响应时间 τ 内的平均值

$$\bar{i}_0 = \frac{1}{\tau} \int_\tau i_0 \mathrm{d}t \qquad (2\text{-}10\text{-}3)$$

将式$(2\text{-}10\text{-}1)$和式$(2\text{-}10\text{-}2)$代入上式,结果 i_0 积分中高频项为零,只留下常数项和缓变项,即

$$\bar{i}_0 = \frac{1}{\tau} \int_\tau i_0 \mathrm{d}t = gE^2 \left\{ 1 + \cos\left[\Delta\omega\left(t - \frac{x}{c}\right) + \Delta\varphi\right] \right\} \qquad (2\text{-}10\text{-}4)$$

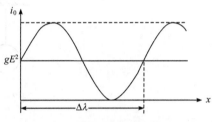

其中缓变项即是光拍频波信号,$\Delta\omega$ 是与拍频 Δf 相应的角频率,$\Delta\varphi = \varphi_1 - \varphi_2$ 为初相位.可见光检测器输出的光电流包含有直流和光拍信号两种成分.滤去直流成分 gE^2,检测器输出频率为拍频 Δf、初相位 $\Delta\varphi$ 的光拍信号.而光拍信号的相位又与空间位置 x 有关,即处在不同位置的探测器所输出的光

图 2-10-2　光拍的空间分布

拍信号具有不同的相位.图 $2\text{-}10\text{-}2$ 就是光拍信号 i_0 在某一时刻的空间分布,图中 $\Delta\lambda$ 为光拍的波长.

设空间某两点之间的光程差为 ΔL,该两点的光拍信号的相位差为 $\Delta\varphi$,根据式$(2\text{-}10\text{-}4)$应有

$$\Delta\varphi = \frac{\Delta\omega \cdot \Delta L}{c} = \frac{2\pi\Delta f \Delta L}{c} \qquad (2\text{-}10\text{-}5)$$

如果将光频波分为两路,使其通过不同的光程后入射同一光电探测器,则该探测器所输出的两个光拍信号的相位差 $\Delta\varphi$ 与两路光的光程差 ΔL 之间的关系仍由上式确定.当 $\Delta\varphi = 2\pi$ 时,$\Delta L = \Delta\lambda$,恰为光拍波长,此时上式简化为

$$c = \Delta f \cdot \Delta\lambda \qquad (2\text{-}10\text{-}6)$$

可见,只要测定了 $\Delta\lambda$ 和 Δf,即可确定光速 c.

3. 相拍二光波的获得

为产生光拍频波,要求相叠加的两光波具有一定的频差,这可通过超声与光波的相互作用来实现.具体方法有两种.一种是行波法,如图 $2\text{-}10\text{-}3$ 所示,在声光介质内与声源(压电换能器)相对的端面敷以吸声材料,防止声反射,以保证只有行波通过介质.超声在介质中传播,引起折射率的周期变化,使介质成为一个相位光

栅,激光束通过介质时要发生衍射. 衍射光的角频率与超声波的角频率有关,第 L 级衍射光的的角频率 $\omega_L = \omega_0 + L\Omega$,其中 ω_0 为入射光的角频率,Ω 为超声波的角频率,$L = 0, \pm 1, \pm 2, \cdots$ 为衍射级,利用适当的光路使零级与 $+1$ 级衍射光汇合起来,沿同一条路径传播,即可产生频差为 Ω 的光拍频波.

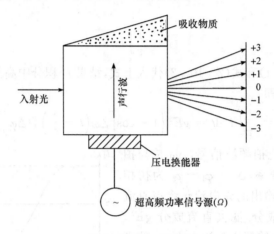

图 2 - 10 - 3　行波法

另一种是驻波法,如图 2 - 10 - 4 所示,前进波与反射波在介质中形成驻波超声场,此时沿超声传播方向,介质的厚度恰为超声半波长的整数倍,这样的介质也是一个超声相位光栅,激光束通过时也要发生衍射,且衍射效率比行波法要高. 第 L 级衍射光的角频率为

$$\omega_{L,m} = \omega_0 + (L + 2m)\Omega$$

式中 $L, m = 0, \pm 1, \pm 2, \cdots$ 可见除不同衍射级的光波产生频移外,同一级衍射光束内就含有许多不同频率的光波,因此,用同一级衍射光即可获得拍频波. 例如,选取第一级衍射光,$L = 1$,由 $m = 0, -1$ 的两种频率成分叠加,可得到拍频为 2Ω 的拍频

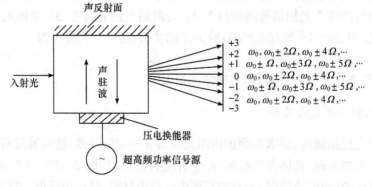

图 2 - 10 - 4　驻波法

波. 比较两种方法,驻波法明显优于行波法,本实验即采用驻波法.

二、实验装置

用光拍频法测光速的实验装置如图2-10-5所示.超高频功率信号源产生的频率为F的信号输入到声光频移器,在声光介质中产生驻波超声场.6328Å的He-Ne激光通过介质后发生衍射,第一级(或零级)衍射光中含有拍频为$\Delta f=2F$的成分.衍射光通过小孔光阑选择衍射级次(例如第一级)后,第一半反镜将衍射光分成两路,近程光束②经过第二个半反镜反射后,入射到光电接收器;因为实验中拍频波长约10m左右,为了使实验装置紧凑,远程光路①采用折叠式,依次经过全反镜多次反射后,透过第二半反镜,也入射到光电接收器. 光电接收器的输出电流经滤波放大电路后,滤掉了频率为$2F$以外的其他所有信号,只将频率为$\Delta f=2F$的拍频信号输入到示波器的Y轴;频率为F的功率信号作为示波器的外触发信号,输入到示波器的X轴.用斩光器依次切断光束①和②,则在示波器屏幕上同时出现光束①和②的正弦波形,调节两路光的光程差,当光程差恰等于一个拍频波长$\Delta\lambda$时,两正弦波的相位差恰为2π,波形完全重合,根据式(2-10-6)得

$$c = \Delta f \cdot \Delta\lambda = 2F \cdot \Delta\lambda \qquad (2-10-7)$$

从导轨上测得光程差$\Delta\lambda$,用数字频率计测得功率信号源的输出频率F,根据上式就可得出空气中的光速c.

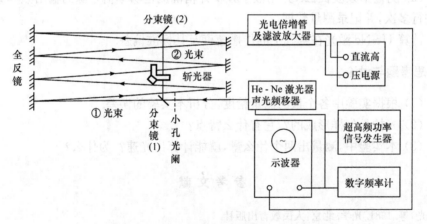

图2-10-5　光拍频法测光速的实验装置

新型光速测定仪,为了降低成本,将高频示波器变为用普通示波器观察拍频波,增加了信号处理电路,经过混频、分频等电路,将光电接收器输出的30MHz左右的高频信号,变为300kHz左右的信号输入到示波器的Y轴,将功率信号源输出的15MHz左右的信号变为15kHz左右作为外触发信号输入到示波器的X轴.

三、实验内容

(1) 按图 2 - 10 - 5 连接线路. 接通激光电源,调节电流至 4.5mA 左右. 接通 12V 直流稳压电源,调节功率信号源的输出频率,使衍射光最强.

(2) 光路调节:调节圆孔光阑,使 1 级或零级衍射光通过,依次调节各全反镜和半反镜的调整架,使远程和近程两光束在同一水平面内反射、传播,最后垂直入射接收头. 调节斩光器的位置和高低,使两光束均能从斩光器的开槽中心通过.

(3) 斩光器与示波器调节:遮断远程光而使近程光进入接收头,示波器上将有近程光的光拍信号波形出现,微调功率信号源的频率,使波形幅度最大. 再将斩光器转至使远程光通过的位置,观察远程光的光拍信号波形是否与近程光的幅度相等,如不相等,可调节最后一个反射镜的俯仰,改变远程光进入接收头的光通量,使两波形的幅度相等(必要时还可在接收头外的光路上加一个会聚透镜,将远程光会聚起来入射到接收头).

(4) 打开斩光器电源开关,斩光器电机开始旋转,调节微调旋钮使斩波频率约 30Hz 左右,示波器出现两个幅度相等的正弦波形,手摇移动导轨上的装有正交反射镜的滑块,改变远近两路光的程差,使示波器上两波形完全重合. 此时,两路光的程差即为拍频波的波长 $\Delta\lambda$.

(5) 测量拍频波长 $\Delta\lambda$,并用数字频率计精确测定功率信号源的输出频率 F. 反复进行多次,并记录测量数据.

计算 He-Ne 激光在空气中的传播速度及其标准偏差.

四、思考题与讨论

(1) 根据实验中各个量的测量精度,分析本实验的误差.

(2) 光拍是怎样形成的? 它有什么特点?

(3) 本实验中,测量出两个什么量,就能计算出光速? 为什么?

参 考 文 献

母国光,等. 1981. 光学. 北京:人民教育出版社

吴思诚,王祖铨. 1995. 近代物理实验. 2 版. 北京:北京大学出版社

2 - 11　法拉第效应

法拉第效应:当线偏振光沿着磁场方向透过磁场中的磁性物质时,透过光仍为线偏振光,但由于磁场中的磁性物质对左、右圆偏振光的折射率不同,使透射线偏

振光的偏振方向旋转. 这个现象是 1845 年由英国科学家法拉第发现的, 故称法拉第效应, 如图 2-11-1 所示.

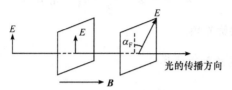

图 2-11-1　法拉第效应示意图

法拉第效应的旋光性与旋光物质的旋光性有明显的差别. 线偏振光通过旋光物质, 光的偏振方向旋转角度 α_F, 这光被反射而沿相反方向第二次通过同一旋光物质后, 又恢复到第一次通过旋光物质之前的偏振方向; 若线偏振光通过磁场中的磁性物质, 由于法拉第效应, 偏转方向也旋转角度 α_F, 当这光被反射再沿相反方向第二次通过同一物质后, 与第一次通过之前相比, 则偏振方向转过角度 $2\alpha_F$.

法拉第效应有许多方面的应用, 它可以作为物质结构研究的手段, 如根据结构不同的碳氢化合物其法拉第效应的表现不同来分析碳氢化合; 在半导体物理的研究中, 它可以用来测量载流子的有效质量和提供能带结构的知识; 特别是在激光技术中, 利用法拉第效应的特性, 制成了光波隔离器或单通器, 这在激光多级放大技术和高分辨激光光谱技术中都是不可缺少的器件. 此外, 在激光通信、激光雷达等技术中, 也应用了基于法拉第效应的光频环行器、调制器等.

通过本实验可以了解法拉第效应原理, 掌握法拉第旋光角的测量方法.

一、原理

1. 法拉第效应的旋光角

一束平面偏振光可以分解为两个同频率等振幅的左旋和右旋圆偏振光如图 2-11-2 所示. 设线偏振光的电矢量为 E, 角频率为 ω, 可以把 E 看作左旋圆偏振光 E_L 和右旋圆偏振光 E_R 之和, 通过磁场中的磁性物质(以下简称为介质)时, E_L 的传播速度为 v_L, E_R 的传播速度为 v_R. 通过长度 D 的介质后, E_L 与 E_R 之间产生相位差

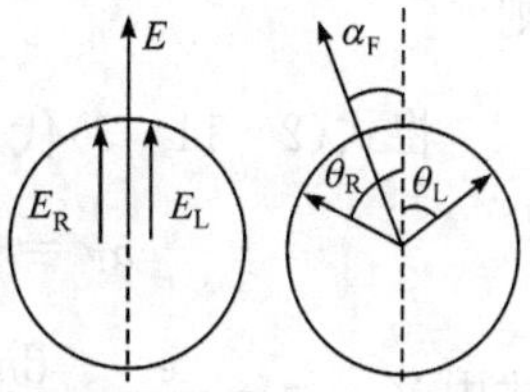

$$\theta = \omega(t_R - t_L) = \omega\left(\frac{D}{v_R} - \frac{D}{v_L}\right) = \frac{\omega D}{c}(n_R - n_L)$$

图 2-11-2　旋光的解释

$$(2-11-1)$$

式中 t_R、n_R 为 E_R 光通过介质的时间和折射率, t_L、n_L 为 E_L 光通过介质的时间和折射率, c 为真空中的光速.

出射介质的线偏振光相对于入射介质前的线偏振光转过一个角度

$$\alpha_F = \theta/2 = \frac{\omega D}{2c}(n_R - n_L) \tag{2-11-2}$$

α_F 即为法拉第效应的旋光角.

2. 法拉第效应旋光角的计算

由量子理论可知,介质原子的轨道电子具有磁矩 $\mu = -\dfrac{e}{2m}L$,式中 e、m 为电子电荷和质量,L 为电子轨道角动量. 在磁场 B 的作用下,电子磁矩具有势能:$\psi = -\mu \cdot B = \dfrac{e}{2m}L \cdot B = \dfrac{eB}{2m}L_B$,式中 L_B 为 L 在磁场方向的分量.

在磁场的作用下,当左旋圆偏振光通过样品时,光把电子从基态激发到较高能级,跃迁时轨道电子吸收光的角动量 $\hbar$,电子的能级结构不变,只是位能增加了

$$\Delta\psi_L = \frac{eB}{2m}\Delta L_B = \frac{eB}{2m}\hbar$$

可以认为,用能量为 $\hbar\omega$ 的左旋圆偏振光子激发电子,电子在磁场中的能级结构与用能量为 $(\hbar\omega - \Delta\psi_L)$ 的光子激发电子时,电子在没有磁场时的能级结构相同,即

$$n_L(\hbar\omega) = n(\hbar\omega - \Delta\psi_L)$$

或写作

$$n_L(\omega) = n\left(\omega - \frac{\Delta\psi_L}{\hbar}\right) \approx n(\omega) - \frac{dn}{d\omega}\frac{\Delta\psi_L}{\hbar} \approx n(\omega) - \frac{dn}{d\omega}\frac{eB}{2m}$$

对于右旋圆偏振光,类似的推导可得

$$\Delta\psi_R = -\left(\frac{eB}{2m}\right)\hbar \qquad n_R(\omega) \approx n(\omega) + \frac{dn}{d\omega}\frac{eB}{2m}$$

则

$$n_R(\omega) - n_L(\omega) = \frac{eB}{m}\frac{dn}{d\omega} \tag{2-11-3}$$

将式(2-11-3)代入式(2-11-1)得

$$\alpha_F = \frac{DeB}{2mc}\omega\frac{dn}{d\omega} = \left(-\frac{e}{2mc}\right)\lambda\frac{dn}{d\lambda}DB = V_{(\lambda)}DB \tag{2-11-4}$$

式中 $V_{(\lambda)} = -\dfrac{e}{2mc}\lambda\dfrac{dn}{d\lambda}$ 称为费尔德常量,它反映了介质材料的一方面特性. 式(2-11-4)适用于国际单位制,B 的单位是 T(特斯拉),$1T = 1Wb \cdot m^{-2} = 10^4 Gs$(高斯).式(2-11-4)就是计算法拉第效应旋光角的公式,它表示旋光角与磁场强度及介质长度成正比,且与入射光波长及介质的色散有关.

二、仪器结构(图 2 - 11 - 3)

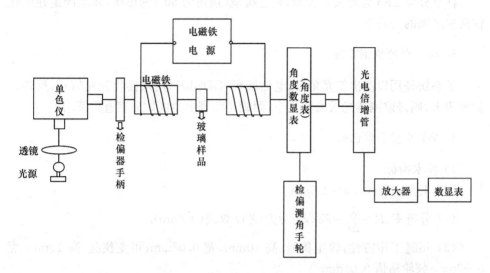

图 2 - 11 - 3　法拉第效应测试仪结构示意图

1. 光源系统

光源产生复合白光,通过单色仪可获得波长 3600～8000Å 的单色光. 单色光经过偏振片变成平面偏振光.

2. 磁场和样品介质(图 2 - 11 - 4)

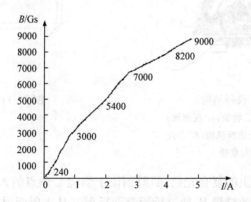

图 2 - 11 - 4　激磁电流与磁场强度的关系曲线

直流电磁铁采用 DT4 电工纯铁做成磁路,磁极柱直径 Φ40mm,磁路中有 Φ60mm 通光孔. 因此,能保证入射光的光轴方向与磁场 B 的方向一致. 磁极间隙为 11mm. 激磁电流 4A 时,磁场强度可达 8200Gs.

样品介质 ZF6 为重火石玻璃,呈三棱镜(顶角为 60°)的形状,样品固定在电磁铁两极之间的夹具上.

3. 旋光角的检测系统

该系统是用以测出旋光角. 光电倍增管(GDB404)用来接收旋光信号,反映到数显表上,则是监测透光最大和最小,而旋光角则由角度数显表直接读出.

4. WDX 型小单色仪

1) 技术指标

(1) 工作波段:$0.35\sim 2.5\mu m$.

(2) 分辨率:$R=\dfrac{\lambda}{\Delta\lambda}=982$,可分开钠 D 双线(0.6nm).

(3) 狭缝工作特性:固定狭缝,高 10mm,宽 0.08mm;可变狭缝,高 10mm、宽 0~3mm;鼓轮格值 0.01mm.

(4) 物镜:焦距 $f=329$mm;相对孔径 $d/f=1/6$.

2) 结构原理

仪器结构如图 2-11-5 所示,光路原理如图 2-11-6 所示.

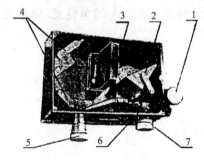

图 2-11-5　仪器结构

1. 入射狭缝;2. 棱镜;3. 物镜;4. 反射镜;
5. 控制棱镜旋转的波长选择机构;6. 小反
射镜;7. 出射狭缝

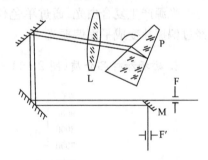

图 2-11-6　光路原理

从照明系统发出的复合光束,照射到位于物镜 L 焦点的入射狭缝 F,经物镜形成平行光束射入色散棱镜 P,通过棱镜背面反射又从入射面射出. 如入射光为复色光,光束被色散棱镜分解成不同折射角的单色平行光. 又经过物镜聚焦,由小反射镜 M 反射到出射狭缝 F′ 处,F′ 限制谱线的宽窄,从而获得单色光束. 旋转棱镜,在 F′ 处可获得不同波长的单色光束,如果光束从 F′ 进入系统,则在 F 处可引出单色光束.

表 2 - 11 - 1　可见波长部分实测数据*

波长/μm	鼓轮读数	波长/μm	鼓轮读数
	棱镜(60°)		棱镜(60°)
0.4047	1.827	0.5770	4.890
0.4077	1.950	0.5790	4.909
0.4341	2.704	0.5876	4.990
0.4358	2.742	0.5893	5.000
0.4861	3.770	0.6563	5.490
0.5461	4.580	0.6678	5.556

* 温度 23℃.

三、实验内容及步骤

1. 接通电源,预热 5 分钟,开始实验

(1) 首先将检偏器手柄(标记为红点)与连接座的标记(为红点)及电磁铁一端的标记(为红点),三点调成一直线.

(2) 灵敏度旋钮,顺时针为增加,逆时针为减少,灵敏度的高低,直接反映在数显表的数字跳动的快慢.注意同一波长情况下,一经调定,在整个测量过程中即不应再动此旋钮.

(3) 把检偏测角的手轮(以下简称手轮)顺时针旋转到头后,再逆时针旋转二周后,按一下清零按钮,角度表示值为零,微动调零手钮,使数显表的示值为零,即可进行测量,在测量前,验证一下角度表的零位正确与否,可通过加磁场来检验,把稳流电源接至电磁铁,将电流值分别从 1A、2A、…直到 5A,观察其数显表的示值应成线性增加,这说明角度表的零位在此.微动调零手钮使数显表的示值为零.

2. 法拉第效应角

(1) 首先增加电流 1A,电流逐渐增加,数显表的示值也同步增加,观察数显表示值从 0 增加到两位数左右.

(2) 旋转检偏测角手轮,使角度表的示值从 0 度增加到若干度数,使其中数显表的示值从二位数逐渐变化到零,这时角度表的示值为法拉第效应角.

(3) 将 1A 的电流关闭,观察其数显表的示值从零增加到二位数.

(4) 再旋转检偏测角手轮,观察数显表的示值为零时,则角度表的示值为重复性误差(电流从 1A、2A 增至 5A 为止),在不同磁场强度下测量三次,取其平均数.

(5) 注意每次往返测量应在短时间内完成,以免因电路零点漂移引起误差.

3. 定磁场强度 B,测旋光角和波长的关系曲线

其方法步骤同上.

四、思考题与讨论

(1) 误差主要来源是什么？如何改进？

(2) 利用法拉第效应特性,可以做成一个装置,安在门窗上,由室内可看到室外景物,而由室外却完全看不到室内物体,试设计一个实验方案.

参 考 文 献

冯索夫斯基 C B. 1960. 现代磁学:磁光现象. 潘孝硕,等译. 北京:科学出版社

近角聪信,等. 1985. 磁性体手册(下册):磁光学. 韩俊德,等译. 北京:冶金工业出版社

美国麻省理工学院. 1980. 中级物理实验讲义. 北京工业大学应用物理系译

吴思诚,王祖铨. 1995. 近代物理实验. 北京:北京大学出版社

2-12　磁共振技术相关知识介绍

磁共振是指磁矩不为零的原子或原子核在稳恒磁场作用下对电磁辐射的共振吸收现象.

如果共振是由原子核磁矩引起的,则该粒子系统产生的磁共振现象称核磁共振(简写做 NMR). 如果磁共振是由物质原子中的电子自旋磁矩引起的,则称电子自旋共振(简写 ESR),亦称顺磁共振(简写 EPR). 而由铁磁物质的磁畴磁矩所引起的磁共振现象,则称铁磁共振(简写为 FMR).

磁共振现象虽然在 20 世纪 40 年代已经发现,但由于实验设备和测量技术的限制,发展缓慢. 随着电子技术的发展,计算机在处理数据方面的广泛应用,使磁共振技术突飞猛进. 研究不同频段下磁共振信号的形状、分布以及线宽,可以提供物质磁矩、g 因子、弛豫时间等参数,从而获得物质微观结构的信息. 所以,磁共振技术成为物理、化学、生命科学等领域很有价值的基本研究方法. 特别是近二十年来,磁共振技术在材料、医学、磁测量、石油分析等与生产有密切关系的开发应用,使之成为先进的专门测试手段. 如铁磁共振技术,在研究铁磁性物质的应用方面,与微波器件的发展密切相关,核磁共振技术的发展不仅成为研究核磁矩的准确方法,也是进行分子动态研究的不可取代的重要手段. 核磁共振方法成为磁场测量和校准磁强计的标准方法,其不确定度可达±0.001%. 在医学上,核磁共振可以观察蛋白质分子的溶液构象,已经可以对人体进行断层成像,成为疾病诊断的具有非凡功能

的科学工具. 光泵磁共振能在弱磁场下(0.1～1mT)精确检测气体原子能级的超精细结构. 在基础物理研究、量子频标和精确测定磁场等方面也有很大的实际应用价值. 所以在近代物理实验中,安排了四个实验,供同学选择,通过这些实验,了解磁共振的原理及其应用.

一、磁共振原理

1. 处于恒磁场中的磁矩

由原子物理知识可知,原子中电子的轨道角动量 $\boldsymbol{P}_L$ 与自旋角动量 $\boldsymbol{P}_s$ 会分别产生轨道磁矩 $\boldsymbol{\mu}_L$ 和自旋磁矩 $\boldsymbol{\mu}_s$.

$$\boldsymbol{\mu}_L = -\frac{e}{2m_e} \cdot \boldsymbol{P}_L$$

$$\boldsymbol{\mu}_s = -\frac{e}{m_e} \cdot \boldsymbol{P}_s$$

式中 m_e 和 e 是电子的质量和电量,负号表示磁矩的方向和角动量的方向相反. 由 $\boldsymbol{P}_L$ 与 $\boldsymbol{P}_s$ 合成的角动量记为 $\boldsymbol{P}_J$,$\boldsymbol{P}_J$ 引起的磁矩为 $\boldsymbol{\mu}_J$. 则

$$\boldsymbol{\mu}_J = -g \cdot \frac{e}{2m_e} \boldsymbol{P}_J \tag{2-12-1}$$

式中 g 为朗德因子,其大小与原子结构有关.

研究表明,原子核类似于原子一样也有自旋,原子核的角动量记为 $\boldsymbol{P}_I$,它的自旋磁矩

$$\boldsymbol{\mu}_I = g_N \cdot \frac{e}{2m_p} \cdot \boldsymbol{P}_I \tag{2-12-2}$$

式中 g_N 是原子核的朗德因子,其值因原核不同而异. m_p 是原子核质量,e 是原子核电荷. 由于原子核的质量比电子的质量大 1836 倍,所以原子核的磁矩比电子磁矩小三个数量级.

为了讨论方便,引入玻尔磁子和核磁子的概念.

$$\text{玻尔磁子 } \mu_B = \frac{e\hbar}{2m_e}, \quad \text{核磁子 } \mu_N = \frac{e\hbar}{2m_p}$$

则式(2-12-1)和式(2-12-2)改写为

$$\boldsymbol{\mu}_J = -g \cdot \mu_B \cdot \frac{\boldsymbol{P}_J}{\hbar} \tag{2-12-3}$$

$$\boldsymbol{\mu}_I = g_N \cdot \mu_N \cdot \frac{\boldsymbol{P}_I}{\hbar} \tag{2-12-4}$$

若把微观粒子的磁矩与角动量之比用一个称之为旋磁比的系数 γ 表示,则式(2-12-3)和式(2-12-4)可写为

$$\boldsymbol{\mu} = \gamma \cdot \boldsymbol{P} \qquad (2-12-5)$$

比较前面的三个式子,便得到原子或原子核的朗德因子与回旋磁比两者之间的关系.求得其中一个,便可确定另一个的数值.

2. 磁矩在恒磁场中的拉莫尔进动

从经典力学可知,具有磁矩 μ 和角动量 P 的粒子,在外磁场 B_0 中受到一个力矩 L 的作用

$$\boldsymbol{L} = \boldsymbol{\mu} \times \boldsymbol{B}_0 \qquad (2-12-6)$$

此力矩使角动量发生变化

$$\frac{\mathrm{d}\boldsymbol{P}}{\mathrm{d}t} = \boldsymbol{L}$$

因 $\gamma = \dfrac{\mu}{P}$,故

$$\frac{\mathrm{d}\boldsymbol{\mu}}{\mathrm{d}t} = \gamma\boldsymbol{\mu} \times \boldsymbol{B}_0 \qquad (2-12-7)$$

若 B_0 是稳恒的且沿 z 方向,可求解上述方程得

$$\begin{aligned}
\mu_z &= C(\text{常数}) \\
\mu_x &= \mu_0 \sin(\omega_0 t + \delta) \qquad (2-12-8) \\
\mu_y &= \mu_0 \cos(\omega_0 t + \delta)
\end{aligned}$$

上式表示 μ 绕 B_0 做进动,运动频率为 $\omega_0 = \gamma B_0$,如图 2-12-1 所示.

3. 磁矩在磁场中的能量

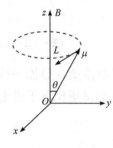

从量子力学可知,微观粒子自旋角动量和自旋磁矩在空间的取向是量子化的,P 在外磁场方向(z 方向)的分量只能取

图 2-12-1　磁矩在外磁场中进动示意图

$$P_z = m\hbar, \quad m = I, I-1, \cdots, -I+1, -I \text{ 等 } 2I+1 \text{ 个值.}$$

I 为表征粒子性质的自旋量子数,m 称为磁量子数. 在外磁场 B_0 中,磁矩 μ 与 B_0 相互作用能为

$$E = -\boldsymbol{\mu} \cdot \boldsymbol{B}_0 = -\mu_z B_0 = -\gamma P_z B_0 = -\gamma m\hbar B_0 \qquad (2-12-9)$$

对应不同的 m 值,E 也不同,因而一个能级分裂为 $2I+1$ 个次能级,每个次能级与磁矩在空间的不同取向对应. 对于最简单的氢核[1]H(或电子),其 $I = \dfrac{1}{2}$,$S =$

$\dfrac{1}{2}$,则 $m=\pm\dfrac{1}{2}$,故有两个次能级,其磁矩取向及其能级示意如图 2-12-2 所示,两个能级能量差为

$$\Delta E = \gamma \hbar B_0 = \omega_0 \hbar \qquad (2-12-10)$$

$\omega_0 = \gamma B_0$ 称为拉莫尔(Larmor)频率.

4. 辐射场的作用与磁共振跃迁

若在 xy 平面内施加一个旋转磁场 B_1,其旋转频率为 ω_0,旋转方向与 μ 进动方向一致,因而 B_1 对 μ 的作用恰似一个恒定磁场,μ 也会绕 B_1 进动. 结果使夹角 θ 增大,如图 2-12-3、图 2-12-4,θ 增大,表示粒子从 B_1 中获得能量.

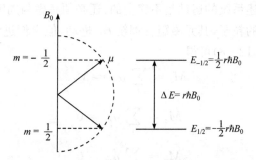

图 2-12-2　$I=\dfrac{1}{2}$ 的粒子磁矩在 B_0 中的取向

及相应的能级示意图

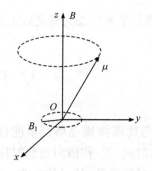

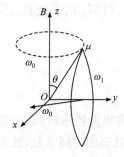

图 2-12-3　xy 平面内加进 B_1 示意图　　　　图 2-12-4　存在 B_1 时磁矩进动情况

当交变电磁场的频率 ν 满足 $h\nu=\Delta E$,而 $\omega=\omega_0$ 时,会发生粒子对电磁场能量的吸收或辐射,因而引起粒子在次能级之间的跃迁.

二、弛豫过程与弛豫时间

由于实际研究的样品是由许多元磁矩 μ 组成的系统,引入磁化矢量 M,它的定义是单位体积内元磁矩的矢量和

$$M = \sum_i \boldsymbol{\mu}_i$$

$\sum_i$ 遍及单位体积,在外磁场 $\boldsymbol{B}_0$ 中, M 受到力矩作用,则

$$\frac{\mathrm{d}\boldsymbol{M}}{\mathrm{d}t} = \gamma \boldsymbol{M} \times \boldsymbol{B}_0 \qquad (2-12-11)$$

M 以角频率 $\omega_0 = \gamma B_0$ 绕 B_0 进动.

用上述方程描述系统的运动是不完全的,还必须考虑与周围环境的相互作用.处于恒定外磁场内的粒子,其元磁矩 μ 都绕 B_0 进动,但它们进动的初始相位是随机的,因而从式 $(2-12-8)$ 可得

$$M_z = \sum_I \mu_{iz} = M_0$$

$$M_x = \sum_i \mu_{ix} = 0$$

$$M_y = \sum_i \mu_{iy} = 0$$

即磁化矢量只有纵向分量,横向分量相互抵销,当 xy 平面内加进 B_1 时,各 μ_i 也绕 B_1 进动,使 $M_z \neq M_0, M_x \neq 0, M_y \neq 0$,去掉 B_1 后,这种不平衡的状态不能维持下去,而自动的向平衡状态恢复,称为弛豫过程.

设 M_z 和 M_{xy} 向平衡状态恢复的速度与它们离开平衡状态的程度成正比,则

$$\frac{\mathrm{d}M_z}{\mathrm{d}t} = -\frac{M_z - M_0}{T_1}$$

$$(2-12-12)$$

$$\frac{\mathrm{d}M_{xy}}{\mathrm{d}t} = -\frac{M_{xy}}{T_2}$$

式中, T_1 称纵向弛豫时间,它描述自旋粒子系统与周围物质晶格交换能量使 M_z 恢复平衡状态的时间常数,故又称自旋-晶格弛豫时间. T_2 称横向弛豫时间,它描述自旋粒子系统内部能量交换使 M_{xy} 消失过程的时间常数,故又称自旋—自旋弛豫时间.

三、共振信号与线宽

式 $(2-12-11)$ 和式 $(2-12-12)$ 表示,磁共振时,存在两种独立发生的作用,互不影响,故可把两式简单地相加,得到描述磁共振现象的基本运动方程

$$\frac{\mathrm{d}\boldsymbol{M}}{\mathrm{d}t} = \gamma\boldsymbol{M} \times \boldsymbol{B} - \frac{1}{T_1}(M_z - M_0)\boldsymbol{k} - \frac{1}{T_2}(M_x\boldsymbol{i} + M_y\boldsymbol{j}) \quad (2-12-13)$$

称为布洛赫(Bloch)方程.

实验时,B 由 B_0 和 B_1 组成,B_1 是一个在 xy 平面内沿 x 或 y 方向的线偏振场(由振荡器产生的射频或微波磁场),它可看作是两个圆偏振场的叠加,即

$$B_x = B_1\cos\omega t, \quad B_y = \mp B_1\sin\omega t$$

在这两个圆偏振场中,只有当圆偏振场的旋转方向与运动方向相同时才起作用. 所以对于 γ 为正的系统,起作用的是顺时针方向的圆偏振场. 即

$$B_x = B_1\cos\omega t, \qquad B_y = -B_1\sin\omega t$$

代入式(2-12-13),得

$$\frac{\mathrm{d}M_x}{\mathrm{d}t} = \gamma(M_yB_0 + M_zB_1\sin\omega t) - \frac{M_x}{T_2}$$

$$\frac{\mathrm{d}M_y}{\mathrm{d}t} = -\gamma(M_xB_0 - M_zB_1\cos\omega t) - \frac{M_y}{T_2} \qquad (2-12-14)$$

$$\frac{\mathrm{d}M_z}{\mathrm{d}t} = -\gamma(M_xB_1\sin\omega t + M_yB_1\cos\omega t) - \frac{M_z - M_0}{T_1}$$

现在,另取一个新的直角坐标系 (x', y', z'),z' 轴与原来的 z 轴重合,x' 始终与 B_1 一致,y' 垂直于 B_1,即新坐标系以角速度 ω 绕 z 轴旋转,在新坐标系中,B_1 是静止的,M_{xy} 在 x',y' 上的投影为 u,v 如图 2-12-5,则

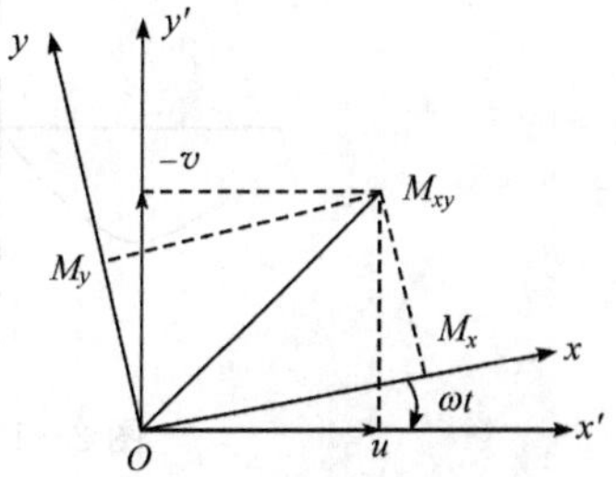

图 2-12-5 M 在两种坐标系的转换

$$M_x = u\cos\omega t - v\sin\omega t$$

$$M_y = -v\cos\omega t - u\sin\omega t$$

$$M_z = M_z$$

代入式(2-12-14),得

$$\frac{\mathrm{d}u}{\mathrm{d}t} + \frac{u}{T_2} + (\omega_0 - \omega)v = 0$$

$$\frac{\mathrm{d}v}{\mathrm{d}t} + \frac{v}{T_2} - (\omega_0 - \omega)u + \gamma B_1 M_z = 0 \qquad (2-12-15)$$

$$\frac{\mathrm{d}M_z}{\mathrm{d}t} + \frac{M_z - M_0}{T_1} - \gamma B_1 v = 0$$

上式最后一项表明 M_z 的变化是 v 的函数,据 $E = -M_z \cdot B_1$,v 的变化表示系统能量的变化. 为求解上述方程,可根据实验条件进行某些简化. 例如,实验时通常采用扫场或扫频的方法,若磁场或频率缓慢变化,则可以认为 u、v、M_z 不随时间变化,即

$$\frac{\mathrm{d}u}{\mathrm{d}t} = \frac{\mathrm{d}v}{\mathrm{d}t} = \frac{\mathrm{d}M_z}{\mathrm{d}t} = 0$$

则方程的稳态解为

$$u = \frac{\gamma B_1 T_2^2 (\omega_0 - \omega) M_0}{1 + T_2^2 (\omega_0 - \omega)^2 + \gamma^2 B_1^2 T_1 T_2}$$

$$v = \frac{-\gamma B_1 M_0 T_2}{1 + T_2^2 (\omega_0 - \omega)^2 + \gamma^2 B_1^2 T_1 T_2} \qquad (2 - 12 - 16)$$

$$M_z = \frac{[1 + T_2^2 (\omega_0 - \omega)^2] M_0}{1 + T_2^2 (\omega_0 - \omega)^2 + \gamma^2 B_1^2 T_1 T_2}$$

u、v 分别称为色散信号和吸收信号，u 反映 B_1 对样品所发生的 M 的度量，v 描述样品从 B_1 中吸收能量的过程，u 和 v 与 ω 的关系如图 $2 - 12 - 6$ 所示. 磁共振实验一般观察 v 信号，从式($2 - 12 - 16$)知，当 $\omega = \omega_0$ 时，$v = \dfrac{\gamma B_1 T_2 M_0}{1 + \gamma^2 B_1^2 T_1 T_2}$ 为极大值.

B_1、T_1 小时，v 就大. 当 $B_1 = 1/\gamma(T_1 T_2)^{\frac{1}{2}}$ 时，v 达到最大值.

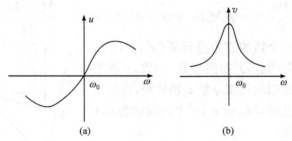

图 $2 - 12 - 6$ 　(a)色散信号；(b)吸收信号

实验时，所用样品包含大量粒子，在热平衡下，每一能级上的粒子数服从玻尔兹曼分布，对于 E_1、$E_2 (E_1 < E_2)$ 对应的粒子数为 N_{10}、N_{20}，一般 $E_2 - E_1 = \Delta E \ll kT$，故有

$$\frac{N_{20}}{N_{10}} = \exp\left(-\frac{\Delta E}{kT}\right) \approx 1 - \frac{\Delta E}{kT} \qquad (2 - 12 - 17)$$

或

$$\frac{N_{20}}{N_{10}} \approx 1 - \frac{\gamma \hbar B_0}{kT}$$

k 为玻尔兹曼常量. 在室温下，$T = 300\text{K}$ 时，当 B_0 为 1T（特斯拉）时，$\dfrac{N_{20}}{N_{10}} \approx$ 0.999993，N_{10}、N_{20} 的差数提供了观察磁共振的可能性. 当 B_0 大，T 小时，共振信号强. 磁共振时，处于 E_1 的粒子吸收 B_1 的能量跃迁到 E_2. 若 B_1 连续起作用，粒子

不断吸收 B_1 能量跃迁到 E_2,最后粒子数差趋向于 0 而出现饱和现象.然而,由于存在弛豫过程,处于 E_2 的粒子无辐射地把能量传递出去而回到 E_1,使系统处于新的热平衡状态.因而,可以观察到稳定的吸收信号.在新的热平衡状态下,粒子差数为

$$n_0 = \frac{N_{10} - N_{20}}{1 + \gamma^2 B_1^2 T_1 T_2} \qquad (2-12-18)$$

综合上述,B_0 越强,B_1、T_1 越小,T 越低,可以得到较强的共振吸收信号.

另外,共振时粒子在能级间反复跃迁而不是长期停留在某一能级上,因此,它们处于某一能级上的时间是有限值,据测不准关系有

$$\delta E \cdot \tau = \hbar \qquad (2-12-19)$$

其中 δE 为能级宽度,τ 为能级寿命.由此产生的谱线宽度为 $\delta \omega$,即 $\delta \omega = \dfrac{\delta E}{\hbar} = \dfrac{1}{\tau}$.

能级是有宽度的,如图 2-12-7 所示.故共振时,不仅发生在 $\omega = \omega_0$ 处,在 $\omega_2 \approx \omega_1$ 范围内也会发生.共振信号有一定宽度,它可归结为粒子处于能级上的平均寿命 τ,而 τ 受 T_1、T_2、B_1 的影响.由式(2-12-16)知,共振信号宽度

$$\Delta \omega = \frac{2}{T_2} (1 + \gamma^2 B_1^2 T_1 T_2)^{\frac{1}{2}}$$
$$(2-12-20)$$

在 B_1 很弱,系统不饱和情况下,$\gamma^2 B_1^2 T_1 T_2 \ll 1$,则

$$\Delta \omega = \frac{2}{T_2}$$

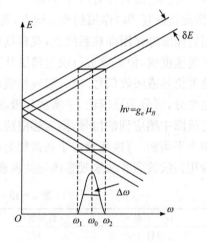

图 2-12-7　能级宽度引起共振信号变宽

$\Delta \omega$ 是对应于共振信号最大幅度降到一半处对应的频率间隔.若用磁场表示,则为

$$\Delta B = \frac{2}{\gamma T_2}$$

因此,当不考虑磁场的非均匀度影响时,共振信号宽度主要由 T_2 决定.

2-13　核磁共振的稳态吸收(NMR)

本实验的目的是观察核磁共振稳态吸收现象,掌握核磁共振的实验原理和方法,测量 [1]H 和 [19]F 的 g 因子.

一、实验原理①

原子核具有自旋,其自旋磁矩在外磁场中会作进动.表 2 - 13 - 1 列出了一些原子核的自旋量子数、磁矩和进动频率.

实现核磁共振,必须有一个稳恒的外磁场 B_0,一个与 B_0 和总磁矩 M 所组成的平面垂直的旋转磁场 B_1,当 B_1 的角频率 ω 等于 $\omega_0 = \gamma B_0$ 时,则发生核磁共振. γ 为核的旋磁比.

$$\gamma = g\frac{2\pi\mu_N}{h} \tag{2 - 13 - 1}$$

g 为核的朗德 g 因子, μ_N 为核磁子, $\mu_N = 3.1524515 \times 10^{-14} \mathrm{MeVT^{-1}}$, h 为普朗克常数.

研究核磁共振有两种方法.一种是连续波法或称稳态方法,是用连续的射频场(即旋转磁场 B_1)作用到核系统上,观察核对频率的响应信号.另一种是脉冲方法,用射频脉冲作用在核系统上,观察核对时间的响应信号.脉冲法有较高的灵敏度,测量速度快,但需要进行快速傅里叶变换,技术要求较高.以观察信号区分,可观察色散信号或吸收信号.但一般观察吸收信号,因为比较容易分析理解.从信号的检测来分,可分为感应法、平衡法和吸收法.当共振时,核磁矩吸收射频场能量而在附近线圈中感应到的信号,则为感应法.测量由于共振使电桥失去平衡而输出的电压即为平衡法.直接测量由于共振使射频振荡线圈中负载发生变化的为吸收法.本实验用连续波吸收法来观察核磁共振现象.

表 2 - 13 - 1　原子核相关参数

核　　素	自旋数 I	磁　矩 μ/μ_N	进动频率 $\mathrm{MHz \cdot T^{-1}}$
$^1\mathrm{H}$	1/2	2.79270	42.577
$^2\mathrm{H}$	1	0.85738	6.536
$^3\mathrm{H}$	1/2	2.9788	45.414
$^{12}\mathrm{C}$	0		
$^{13}\mathrm{C}$	1/2	0.70216	10.705
$^{14}\mathrm{N}$	1	0.40357	3.076
$^{15}\mathrm{N}$	1/2	-0.28304	4.315
$^{16}\mathrm{O}$	0		
$^{17}\mathrm{O}$	5/2	-1.8930	5.772
$^{18}\mathrm{O}$	0		
$^{19}\mathrm{F}$	1/2	2.6273	40.055
$^{31}\mathrm{P}$	1/2	1.1305	17.235

---

① 请阅读 2 - 12 相关内容.

为了观察核磁共振信号,可以固定 B_0,让 B_1 的频率 ω 连续变化而通过共振区. 当 $\omega=\omega_0=\gamma B_0$ 时,即出现共振信号,此为扫频法. 若使 B_1 的频率不变,让 B_0 连续变化而扫过共振区,则为扫场法. 由于技术上的原因,一般用扫场法. 即在稳恒磁场 B_0 上迭加一交变低频调制磁场 $\widetilde{B}=B_m\sin 2\pi ft$,使样品所在的实际磁场为 $B_0+\widetilde{B}$ 如图 $2-13-1$(a). 相应的进动频率 $\omega_0=\gamma(B_0+\widetilde{B})$ 也周期性地变化. 如果射频场的角频率 ω 是在 ω_0 的变化范围内,则当 $\widetilde{B}$ 变化使 $B_0+\widetilde{B}$ 扫过 ω 所对应的共振磁场 $B'=\dfrac{\omega}{\gamma}$ 时,则发生共振. 从示波器上观察到共振信号如图 $2-13-1$(b)所示. 改变 B_0 或 ω 都会使信号位置相对移动. 当共振信号间距相等且重复频率为 $2\pi f$ 时,表示共振发生在调制磁场 $2\pi f=0,\pi,2\pi,\cdots$ 等处,如图 $2-13-2$ 所示.

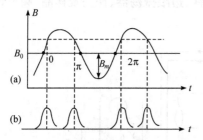
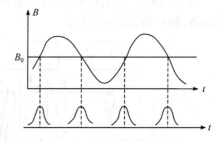

图 $2-13-1$　(a)扫场信号和(b)共振信号　　　　图 $2-13-2$　等间距共振信号

$$B_0+\widetilde{B}=B_0=\frac{\omega}{\gamma}=\frac{2\pi\nu}{\gamma}$$

若已知样品的 γ,测出此时对应的射频场频率 ν,可算出 B_0. 反之测出 B_0,可算出 γ 和 g 因子. 若两种样品,先后置于相同的磁场中,当信号等间距时有

$$\frac{2\pi\nu_1}{\gamma_1}=\frac{2\pi\nu_2}{\gamma_2}$$

由此可求出

$$\gamma_2=\frac{\nu_2}{\nu_1}\gamma_1 \qquad\qquad (2-13-2)$$

据式$(2-13-14)$知,只有扫描磁场通过共振区的时间远长于 T_1、T_2 时才会有稳态的吸收信号,如图 $2-13-3$ 所示. 若扫场速度很快,则核磁矩在 xy 平面的分量 M_{xy} 以 T_2 为时间常数趋向于零,则观察到不稳定的瞬时信号如图 $2-13-4$ 所示.

在样品中加入少许顺磁离子,即具有电子磁矩的粒子,在一定条件下,可使共振信号变大. 因为电子磁矩产生较强的局部磁场而影响核磁的弛豫过程,使 T_1、T_2 都大为变小. T_1 的变小可使用较强之 B_1,从而增强了共振信号,T_1、T_2 的变小,使共振信号变宽.

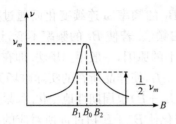

图 2 - 13 - 3　稳态共振吸收信号

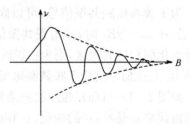

图 2 - 13 - 4　瞬时共振吸收信号

二、实验装置

图 2 - 13 - 5 是实验的装置图,包括电磁铁、边限振荡器、探头及样品、频率计、示波器、移相器、稳流电源等.

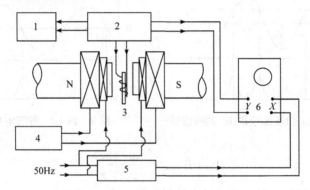

图 2 - 13 - 5　NMR 实验装置图

1. 频率计;2. 边限振荡器;3. 探头及样品;4. 稳流电源;5. 移相器;

6. 示波器;N、S 为电磁铁

电磁铁由磁头及主线圈和扫场线圈组成,主线圈通以稳恒电流时产生 B_0,改变电流以大小或磁极距离,可以改变 B_0 的大小.扫场线圈通以 50Hz 交流电流产生扫场磁场 $\tilde{B}$.对磁场的一般要求是稳定性和样品所在范围内均匀性好.

边限振荡器是一种工作状态处于将开始振荡与不振荡之间边缘区的振荡器,它提供核磁共振所需的 B_1.在吸收法中,B_1 是由振荡线圈提供,该线圈兼作接收线圈.样品置于线圈中,振荡时,沿线圈轴线方向(设为 x 轴)产生一个线偏振磁场

$$B_x = 2B_1\cos\omega t$$

它可分解为两个旋转方向相反的圆偏振场,对 γ 为正的系统起作用的是顺时针旋转的磁场.当 $\omega = \omega_0 = \gamma B_0$ 时,则发生共振.实验时,线圈置于磁隙间且使轴线垂直于 B_0,适当调节振荡器工作状态使其处于边限.当磁场扫过共振区时,样品

吸收 B_1 能量而改变线圈的 Q 值,使振荡幅度有较大变化. 利用检波器检出这种变化. 由示波器显示出来. 振荡器不处于边限区时, B_1 较强,易使样品饱和,则观察不到共振信号. 图 2-13-6 为边限振荡器线路图.

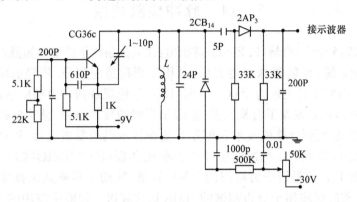

图 2-13-6　边限振荡器线路图

三、实验内容

(1) 观察[1]H 的核磁共振信号.

样品用蒸馏水,缓慢改变 B_0 或 ν,找出共振信号. 然后,分别改变 B_0、ν 和 $\tilde{B}$ 大小,观察共振信号位置、形状的变化并分析讨论.

(2) 测量[1]H 的 γ_H 和 g_H.

用特斯拉计和频率计测出不同 B_0 时对应的共振频率 ν,求出 γ_H 和 g_H.

(3) 样品用纯水和聚四氟乙烯,在相同的 B_0 时,分别测出[1]H 核和[19]F 核的共振频率 ν_H 和 ν_F,用式(2-13-2)计算 γ_F 和 g_F.

(4) 比较纯水和加入少许 $FeCl_3$ 或 $CuSO_4$ 水溶液时的共振信号,观察顺磁离子对共振信号的影响,并解释之.

四、思考题与讨论

(1) 如何确定对应于磁场为 B_0 时核磁共振的共振频率?

(2) 如何调节出共振信号?

(3) 不加扫场电压能否观察到共振信号?

(4) B_0、B_1 的作用是什么? 如何产生,它们有什么区别?

(5) 试述如何用磁共振测量 B_0 的方法?

参考文献

王东生. 1983. 核磁共振中原子核系统的激发与识别. 物理,(1):11-17

王金山.1982.核磁共振波谱仪与实验技术.北京:机械工业出版社
吴思诚,等.1995.近代物理实验.北京:北京大学出版社

2-14　脉冲核磁共振

早在 1946 年,布洛赫(F. Bloch)就指出:在共振条件下施加一短脉冲射频场作用于核自旋系统,在射频脉冲消失后,可检测到核感应信号.年轻的哈恩(E. L. Hahn)在当研究生时便致力于这一研究.1950 年他观察到自由感应衰减信号(简称 FID 信号),并且发现了自旋回波.但限于当时的技术条件,脉冲核磁共振早期发展非常缓慢.直到计算机技术和傅里叶变换技术迅速发展之后,恩斯特(R. R. Ernst)于 1966 年发明了脉冲傅里叶变换核磁共振(PFT-NMR)技术,这一技术可将瞬态的 FID 信号转变为稳态的 NMR 波谱,推动了核磁共振技术突飞猛进的发展.目前广泛应用于分析测试的 NMR 谱仪和医学诊断中应用的 NMR 成像技术,都是 PFT-NMR 技术取得的成果.为此,恩斯特荣获 1991 年度诺贝尔化学奖.

前面已经做过了稳态吸收法的核磁共振实验,为了进一步了解核磁共振技术的实际应用,本实验将介绍脉冲核磁共振的基本概念和方法,通过观察核磁矩对射频脉冲的响应加深对弛豫过程的理解,学会用基本脉冲序列来测定液体样品的弛豫时间 T_1 和 T_2.

一、实验原理

1. 自由感应衰减信号

处于恒定磁场 B_0 中的核自旋系统,其宏观磁化强度 M 以角频率 $\omega_0 = \gamma B_0$ 绕 B_0 进动.若引入一个与旋进同步的旋转坐标系 $x'y'z'$,其转轴 z' 与固定坐标系的 z 轴重合,转动角频率 ω 与共振射频场的频率也相同. M 在旋转坐标系中是静止的.在垂直于 B_0 方向施加一射频脉冲,脉冲宽度为

$$t_p \ll T_1, T_2 \tag{2-14-1}$$

可把它分解为两个转向相反的圆偏振脉冲射频场,其中起作用的是与旋进同向旋转的射频场.而且可把这个射频场看作是施加在 x' 轴上的恒定磁场 B_1,作用时间为脉宽 t_p.在射频脉冲作用前 M 处在热平衡状态, $M = M_0$,方向与 z' 轴重合.施加射频脉冲作用后, M 绕 x' 轴转过一个角度

$$\theta = \gamma B_1 t_p \tag{2-14-2}$$

θ 称为倾倒角.图 2-14-1 表示脉宽 t_p 恰好使 $\theta = 90°$ 和 $\theta = 180°$ 两种情况,这些脉冲分别称为 90° 和 180° 脉冲.由式(2-14-2)可知,只要射频场足够强,则 t_p 值均可做到足够小而满足式(2-14-1)的要求,这就意味着射频脉冲作用期间弛豫作

用可忽略不计.

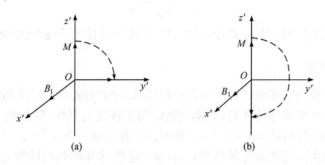

图 2-14-1　(a) 90°射频脉冲的作用；(b) 180°射频脉冲的作用

　　下面讨论 90°脉冲对核磁矩系统的作用及其弛豫过程. 设 t 在开始时刻加上射频场 B_1，$t=t_p$ 时 M_0 绕 B_0 旋转 90°而倾倒在 y' 轴上，这时射频场 B_1 即消失. 核磁矩系统由弛豫过程遵从式(2-12-10)的变化规律回复到热平衡状态. 其中，$M_z \rightarrow M_0$ 的增长速度取决于 T_1，$M_z \rightarrow 0$ 和 $M_x \rightarrow 0$ 的衰减速度取决于 T_2. 在旋转坐标系看来，M 没有进动，恢复到平衡位置的过程如图 2-14-2(a)所示. 在实验室坐标系看来，M 绕 z 轴旋进，按螺旋形式回到平衡位置，如图 2-14-2(b)所示. 在这个弛豫过程中，若在垂直于 z 轴方向上置一接收线圈，便可感应出一个射频信号，其频率与进动频率 ω_0 相同，其幅值按指数衰减，称自由感应衰减(FID)信号. 经检波并滤去射频以后，观察到的 FID 信号是指数衰减的包络线，如图 2-14-2(c). FID 信号与 M 在 xy 平面上横向分量的大小有关，故 90°脉冲的 FID 信号幅值最大，180°脉冲的 FID 信号幅值为零.

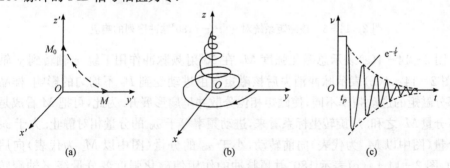

图 2-14-2　90°脉冲作用后的弛豫过程以及自由感应衰减信号

　　实验中，由于恒定磁场 B_0 不可能绝对均匀，样品中不同位置的核磁矩所处的外场大小有所不同，其进动频率各有差异. 实际观测到的 FID 信号是各个不同进动频率的指数衰减信号的叠加. 设 T'_2 为磁场不均匀所等效的横向弛豫时间，则总的 FID 信号的衰减速度由 T_2 和 T'_2 两者决定. 可用一个称为表观横向弛豫时间 T_2^* 来等效.

$$\frac{1}{T_2^*} = \frac{1}{T_2} + \frac{1}{T_2'} \tag{2-14-3}$$

若磁场越不均匀,则 T_2 越小,从而 T_2^* 也越小,FID 信号衰减越快.

2. 自旋回波

现在讨论核磁矩系统对两个或多个射频脉冲的响应. 在实际应用中,常用两个或多个射频脉冲组成脉冲序列,周期性地作用于核磁矩系统. 例如在 90°射频脉冲作用后,经过 τ 时间再施加一个 180°射频脉冲,便组成一个 90°—τ—180°脉冲序列(同理,可根据实际需要设计其他脉冲序列). 这些脉冲序列的脉宽 t_{p} 和脉距 τ 应满足下列条件:

$$t_{\text{p}} \ll T_1, T_2, \tau \tag{2-14-4}$$
$$T_2^* < \tau < T_1, T_2 \tag{2-14-5}$$

90°—τ—180°脉冲序列的作用结果如图 2-14-3 所示. 在 90°射频脉冲后即观察到 FID 信号,在 180°射频脉冲后面对应于初始时刻的 2τ 处还观察到一个"回波"信号. 这种回波信号是在脉冲序列作用下核自旋系统的运动引起的,故称自旋回波. 下面用图 2-14-4 来说明该自旋回波是怎样产生的.

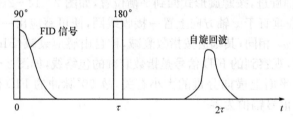

图 2-14-3　核磁矩系统对 90°—τ—180°脉冲序列的响应

图 2-14-4(a)表示总磁化强度 M_0 在 90°射频脉冲作用下绕 x' 轴转到 y' 轴上. 图 2-14-4(b)表示脉冲消失后核磁矩自由进动受到 B_0 不均匀的影响. 样品中部分磁矩的进动频率不同,使磁矩相位分散并呈扇形展开. 为此,可把 M 看成是许多分量 M_i 之和. 从旋转坐标系看来,进动频率等于 ω_0 的分量相对静止. 大于 ω_0 的分量(图中以 M_1 为代表)向前转动,小于 ω_0 的分量(图中以 M_2 为代表)向后转动. 图 2-14-4(c)表示 180°射频脉冲的作用使磁化强度各分量绕 z' 轴翻转 180°,并继续它们原来的转动方向运动. 图 2-14-4(d)表示 $t=2\tau$ 时刻各磁化强度分量刚好汇聚于一y' 轴上. 图 2-14-4(e)表示 $t>2\tau$ 以后,用于磁化强度各分量继续转动而又呈扇形展开. 因此,在 $t=2\tau$ 处得到如图 2-14-3 所示的自旋回波信号.

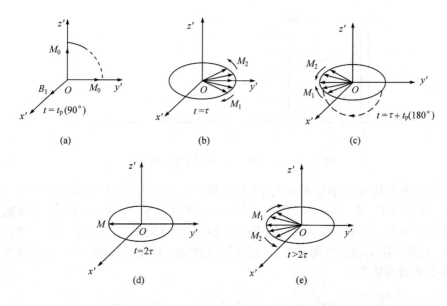

图 2-14-4　90°-τ-180°自旋回波矢量图解

由此可知,自旋回波与 FID 信号密切相关,如果不存在横向弛豫,则自旋回波幅值应与初始的 FID 信号一样. 但在 2τ 时间内横向弛豫作用不能忽略,磁化强度各横向分量相应减小,使得自旋回波幅值小于 FID 信号幅值,而且脉距 τ 越大则自旋回波幅值越小.

3. 弛豫时间的测量

在实际应用中,可设计各种各样的脉冲序列来产生 FID 信号和自旋回波,用以测量弛豫时间 T_1 和 T_2.

(1) T_2 的测量. 这里采用 90°-τ-180° 脉冲序列的自旋回波法. 该脉冲序列的回波产生过程,在图 2-14-4 中已经表明. 根据式(2-14-10)中磁化强度横向分时的弛豫过程

$$M'_y = M_0 e^{-t/T_2} \tag{2-14-6}$$

而 t 时间自回波的幅值 A 与 M'_y 成正比,即

$$A = A_0 e^{-t/T_2} \tag{2-14-7}$$

式中 $t=2\tau$,A_0 是 90°射频脉冲刚结束时 FID 信号的幅值,与 M_0 成正比. 实验中只要改变脉距 τ,则回波的峰值就相应地改变. 若依次增大 τ,测出若干个相应的回波峰值,便得指数衰减的包络线,如图 2-14-5 所示. 对式(2-14-7)两边取对数,可得直线方程

$$\ln A = \ln A_0 - 2\tau/T_2 \tag{2-14-8}$$

式中 2τ 作为自变量,则直线斜率的倒数便是 T_2.

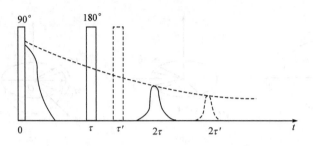

图 2-14-5　90°-τ-180°脉冲序列测 T_2

如果实验装置中的脉冲程序器能够提供 Carr-Purcell 脉冲序列：90°-τ-180°-2τ-180°-2τ-180°…. 即在 90°-τ-180°脉冲序列之后，每隔 2τ 时间施加一个 180°脉冲. 这时可在 $2\tau,4\tau,6\tau,8\tau,\cdots$ 处观察到自旋回波，如图 2-14-6 所示，因此，只做一次实验便可同时测出许多回波的峰值，等效于用 90°-τ-180°脉冲序列多次实验的结果.

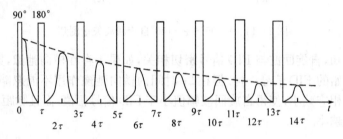

图 2-14-6　回波序列法测 T_2

(2) T_1 的测量. 这里采用 180°-τ-90°脉冲序列的反转恢复法，首先用 180°射频脉冲把磁化强度 M 从 z' 轴翻转到 $-z'$ 轴，见图 2-14-7(a). 这时，$M_z = -M_0$，M 没有横向分量，也就没有 FID 信号. 纵向弛豫过程会使 M_z 由 $-M_0$ 经过零值向平衡值 M_0 恢复. 在恢复过程的 τ 时刻，施加 90°射频脉冲，则 M 便翻转到 $-y'$ 轴上，见图 2-14-7(b). 这时接收线圈将会感应得 FID 信号. 该信号的幅值正比于 M_z 的大小，M_z 的变化规律可由式(2-14-10)中第一个方程

$$\frac{\mathrm{d}M_z}{\mathrm{d}t} = -\frac{M_z - M_0}{T_1}$$

求解，并根据 180°射频脉冲作用后的初始条件为 $t=0$ 时 $M_z = -M_0$，而得

$$M_z = M_0(1 - 2e^{-t/T_1}) \tag{2-14-9}$$

图 2-14-7(c)表示 90°射频脉冲作用前的瞬间，M_z 的大小与脉距 τ 的关系. 可见，总可以选择到合适的 τ 值，使 $t=\tau$ 时 M_z 恰好为零，并由式(2-14-9)求得 $\tau = T_1 \ln 2$. 故

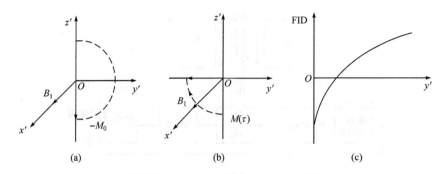

图 2 - 14 - 7　180°−τ−90°脉冲序列的作用及其 FID 信号

$$T_1 = \frac{\tau}{\ln 2}$$

　　这种求 T_1 的方法常称之为"零法",只要改变 τ 的大小使 FID 信号刚好等于零便可. 不过,为了将 τ 值测准,应反复多次进行.

　　由于强射频脉冲作用后 FID 信号的零值不大容易准确判断,如果脉冲程序器可提供三脉冲序列的话,可采用 $180°−\tau−90°−\Delta\tau−180°$ 脉冲序列来测 T_1,即 $180°−\tau−90°$ 脉冲序列之后经过短暂的 $\Delta\tau$ 时间($\Delta\tau \ll \tau$)再施加一个 $180°$ 射频脉冲,这时在这个 $180°$ 射频脉冲后面 $\Delta\tau$ 处可观察到一个自旋回波. 自旋回波的峰值与 FID 信号幅值可认为相等,只要改变 τ 的大小使自旋回波为零便可利用式 $(2-14-10)$ 求得 T_1. 这种方法也是"零法",只不过是把观测 FID 信号为零变为观测自旋回波为零而已,这种脉冲序列的作用如图 $2-14-8$ 所示.

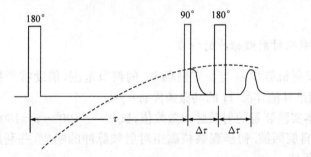

图 2 - 14 - 8　$180°−\tau−90°−\Delta\tau−180°$ 脉冲序列作用下的自旋回波

二、实验装置

　　自旋回波实验装置如图 $2-14-9$ 所示,其组成包括电磁铁(电磁铁的稳流电源未画出,也可采用永久磁铁而无需电源)、探头、发射机、脉冲程序器、接收机和示波器等.

　　发射机产生的射频振荡频率 ω 要满足样品在外磁场中的共振条件,即 $\omega =$

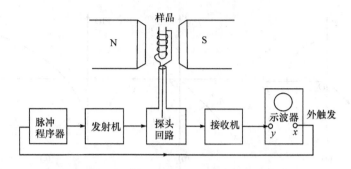

图 2 - 14 - 9　自旋回波实验装置框图

γB_0. 发射机受脉冲程序器控制,使输入探头回路不是连续的射频振荡,而是脉冲的射频振荡. 最基本的脉冲程序器要能提供双脉冲序列,可产生 $90° - \tau - 180°$ 脉冲序列和 $180° - \tau - 90°$ 脉冲序列. 其中,脉宽 t_p、脉距 τ 和脉冲周期 T 均可连续调节, T 比 T_1 和 T_2 大得多,使下一次的脉冲序列施加到样品时,样品中的总磁矩已恢复到热平衡状态. 如果脉冲程序器可提供三脉冲序列和多脉冲序列,便可为测 T_1 和 T_2 设计出多种实验方案. 探头回路的样品线圈,既是发射机的发射线圈又是接收机的接收线圈. 它把脉冲射频场 B_1 作用于样品,并从样品感应出瞬态的 NMR 信号,这些信号经接收机放大和检波后,再送到示波器显示出来.

本实验采用黏度较大的液体作为实验样品,例如甘油. 对于非黏性液体(例如水或溶液),由于分子的热运动造成自扩散会影响到自旋回波幅度,计算公式要进行修正,有兴趣的读者可参阅有关专著.

三、实验内容

1. 观察核磁矩对射频脉冲的响应

(1)根据发射机频率 ω 与恒定磁场 B_0 的调节范围,借助特斯拉计调节磁场值,使其基本满足甘油样品 ^1H 的共振条件 $\omega = \gamma B_0$.

(2)根据本实验装置的射频脉冲参数值,试调一个 $90° - \tau - 180°$ 脉冲序列,寻找 FID 信号和自旋回波. 初步观察核磁矩对射频脉冲的响应,并利用观察到的信号来调准共振条件.

(3)利用单脉冲输出观察核磁矩对射频脉冲的响应. 当改变脉宽 t_p 值时,FID 信号幅值有何变化? 根据这个变化关系,测定 $90°$ 脉宽 $t_p(\mu s$ 做单位). $180°$ 脉宽 t_p 又等于多少?

2. 测定横向弛豫时间 T_2

采用 $90° - \tau - 180°$ 脉冲序列的自旋回波法进行测量. 首先调好该脉冲序列,定性观测 FID 信号和自旋回波. 了解脉距 τ 和脉冲序列周期 T 的调节和测量. 然后移动样品在磁极间的位置,观察磁场均匀度不同对 FID 信号和自旋回波的宽度有何影响,并注意它们的幅值是否有变化.基于上述观测,便可作定量测量.选择不同的 τ 值,由小到大,测出相应的幅值 A.要求测量数据点不少于 5 个,列出 2τ 与 A 的数据表,用半对数坐标作出直线,再由直线斜率求 T_2.

3.测定纵向弛豫时间 T_1

采用 $180°-\tau-90°$ 脉冲序列的反转恢复法测量.这种方法是测量 FID 信号的零值点.首先调好该脉冲序列,定性观察脉距 τ 由小到大变化时 FID 信号的变化规律.然后定量测出 FID 信号为零时所对应的 τ 值.反复进行多次测量,把数据代入式(2-14-10)便可求得 T_1.

4.选做内容

采用其他脉冲序列测 T_1, T_2,用 Carr-Purcess 脉冲序列测 T_2.能用 $180°-\tau-90°-\Delta\tau-180°$ 脉冲序列测 T_1 吗?这些实验非常有趣,试试看能否调试出如图 2-14-6 和图 2-14-8 所示的信号,并求出实验结果.还可以在教师指导下,自己制备测试样品,自选脉冲序列做实验,对测试结果进行研究.

四、思考题与讨论

(1)瞬态 NMR 实验对射频场的要求和稳态 NMR 的有什么不同?

(2)什么是射频脉冲?$90°$射频脉冲和 $180°$射频脉冲的 FID 信号幅值是怎样的?为什么?

(3)什么是 $90°-\tau-180°$脉冲序列和 $180°-\tau-90°$脉冲序列?这些脉冲的参数 t_p, τ, T 等要满足什么要求?为什么?

(4)磁场不均匀对 FID 信号和自旋回波有何影响?利用它们来测 T_1 和 T_2 值是否受到磁场不均匀的影响?

参 考 文 献

褚圣麟.1979.原子物理学.北京:人民教育出版社

思斯特 R R,博登毫森 G,沃考斯 A.1997.一维和二维核磁共振原理.毛希安译.北京:科学出版社

吴思诚,等.1995.近代物理实验.北京:北京大学出版社

2-15　射频段电子自旋共振(ESR)

电子有旋共振研究的对象是具有未偶电子的物质,如具有奇数电子的原子、分子,内电子壳层未被充满的离子,受辐射作用产生的自由基及半导体、金属等.通过

对电子自旋共振谱线的研究,可获得有关分子、原子及离子中未偶电子的状态及其周围环境方面的信息.从而获得有关物质结构和化学键的信息.本实验是利用射频段电磁场观察电子自旋共振现象,测量DPPH中电子的g因子、线宽,并测地磁场的垂直分量.

一、实验原理[①]

电子具有自旋,其自旋角动量$\boldsymbol{P}_s$和自旋磁矩$\boldsymbol{\mu}_s$的关系为

$$\boldsymbol{\mu}_s = -g\frac{\mu_B}{\hbar}\boldsymbol{P}_s$$

g为朗德因子;μ_B为玻尔磁子,其值为$5.7883785\times10^{-11}\mathrm{MeV \cdot T^{-1}}$;$\hbar$为约化普朗克常量.

若电子处于外磁场$\boldsymbol{B}$(沿z方向)中,据量子力学可知,$\boldsymbol{P}_s$和$\boldsymbol{\mu}_s$在空间的取向是量子化的,$\boldsymbol{P}_s$在z方向的投影P_z为

$$P_z = m\hbar, \quad m=s,s-1,\cdots,-s$$

s为电子的自旋量子数,等于$\frac{1}{2}$,m为磁量子数,m可取$\pm\frac{1}{2}$.磁矩与磁场的相互作用能为

$$E = -\boldsymbol{\mu}_s \cdot \boldsymbol{B} = -\mu_{sz}B = \pm\frac{1}{2}g\mu_B B \tag{2-15-1}$$

式(2-15-1)表示,在外磁场中,电子自旋能级分裂为二,如图2-15-1所示,其能量差为

$$\Delta E = g\mu_B B$$

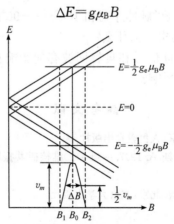

图2-15-1　在磁场中自旋能级分裂示意图

①　请阅读本书2-12磁共振原理部分.

若在垂直于 B 的平面内施加一频率为 ν 的旋转磁场 B_1，当 ν 满足

$$h\nu = g\mu_{\mathrm{B}}B \qquad (2-15-2)$$

时，电子吸收 B_1 的能量从下能级跃迁到上能级，这就是电子自旋共振. 由式 (2-15-2) 得

$$\nu = \frac{1}{h}g\mu_{\mathrm{B}}B, \quad 2\pi\nu = \omega$$

所以

$$\omega = g\frac{2\pi\mu_{\mathrm{B}}}{h}B = \gamma B \qquad (2-15-3)$$

γ 称为电子的旋磁比，对自由电子 $g = 2.00232$，则

$$B = 0.357 \times 10^{-4}\nu$$

ν 以 MHz 为单位，当 $\nu = 1\mathrm{MHz}$ 时，B 为 $0.357 \times 10^{-4}\mathrm{T}$.

由于自旋粒子的能级寿命是有限值，因而共振谱线有一定宽度，其原因是在系统内存在自旋-晶格和自旋-自旋相互作用. 对于大多数自由基来说，主要的是自旋-自旋相互作用. 它包括未偶电子与相邻原子核自旋之间以及两个分子的未偶电子之间的相互作用，因此谱线宽度反映粒子间相互作用的信息. 它是电子自旋共振谱的一个重要参数.

电子自旋共振实验方法与核磁共振类似，请参阅核磁共振相应内容. 对于电子自旋共振，由于电子磁矩比核磁矩大 1836 倍，因而共振信号大得多，即使在 1mT 弱磁场下，也能观察到共振信号，此时共振频率在射频范围，因此，可以用电子自旋共振来测量弱磁场. 本实验用扫场法在弱磁场下观察电子自旋共振现象并测量稳定自由基 DPPH 中未偶电子的 g 因子及谱线宽度，并对地磁场的垂直分量进行测量.

二、实验装置

图 2-15-2 是电子自旋共振的实验装置图.

装置包括螺线管、边限振荡器、频率计、示波器、稳流电源等. 螺线管由磁场线圈和扫场线圈组成，当稳定直流电流通过磁场线圈时，产生稳恒磁场 B_0. 交流 50Hz 电流经过扫场线圈时产生 $\tilde{B}$，它们的方向垂直于水平面. 实验时，样品放在边限振荡器振荡线圈内并一起置于螺线管中心处，在该处磁场强度为

$$B = B_0 + B_m\sin\omega t$$

$$B_0 = 4\pi nI \times 10^{-7}\cos\theta_1$$

$$或\ B_0 = 4\pi nI\frac{1}{\sqrt{1+(d/l)^2}} \times 10^{-7}$$

式中 n 为单位长度上的线圈匝数，单位为匝·m^{-1}；I 为电流强度，单位为 A；一般

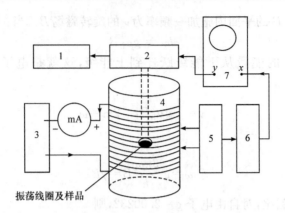

图 2-15-2　实验装置图

1. 频率计；2. 边限振器荡器；3. 稳流电源；4. 螺线管；
5.50Hz 扫场电源；6. 稳相器；7. 示波器

选择 $\dfrac{d}{l} < \dfrac{1}{5}$，以保证样品所在范围内有均匀的磁场，$d$、$l$ 如图 2-15-3 所示.

三、实验内容

实验样品为稳定自由基对苯基苦味酸基联氨 DPPH，分子式为 $(C_6H_5)_2N-NC_6H_2(NO_2)_3$，结构式如图 2-15-4 所示. 测量第二个 N 原子上未偶电子的 g 因子，它非常接近自由电子的 g 值.

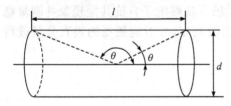

图 2-15-3　螺线管中心处磁场的计算　　　　图 2-15-4　DPPH 结构式

1. 观察电子自旋共振现象

示波器用内扫描，调节边限振荡器工作状态，改变振荡频率 ν 或 B_0，使出现共振信号. 分别改变 ν、B_0 和 B_m 大小，观察信号的变化.

2. 测 DPPH 中电子的 g 因子及地磁场垂直分量 $B_{d\perp}$

实际上螺线管中心处的磁场强度由于存在地磁场，其强度应为

$$B = B_0 + B_{d\perp} + B_m \sin\omega t$$

固定 ν 调节 B_0 使共振信号等间距时,如图 2 - 15 - 5,则

$$h\nu = g\mu_B(|B_{01}| + |B_{d\perp}|)$$

让 B_0 反方向并调节 B_0 使共振信号等间距,则

$$h\nu = g\mu_B(|B_{02}| + |B_{d\perp}|)$$

因此可求出

$$g = \frac{2h\nu}{\mu_B(B_{01} + B_{02})}$$

$$B_{d\perp} = \frac{B_{02} - B_{01}}{2}$$

用扫场正弦电压作为示波器扫描电压,调节移相器使正反两扫向的共振信号重合如图 2 - 15 - 6.调节 B_0 或 ν 使交点 A 与示波器光点位置重合,此时即为信号等间距. 此方法可消除示波器锯齿波非线性的影响. 用此方法测出 DPPH 的 g 因子及 $B_{d\perp}$,并与步骤 2 的结果比较.

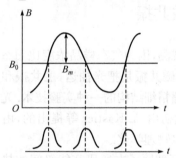
图 2 - 15 - 5　等间距的共振信号

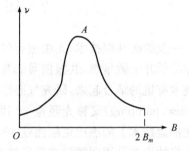
图 2 - 15 - 6　正弦电压扫描的共振信号

3. 测量共振谱线宽度

用扫场正弦波作示波器扫描时,扫描线的长度 $(x_2 - x_1)$ 正比于 $2B_m$,测出信号幅度降到一半处的共振信号宽度 Δx,则

$$\Delta B = \frac{\Delta x}{x_2 - x_1} \cdot 2B_m$$

调节 B_0 使共振信号分别移动到扫描线两端时所对应的 B'_0、B''_0,它们之差即为 $2B_m$,用公式计算 T_2.

4. 用共振方法测量螺线管中心磁场强度随 I 变化曲线

测量螺线管中心磁场强度随 I 变化曲线,与螺线管公式所得结果比较.

四、思考题与讨论

(1) 测 g 时,为什么要使共振信号等间距? 怎样使信号等间距?

(2) B_0、B_1、$\tilde{B}$ 如何产生? 作用是什么?

(3) 不加扫场电压能否观察到共振信号?

(4) 能否用固定 B_0,改变 ν 来测量 g 及 $B_{d\perp}$,试推导出计算公式?

(5) 若 $\Delta\nu$ 表示谱线宽度,测量方法应如何改变?

(6) 扫场电压大小,对 g 值测量是否有影响?

参 考 文 献

褚圣麟. 1979. 原子物理学. 北京:人民教育出版社

裘祖文. 1980. 电子自旋共振波谱. 北京:科学出版社

2-16　光泵磁共振

　　一般的磁共振技术,无法进行气态样品的观测,因为气态样品浓度比固态或液态样品低几个数量级,共振信号非常微弱. 光泵磁共振是把光抽运,磁共振和光探测技术有机的结合起来,研究气态原子精细和超精细结构的一种实验技术. 光抽运(optical pumping)又称光泵是 20 世纪 50 年代初由 A. Kastler 等提出的,由于他在光抽运技术上的杰出贡献而获 1966 年诺贝尔物理学奖.

　　光抽运就是用圆偏振光激发气态原子,以打破原子在所研究能级间的热平衡的玻尔兹曼分布,造成能级间所需要的粒子数差,以便在低浓度条件下提高磁共振信号强度. 光泵磁共振采用光探测方法,即探测原子对光量子的吸收而不是采用一般磁共振的探测方法:即直接探测原子对射频量子的吸收. 因为光量子能量比射频量子能量高几个数量级,因而大大提高了探测灵敏度. 光泵磁共振进一步加深人们对原子磁矩、g 因子、能级结构、能级寿命、塞曼分裂、原子间相互作用等的认识,是研究原子结构的有力工具,而光抽运技术在激光、原子频标和弱磁场测量等方面也有重要应用.

　　本实验的目的是了解光抽运的原理,掌握光泵磁共振实验技术,测量气态铷(Rb)原子的 g 因子,并在此基础上,测量出地磁场的大小.

一、铷(Rb)原子能级的超精细结构和塞曼分裂

　　原子能级的超精细结构是由原子的核磁矩与电子磁矩互作用产生的,当原子处于弱磁场 B 中时,原子的总磁矩与磁场相互作用使能级进一步分裂形成等间距的塞曼子能级,能量为

$$E = -\boldsymbol{\mu}_F \cdot \boldsymbol{B} = g_F m_F \mu_B B, \qquad m_F = F, F-1, \cdots, (-F)$$

$$g_F = g_J \frac{F(F+1) + J(J+1) - I(I+1)}{2F(F+1)}, \qquad F = I+J, \cdots, |I-J|$$

$$g_J = 1 + \frac{J(J+1) - L(L+1) + S(S+1)}{2J(J+1)}, \qquad J = L+S, \cdots, |L-S|$$

其中 F 为原子的总量子数,S 与 L 分别为电子自旋与轨道量子数,I 为核自旋量子数,J 为 LS 耦合电子总量子数. 各能级能量差为

$$\Delta E = g_F \mu_B B \qquad (2-16-1)$$

铷原子的基态为 $5^2 S_{1/2}$,即 $L=0, S=\frac{1}{2}$;最低激发态为 $5^2 P_{1/2}$ 和 $5^2 P_{3/2}$ 双重态,即 $L=1, S=\frac{1}{2}$,J 分别为 $\frac{1}{2}$ 和 $\frac{3}{2}$. $5^2 P_{1/2}$ 到 $5^2 S_{3/2}$ 的跃迁产生波长为 7948Å 的 D_1 线,$5^2 P_{3/2}$ 到 $5^2 S_{1/2}$ 的跃迁产生 7800Å 的 D_2 线. 铷原子的两种同位素^{87}Rb 的^{85}Rb的 I 分别是 $\frac{3}{2}$ 和 $\frac{5}{2}$,它们的塞曼分裂如图 2-16-1.

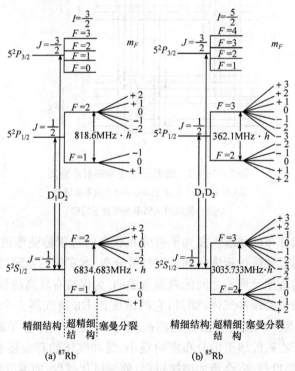

图 2-16-1　铷原子的塞曼分裂示意图

二、光抽运效应及偏极化的保持

在磁场中,原子在各子能级上的数目按玻尔兹曼分布,当用左旋圆偏振光 $D_1\sigma^+$ 照射气态铷原子时,根据光跃迁选择定则

$$\Delta F=0,\pm1,\quad \Delta m_F=+1$$

因为 ^{87}Rb 的 $5^2S_{1/2}$ 态的塞曼子能级上的 m_F 最大值都是 $+2$,因而不能激发 $5^2S_{1/2}$、$F=2$、$m_F=+2$ 能级上的原子向上跃迁,而 $5^2S_{1/2}$ 其余能级上的原子则能吸收 $D_1\sigma^+$ 光跃迁到 $5^2P_{1/2}$ 各子能级上. 当从 $5^2P_{1/2}$ 向 $5^2S_{1/2}$ 态自发辐射时,原子几乎以相等的概率回到 $5^2S_{1/2}$ 各子能级上,包括 $F=2$、$m_F=+2$ 的能级如图 2-16-2. 当经过多次激发和自发辐射后,大量原子被抽运到基态 $F=2$、$m_F=+2$ 的子能级上,形成原子在各能级间的非平衡分布称为偏极化. 类似情形可用右旋偏振光 $D_1\sigma^-$ 照射,最后原子都集居在 $F=2$ 子能级上,有了偏极化就可以得到较强的磁共振信号. 对 ^{85}Rb,则抽运到 $m_F=+3$ 的子能级上.

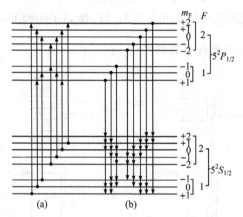

图 2-16-2　铷原子跃迁和辐射示意图

(a) 吸收 $D_1\sigma^+$ 的跃迁,$m_F=+2$ 的不能跃迁;

(b) 自发辐射回到基态所有子能级

处于非平衡分布的状态恢复到平衡分布状态的过程称弛豫过程,光抽运造成的偏极化也会通过弛豫过程恢复到玻尔兹曼分布. 本实验的弛豫过程主要由于 Rb 原子与容器壁的碰撞及原子之间的碰撞造成的. 为保持有较高的偏极化,在样品中充入分子磁矩很小的缓冲气体,如氮,它的浓度比 Rb 蒸气高 5 个数量级以上,因而大大减少 Rb 原子间及与容器壁间的碰撞. 由于缓冲气体分子磁矩很小,与 Rb 原子碰撞对原子在磁能级上的分布影响很小,缓冲气体的存在还起加速光抽运速度的作用. 因为温度较高,会增加碰撞机会,使偏极化减少;而温度低,Rb 原子蒸气数目也少,两者都会使共振信号变小,所以一般把温度控制在 40～60℃之间.

三、塞曼子能级间的磁共振和光探测

在弱磁场中,相邻塞曼子能级间的能量差由式(2-16-1)给出,若在垂直于 B 的平面内施加一个频率为 ν 的射频场 B_1,当满足磁共振条件

$$h\nu = \Delta E = g_F \mu_B B \qquad (2-16-2)$$

时,^{87}Rb 被抽运到基态 $F=2,m_F=+2$ 能级上的大量原子会吸收 B_1 的能量跃迁到 $m_F=+1$ 态,当然也会从 $m_F=+1$ 跃迁到 $m_F=0,\cdots$ 等态. 由于 $D_1\sigma^+$ 光连续照射,存在光抽运,原子又被抽运到 $m_F=+2$ 子能级上,因而跃迁与抽运达到一个新平衡. 在磁共振时,$m_F\neq+2$ 的各子能级上的原子数大于不共振时,因此对 $D_1\sigma^+$ 光的吸收增大,测量 $D_1\sigma^+$ 光强的变化,即可得到磁共振信号. 由于巧妙地将一个低频射频光子(1～10MHz)转换成光频光子(10^8MHz),从而使信号功率提高了7～8 个数量级.

图 2-16-3 是实验装置框图,包括主体单元、控制系统、射频发生器、频率计、数字电压表和双线示波器等. 图 2-16-4 为主体单元的结构图. 高频振荡器、Rb 灯泡及恒温槽组成铷光谱灯,灯泡置于振荡器的电感线圈中,在高频(55～60MHz)电磁场激励下产生无极放电而发光. 整个振荡器连同灯泡放在温度控制在 90℃ 左右的恒温槽内. 铷灯产生 D_1 和 D_2 谱线,用干涉滤光片选出 D_1 线

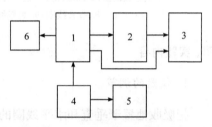

图 2-16-3　光泵磁共振装置框图
1. 控制单元;2. 主体单元;3. 示波器;
4. 射频发生器;5. 频率计;6. 数字电压表

并经准直透镜 L_1 和偏振片、1/4 波片形成 $D_1\sigma^+$ 圆偏振光照射到吸收池上. 两组亥姆霍兹线圈分别在水平和垂直方向产生强度可调的磁场. 水平磁场使原子产生塞曼分裂,垂直磁场用来抵销地磁场垂直分量. 此外还有一对扫场线圈与水平线圈放在一起产生扫场磁场,用于寻找共振信号或光抽运信号. 吸收池放置在两组亥姆霍兹线圈中央,它由 Rb 样品池、射频线圈置于 40～60℃ 恒温槽中组成,样品泡充有适量天然铷(^{87}Rb 占 27.85%,^{85}Rb 占 72.15%)和约 10^3 Pa 的缓冲气体,射频信号发生器通过射频线圈为磁共振提供射频磁场,其频率由几百 kHz 到几 MHz. 通过吸收池的光经 L_2 聚焦后照射到光电池上,产生的电信号经放大器放大后从示波器上观察.

控制系统用来控制灯温、吸收池温度,产生水平和垂直磁场的励磁电流以控制其大小和方向,产生扫场用的方波和三角波并控制它们的大小和方向.

主体单元安装时,周围不得有铁磁性物质、强电磁场及大功率电源线等. 所有光学元件应调成等高共轴,其光轴要与地磁场水平分量平行(用磁针确定地磁场方向).

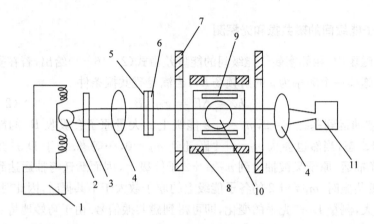

图 2 - 16 - 4　主体单元结构图

1. 高频振荡器；2. Rb 灯泡；3. 滤光片；4. 透镜；5. 偏振片；6. 1/4 波片；7. 水平线圈；
8. 垂直线圈；9. 射频线圈；10. 吸收池；11. 光电转换器

四、实验内容

1. 仪器的调节

把吸收池置于垂直和水平线圈的中央,然后以吸收池为准,调节其他器件等高准直. 把指南针放在吸收池顶部,给水平磁场线圈通微弱励磁电流,根据指南针偏转情况,整体移动主体单元,使水平磁场方向平行于地磁场水平分量,此时指南针应不随励磁电流变化而偏转. 按下"预热"键,使灯温达 90℃左右,同时加热吸收池,控制池温在 45～55℃. 然后按下"工作"键,铷灯即发出玫瑰色的光.

2. 观察光抽运信号

扫场选择为方波,选择扫场方向使与地磁场水平分量方向相反并调节扫场幅度使扫场磁场过零并反向,此时塞曼能级由分裂到简并又再分裂. 分裂时,铷原子吸收 $D_1\sigma^+$ 光,随着原子被抽运到 $m_F = +2$ 能级上,可吸收 $D\sigma^+$ 光的原子数变少,透射光增强,当 $m_F = +2$ 能级上的原子达到饱和时,透过样品的光强达最大值. 简并时,偏极化被破坏,再分裂时,透射光再一次从弱变强. 旋转 1/4 波片,即可观察到光抽运信号. 当 1/4 波片光轴与偏振片偏振方向夹角为 $\pi/4$ 或 $3\pi/4$ 时,而垂直磁场大小和方向正好抵销了地磁场垂直分量时,光轴运信号幅度最大,此时,变化水平磁场大小,使磁场过零位置不同,可观察到各种光抽运信号如图 2 - 16 - 5.

分析观察记录如下情况的光抽运信号,并分析讨论.

(1) 水平、垂直磁场为零时,扫场与地磁场同向或反向时的光抽运信号.

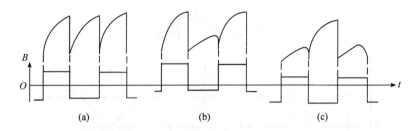

图 2 - 16 - 5　各种光抽运信号

(a) 磁场过零在方波中心；(b) 过零接近方波最低值；(c) 过零接近方波最高值

(2) 扫场与地磁场同向时，分别改变垂直和水平磁场大小和方向时的光抽运信号.

(3) 扫场与地磁场反向时，重复(2).

(4) 改变池温，观察上述情况光抽运信号的变化.

3. 测量抽运时间和弛豫时间

抽运时间就是原子非偏极化到偏极化的时间，而弛豫时间则相反，因此可用光抽运信号的建立时间和恢复时间 τ_1、τ_2 近似反映出来如图 2 - 16 - 6.

用三角波扫场并使与地磁场水平分量方向相反，调节垂直磁场大小和方向，使光抽运信号最大，改变示波器扫描速度，测出 τ_1、τ_2；改变吸收池，观察 τ_1、τ_2 的变化并分析讨论.

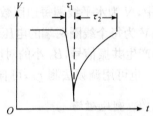

图 2 - 16 - 6　光抽运信号的建立、恢复时间

4. 观察磁共振信号

利用三角波扫场，根据共振条件式(2 - 16 - 2)，可以固定 ν，改变 B 或固定 B，改变 ν，并改变三角波方向，找出并区分对应于 ^{87}Rb 和 ^{85}Rb 的共振信号. 注意区分共振信号与光抽运信号，这里注意 B 由三部分组成，即水平线圈产生的磁场 B_0、扫场线圈产生的磁场 $B_扫$ 和地磁场水平方向的磁场 $B_{d//}$. 即

$$B = B_0 + B_扫 + B_{d//}$$

5. 测量 g_F 因子

调场法. 用三角波扫场. 固定 ν，调节水平磁场，测出对应于三角波低端或顶端的共振信号所对应的水平磁场 B_{01}，改变水平磁场方向，重复上述步骤，测出 B_{02}，如图 2 - 16 - 7，则

$$g_F = \frac{2h\nu}{\mu_B(B_{01} + B_{02})}$$

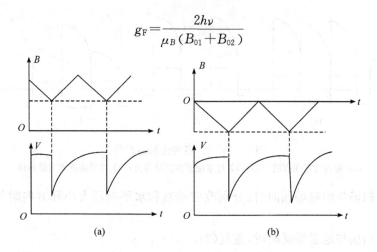

(a)　　　　　　　　　　　(b)

图 2-16-7　正反向的磁共振信号

B_0 按下式计算:

$$B_0 = \frac{16\pi}{5^{3/2}} \cdot \frac{NV}{rR} \times 10^{-4} \, (\text{mT})$$

式中,N 为水平线圈每边匝数;r 为线圈的有效半径,单位为 m;R 为每个线圈的电阻;V 为每个线圈两端的电压.由于天然铷包含 ^{87}Rb、^{85}Rb,故同一 V 下,存在两个 B_0 产生共振信号,B_0 小的对应于 ^{87}Rb,大的对应于 ^{85}Rb.

也可用调频法测 g_F,可自拟实验步骤.测出 g_F 后与理论值比较,计算出误差.

6. 测地磁场

地磁场垂直分量的测量.用方波或三角波扫场,让垂直磁场与地磁场垂直分量方向相反,调节垂直磁场大小使共振信号或抽运信号幅度最大,此时的垂直磁场 $B_\perp$ 即等于 $B_{d\perp}$.地磁场水平分量的测量可按测 g_F 的方法,但改变 B_0 方向时要同时改变三角波方向,则

$$B_{d//} = \frac{B_{02} - B_{01}}{2}$$

总地磁场为

$$B_d = \sqrt{B_{d//}^2 + B_{d\perp}^2}$$

7. 测共振信号线宽

固定 ν,调节水平磁场,从观察到共振信号后,改变水平磁场,测出磁场变化量 ΔB_0 和对应的共振信号在 x 轴上位移量 Δx_0,然后再测出共振信号幅度一半处的宽度 Δx,则共振信号线宽为

$$\Delta B = \frac{\Delta B_0}{\Delta x_0} \cdot \Delta x$$

也可以固定磁场,改变 ν,用频率标定示波器 x 轴,测得的线宽用 $\Delta\nu$ 表示.

本实验还可做吸收池温度、入射光强度、射频场的强度等对共振信号、线宽的影响和磁场对光电探测器输出电压的影响等实验.

五、思考题与讨论

（1）如何确定水平磁场、扫场直流分量方向与地磁场水平分量方向的关系及垂直磁场与地磁场垂直分量的关系？

（2）如何区分磁共振信号与光抽运信号？

（3）如何判别磁共振信号是 ^{87}Bb 还是 ^{85}Rb 产生的？

（4）本实验能否用 $D_2\sigma^+$ 光进行光抽运？它对用 $D_1\sigma^+$ 光抽运有利还是有害？为什么？

（5）扫场不过零,能否观察到光抽运信号？为什么？

（6）本实验的磁共振对 ^{87}Bb 和 ^{85}Rb 各发生在哪些能级间？

参 考 文 献

褚圣麟. 1979. 原子物理学. 北京:人民教育出版社

吴思诚,等. 1995. 近代物理实验. 北京:北京大学出版社

吴泳华,等. 1992. 大学物理实验. 合肥:中国科学技术出版社

2-17　铁 磁 共 振

铁磁共振具有磁共振的一般特性,而且效应显著,它和核磁共振、顺磁共振一样也是研究物质宏观性能和微观结构的有效手段. 它能测量微波铁氧体的许多重要参数,对于微波铁氧体器件的制造、设计和生产有重要作用.

本实验目的是学习用传输式谐振腔法研究铁磁共振现象并测量 YIG 小球（多晶）的共振线宽和 g 因子.

一、实验原理

处于稳恒磁场 B 和微波磁场 H 中的铁磁物质,它的微波磁感应强度 b 可表示为

$$b = \mu_0 \mu_{ij} H$$

μ_{ij} 称为张量磁导率, μ_0 为真空中的磁导率.

$$\mu_{ij} = \begin{bmatrix} \mu & -jK & 0 \\ jK & \mu & 0 \\ 0 & 0 & 1 \end{bmatrix} \qquad (2-17-1)$$

μ、K 称为张量磁导率的元素.

$$\mu = \mu' - j\mu''$$
$$K = K' - jK''$$

μ、K 的实部和虚部随 B 的变化曲线如图 2-17-1.

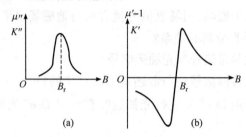

图 2-17-1　(a) 实部变化曲线;(b) 虚部变化曲线

　　μ'、K' 在 $B_r = \omega_0/\gamma$ 处的数值和符号都剧烈变化称为色散. μ''、K'' 在 ω_0/γ 处达到极大值称为共振吸收,此现象即为铁磁共振. 这里 ω_0 为微波磁场的旋转频率,γ 为铁磁物质的旋磁比.

$$\gamma = \frac{2\pi\mu_B}{h} \cdot g$$

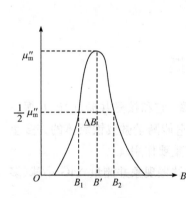

图 2-17-2　共振吸收线宽
ΔB 定义图

　　μ'' 决定铁磁物质能的损耗,当 $B = B_0 = \omega_0/\gamma$ 时,磁损耗最大,常用共振吸收线宽 ΔB 来描述铁磁物质的磁损耗大小. ΔB 定义如图 2-17-2,它是 $\mu'' = \frac{1}{2}\mu''_m$ 处对应的磁场间隔,即半高度宽度,这是磁性材料性能的一个重要参数. 研究 ΔB,对于研究铁磁共振的机理和磁性材料的性能有重要意义.

　　铁磁共振的宏观唯象理论的解释是,认为铁磁性物质总磁矩 M 在稳恒磁场 B 作用下,绕 B 做进动,进动角频率为 $\omega = \gamma B$,由于内部存在阻尼作用,M 进动角会逐渐减小,逐渐趋于平衡方向,即 B 的方向而被磁化. 当进动频率等于外加微波磁场 i 的角频率 ω_0 时,M 吸收微波磁场能量,用以克服阻尼并维持进动,此时即发生铁磁共振.

　　铁磁物质在 $B_r = \omega_0/\gamma$ 处呈现共振吸收,只适合于球状样品和磁晶各向异性较小的样品. 对于非球状样品, 由于铁磁物质在稳恒磁场和微波磁场作用下而磁化, 相应的会在内部产生所谓退磁场, 而使共振点发生位移, 只有球状样品的共振是不会被退磁场影响. 另外, 铁磁物质在磁场中被磁化的难易程度随方向而异, 这种现象称为磁晶各向异性, 它等效于一个内部磁场, 也会使共振点发生位移, 对于单晶样品, 实验时, 要先作晶轴定向, 使易磁化方向转向稳恒磁场方向. 对于多晶样品, 由于磁晶各向异性比较小, 对共振点影响很小.

　　铁磁共振实验通常采用谐振腔法, 该法灵敏度较高, 但测量的频率较窄. 谐振法中, 可采用传输式腔, 其传输系数与样品共振吸收的关系简单, 便于计算 ΔB, 但难以用抵消法提高灵敏度. 若采用反射式腔, 其反射系数与共振吸收关系复杂, 计算 ΔB 麻烦, 但可提高灵敏度. 本实验用传输式谐振腔测量直径约 1mm 多晶铁氧体小球 μ'' 与 B 的关系曲线, 计算 ΔB 和 g 因子.

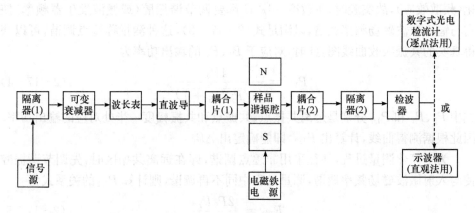

图 2 - 17 - 3　实验装置图

　　图 2 - 17 - 3 为实验装置图. 实验的测量原理是, 将铁氧体小球置于谐振腔微波磁场最大处, 使其处于相互垂直的稳恒磁场 B 和微波磁场 H 中, 如图 2 - 17 - 4, 则样品与谐振腔构成一个谐振系统, 保持微波发生器输出功率恒定, 调节谐振腔(若使用可调谐振腔时)或微波发生器(当用固定谐振腔时)使谐振腔谐振频率 ω 与微波磁场频率 ω_0 相等, 当改变 B 的大小时, 由于铁磁共振, μ 相应的变化, 因而影响谐振腔的谐振频率和腔的有载品质因数 Q_L, 在样品很小, 磁导率变化引起系统参量变化不大的条件下, 根据腔的微扰理论有

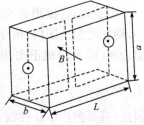

图 2 - 17 - 4　样品与谐振腔构成谐振系统示意图

$$\begin{cases} \dfrac{\Delta \omega}{\omega_0} = -A(\mu' - 1) \\[3mm] \Delta\left(\dfrac{1}{Q_L}\right) = 4A\mu'' \end{cases} \qquad (2-17-2)$$

A 是一个常数,与谐振腔尺寸和样品大小有关.对于传输式谐振腔,在谐振腔始终调谐时,当输入功率 $P_\lambda(\omega_0)$ 不变的情况下,有

$$P_{出}(\omega_0) = \frac{4P_\lambda(\omega_0)}{Q_{e1}Q_{e2}} \cdot Q_L^2 \qquad (2-17-3)$$

即 $P_{出}(\omega_0) \propto Q_L^2$.式中 Q_{e1}、Q_{e2} 为腔外品质因数.因此可通过测量 Q_L 的变化来测量 μ'',而 Q_L 的变化可以通过腔的输出功率 $P_{出}(\omega_0)$ 的变化来测量,这就是测量 ΔB 的基本思想,必须注意的是,当 B 改变时,磁导率的变化会引起谐振腔谐振频率的变化(频散效应),故实验时,每改变一次 B 都要调节谐振腔(或微波发生器频率)使它与输入微波磁场频率调谐,以满足式(2-17-3),这种测量称逐点调谐,可以获得真实的共振吸收曲线图,此时,对应于 B_1、B_2 的输出功率为

$$P_{1/2} = \frac{4P_0}{\left(\sqrt{P_0/P_r + 1}\right)^2} \qquad (2-17-4)$$

式中 P_0、P_r 和 $P_{1/2}$ 分别是远离共振点、共振点和共振幅度一半处对应的输出功率.因此根据测得曲线,计算出 $P_{1/2}$,即能确定出 ΔB.

为了简化测量过程,往往采用非逐点调谐,即在远离共振区时,先调节谐振腔使与入射微波磁场频率调谐,测量过程中同不再调谐,则计算 $P_{1/2}$ 的关系式为

$$P_{1/2} = \frac{2P_0 P_r}{P_0 + P_r} \qquad (2-17-5)$$

此式是考虑了频散影响修正后计算 $P_{1/2}$ 的公式.

实验时,直接测量的不是功率,而是检波电流 I,因此,必须控制输入功率的大小,使在测量范围内,微波检波二极管遵从平方律关系,则 I 与入射到检波器的微波功率(即 $P_{出}$)成正比,则

$$I_{1/2} = \frac{2I_0 I_r}{I_0 + I_r} \qquad (2-17-6)$$

因此,只要测出 I-B 曲线,即算得 ΔB 和 B_r.

二、实验装置

实验装置 DH811A 型微波铁磁共振实验系统.其频率可调范围为 8.6～9.6GHz.可变衰减器,最大误减器为 20dB.TE$_{108}$ 矩形谐振腔,空腔 Q_L 为2000～3000.晶体检波器,检波二极管为 2VD8.定向耦合器,它是一种微波元件,其作用是作微波功率分流.0～100μA 微安表,分别用来监测输入、输出功率.磁铁是电磁

铁,要求最大磁场强度不小于 370mT.

　　微波由发生器产生经隔离器,由定向耦合器分为两路,一路经晶体检波器,由微安表监视发生器的输出功率;另一路经隔离器进入带样品的谐振腔,当磁场变化时,谐振腔的输出功率发生变化,经精密衰减器控制进入晶体检波器的大小,由微安表指示共振情况.

三、实验内容

　　(1) 系统的安装与调整.熟悉各微波元件,按图 2 - 17 - 3 把各元件安装成一完整实验系统.开机前仔细阅读各部分的技术说明书,正确调整各部分使其正常工作.

　　(2) 打开所有的电源开关,按要求进行预热,把数字检流计调到"0".预热 20 分钟后,将耦合片(1)、样品谐振腔、耦合片(2)去掉,即隔离器(2)直接接到直波导上,检波器接到检流计上,适当减小衰减量,使数字检流计有适当的指标,用波长表测试频率,并调节信号源使之振荡频率在 9016MHz 左右.

　　(3) 将耦合片(1)、样品谐振腔、耦合片(2)重新接入系统,微调信号源频率,使数字检流计的指标最大.将样品(单晶或多晶铁磁小球),放入谐振腔,使其位于磁场中心位置,逐渐加大磁场电流,找到检流计指标突然减小的点,即共振吸收点.

　　(4) 用传输线式谐振腔测量铁氧体的共振线宽 ΔH,使用 TE_{10P} 型矩形谐振腔.本系统采用 $P=8$.在晶体检波器的检波律满足平方律时,则检波电流 $I \propto P$.

　　(5) 逐点测绘放有铁氧体小球样品的传输线式谐振腔输出功率 P 和磁场 H 的关系曲线,利用公式定出 ΔH,在图上标明共振磁场 H_r 和线宽 ΔH.

　　(6) 用特斯拉计测出 B 随电流的变化曲线.计算 ΔB、B_r 及 g 因子.

　　(7) 利用示波器可直接观察到铁磁共振信号.

四、思考题与讨论

　　(1) 用传输式谐振腔测 ΔB 时,要保证哪些实验条件?

　　(2) 使谐振腔与微波信号调谐时,磁铁应置于使系统处于共振还是远离共振的位置?

　　(3) 本实验能否让矩形谐振腔窄边与 B 垂直? 为什么?

　　(4) 本实验所用谐振腔内有多少处适于放置样品?

　　(5) 能否从实测结果曲线(图 2 - 17 - 2)中,取曲线高度一半处对应的磁场间隔作为 ΔB? 为什么?

2-18　核物理实验相关知识介绍

自 1896 年 H. 贝克勒尔(H. Becguerel)发现天然放射性以来,至今人类在探索物质结构方面取得巨大成功. 1911 年卢瑟福提出了原子的核式模型被实验证实后,人们明确了原子与原子核是两个不同层次的微观粒子. 此后人们一直在努力探索原子核的结构、组成以及在这一几何尺寸内,各种力的相互作用等,形成了物理学发展的重要方向之一.

1919 年,卢瑟福用 α 粒子轰击氮核,打出质子,进行了第一次人工核反应. 从此,用射线和高能粒子轰击原子核进行核反应的方法成为研究原子核的主要手段,各种类型加速器的诞生. 1934 年,居里夫人发现了人工放射性,从此人工生产的放射性同位素开始问世. 1939 年,哈恩和斯特拉斯曼发现重核裂变现象,开启了人类利用原子能的大门. 1942 年,费米建立起第一个链式反应堆,是人类利用原子能的开始. 1952 年第一颗氢弹爆炸成功,人们开始研究可控的热核反应. 1954 年,苏联建立起第一个原子能核电站,开辟了人类和平利用原子能的新时代.

核物理实验技术是在研究核衰变、核反应过程中发展起来的新技术. 它在原子能工业的工艺流程分析、环境保护、医疗、农业、天体物理、材料科学、固体物理、考古等学科领域和生产实践中有着广泛的应用,正因为如此,在近代物理实验教学中,把核物理实验列为教学内容之一. 在这一单元中,我们安排了四个实验. 供同学. 通过这些实验,了解核技术的原理、核衰变的规律、探测核衰变的方法以及对核辐射防护等的基础知识.

一、基本概念和基础知识

1. 核衰变

理论和实验研究表明,原子核同原子一样. 它可以处于各种能态之中. 当原子核从高能态跃迁至低能态时就会辐射 α, β, γ, X 等射线,目前发现的两千余种核素中,绝大多数核素是不稳定的. 它们自发地放出射线,由一种核素变成另一种核素,原子核的这种自发的衰变过程称为原子核的放射性衰变,也有称为核蜕变.

2. 放射性衰变的规律

随着原子核的衰变,放射性物质中所包含的该种原子核的数目会逐渐减少. 例如,把具有 α 放射性的氡 $^{222}_{86}$Rn 单独存放,实验测定,四天后氡核的数目大约减少一半. 八天后减少到原来的四分之一. 经十二天后减少到原来的八分之一. 一个月后还不到原来的 1%. 以时间为横坐标,以 t_0 时刻与 t 时刻核数目 N_0 与 N_t 的比值

$\left(\dfrac{N_t}{N_0}\right)$ 为纵坐标做图,可得如图 2 - 18 - 1 所示曲线.

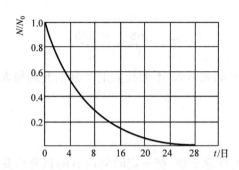

图 2 - 18 - 1 $^{222}_{86}$Rn 数变化曲线

由图可见,放射性原子核数目是按指数规律减少的.

在放射性物质的样品中,每一个原子核都有一定的衰变概率. 在某一时刻,具体哪一个原子核发生衰变,事先无法知道,但只要放射性核的数目足够多,作为一个整体,它的衰变规律是完全确定的.

3. 衰变常数 λ

若用 N 表示 t 时刻放射性样品中原子核的数目,由上述实验推断,在 $t+\mathrm{d}t$ 的时间内发生衰变的原子核的数目为 $\mathrm{d}N$,则 $\mathrm{d}N$ 正比于 N 和 $\mathrm{d}t$. 即

$$- \mathrm{d}N = \lambda N \mathrm{d}t \qquad (2-18-1)$$

式中 λ 为比例常数. $\mathrm{d}N$ 代表 N 的减少量,所以是负值. 而实际衰变是正的. 把上式积分得

$$N = N_0 \mathrm{e}^{-\lambda t} \qquad (2-18-2)$$

N_0 是 $t=0$ 时刻放射性核的数目. $N = N_0 \mathrm{e}^{-\lambda t}$ 就是放射性物质衰变规律的数学表达式. 它表明放射性原子核的数目是按指数规律衰减的. 由式(2-18-1)得

$$\lambda = \frac{-\mathrm{d}N/\mathrm{d}t}{N} \qquad (2-18-3)$$

由此可见,λ 的物理意义是单位时间内衰变的核数目与该时刻核数目之比. λ 反映的是放射性核数衰变快慢的特征常数,称为衰变常数. 实验表明,每一种放射性核素都有确定的 λ 值,与周围温度、压力、磁场、化合物成分等外界因素无关.

4. 半衰期 T

放射性核素衰减到原来数目的一半所需的时间称放射性核素的半衰期. 精确测定 $^{222}_{86}$Rn(氡)的半衰期为 3.823 天.

若用 T 表示半衰期. 按定义 $t=T$ 时, $N=\dfrac{N_0}{2}$, 利用前面介绍的 $N=N_0\mathrm{e}^{-\lambda t}$ 公式, 可以得

$$T=\frac{\ln2}{\lambda}=\frac{0.693}{\lambda} \qquad (2-18-4)$$

这就是衰变常数 λ 和 T 的关系式. 不同核素的半衰期差别很大, 短的不到 1ms, 长的达 10^{15} 年.

5. 平均寿命 τ

对大量同一种放射性原子核, 在一定时间内有的核先衰变, 有的核后衰变, 各个核的寿命长短是不相同的. 从 $t=0$ 到 $t=\infty$ 都有可能, 所有放射性核平均生存的时间叫平均寿命. 显然, 平均寿命 τ 也可作为表征放射性衰变快慢的一个物理量. 它和衰变常数 λ 的关系为

$$\tau=\frac{1}{\lambda}=1.44T \qquad (2-18-5)$$

二、核辐射的探测——射线探测器

原子核发生衰变时会发出 α、β、γ、X 等各种射线和粒子, 因为他们的尺度非常小, 即使用最先进的电子显微镜也不能观察到. 人们根据射线与物质相互作用的规律, 设计研制了各种类型的射线探测器. 探测器大致可分为两大类型: 即迹径型和信号型.

(1) 径迹型探测器能给出粒子运动的径迹, 有的还能测出粒子的速度和性质. 如核乳胶、固体径迹探测器、威尔逊云室、气泡室, 这些探测器大多用于高能物理实验.

(2) 信号型探测器是当一个辐射粒子到达探测器时, 探测器能够给出一个信号. 根据工作原理不同, 又可分以下几种: ① 气体探测器; ② 半导体探测器; ③ 闪烁探测器. 下面介绍实验中用到的闪烁探测器.

闪烁探测器的工作物质是有机或无机的晶体, 射线与闪烁体相互作用, 会使其电离激发而产生荧光, 从闪烁体出来的光子与光电倍增管的光阴极发生光电效应而击出光电子, 光电子在光电倍增管中倍增, 形成电子流并在阳极负载上产生电信号, 如 NaI(Tl) 单晶 γ 射线探测器.

三、核辐射的计量与单位

自放射性现象被发现后, 在放射学领域先后建立了一些专用单位, 其中一些量

的概念和定义日趋完善,另一些量或单位趋于淘汰.从 1984 年开始,在我国包括辐射量在内的所有计量单位都采用国际单位制(SI),部分计量单位暂时与 SI 单位并用.下面介绍核辐射的计量与单位.

1. 放射性活度(放射源强度)

放射性核素在单位时间内发生核衰变的次数,称为放射源的活度(也称放射性强度),用符号 A 表示, $A = \dfrac{dN}{dt}$. 放射性强度的国际单位是贝克勒尔(Becguerel),简称贝克(Bq), 1Bq 表示 1s 内发生一次核衰变,即 $1Bq = 1$ 次 $\cdot s^{-1}$. 暂时允许与国际单位并用的另一单位称居里(Ci),一居里相当于 1 克镭 $^{226}_{88}Ra$ 在一秒钟内核衰变次数,即 $1Ci = 3.7 \times 10^{10}$ 次 $\cdot s^{-1}$. 由此可得 $1(Ci) = 3.7 \times 10^{10} Bq$.

放射性活度只描述放射源在每秒钟内发生衰变的次数,并不表示放射出的粒子数的多少,因为有的核衰变一次只放出一个粒子,而有些核放出可不止一个粒子.

2. 照射量(辐射量)

照射量是辐射场的一种量度,表征了 X 和 γ 射线在空气介质中的电离能力,它仅适用于 X、γ 射线及空气介质,而不能用于其他类型的辐射和介质.照射量的定义是:在标准状态下 $1cm^3$ 的空气中产生 1 静电单位电荷(正离子或电子)的辐射量,单位为伦琴,用符号 R 表示.在国际单位制中,照射量的单位是 $C \cdot kg^{-1}$. C 为电量的单位库仑,kg 为质量的单位千克.由 1 静电单位电量为 $0.333 \times 10^{-9}C$,在标准状态下 $1cm^3$ 空气的质量为 $0.001293g$,所以得 $1R = 2.58 \times 10^{-4}C \cdot kg^{-1}$ (国际单位).照射量是辐射场强弱的标志.一般测量辐射场强弱的辐射仪常以 mR 或 $mR \cdot h^{-1}$ 为单位来刻度.

3. 照射率

照射率是指单位时间内的照射量,记作 P_L,单位常采用 R/h 或 $\mu R/s$ 等.

若放射源为点式源,它的活度为 A(单位 Ci)与它距离为 L(单位是 m)处的照射率

$$P_L = \frac{A \cdot \Gamma}{L^z}$$

式中 Γ 为常数,它表示 1Ci 的源在距源 1m 处时给出的以 $R \cdot h^{-1}$(伦琴 $\cdot$ 小时 $^{-1}$)为单位的射线照射率.各种放射性同位素 γ 射线的 Γ 常数有表可查.

在实验中,^{60}Co 放射源的活度为 2μCi,测量时人与源的距离约 0.6m,已知 ^{60}Co 的 Γ 常数为 1.32R·m^2·(h·Ci)$^{-1}$.可依据上式估算实验 4 小时所接收的照射量;若将距离移至 1.2m,那么一次实验接收的照射量减少了多少?

4. 吸收剂量

各种射线对物质的作用与单位物质从射线吸收的能量有关.所谓剂量是指单位质量的被照射物质所吸收的能量值,记作

$$D = E/M$$

式中 D 为吸收剂量,M 是被照射物质的质量,E 是它所吸收的全部射线能量,在国际单位制中,D 的单位是 J·kg^{-1},称为戈瑞(Gray),用符号 Gy 表示.

吸收剂量的专用单位是"拉德",符号为 rad.它的定义是:任何一千克物质当吸收射线能量为 $\frac{1}{100}$J 时的辐射剂量.

$$1rad = 0.01J·kg^{-1} = 0.01Gy$$
$$1Gy = 100rad$$

5. 剂量当量

一般来说,即使受相同剂量的照射,导致的生物效应的严重程度及发生概率大小会因射线种类不同.照射条件差异而不同.按照上述照射量和吸收剂量的概念并不能确切反应出各种射线对人机体的危害程度,因此在辐射防护中又引入了剂量当量的概念.它与吸收剂量的关系是 $H=QD$,式中 Q 是相对生物效应因数.对 β 和 γ 射线,Q 取 1.对于慢中子,Q 取为 4~5.对于快中子约为 10;对于能量从 5~10MeV 的 α 粒子,Q 在 10~20.

H 的国际单位是希沃特(Sievert),用符号 Sv 表示.暂与国际单位并用的单位是雷姆,用符号 rem 表示.

$$1雷姆 = Q×1拉德$$

剂量当量与吸收剂量有相同的量纲,所以剂量当量的 SI 单位也是 J·kg^{-1}.

$$I(Sv) = 1J·kg^{-1}$$
$$1 rem = 0.01Sv, \quad 1Sv = 100rem$$

以上介绍的五个概念,是放射学中常用的.在使用中,有时用国际单位,也有人习惯使用专用单位,现列出五个辐射量的单位对照表,以方便读者查阅(表2-18-1).

表 2 - 18 - 1　常用辐射计量国际单位与专用单位对照表

辐射计量名称	SI 名称	SI 单位	历史上专用单位名称	国际单位与历史专用单位换算关系
放射性活度（强度）A	贝克(Bq)	秒$^{-1}$（s^{-1}）	居里（Ci）	$1Bq=2.7\times10^{-11}Ci$ $1Ci=3.7\times10^{10}Bq$
照射量 Z	—	库伦・千克$^{-1}$（$C\cdot kg^{-1}$）	伦琴（R）	$1R=2.58\times10^{-4}C\cdot kg^{-1}$
照射率 Pv			伦琴・小时$^{-1}$（$R\cdot h^{-1}$）	
吸收剂量 D	戈瑞(Gy)	焦耳・千克$^{-1}$（$J\cdot kg^{-1}$）	拉德（rad）	$1Gy=100rad$ $1rad=0.01Gy$
剂量当量	希沃特(Sv)	焦耳・千克$^{-1}$（$J\cdot kg^{-1}$）	雷姆（rem）	$1Sv=100rem$ $1rem=0.01Sv$

四、在有放射性环境下工作时的安全操作与防护

随着核辐射的广泛应用,人们与各种射线打交道的机会也越来越多.过量的辐射照射会造成人体的损伤.但辐射是可以防护的,我们只要以科学的态度严肃认真地对待它,就会是安全的.对核辐射,不能麻痹大意,也不要过分紧张,谈"核"色变.

在核物理实验中,所用放射源基本分两类.一类是将放射性物质放在密封的容器中,在正常使用情况下无放射性物质泄漏的放射源称封闭源;另一类是将放射性物质粘附在托盘上(有时在源的活性面上覆盖一层极薄的有机膜),这类放射源称开放式源.一般 γ 源属封闭式,而 α 和 β 源多为后者.开放源在使用的过程中,放射性物质有可能向周围环境扩散.在实验教学中,放射源的活度一般在微居里至毫居里级.

1. 外照射防护的基本原则和措施

外照射就是射线从外部照射人体组织,其防护的原则和措施如下.

1) 控制时间

接触射线的时间越短,人体的接受的照射量就越少,因而要求操作前做好准备工作,操作尽可能简单快捷,避免在辐射场中过多的停留.

2) 控制距离

人体受到照射率是与距离成反比的.因此增大放射源与人体的距离,可以显著减少人体对放射射线的接收剂量.

3）实施屏蔽

根据射线通过物质后能量和强度会损失的特点,在人体与放射源之间设置屏蔽可以有效地减少辐射对人体的伤害.常用的屏蔽材料有砖、水泥、有机玻璃、铅、铁、铝等金属.

2. 内照射防护的原则和措施

所谓内照射就是放射性物质侵入体内(吞入、吸入或通过伤口侵入)射线从内部照射.一般来说内照射的危害比外照射更大,除医疗目的外,应严格禁止放射物进入体内.其防护原则如下.

（1）在操作放射源时需在通风厨中进行,并要带上手套和口罩.

（2）在放射性工作场所内,严禁进食,吸烟、饮水和存放食物.要正确使用防护用品,操作结束后必须洗手.

（3）对于面部、手部有伤口,应暂时停止从事可能受到放射性污染的工作.

3. 放射源的安全操作

（1）放射源应有固定的并加了铅屏蔽的地方存放,实验结束后把源立即归还原处.

（2）任何形式封装的放射源,均不得用手接触其活性区.

（3）操作 α,β,γ,X 射线源时,应配带防护眼镜,切忌用眼睛直视活性区,以免损伤角膜.

对于外照射,只要不超过一定限量是允许的.目前,现行职业放射性工作人员的外照射最大允许剂量标准为每年 5 雷姆(rem),一般居民相当于每周 0.1rem.对 α 粒子,即使最高能量的 α 粒子,在空气中射程不过几厘米,所以在任何放射性活度水平下均无显著的辐射危害,但却要重视它的污染危险.

参 考 文 献

放射卫生防护基本标准(中华人民共和国国家标准),GB4792-84

梁纪荣,等.1997.普通物理学第五分册近代物理学基础.北京:高等教育出版社

吴思诚,等.1995.近代物理实验.北京:北京大学出版社

2-19　NaI(Tl)单晶 γ 闪烁谱仪与 γ 能谱的测量

原子的能级跃迁产生光谱,原子核的能级跃迁能产生 γ 射线.测量 γ 射线的能量分布,可确定原子核激发态的能级,对于放射性分析、同位素应用及鉴定核素等都有重要意义.γ 射线强度按能量的分布为 γ 能谱,测量 γ 能谱常用的仪器是闪烁

γ能谱仪. 该能谱仪的主要优点是：既能探测各种类型的带电粒子，又能探测中性粒子；既能测量粒子强度，又能测量粒子能量. 并且，探测效率高，分辨时间短. 它在核物理研究和放射性同位素的测量中得到广泛的应用. 本实验的目的是了解 NaI(Tl)闪烁谱仪的原理、特性与结构，掌握 NaI(Tl)闪烁谱仪的使用方法，鉴定谱仪的能量分辨率和线性. 通过对 γ 射线能谱的测量，加深对 γ 射线与物质相互作用规律的理解.

一、闪烁谱仪的结构原理

1. 结构框图及工作原理

NaI(Tl)闪烁探测器的结构如图 2-19-1. 整个谱仪由探头（包括闪烁体、光电倍增管、射极跟随器），高压电源，线性放大器，多道脉冲幅度分析器等组成.

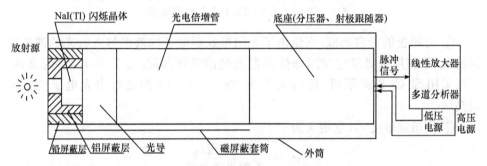

图 2-19-1   NaI(Tl)闪烁探测器示意图

首先介绍闪烁探测器的基本组成部分和工作过程.

1）基本组成部分

闪烁探测器由闪烁体、光电倍增管和相应的电子放大器件三个主要部分组成.

（1）闪烁体. 闪烁体是用来把射线的能量转变成光能的. 闪烁体分无机闪烁体和有机闪烁体两大类. 实际运用中依据不同的探测对象和要求选择不同的闪烁体. 本实验中采用含 Tl（铊）的 NaI 晶体作 γ 射线的探测器.

碘化钠闪烁晶体能吸收外来射线能量使原子、分子电离和激发，退激时发射出荧光光子. 又因 NaI(Tl)晶体的密度较大，而且高原子序数的碘占重量的 85%. 所以，对 γ 射线的探测效率特别高. 又因发射光谱最强波长为 415nm 左右，能与光电倍增管的光谱响应较好匹配.

（2）光电倍增管. 光电倍增管的结构如图 2-19-2. 它由光阴极 K、收集电子的阳极 A 和在光阴极与阳极之间 10 个左右能发射二次电子的次阴极 D（又称倍增极、打拿极或联极）构成. 在每个电极上加上正电压，相邻的两个电极之间的电位差一般在 100V 左右. 当闪烁体放出的光子打到光阴极上时，发生光电效应，打出的光电子被加速聚集到第一倍增极 D_1 上,平均每个光电子在 D_1 上打出 3～6 个次电子.增值后的电子又被 D_1 和 D_2 之间的电场加速,打到第二倍增极 D_2 上,平均每个电子又打出 3～6 个次级电子…….这样经过 n 级倍增以后,在阳极上就收集到大量的电子,在负载上形成一个电压脉冲.

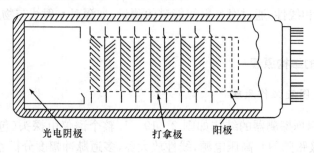

光电阴极　　　　　　打拿极　　阳极

图 2-19-2　百叶窗式光电倍增管示意图

① 光阴极的光谱响应.它给出了光阴极发射电子的效率与入射光的波长之间的关系.使用时要求它与闪烁体的发光光谱很好匹配.对于 NaI(Tl)闪烁体,一般采用 Sb-Cs 作光阴极,这时波长为 3000～5000Å 的光打出光电子的效率最高.

② 阳极灵敏度 r_A.它定义为

$$r_A = \frac{阳极电流 i_A}{入射光通量 E}$$

单位是 A/lm,即当 1 流明(lm)的光通量照射到光阴极上时,从阳极输出的电流的数值.一般希望 r_A 越大越好.对于能谱测量来说,还要求在一定的入射光通量范围内 r_A 为常数,这样才能保证输出脉冲幅度与入射光子的数目成正比.

③ 暗电流与本底脉冲.当光电倍增管无光照时,所产生的阳极电流称为暗电流.它主要来源于:(i)光阴极材料的热电子发射;(ii)电极间绝缘材料的漏电;(iii)场致发射,即管内电极的尖端和棱角处由于电场很强而发射电子;(iv)残余气体电离又称离子反馈,即光电倍增管中的少量残余气体由于电子的轰击可能被激发或电离,从而产生光子和电子-离子对,它们打在光阴极和倍增极上也会打出电子.当管子的工作电压较高和放大倍数很大时,残余气体电离的影响将表现得特别严重,致使管子工作不稳定.除电极漏电这一因素外,其他三种原因所产生的电子在管子里同样倍增,最后形成脉冲而造成虚假的计数.这些计数所相应的脉冲不是由入射粒子形成的,称为本底脉冲.能谱测量时,我们关心的是本底脉冲的幅度与数量.本底脉冲的大小用能当量来表示,指的是本底脉冲的幅度与多大能量的入射粒子所造成的输出脉冲的幅度相同.

④ 光电倍增管的时间特性.光电子由光阴极发出,经倍增极最后到达阳极的

时间称为渡越时间.由于电子倍增过程的统计性质以及电子的初速效应和轨道效应,由阴极同时发出的电子到达阳极的时间是不同的.因此当输入信号为 δ 函数的光脉冲时,阳极电流脉冲是展宽的.所谓"脉冲响应宽度"指为阴极受到 δ 函数光脉冲照射时阳极输出脉冲的半宽度,一般为 $10^{-10} \sim 10^{-8}$ s 数量级.

(3)射极跟随器.光电倍增管输出负脉冲的幅度较小,内阻较高.一般在探头内部安置一级射极跟随器以减少外界干扰的影响,同时使之与线性放大器输入端实现阻抗匹配.

(4)线性放大器.由于入射粒子的能量变化范围很大,例如对于 γ 射线的探测其能量可由几千电子伏到几兆电子伏.所用的线性放大器的放大倍数能在 $10 \sim 1000$ 倍范围内变化,对它的要求是稳定性高、线性好和噪声小.

(5)多道脉冲幅度分析器.多道脉冲分析器的功能是把线性脉冲放大器的输出脉冲按高度分类,若线性脉冲放大器的输出是 $0 \sim 10$V,如果把它按脉冲高度分成 500 级(或称 500 道)则每道宽度为 0.02V,也就是输出脉冲的高度按 0.02V 的级差来分类.在实际测量时,我们保持道宽 ΔV 不变,逐点增加 V_0,这样就可以测出整个谱形.

单道就是逐点改变甄别电压进行计数的,测量不太方便而且费时.因而在本实验装置中采用了微机多道 γ 谱仪.多道脉冲分析器的作用相当于数百个单道分析器与定标器,它主要由 $0 \sim 10$V 的 A/D 转换器和存储器组成,脉冲经过 A/D 转换器后即按高度大小转换成与脉高成正比的数字输出,因此可以同时对不同幅度的脉冲进行计数.一次测量可得到整个能谱曲线,既可靠方便又省时.

2)工作过程

射线通过闪烁体时,闪烁体的发光强度与射线在闪烁体内损失的能量成正比,即入射线的能量越大,在闪烁体内损失能量越多,闪烁体的发光强度也越大.当射线(如 γ、β)进入闪烁体时,在某一地点产生次级电子.它使闪烁体分子电离和激发,退激时发出大量光子(一般光谱范围从可见光到紫外光,并且光子向四面八方发射出去).在闪烁体周围包有反射物质,使光子集中向光电倍增管方向射出去,光电倍增管是一个电真空器件,由光阴极、若干个打拿极和阳极组成,通过高压电源和分压电阻使阳极、各打拿极和阴极间建立从高到低的电位分布.当闪烁光子入射到光阴极上,由于光电效应就会产生光电子.这些光电子受极间电场加速和聚集,在各级打拿极上发生倍增(一个光电子最终可产生 $10^4 \sim 10^9$ 个电子),最后被阳级收集.大量电子会在阳极负载上建立起电信号,通常为电流脉冲或电压脉冲.通过起阻抗匹配作用的射极跟随器,由电缆将信号传输到电子学仪器中去.

归结起来,闪烁探测器的工作可分为五个相互联系的过程.

(1)射线进入闪烁体,与之发生相互作用,闪烁体吸收带电粒子能量而使原子、分子电离和激发;

(2) 受激原子、分子退激时发射荧光光子；

(3) 利用反射物和光导将闪烁光子尽可能多地收集到光电倍增管的光阴极上，由于光电效应，光子在光阴极上击出光电子；

(4) 光电子在光电倍增管中倍增，数量由一个增加到 $10^4 \sim 10^9$ 个，电子流在阳极负载上产生电信号；

(5) 此信号由电子仪器记录和分析.

2. γ射线与物质的相互作用

γ射线与物质的相互作用主要是光电效应、康普顿散射和正、负电子对产生这三种过程，如图 2-19-3 所示.

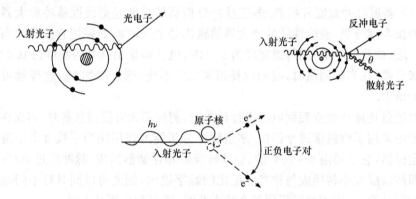

图 2-19-3　γ射线与物质相互作用示意图

(1) 光电效应. 入射 γ 粒子把能量全部转移给原子中的束缚电子，光子本身消失而把束缚电子打出来形成光电子，这个过程称为光电效应. 由于束缚电子的电离能 E_i 一般远小于入射 γ 射线的能量 E_γ，所以光电子的动能近似等于入射 γ 射线的能量.

$$E_{光电} = E_\gamma - E_i \approx E_\gamma \qquad (2-19-1)$$

我们知道自由电子不可能发生光电效应，因为这样的过程不能同时满足动量守恒和能量守恒，而原子中束缚越牢固的电子发生光电效应的可能性也越大. 当入射光子能量大于 K 层电子的电离能时，80% 以上的光电效应将发生在 K 层电子上. 物质的原子序数 Z 越大，对于核外电子的束缚也越强，发生光电效应的概率也越大. 理论与实验都证明光电效应的截面 $\sigma_{光电}$ 正比于 Z^5. 入射 γ 射线能量 E_γ 越大，来电子受原子的束缚就愈不牢固，光电效应的截面 $\sigma_{光电}$ 随入射 γ 射线能量的增加而减小.

(2) 康普顿散射. 核外自由电子与入射 γ 射线发生康普顿散射. 根据动量守恒的要求，散射与入射只能发生在一个平面内. 设入射 γ 光子能量为 $h\nu$，散射光子能

量为 $h\nu'$,根据能量守恒,反冲康普顿电子的动能 E_e 为

$$E_e = h\nu - h\nu' \qquad\qquad (2 - 19 - 2)$$

康普顿散射后散射光子能量与散射角 θ 的关系为

$$h\nu' = \frac{h\nu}{1 + a(1 - \cos\theta)} \qquad\qquad (2 - 19 - 3)$$

式中 $a = \dfrac{h\nu}{m_e c^2}$,即为入射 γ 射线能量与电子静止质量 m_e 所对应的能量之比. 由式 (2 - 19 - 3)可知,当 $\theta = 0$ 时 $h\nu' = h\nu$,这时 $E_e = 0$,即不发生散射. 当 $\theta = 180°$时,散射光子能量最小,它等于 $\dfrac{h\nu}{(1 + 2a)}$,这时康普顿电子的能量最大,

$$E_{cmax} = h\nu\frac{2a}{1 + 2a} \qquad\qquad (2 - 19 - 4)$$

所以康普顿电子的能量在 0 至 $h\nu\dfrac{2a}{1 + 2a}$ 之间变化.

（3）正、负电子对的产生. 当 γ 射线能量超过 $2m_e c^2(1.022\mathrm{MeV})$ 以后,γ 光子受原子核或电子的库仑场的作用可能转化成正负电子对,称为电子对效应. 此时光子能量可表示为两个电子的动能,如 $E_\gamma = E_{e^+} + E_{e^-} + 2m_0 c^2$. 其中,$2m_0 c^2 = 1.02\mathrm{MeV}$.

3. γ 射线能谱图

由 $^{137}\mathrm{Cs}$ 的衰变,可知 $^{137}\mathrm{Cs}$ 只放出单一能量的 γ 射线（$E_\gamma = 0.662\mathrm{MeV}$）. 因此能量小于正、负电子对的产生阈 $1.022\mathrm{MeV}$,所以 $^{137}\mathrm{Cs}$ 的 γ 射线与 NaI(Tl) 晶体的相互作用只有光电效应和康普顿散射两个过程,其形状如图 2 - 19 - 4. 由于 γ 谱仪存在一定的能量分辨率,实际测的能谱相对于图 2 - 19 - 4 中单线存在一定的能量宽度,形状如图 2 - 19 - 5.

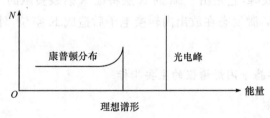

图 2 - 19 - 4　康普顿峰和单能光电峰

A 峰又称全能峰,这一幅度直接反映 γ 射线的能量 0.662MeV. 有时康普顿散射产生的散射光子 $h\nu'$ 若未逸出晶体,仍然为 NaI(Tl) 晶体所吸收. 通过光电效应把散射光子的能量 $h\nu'$ 转换成光电子能量,而这个光电子也将对输出脉冲做贡献.

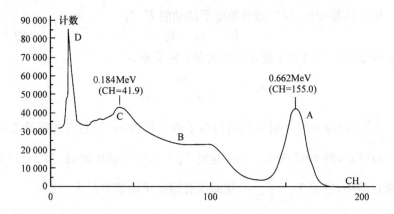

图 2 - 19 - 5　　NaI(Tl)单晶 γ 闪烁谱仪测量的 ^{137}Cs γ 能谱图

由于上述过程是在很短时间内完成的,这个时间比探测器形成一个脉冲所需的时间短得多. 所以,先产生的康普顿电子和后产生的光电子,二者对输出脉冲的贡献是叠加在一起形成一个脉冲. 这个脉冲幅度所对应的能量是这两个电子的能量之和,即 $E_e + h\nu'$,也就是入射 γ 射线的能量 $h\nu$. 所以,这一过程所形成的脉冲将叠加在光电峰 1 上使之增高.

平台状曲线 B 是康普顿效应的贡献,其特征是散射光子逃逸后留下一个能量从 0 到 $h\nu \dfrac{2a}{1+2a}$ 的连续的电子谱.

峰 C 是反散射峰. 由 γ 射线透过闪烁体射在光电倍增管的光阴极上发生康普顿反散射或 γ 射线在源及周围物质上发生康普顿反散射. 反散射光子进入闪烁体通过光电效应而被记录所致. 这就构成反散射峰. 返回的 γ 光子能量 $h\nu' = E_\gamma - E_{cmax} = 0.184$MeV.

峰 D 是 X 射线峰,它是由 ^{137}Ba 的 K 层特征 X 射线贡献的. ^{137}Cs 的 β 衰变体 ^{137}Ba 的 0.662MeV 激发态在放出内转换电子后造成 K 空位,外层电子跃迁后产生此 X 光子.

4. NaI(Tl)单晶 γ 闪烁谱仪的主要指标

1) 能量分辨率

由于单能带电粒子在闪烁体内损失能量引起的闪烁发光所放出的荧光光子数有统计涨落. 一定数量的荧光光子打在光电倍增管光阴极上产生的光电子数目有统计涨落. 这就使同一能量的粒子产生的脉冲幅度不是同一大小而近似为高斯分布. 能量分辨率的定义是

$$\eta = \frac{\Delta E}{E} \times 100\% \qquad (2-19-5)$$

由于脉冲幅度与能量有线性关系,并且脉冲幅度与多道道数成正比,故又可以写为

$$\eta = \frac{\Delta CH}{CH} \times 100\% \qquad (2-19-6)$$

ΔCH 为记数率极大值一半处的宽度(或称半高度),记作 FWHM(full width at half maximum). CH 为记数率极大处的脉冲幅度.

通常 NaI(Tl)单晶 γ 闪烁谱仪的能量分辨率以 ^{137}Cs 的 0.662MeV 单能 γ 射线为标准,它的值一般是 10% 左右,最好可达 6%～7%.

2) 线性

能量的线性就是指输出的脉冲幅度与带电粒子的能量是否有线性关系,以及线性范围的大小.

NaI(Tl)单晶的荧光输出在 150KeV<E_γ<6MeV 的范围和射线能量是成正比的. 但是,NaI(Tl)单晶 γ 闪烁谱仪的线性好坏还取决于闪烁谱仪的工作状况. 例如,当射线能量较高时,由于光电倍增管后几个联极的空间电荷影响,会使线性变坏. 又如,脉冲放大器线性不好等. 为了检查谱仪的线性,必须用一组已知能量的 γ 射线在相同的实验条件下分别测出它们的光电峰位,作出能量-幅度曲线,称为能量刻度曲线. 用最小二乘法进行线性回归,线性度一般在 0.99 以上. 对于未知能量的放射源,由谱仪测出脉冲幅度后,利用这种曲线就可以求出射线的能量.

3) 谱仪的稳定性

谱仪的能量分辨率线性是否正常与谱仪的稳定性有关. 因此,在测量过程中,要求谱仪始终能正常的工作,如高压电源,放大器的放大倍数,和单道脉冲分析器的甄阈和道宽. 如果谱仪不稳定则会使光电峰的位置变化或峰形畸变. 在测量过程中经常要对 ^{137}Cs 的峰位进行测量,以验证测量数据的可靠性. 为避免电子仪器随温度变化的影响,在测量前仪器必须预热半小时.

二、实验装置

实验器材包括:①微机多道 γ 谱仪的基本系统(由能谱探头、线性放大器(AMP)、4096 道模数变换器(ADC),电脑接口及计算机等五部分组成);②γ 放射源 ^{137}Cs 和 ^{60}Co(强度≈1.5μCi);③200μmAl 窗 NaI(Tl)闪烁探头;④高压电源、放大器. 方框图如图 2-19-6.

线性放大器将对从探测器输出的电脉冲信号进行适当的放大,然后再送入模数变换器(ADC). ADC 的主要任务是把模拟量(电压幅度)变换为脉冲信号并对模

图 2 - 19 - 6　实验装置原理图

拟量进行选择. 变换出的脉冲信号经接口输入计算机. 高压电源供给探测器所需高压及低压.

三、实验内容

(1) 连接好实验仪器,经教师检查同意后接通电源.

(2) 开机预热后,选择合适的工作电压使探头的分辨率和线性都较好.

(3) 打开文件 C:\ums＞ums 出现能谱图的坐标轴. 把 γ 放射源¹³⁷Cs 或⁶⁰Co 放在探测器前,调节高压和放大倍数,使显示器上出现的⁶⁰Co 能谱的最大脉冲幅度尽量大而又不超过多道脉分析器的分析范围.

(4) 分别测¹³⁷Cs 和⁶⁰Co 的全能谱并分析谱形,指明光电峰、康普顿平台和反散射峰.

(5) 利用多道数据处理软件对所测得的谱形进行数据处理,分别进行光滑化、寻峰、半宽度记录、峰面积计算、能量刻度、感兴趣区处理等并求出各光电峰的能量分辨率.

(6) 根据实验测的相对于 0.662MeV、1.17MeV、1.33MeV 的光电峰位置,作 E-CH 能量刻度曲线(0.184 MeV 的¹³⁷Cs 反散射峰也可记录在内).

(7) 对所测结果进行最小二乘拟合法,求回归系数,并判断闪烁探测器的线性.

四、思考题

(1) 简述 NaI(Tl)闪烁探测器的工作原理.

(2) 反散射峰是如何形成的?

(3) 若只有¹³⁷Cs 源,能否对闪烁探测器进行大致的能量刻度?

附录　最小二乘拟合法

求定标曲线方程 $E=a+b\times CH$

$$a = \frac{1}{\Delta}\Big[\sum_{i=1} CH_i^2 \cdot \sum_{i=1} E_i - \sum_i CH_i \cdot \sum_i (CH_i \cdot E_i)\Big]$$

$$b = \frac{1}{\Delta}\Big[n\sum_i (CH_i \cdot E_i) - \sum_i CH_i \cdot \sum_i E_i\Big]$$

$$\Delta = n\sum_i CH_i^2 - \Big(\sum_i CH_i\Big)^2$$

参 考 文 献

褚圣麟. 1997. 原子物理学. 北京：高等教育大学出版社

吴思诚，王祖铨. 1995. 近代物理实验. 北京：北京大学出版社

吴泳华，等. 1992. 大学近代物理实验. 北京：中国科学技术大学出版社

2-20 核衰变统计规律

由于原子核的放射性，衰变存在统计涨落. 因此多次测量相同时间间隔内的放射性计数，即使保持相同的实验条件，每次测量的结果并不相同，而是围绕某一平均值上下涨落，有时甚至有很大差别. 本实验的目的是了解核衰变放射性计数统计误差的意义，学习检验测量数据的分布类型的方法，加深对核衰变过程的理解.

一、实验原理

核衰变的过程是相互独立、彼此无关的，每个原子核发生衰变的时间纯系偶然而无法确定. 但是，对于大量原子核 N，经过时间 t 后，平均地说其数目将按指数规律 $e^{-\lambda t}$ 衰减，λ 为衰变常数，它与放射源半衰期 T 之间满足公式：$\lambda = \frac{\ln 2}{T}$. 在 t 时间内平均衰变的原子核的数目 m 为

$$m = N(1 - e^{-\lambda t}) \tag{2-20-1}$$

根据上式，统计平均看，每个核在 t 时间内发生衰变的概率为 $1 - e^{-\lambda t}$，不发生衰变的概率为 $e^{-\lambda t}$. 因此，在 t 时间内，统计平均看，在 N 个原子核中有 n 个核发生衰变的概率为

$$p(n) = \frac{N!}{(N-n)!\,n!}(1 - e^{-\lambda t})^n (e^{-\lambda t})^{N-n} \tag{2-20-2}$$

上式中，系数 $N!/(N-n)!\,n!$ 是考虑了 N 个原子核中发生衰变的 n 个核的各种可能的组合数. 现设原子核总数 $N \gg 1$，测量时间 t 远小于放射源的半衰期 T，即 $\lambda t \ll 1$，也即衰变数 n 远小于粒子总数 N. 这时式(2-20-2)分子中的 $N-1$，$N-2, \cdots, N-n-1$ 均可用 N 代替，于是有

$$p(n) \approx \frac{N^n}{n!}(\lambda t)^n (\mathrm{e}^{-\lambda t})^{N-n} \approx \frac{(N\lambda t)^n}{n!} \mathrm{e}^{-N\lambda t}$$

由式(2-20-1)可知,这时 $m = N\lambda t$,则有

$$p(n) \approx \frac{m^n}{n!} \mathrm{e}^{-m} \tag{2-20-3}$$

这就是泊松分布.如果在时间间隔 t 内平均衰变次数为 m,则在时间间隔 t 内衰变次数为 n 的概率为 $p(n)$.

由于放射性衰变存在统计涨落,当我们作重复的放射性测量时,即使保持完全相同的实验条件(例如放射源的半衰期足够长,因此在实验时间内可以认为其强度基本上没有变化;源与计数管的相对位置始终保持不变;每次测量时间不变;测量仪器足够精确,不会产生其他的附加误差等),每次测量的结果并不完全相同,而是围绕其平均值 m 上下涨落,有时甚至有很大的差别,这种现象就叫做放射性计数的统计性.放射性计数的这种统计性是放射性原子核衰变本身固有的特性,与使用的测量仪器及技术无关.通常把 m 看作是测量结果的最概然值,把起伏带来的误差称为统计误差,它的大小用标准偏差 σ 来描述.

因为 $\bar{n}$ 是无限多次测量的结果,实际上无法得到,也无此必要去得到它,实验室里都将一次测量值当作平均值,对它的误差也作类似处理.设一次测量得到的总计数为 N,它的标准偏差就用 $\sqrt{N}$ 来表示,它的相对标准偏差为

$$\frac{\Delta N}{N} = \frac{\sqrt{N}}{N} = \frac{1}{\sqrt{N}} \tag{2-20-4}$$

由此看出:核衰变测量的统计误差决定于测量的总计数 N 的大小,N 越大,绝对误差越大而相对误差却越小.设对某个计数率 m_1 作了 t 时间的测量,则总计数 $N = m_1 t$,计数率 m_1 的统计误差为

$$\Delta m_1 = \frac{\Delta N}{t} = \frac{\sqrt{N}}{t} = \sqrt{\frac{m_1}{t}} \tag{2-20-5}$$

$$\frac{\Delta m_1}{m_1} = \frac{\sqrt{N}}{m_1 t} = \frac{\sqrt{N}}{N} = \frac{1}{\sqrt{m_1 t}}$$

由上式可看出:测量时间 t 越长,误差越小.利用上式可以计算 m_1 的误差;反过来也可以由误差要求,计算测量需用的时间.测量时就按照算出的时间进行测量,以免不必要地耽误很多时间或者误差过大.

在时间间隔 t 内核蜕变产生的放射性平均计数为 $\bar{n}$,在此时间内核蜕变产生的放射性计数为 n 的概率 $p(n)$ 服从统计分布.当 $\bar{n}$ 较小时(如 10 以下),服从泊松分布.如果 $\bar{n}$ 比较大(如 20 以上),服从高斯分布.放射性测量数据检验的基本做法是比较测量数据应有的一种理论分布和实测数据之间的差异,然后从概率的意义上

说明这种差异是否显著. 差异显著,则否定原来的理论分布,说明测得的数据存在问题;反之,则接受理论分布,认为测量数据是正常的.

1. 验证泊松分布

泊松分布可写为

$$p(n) = \frac{(\bar{n})^n}{n!} \mathrm{e}^{-\bar{n}} = p(n) \approx \frac{m^n}{n!} \mathrm{e}^{-m} \qquad (2-20-6)$$

式中 n 为每次计数的值,$n=0,1,2,\cdots$,其平均值为 m,一般将 m 取在 $3\sim7$ 范围内.

使用比较弱的放射源或直接用本底计数,选择测量时间间隔,使在此时间内平均计数在 10 以下. 重复测量此时间间隔的计数至少 400 次以上. 计算 m 值,根据式 $(2-20-6)$ 绘出 $p(n)$ 的曲线,将实验数据统计结果也标在图上,以比较之. 观察实验数据分布曲线是否和理论曲线相吻合,如吻合则满足泊松分布.

2. 验证高斯分布

高斯分布可写为

$$p(n) = \frac{1}{\sqrt{2\pi}\sigma} \mathrm{e}^{\frac{(n-m)^2}{2\sigma^2}} \qquad (2-20-7)$$

式中 $\sigma^2 = m$ 称为方差.

实验时只需选择稍强些的放射源,让时间间隔稍长些,都可满足 $\bar{n} > 20$,做法与验证泊松分布相同,但重复次数要求 500 次以上,测量数据可做出计数与其出现次数的直方图,与理论曲线相比较.

本实验采用微机系统控制的核实验装置,可以方便地选择实验条件,观察 m 值由小逐渐变大而使 $p(n)$ 值从与泊松分布相符合逐渐变化到与高斯分布相符合的过程,有更丰富的实验内容和更好的实验结果.

3. χ^2 检验法

对于具有 k 个测量值的一组数据 $n_i (i=1,2,\cdots,k)$,对它们进行分组,分组的序号用 j 表示,$j=1,2,\cdots,r$. 统计每个分组区间中实际观测到的次数,用 f_j 表示. 若测量值服从高斯分布或泊松分布,则可计算每个分组区间中按概率分布应有的出现次数,用 f'_j 表示. 理论出现次数可以根据高斯分布或泊松分布曲线下的面积函数算出各区间的面积 p_j,然后再乘以总次数 k 得到

$$f'_j = k \cdot p_j, \quad j=1,2,\cdots,r$$

可以证明统计量

$$\chi^2 = \sum_{j=1}^{r} \frac{(f_j - f'_j)^2}{f'_j} = \sum_{j=1}^{r} \frac{(f_j - kp_j)^2}{kp_j} \qquad (2-20-8)$$

近似地服从 χ^2 分布,其自由度 v 为$(r-s-1)$,s 是在计算理论分布次数时所包含的参量数目. 对于正态分布 $s=2$,对于泊松分布 $s=1$. 在数理统计中,可以证明 χ^2 分布具有图 2-20-1 所示的形状,图中横坐标表示 χ^2 的取值,纵坐标表示相应于该 χ^2 值时的概率密度 $p(\chi^2)$. 我们可以算出随机变量 χ^2 所取的值大于某个预定值 $\chi^2_{1-\alpha}$ 的概率 $p(\chi^2 > \chi^2_{1-\alpha})$,令此概率为 α,则

$$P(\chi^2 > \chi^2_{1-\alpha}) = \int_{\chi^2_{1-\alpha}}^{\infty} p(\chi^2) \mathrm{d}x^2 = \alpha \qquad (2-20-9)$$

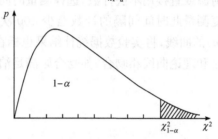

图 2-20-1 χ^2 分布的图形

实际上对于不同的自由度 v 已经按照上式计算了 α 和 $\chi^2_{1-\alpha}$ 对应的数据表,一般的概率统计著作中都有此表. 表 2-20-1 列出了在某些自由度下相应于某几种概率 α 值时的 $\chi^2_{1-\alpha}$ 值.

表 2-20-1　相应于三种概率下的 $\chi^2_{1-\alpha}$ 值

α \ v	1	2	3	5	7	9	10	15	20	25	30
0.50	0.455	1.165	2.366	4.351	6.346	8.343	9.342	14.34	19.34	24.34	29.34
0.10	2.71	4.61	6.25	9.24	12.0	14.684	16.0	22.3	28.4	34.4	40.3
0.05	3.841	5.991	7.815	11.07	14.07	16.92	18.31	25.0	31.41	37.65	43.77

统计量 χ^2 可用来衡量实测分布与理论分布之间有无明显的差异. 使用 χ^2 检验时,要求总次数不小于 50,以及任一组的理论次数 f'_j 不小于 5(最好在 10 以上),否则可以适当的合并组以增加 f'_j. 比较的方法是先取一个任意给定的小概率 α,称为显著性水平,根据自由度 v 的大小,查出对应的 $\chi^2_{1-\alpha}$ 值,比较统计量 χ^2 和 $\chi^2_{1-\alpha}$ 的大小来判断拒绝或接受理论分布,这种判断是在某一显著性水平 α 上得出来的. 例如对于某一组服从正态分布的数据,其计数平均值为 388.7,计算得统

计量 $\chi^2 = 1.472$. 自由度为 10, 如取显著性水平 $\alpha = 0.05$, 查表得 $\chi^2_{1-\alpha} = 18.31$ (参见表 2-20-1), 因实测得到的 $\chi^2 = 1.472 < \chi^2_{1-\alpha} = 18.31$, 所以认为此组数据服从正态分布.

4. 频率直方图检验法

一组测量数据直接和一个理论分布比较, 从而检验这组数据是否符合该理论分布. 对于实验上测得的一组数据 $N_i (i = 1, 2, \cdots, k)$ 首先求其平均值

$$\overline{N} = \frac{1}{k} \sum_{i=1}^{k} N_i \qquad (2-20-10)$$

计算 σ_i

$$\sigma_i = \sqrt{\frac{1}{k-1} \sum_{i=1}^{k} (N_i - \overline{N})^2} \qquad (2-20-11)$$

然后对于上述的测量数据 N_i 按下述区间来分组, 各区间的分界点为: $\overline{N} \pm \frac{\sigma_i}{4}, \overline{N} \pm \frac{3}{4}\sigma_i, \overline{N} \pm \frac{5}{4}\sigma_i, \cdots$, 各区间的中心值为 $\overline{N}, \overline{N} \pm \frac{1}{2}\sigma_i, \overline{N} \pm \frac{3}{2}\sigma_i, \cdots$.

统计测量结果出现在各区间内的次数 K_i 或频率 K_i/K, 以次数 K_i 或频率 K_i/K 作为纵坐标, 各区间的中心值为横坐标, 做频率直方图. 将所得到频率直方图与平均值 $\overline{N}$ 且标准偏差为 $\sigma_2 = \sqrt{\overline{N}}$ 的高斯分布曲线比较. 通过比较可以定性地判断测量数据分布是否合理, 以及是否存在其他不可忽略的偶然误差因素.

5. 闪烁探测器的坪曲线

在研究核衰变的统计规律的实验中, 绝对不能使工作条件 (包括几何条件和探测器状态) 有丝毫改变. 但在实际情况下工作电压的少量漂移在所难免, 因此需要测定 NaI(Tl) 闪烁探测器的坪曲线, 以确定合适的工作电压, 即选择计数率随电压漂移变化较小的工作点. 坪曲线是入射粒子的强度不变时, 计数器的计数率随工作电压变化的曲线. 图 2-20-2 是由某次实验所得的闪烁计数器的坪曲线. 工作电压应选择源计数率随电压变化较小 (曲线较平部分) 的电压, 如在图 2-20-2 中, 就可以选取 840V.

二、实验装置

实验装置的框图如图 2-20-3 所示.

实验器材包括: ①NaI(Tl) 闪烁探测器; ②γ 放射源 (^{137}Cs 或 ^{60}Co); ③高压电源、放大器和微机多道 γ 谱仪.

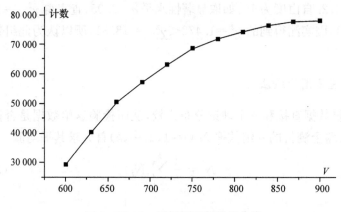

图 2-20-2　闪烁探测器的坪曲线

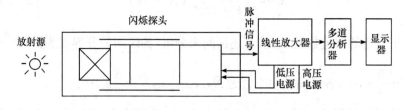

图 2-20-3　实验装置图

三、实验内容

(1) 连接各仪器设备,对实验现象进行粗测,判断工作是否正常.

(2) 测量 NaI(Tl)闪烁探测器的坪曲线,采取定时计数的方法(建议 $t=200\mathrm{s}$,以减少统计涨落). 可以从 $V=600\mathrm{V}$ 开始,$\Delta V=30\mathrm{V}$ 改变工作电压. 一般工作电压不宜超过 1000V,以免光电倍增管发生连续放电现象而减短使用寿命.

注意:① 根据所得全能谱形的实际情况可以适当截去前面计数或峰形比较杂乱的几道. ② 在实验中不得改变放射源和探测器的相对位置以及放大器的放大倍数. 放大倍数的选取要注意当电压达到 1000V 左右(接近电压最大值)时,谱形不得越出多道脉冲分析器的量程.

(3) 根据坪曲线的实验结果选取适当的工作电压,并确定放大倍数使谱形在多道脉冲分析器上分布合理.

(4) 工作状态稳定后,重复进行至少 100 次以上独立测量放射源总计数率的实验(建议进行 150~200 次,每次定时 15 或 20s).

本实验中,测得 A 个数据后,计算算术平均值 N 和均方根差的估计值 S_x.

$$S_x = \sqrt{\dfrac{\sum\limits_{i=1}^{A}(N_i - \overline{N})^2}{A-1}}$$

（A 为总测量次数），将平均值 $\overline{N}$ 置于中央，以 $S_x/2$ 为组距把数据分组，算出相应的实验组频率 f_i/A，以 $(N-\overline{N})/S_x$ 为横坐标，组频率为纵坐标，作直方图，参考图 2-20-4.

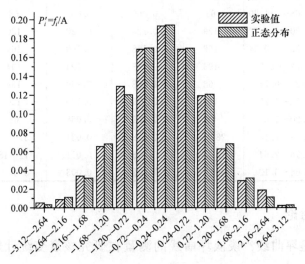

图 2-20-4　频率直方图

（5）画出相应的理论分布曲线，若计数值服从正态分布，则可算出以 $S_x/2$ 为组距的各个相应的理论组的频率 P'_i，并画于图中.

$$P'_i = \frac{1}{\sqrt{2\pi S_x^2}} \exp\left[-\frac{(N-\overline{N})^2}{2S_x^2}\right]\mathrm{d}N \qquad (2-20-12)$$

令 $x = \dfrac{N-\overline{N}}{S_x}$，则 $P'_i = \dfrac{1}{\sqrt{2\pi}}\exp\left(-\dfrac{x^2}{2}\right)\dfrac{\mathrm{d}N}{S_x}$，因 $\mathrm{d}N = \dfrac{S_x}{2}$，故

$$P'_i = \frac{1}{2\sqrt{2\pi}}\exp\left(-\frac{x^2}{2}\right) \qquad (2-20-13)$$

（6）计算测量数据落在 $\overline{N}\pm\sigma$、$\overline{N}\pm2\sigma$、$\overline{N}\pm3\sigma$ 范围内的频数，并与理论值做比较.

（7）对此组数据进行 χ^2 检验.（表 2-20-2 第七栏为各区间的 χ^2 数值.）

例如，在本装置上做放射性的统计分布实验，选择适当的高压，使实验条件不变，以相同的时间重复计数 1000 次，实验数据见下表，然后对数据进行分析. 数据处理见表 2-20-2. 由此数据可画出图 2-20-4 的频率直方图.

表 2 - 20 - 2

按 $\frac{S_x}{2}$ 为组距分组	$\frac{N-\bar{N}}{S_x}$	实验次数 f	实验频率 $\frac{f}{A}$	理论频率 $P=\frac{f'}{A}$	理论次数 f'	$\frac{(f-f')^2}{f'}$
330～339	−3.12～−2.64	5 ⎫	0.005	0.003	3 ⎫	
340～348	−2.64～−2.16	8 ⎬47	0.008	0.011	11 ⎬45	0.089
349～357	−2.16～−1.68	34 ⎭	0.034	0.031	31 ⎭	
358～366	−1.68～−1.20	65	0.065	0.068	68	0.132
367～375	−1.20～−0.72	129	0.129	0.120	120	0.675
376～384	−0.72～−0.24	168	0.168	0.169	169	0.006
385～393	−0.24～0.24	193	0.193	0.194	194	0.005
394～402	0.24～0.72	168	0.168	0.169	169	0.006
403～411	0.72～1.20	119	0.119	0.120	120	0.008
412～420	1.20～1.68	62	0.062	0.068	68	0.529
421～429	1.68～2.16	28 ⎫	0.028	0.031	31 ⎫	
430～438	2.16～2.64	18 ⎬49	0.018	0.011	11 ⎬45	0.022
439～447	2.64～3.12	3 ⎭	0.002	0.003	3 ⎭	

四、思考题与讨论

(1) 什么是坪曲线? 谈谈坪曲线的测量在研究核衰变统计规律实验中的意义.

(2) 什么是放射性核衰变的统计性? 它服从什么规律?

(3) σ 的物理意义是什么? 以单次测量值 N 来表示放射性测量值时,为什么是 $N\pm\sqrt{N}$? 其物理意义又是什么?

(4) 为什么说以多次测量结果的平均值来表示放射性测量时,其精确度要比单次测量值高?

参 考 文 献

王正行. 1995. 近代物理学. 北京:北京大学出版社
吴思诚,王祖铨. 1995. 近代物理实验. 北京:北京大学出版社
吴泳华,等. 1992. 大学近代物理实验. 北京:中国科学技术大学出版社

2 - 21　物质对 β、γ 射线的吸收

由于射线与物质的相互作用,使射线通过一定厚度物质后,能量或强度有一定的减弱,称为物质对射线的吸收. 研究物质对射线的吸收规律、不同物质的吸收性能等,在防护核辐射、核技术应用和材料科学等许多领域都有重要意义. 本实验的

目的是学习和掌握 β、γ 射线与物质相互作用的特性,并且测定物质对 β 射线的阻止本领 $\left(\dfrac{\mathrm{d}E}{\mathrm{d}x}\right)$ 和窄束 γ 射线在不同物质中的吸收系数 μ.

一、实验原理

1. β 射线的吸收

放射性核素的原子核放射出 β 粒子而变为原子序数差 1、质量数相同的核素称为 β 衰变. 它主要包括 β^- 衰变、β^+ 衰变和轨道电子俘获(EC). 在发射 β 粒子的同时还发射出一个中微子 ν. 中微子是一个静止质量近似为 0 的中性粒子. 衰变中释放出的衰变能 Q 将被 β 粒子、中微子 ν 和反冲核三者分配. 由于三个粒子之间的发射角度是任意的,所以每个粒子所携带的能量并不固定. β 粒子的动能可以在零至 Q 之间变化,形成一个连续谱. 本实验所用的 $^{90}_{38}\mathrm{Sr}$ 的半衰期为 28.6 年,它发射的 β 粒子最大能量为 0.546MeV. $^{90}_{38}\mathrm{Sr}$ 衰变后成为 $^{90}_{39}\mathrm{Y}$,$^{90}_{39}\mathrm{Y}$ 的半衰期为 64.1 小时,它发射的 β^- 粒子的最大能量为 2.27MeV. 因而 $^{90}_{38}\mathrm{Sr}-^{90}_{39}\mathrm{Y}$ 源在 0~2.27MeV 的范围内形成一连续的 β 谱,其强度随着动能的增加而减弱.

1) β 粒子与物质的相互作用

β 射线(包括负电子和正电子)是轻带电粒子,电子与靶原子的作用主要引起电离能量损失、辐射能量损失和多次散射,电子在物质中的运动轨迹十分曲折.

(1) 电离损失. 电子通过靶物质时,与原子的核外电了发生非弹性碰撞,使物质原子电离或激发,因而损失能量. 由于电子质量小,碰撞后入射电子运动方向有较大改变;电离损失是 β 射线在物质中损失能量的主要方式.

(2) 辐射损失. 这是 β 粒子与原子核非弹性碰撞时产生的一种能量损失. 根据经典电磁理论,当带电粒子接近原子核时,速度迅速降低,发射出电磁波(光子),这种电磁辐射叫轫致辐射.

(3) 电子的散射. β 粒子在物质中与原子核库仑场作用,只改变运动方向,而不辐射能量,这种过程称为弹性散射. 由于电子的质量小,因而散射角度可以很大. 而且会发生多次散射,最后偏离原来的运动方向. 入射电子能量越低,靶物质原子序数越大,散射也就越厉害. β 粒子在物质中经过多次散射,其最后的散射角可以大于 $90°$,这种散射称为反散射.

综上所述,β 粒子与物质相互作用的过程是复杂的,它不仅与物质本身的性质有关,而且与入射 β 粒子的能量也有密切联系.

假设一束初始强度为 I_0 的单能电子束,当穿过厚度为 x 的物质时,强度减弱为 I,其示意图如图 2-21-1. 强度 I 随厚度 x 的增加而减小且服从指数规律,可表示为

$$I = I_0 e^{-\mu x} \qquad (2-21-1)$$

式中 μ 是该物质的线性吸收系数,单位是 cm^{-1}. 不同物质对 β 射线的线性吸收系

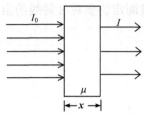

图 2-21-1　强度变化示意图

数有很大差别,但质量吸收系数 $\mu_m = \mu/\rho(\rho$ 是该物质的密度)却随原子序数 Z 的增加只是缓慢地变化. 因而,常用质量厚度 $d = \rho x$ 来代替 x,d 的单位是 g/cm²,于是式(2-21-1)变为式(2-21-2).

$$I = I_0 e^{-\mu_m d} \qquad (2-21-2)$$

阻止本领是用来描述入射带电粒子在介质中每单位路径长度上损失的平均能量的物理量,是研究带电粒子与物质相互作用的主要内容之一. 又如前所述,为了消除密度的影响,常用质量阻止本领 $\dfrac{1}{\rho}\left(\dfrac{dE}{dx}\right)$. 总质量阻止本领 $\dfrac{1}{\rho}\left(\dfrac{dE}{dx}\right)$ 的计算比较复杂,但可以通过实验测得不同能量的单能电子在物质中的能量损失,来求这一物质在不同能量时的总质量阻止本领 $\dfrac{1}{\rho}\left(\dfrac{dE}{dx}\right)$.

由于 β 谱是连续谱,一般近代物理实验中只测 β 粒子的吸收和散射. 利用本实验装置可以轻易地完成这方面的研究. 图 2-21-2 显示了吸收体材料铝和有机玻璃对 β 谱(强度:1mCi)的吸收(测量时间已归一). 我们可以看到,吸收材料厚度为 5mm 时已经起到了很好的屏蔽作用.

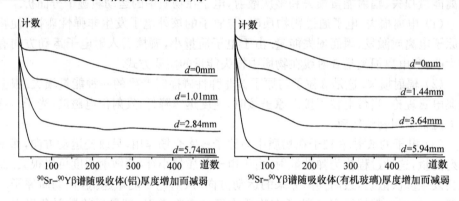

^{90}Sr-^{90}Yβ谱随吸收体(铝)厚度增加而减弱　　　　^{90}Sr-^{90}Yβ谱随吸收体(有机玻璃)厚度增加而减弱

图 2-21-2　不同材料对 β 谱的吸收

2) 单一能量电子的获得

β 射线的能谱是连续谱,如何获得单能电子呢? 这里就应用到了本实验装置的 β 半圆聚焦磁谱仪来分析 β 射线获得单能电子,如图 2-21-3 所示.

NaI(Tl)闪烁晶体探测器在不同的 ΔX 处接收到不同动量 $P = mv = eB\Delta X/2$ 的单能电子. 固定探测器在某一 ΔX 处(即对应于某一能量的单能电子)时,可以在多道显示器上观察到出射电子的单能电子峰及在出射电子与探测器之间插入已知厚度 T 的薄箔后能峰(图 2-21-4).

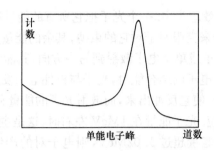

图 2 - 21 - 3　单能电子峰

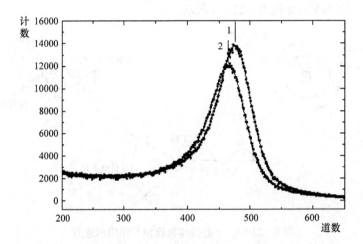

图 2 - 21 - 4　插入 41.1μm 厚的 Al 箔前后单能电子能谱图

　　分别确定能峰的道数,并根据 NaI(Tl)闪烁晶体探测器的能量定标曲线算出所对应的能量 E_0 和 E_i. 即可求出该薄箔材料对能量 $E=(E_0+E_i)/2$ 的单能电子的质量阻止本领

$$\frac{1}{\rho}\left(\frac{\mathrm{d}E}{\mathrm{d}x}\right)=\frac{E_0-E_i}{T\rho} \tag{2-21-3}$$

改变 ΔX,即可测量该薄箔物质对不同能量单能电子的质量阻止本领.

2. γ 射线的吸收

　　γ 射线与物质的相互作用和 β 射线明显不同,γ 辐射是处于激发态原子损失能量的最显著方式. γ 跃迁可定义为一个核由激发态到较低激发态而原子序数 Z 和质量数 A 均保持不变的退激发过程. 带电粒子(α 或 β 粒子等)在一连串的多次事件中不断的损失能量,而 γ 射线与物质的相互作用却在单次事件中便能导致完全的吸收和散射. 当 γ 光子的能量在 30MeV 以下时,与物质相互作用机制主要有三种方式,即光电效应、康普顿效应和电子对效应.

（1）低能时以光电效应为主. 一个光子把它所有的能量给予一个束缚电子；核电子用其能量的一部分来克服原子对它的束缚，其余的能量则作为动能.

（2）光子可以被原子或单个电子散射到另一方向，其能量可损失也可不损失. 当光子的能量大大超过电子的结合能时，光子与核外电子发生非弹性碰撞，光子的一部分能量转移给电子，使它反冲出来，而散射光子的能量和运动方向都发生了变化，即所谓的康普顿效应. 光子能量在 1MeV 左右时，这是主要的相互作用方式.

（3）若入射光子的能量超过 1.02MeV，则电子对的产生成为可能. 在带电粒子的库仑场中，产生的电子对总动能等于光子能量减去这两个电子的静止质量能（$2mc^2 = 1.022$MeV），如图 2-21-5 所示.

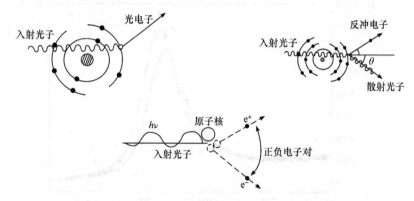

图 2-21-5 γ射线与物质相互作用示意图

这些效应使 γ 射线穿过一定厚度的物质时，强度会有一定程度的减弱，但入射束方向上光子能量保持不变. 因此，γ 射线没有确定的射程. 通常用使入射 γ 射线强度减弱一半时对应的吸收物质厚度来表示物质对 γ 射线的吸收能力，此时吸收物质的厚度称为半吸收厚度 $d_{1/2}$.

当单能窄束的 γ 射线照射到密度均匀的单元物质上，其强度减弱是严格服从指数规律的，此时总质量吸收系数 μ_m 应为三种相互作用机制的质量吸收系数之和，即

$$\mu_m = \mu_{fm} + \mu_{cm} + \mu_{pm} \tag{2-21-4}$$

而强度衰减公式为

$$I = I_0 e^{-\mu_m d}$$

取对数有

$$\ln I = \ln I_0 - \mu_m d \tag{2-21-5}$$

由此可看出，γ 射线的吸收曲线在半对数纸上给出一条直线，其斜率即为总质量吸收系数. 如图 2-21-6，即

$$\mu_{\mathrm{m}} = \frac{\ln I_1 - \ln I_2}{d_2 - d_1} \qquad (2-21-6)$$

由定义可求出半吸收厚度 $d_{1/2}$ 为

$$d_{1/2} = \frac{\ln 2}{\mu_{\mathrm{m}}} = \frac{0.693}{\mu_{\mathrm{m}}} \qquad (2-21-7)$$

可见用测 $d_{1/2}$ 的方法求 μ_{m} 更为方便.

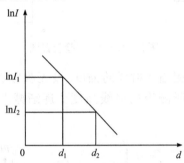

图 2-21-6　γ射线与吸收体厚度关系曲线

由于只有单能窄束 γ 射线的吸收曲线才是严格服从指数规律,因此在设计实验时,必须注意减小 γ 射线的散射,要求将 γ 射线束很好的准直,且要使放射源和探测器之间有适当的距离.

二、实验装置

实验器材包括:① 半圆聚焦 β 磁谱仪;② β 放射源 ^{90}Sr—^{90}Y(强度≈1mCi); ③ 定标用 γ 源 ^{137}Cs 和 ^{60}Co(强度≈2μCi);④ 200μmAl 窗 NaI(Tl)闪烁探头;⑤ 一定厚度的铝箔(100μm 左右);⑥ Pb,Al 吸收片若干.

本实验中,γ 源的源强约 2μCi. 由于专门设计了源准直孔($\phi 3 \times 12$mm),基本达到使 γ 射线垂直出射. 由于探测器前有留有一狭缝的挡板,更主要由于用多道脉冲分析器测 γ 能谱,就可以起到去除 γ 射线与吸收片产生康普顿散射影响的作用. 实验装置如图 2-21-7 所示,这样的实验装置在轻巧性、直观性及放射防护方面有无可比拟的优点. 但是,它需要用多道分析器,在一般的情况下,显得有点大材小用,但在本实验中这样安排,可以说是充分利用现有的实验条件.

三、实验内容

1. 测量铝对 β 射线的吸收曲线

β 射线的吸收曲线即射线的相对强度与吸收物质厚度的关系. 由图 2-21-8 可知,要测量吸收曲线,应该将吸收物质如铝箔放在探测器(即计数管)与放射源之

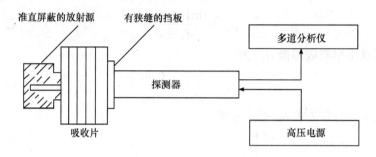

图 2 - 21 - 7　实验装置图

间,来测量通过不同厚度铝箔后射线的强度. 设无吸收物时射线强度为 I_0,逐渐增加吸收物质的厚度 d,所测得的射线强度 I 逐渐减弱,可绘出 I/I_0-d 的吸收曲线.

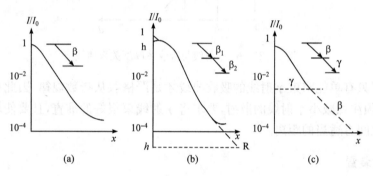

图 2 - 21 - 8　吸收曲线

通过所测得的吸收曲线,即在半对数坐标上绘出射线相对强度 I/I_0 与铝箔厚度的关系曲线.

2. 吸收系数 μ 的测量

(1) 调整实验装置,使放射源、准直孔、闪烁探测器的中心位于一条直线上.

(2) 在闪烁探测器和放射源之间加上 0,1,2,… 片已知质量、厚度的吸收片(所加吸收片最后的总厚度要能吸收 γ 射线 70% 以上),进行定时测量(建议 $t = 500 \sim 600\text{s}$),并存下实验谱图.

(3) 计算所要研究的光电峰净面积 A_i,这样求出的 A_i 就对应公式中的 I_i,根据式(2 - 21 - 6)可求出吸收系数 μ_m.

四、思考题与讨论

(1) 在测量吸收曲线时,源、吸收物质、探测器等的相对位置和工作条件等是否可以改变,为什么?

(2) 比较 γ、β 射线与物质相互作用机制的不同?

(3) 什么叫 γ 吸收,为什么说 γ 射线通过物质无射程概念?

(4) 物质对 γ 射线的吸收与哪些因素有关?

附录

几种材料对 ^{137}Cs, ^{60}Co 两种 γ 射线的线性吸收系数.

① $E=0.662\text{MeV}$

材料	$P/(\text{g/cm}^2)$	$\mu/(\text{cm}^{-1})$	材料	$P/(\text{g/cm}^2)$	$\mu/(\text{cm}^{-1})$
Pb	11.34	1.213	Al	2.7	0.194
Cu	8.9	0.642	Fe	7.89	0.573

② $E=1.25\text{MeV}$

材料	$P/(\text{g/cm}^2)$	$\mu/(\text{cm}^{-1})$	材料	$P/(\text{g/cm}^2)$	$\mu/(\text{cm}^{-1})$
Pb	11.34	0.674	Al	2.7	0.150
Cu	8.9	0.474	Fe	7.89	0.424

参 考 文 献

褚圣麟.1997.原子物理学.北京:高等教育出版社

吴思诚,王祖铨.1995.近代物理实验.北京:北京大学出版社

吴泳华,等.1992.大学近代物理实验.北京:中国科学技术大学出版社

2-22 验证快速电子的动量与动能的相对论关系

本实验通过对快速电子的动量及动能的同时测定来验证动量和动能之间的相对论关系. 同时,实验者将从中学习到 β 磁谱仪测量原理、闪烁记数器的使用方法及实验数据处理方法.

一、实验原理

经典力学总结了低速物体的运动规律,它反映了牛顿的绝对时空观.时间和空间是两个独立的概念,彼此之间没有联系.同一物体在不同惯性参照系中观察到的运动学量(如坐标、速度)可通过伽利略变换而互相联系.这就是力学相对性原理,一切力学规律在伽利略变换下是不变的.

19 世纪末至 20 世纪初,人们试图将伽利略变换和力学相对性原理推广到电磁学和光学时遇到了困难.实验证明对高速运动的物体伽利略变换是不正确的,在

所有惯性参照系中,光在真空中的传播速度均为同一常数. 在此基础上,爱因斯坦于 1905 年提出了狭义相对论. 狭义相对论基于以下两个假设:①所有物理定律在所有惯性参考系中均有完全相同的形式——爱因斯坦相对性原理;②在所有惯性参考系中光在真空中的速度恒定为 c,与光源和参考系的运动无关——光速不变原理,并据此导出洛伦兹变换.

在洛伦兹变换下,静止质量为 m_0,速度为 v 的物体,狭义相对论定义的动量 p 为

$$p = \frac{m_0}{\sqrt{1-\beta^2}} v = mv \qquad (2-22-1)$$

式中 $m = m_0/\sqrt{1-\beta^2}$,$\beta = v/c$. 相对论的能量 E 为

$$E = mc^2 \qquad (2-22-2)$$

这就是著名的质能关系. mc^2 是运动物体的总能量,当物体静止时 $v=0$,物体的能量为 $E_0 = m_0 c^2$,称为静止能量. 两者之差为物体的动能 E_k,即

$$E_k = mc^2 - m_0 c^2 = m_0 c^2 \left[\frac{1}{\sqrt{1-\beta^2}} - 1 \right] \qquad (2-22-3)$$

当 $\beta \ll 1$ 时,式(2-22-3)可展开为

$$E_k = m_0 c^2 \left(1 + \frac{1}{2} \frac{v^2}{c^2} + \cdots \right) - m_0 c^2 \approx \frac{1}{2} m_0 v^2 = \frac{1}{2} \frac{p^2}{m_0} \qquad (2-22-4)$$

即得经典力学的动量-能量关系.

由式(2-22-1)和式(2-22-2)可得

$$E^2 - c^2 p^2 = E_0^2 \qquad (2-22-5)$$

这就是狭义相对论的动量与能量关系. 而动能与动量的关系为

$$E_k = E - E_0 = \sqrt{c^2 p^2 + m_0^2 c^4} - m_0 c^2 \qquad (2-22-6)$$

这就是我们要验证的狭义相对论的动量与动能的关系. 对高速电子其关系如图 2-22-1 所示,图中 pc 用 MeV 作单位,电子的 $m_0 c^2 = 0.511$MeV. 式(2-22-4)可写为

$$E_k = \frac{1}{2} \frac{p^2 c^2}{m_0 c^2} = \frac{p^2 c^2}{2 \times 0.511}$$

以利于计算.

二、实验装置

实验装置主要由以下部分组成:① 真空、非真空半圆聚焦 β 磁谱仪;② β 放射源 ^{90}Sr-^{90}Y(强度 ≈ 1mCi),定标用 γ 放射源 ^{137}Cs 和 ^{60}Co(强度 ≈ 2μCi);③ 200μmAl 窗 NaI(Tl)闪烁探头;④ 数据处理计算软件;⑤高压电源、放大器、多

道脉冲幅度分析器.

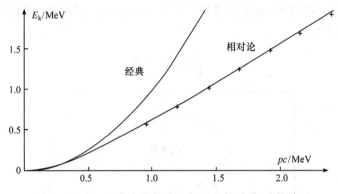

图 2 - 22 - 1　经典力学与狭义相对论的动量-动能关系

1. β 磁谱仪的原理

　　放射性核素的原子核放射出 β 粒子而变为原子序数差 1、质量数相同的核素称为 β 衰变. 测量 β 粒子的荷质比可知 β 粒子是高速运动的电子, 其速度与 β 粒子的能量有关, 高能 β 粒子的速度可接近光速.

　　β 衰变可看成核中有一个中子转变为质子的结果, 在发射 β 粒子的同时还发出一个反中微子 $\bar{\nu}$. 中微子是一个静止质量近似为 0 的中性粒子. 衰变中释放出的衰变能 Q 将被 β 粒子、反中微子 $\bar{\nu}$ 和反冲核三者分配. 因为三个粒子之间的发射角度是任意的, 所以每个粒子所携带的能量并不固定, β 粒子的动能可在零至 Q 之间变化, 形成一个连续谱. 图 2 - 22 - 2(a)为本实验所用的 $^{90}_{38}Sr - ^{90}_{39}Y$ β 源的衰变图. $^{90}_{38}Sr$ 的半衰期为 28.6 年, 它发射的 β 粒子的最大能量为 0.546MeV. $^{90}_{38}Sr$ 衰变后成为 $^{90}_{39}Y$, $^{90}_{39}Y$ 的半衰期为 64.1 小时, 它发射的 β 粒子的最大能量为 2.27MeV. 因而 $^{90}_{38}Sr - ^{90}_{39}Y$ 源在 0～2.27MeV 的范围内形成一连续的 β 谱, 其强度随动能的增加而减弱如图 2 - 22 - 2(b)所示.

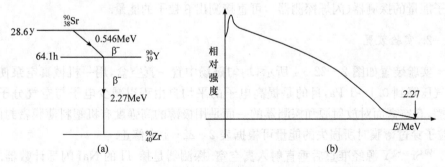

图 2 - 22 - 2　(a) $^{90}_{38}Sr - ^{90}_{39}Y$ β 源的衰变图；(b) $^{90}_{38}Sr - ^{90}_{39}Y$ 的 β 能谱

图 2-22-3 为半圆形 β 磁谱仪的示意图. 从 β 源射出的高速 β 粒子经准直后垂直射入一均匀磁场中, 粒子因受到与运动方向垂直的洛伦兹力的作用而作圆周运动. 其运动方程为

$$\frac{\mathrm{d}\boldsymbol{p}}{\mathrm{d}t} = e\boldsymbol{v} \times \boldsymbol{B} \tag{2-22-7}$$

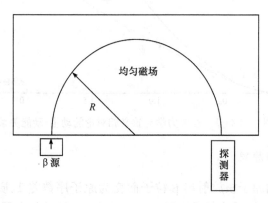

图 2-22-3　半圆形 β 磁谱仪示意图

式中, e 为电子电荷, $\boldsymbol{v}$ 为粒子速度, $\boldsymbol{B}$ 为磁场的磁感应强度. 由式(2-22-4)可知 $p=mv$, $m=\gamma m_0$, $\gamma = \left(1-\dfrac{v^2}{c^2}\right)^{-\frac{1}{2}}$. 因 $|\boldsymbol{v}|$ 是常数, 故

$$\frac{\mathrm{d}\boldsymbol{p}}{\mathrm{d}t} = m\frac{\mathrm{d}\boldsymbol{v}}{\mathrm{d}t}, \quad \left|\frac{\mathrm{d}\boldsymbol{v}}{\mathrm{d}t}\right| = \frac{v^2}{R} \tag{2-22-8}$$

所以

$$p = eBR \tag{2-22-9}$$

式中 R 为 β 粒子轨道的半径, 为源与探测器间距的一半. 移动探测器即改变 R, 可得到不同动量 p 的 β 粒子, 其动量值可由式(2-22-9)算出, 本实验采用能测量 β 粒子能量的探测器(闪烁探测器), 可直接测出 β 粒子的能量.

2. 实验装置

实验装置如图 2-22-4 所示, 均匀磁场中置一真空盒, 用一机械真空泵使盒中气压降到 0.1~1 Pa, 目的是提高电子的平均自由程以减少电子与空气分子的碰撞, 真空盒面对放射源和探测器的一面是用极薄的高强度有机塑料薄膜密封的. β 粒子穿过薄膜时所损失的能量可根据表 2-22-1 来修正.

^{90}Sr-^{90}Y 源经准直后垂直射入真空室. 探测器是掺 Tl 的 NaI 闪烁计数器. 闪烁体前有一厚度约 200μm 的 Al 窗用来保护 NaI 晶体和光电倍增管. β 粒子穿过 Al 窗后将损失部分能量. 其数值与膜厚和入射的 β 粒子动能有关. 表 2-22-2 为

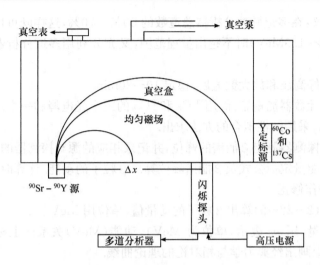

图 2 - 22 - 4 实验装置示意图

入射动能为 $E_{k,i}$ 的 β 粒子穿过 $200\mu m$ 厚 Al 窗后的动能 $E_{k,t}$ 之间的关系表,单位为 MeV. 实验中可按表 2 - 22 - 2 用线性内插的方法从粒子穿过 Al 窗后的动能 $E_{k,t}$ 算出粒子的入射动能 $E_{k,i}$.

式(2 - 22 - 9)$P = eBR$ 成立的条件是均匀磁场,即 B 为常量. 实际上由于工艺的限制,仪器中央磁场的均匀性较好,边缘部分均匀性较差. 边缘部分对入射和出射处结果的影响较小,由它引起的系统误差在合理的范围内. 这样就可以用实验方法确定测量范围内动能与动量的对应关系,进而验证相对论给出的这一关系的理论公式的正确性.

表 2 - 22 - 1 β粒子通过有机薄膜前后能量(分别为 E_1、E_2)关系

E_1/MeV	0.382	0.581	0.777	0.973	1.173	1.367	1.567	1.752
E_2/MeV	0.365	0.571	0.770	0.966	1.166	1.360	1.557	1.742

表 2 - 22 - 2 β粒子的入射动能 $E_{k,i}$ 与透射动能 $E_{k,t}$ 的关系($200\mu m$ Al)

$E_{k,i}$	$E_{k,t}$	$E_{k,i}$	$E_{k,t}$	$E_{k,i}$	$E_{k,t}$	$E_{k,i}$	$E_{k,t}$	$E_{k,i}$	$E_{k,t}$	$E_{k,i}$	$E_{k,t}$
0.317	0.200	0.595	0.500	0.887	0.800	1.184	1.100	1.489	1.400	1.789	1.700
0.404	0.300	0.690	0.600	0.988	0.900	1.286	1.200	1.583	1.500	1.889	1.800
0.497	0.400	0.790	0.700	1.090	1.000	1.383	1.300	1.686	1.600	1.991	1.900

三、实验内容

(1) 检查仪器线路连接是否正确,然后开启高压电源,开始工作.

(2) 调整高压和放大数值,使测得的 ^{60}Co 的 1.33MeV 峰位道数在一个比较合

理的位置(建议:在多道脉冲分析器总道数的 50%~70%,这样既可以保证测量高能 β 粒子(1.8~1.9MeV)时不越出量程范围,又充分利用多道分析器的有效探测范围).

(3) 选择好高压和放大数值后,稳定 10~20min.

(4) 闪烁计数器能量定标,用 ^{137}Cs 和 ^{60}Co 的三个光电峰和一个反散射峰对多道分析器定标,采用线性拟合的方法求出.

(5) 移动探测器测定 β 能谱的峰位,并记录相应的源与探测器的间距 2R.

(6) 根据能量定标公式及 β 能谱峰位算出 β 粒子的动能.计算时需对 Al 膜引起的能量损失作修正.

(7) 用式(2-22-9)算出 β 粒子的动量值(单位用 MeV/c).

(8) 在动量(用 pc 表示,单位为 MeV)-动能(MeV)关系图上标出实测数据点.在同一图上画出经典力学与相对论的理论曲线.

(9) 实验结果分析.

四、思考题与讨论

(1) 观察狭缝的定位方式,试从半圆聚焦 β 磁谱仪的成像原理来论证其合理性.

(2) 本实验在寻求 P 与 ΔX 的关系时使用了一定的近似 ,能否用其他方法更为确切地得出 P 与 ΔX 的关系?

(3) 用 γ 放射源进行能量定标时,为什么不需要对 γ 射线穿过 220μm 厚的铝膜进行"能量损失的修正"?

(4) 为什么用 γ 放射源进行能量定标的闪烁探测器可以直接用来测量 β 粒子的能量?

(5) 若在测 β 能谱时移去真空盒,在大气中测量上述的动量-动能关系,结果将如何变化?

参 考 文 献

王正行. 1995. 近代物理学. 北京:北京大学出版社

吴思诚,王祖铨. 1995. 近代物理实验. 北京:北京大学出版社

吴泳华,等. 1992. 大学近代物理实验. 合肥:中国科学技术大学出版社

张礼. 1997. 近代物理学进展. 北京:清华大学出版社

第三单元　现代技术性实验

3-1　真空态的获得与测量

真空的定义为:凡是低于标准大气压的气体状态均称为真空. 1643 年托里拆利(Torricelli)在一端封闭的玻璃管内装满水银,然后把它倒立在水银槽内,管子顶端出现了一段空处. 从此,确立了真空的概念并首次测得大气压强的数值. 三百多年以来,随着科学技术的迅猛发展,真空技术在各个领域都得到广泛的应用和发展. 尤其是 20 世纪以来,真空技术更是遍及化学、生物、医学、电子学、表面科学、冶金工业、高能物理、农业、食品工业、空间技术、材料科学、低温超导等科学领域. 真空已发展成为一门独立的学科.

真空量度单位与气压相同,以往常用单位是托($1\text{Torr}=133\text{Pa}$),国际单位制是帕(Pa).根据气体的物理特征及获得设备和测量真空仪器的使用范围,通常把真空分成几个区段,当然这种分法国内外不同,就是在国内也有不同的分法,但大同小异. 现推荐五个区段的划分:粗真空 $10^3 \sim 10^5$ Pa,低真空 $10^{-1} \sim 10^3$ Pa,高真空 $10^{-6} \sim 10^{-1}$ Pa,超高真空 $10^{-10} \sim 10^{-6}$ Pa,极高真空 $<10^{-10}$ Pa. 真空技术的发展主要是三个方面,第一是获得真空的设备,第二是测量真空的设备,第三就是检漏设备.

在真空实用技术中,真空的获得和测量是两个最重要的方面. 在一个真空系统中,真空获得和测量的设备是必不可少的. 目前常用的真空获得设备主要有:旋片式机械真空泵、油扩散泵、涡轮分子泵、低温泵等. 真空测量仪器主要有 U 形真空计、热传导真空计、电离真空计等. 随着电子技术和计算机技术的发展,各种真空获得设备向高抽速、高极限真空、无污染方向发展. 各种真空测量设备与微型计算机相结合,具有数字显示、数据打印、自动监控和自动切换量程等功能.

本实验主要是了解最基本的真空系统结构,了解真空的获得设备机械泵、油扩散泵以及真空测量设备复合真空计、高频火花真空测定仪的原理及使用.

一、实验原理

1. 真空的获得

1) 机械泵

图 3-1-1 是旋片式机械泵结构图,它由转子、定子、旋片(或称刮板)、活门和油槽等构成. 泵的定子装在油槽中,定子的空腔是圆柱形;转子是圆柱形轮子,它偏

心地装成与定子空腔内切的位置. 转子由马达带动可绕自己的旋转对称轴转动. 转子中镶有两块刮板,刮板之间用弹簧相连,使刮板紧贴在定子空腔内壁上. 当转子转动时,被抽容器中的气体经过进气口到定子与转子之间的空间,由活门及出气口排出. 定子浸在油中,油是起密封、润滑与冷却作用的. 进油槽是为了让油进入空腔. 进空腔的油除了上述作用外,还起着协助打开活门的作用. 因为在压强很低时被压缩的气体不足以打开活门,而不可压缩的油将强迫活门打开. 活门的作用是让气体从泵中排出,而不让大气进入泵中. 泵的工作原理如图 3-1-2 所示:(a)表示两刮板转动时上刮板 A 与进气口之间的体积不断增大,这时被抽容器内气体从进气口进入这部分空间;(b)、(c)表示进入泵中的气体被刮板 B 与被抽容器隔开并被压缩到活门;当转子转动到图(d)的位置时,被压缩的气体的压强大于大气压,这时活门被打开,气体排出泵外. 两个刮板不停地重复以上过程,实现对容器连续抽气的目的.

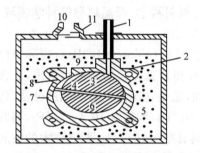

图 3-1-1　旋片式机械泵剖面图

1. 进气管;2. 进气门;3. 顶部密封;4. 旋片;
5. 泵油;6. 转子;7. 定子;8. 出气门;
9. 排气活片;10. 出气口;11. 挡油溅板

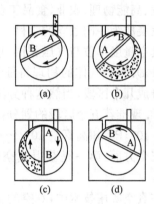

图 3-1-2　旋片式机械泵原理图

2) 油扩散泵

图 3-1-3 是油扩散泵的结构图. 当扩散泵油被电炉加热时,产生油蒸气沿着导流管经伞形喷嘴向下喷出. 因喷嘴外面有机械泵提供的真空(10^{-1}～1Pa),故油蒸气流可喷出一长段距离,构成一个向出气口方向运动的射流. 射流最后碰上由冷却水冷却的泵壁凝结为液体流回蒸发器,即靠油的蒸发→喷射→凝结→再蒸发的重复循环来实现抽气. 由进气口进入泵内的气体分子一旦落入蒸气流中便获得向下运动的动量向下飞去. 由于射流具有高流速(约 $200m \cdot s^{-1}$)、高的蒸气密度,且扩散泵油分子量大(300～500),故能有效地带走气体分子. 气体分子被带往出口处再由机械泵抽走.

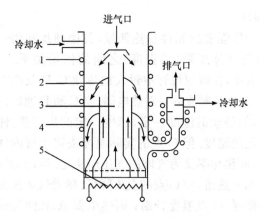

图 3-1-3 油扩散泵结构图
1. 水冷套；2. 喷油嘴；3. 导流管；4. 泵壳；5. 加热器

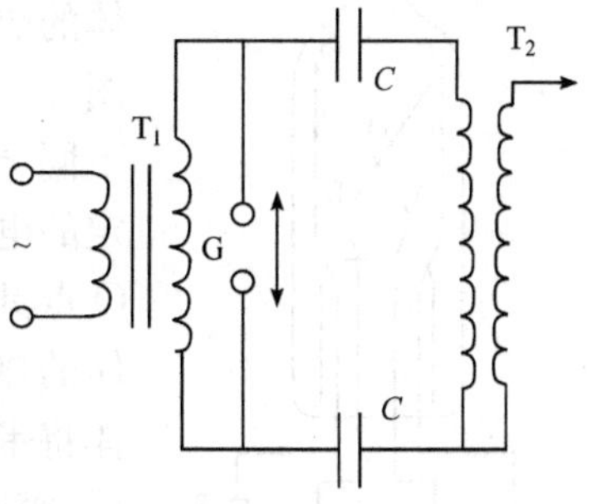

图 3-1-4 高频电火花检漏仪原理

2. 真空测量

测量真空的仪器种类很多,本实验选用高频电火花真空测定仪以及复合真空计.

1) 高频电火花真空测定仪(又叫检漏仪)

高频电火花真空测定仪是一种粗略测量玻璃真空系统的仪器,原理可如图 3-1-4 所示.接通电源后,调节放电火花间隙 G,当产生击穿放电时,将高频放电探头在被抽容器处不停地移动,激发气体使之放电,随着压强的变化,系统内放电辉光的颜色不断变化,通过观测放电辉光颜色即可估计真空度的大概数量级.放电颜色与气体压力关系如表 3-1-1 所示.当气压低于 10^{-2} Pa 时,火花仪就不再适用.

表 3-1-1 放电颜色与压力的关系

放电辉光颜色	系统压力/Pa	说明
不发光,在管内靠近玻璃壁的金属零件上有光点	$10^3 \sim 10^5$	气压过高,带电粒子不足以使气体电离和激发发光
紫色条纹或一片紫红色	$10 \sim 10^3$	氧氮的激发发光颜色
一片淡红色	$1 \sim 10$	氧氮的激发发光颜色
淡青白色	$10^{-1} \sim 1$	系统内残余的水汽和阴极分解释放出的 CO 和 CO_2 的发光颜色
玻璃上有局部的激光	$10^{-2} \sim 10^{-1}$	系统内残余的水汽和阴极分解释放出的 CO 和 CO_2 的发光颜色
不发光,在金属零件上没有光点,玻璃壁上有荧光	$< 10^{-2}$	带电粒子与气体分子碰撞太少,发光微弱

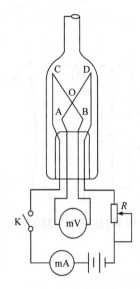

图 3-1-5　热电偶规管
及电路原理

2) 热偶计

热偶计中压强敏感元件是热偶规,其原理是利用气体的热导率与气体压强(或密度)之间的依赖关系. 如图 3-1-5 所示,在玻璃规管中封入加热丝 C、D 及两根不同金属丝 A 与 B 制成的一对热电偶. 当 C 和 D 通以恒定的电流时,加热丝的温度一定,产生一定的焦耳热,使 O 点具有一定的温度. 但 O 点的实际温度决定于管内气体的热导率,而热导率又为气体的气压所决定. 流动的气体将带走一部分热量,使 O 点的温度降低. 随着气体压强(或密度)降低时,O 点温度升高,则热电偶 A、B 两端的热电动势 E 增大,外接毫伏计显示其热电势升高. 热偶真空计的测量范围在 $10^{-1} \sim 100\mathrm{Pa}$,它不能够测量更低的压强. 这是因为当压强更低时,热丝的温度较高,此时气体分子热导率已很低,而由热丝引线本身产生的热传导和热辐射这两部分不再与压强有关,热偶管已不能反映出压强的变化,因此就达到了热偶管测量极限.

3) 电离真空计

电离真空计的压强敏感元件为电离规. 本仪器使用的电离规为热阴极电子发射的规管(热规). 在工作压强范围内,气体分子被高速运动的电子撞击而生成离子,气体分子越多产生离子的概率越大,通过对规管各级电压及发射电流不变情况下离子数量(离子电流)的测量,即可反映出压强的数值.

3. 真空系统

根据不同的工作需要,可组建各种真空系统. 最简单的系统只需机械泵加上测量仪器即可获得粗真空到低真空的工作氛围. 如果所做工作需要在更高的真空度下进行,除了用机械泵外,还必须在机械泵后加扩散泵等高级泵. 扩散泵不能单独使用,它必须在一定的真空基础上才能启动,通常是用机械泵和扩散泵串联组成机组. 如果想自己搭配这种机组,一定要先查阅真空设计手册,二者的抽速要匹配. 机械泵作为前级泵,扩散泵是主泵. 理论上在泵内气体稳定流动时,机械泵的排气量至少等于扩散泵的排气量,即 $p' \cdot v' = p \cdot v$,式中 p' 和 p 分别为机械泵和扩散泵的进口压力,v' 和 v 分别为它们的抽速. 为了留有充分余地,缩短体系由大气压降至扩散泵启动时所规定压力需要的时间,常使机械泵的抽气量大于理论上估计值的 5~6 倍.

真空系统有金属和玻璃两类. 根据需要选用合适的真空材料、真空泵、真空计和阀门组成真空系统. 低真空是压力在 $10^{-1}\mathrm{Pa}$ 以上的气体状态,因此用一般的旋片式机械泵即可实现. 在机械泵的进气口管道上一定要装上放气阀,当系统抽气时将其关闭,而当泵停止工作后立即将它打开与大气相通,放气入泵. 否则,停泵后泵的出气口与进气口之间约有一个大气压的压力差. 在此压力差作用下,油会慢慢地从排气阀门渗到进气口并进入真空系统造成污染,这就是返油事故. 最为方便的办法是在机械泵进气口安装电磁阀,在关闭机械泵时电磁阀自动隔断泵与真空系统,同时向泵内放大气,从而有效的防止机械泵返油. 当机械泵启动时,电磁阀自动连通泵与真空系统,同时与大气相通的放气孔关闭.

4. 机械泵抽速的测定

如果一个容积为 V 的被抽容器在抽气时某一瞬间的压强为 p,泵对该容器的有效抽速为 v_e,且在时间间隔 dt 内容器的压强降低 dp,那么此间流入导管的气体量应为 $v_e \cdot p \cdot dt$,容器内气体的减少量为 $V \cdot dp$. 根据气体流量连续性原理,这两个量大小相等,符号相反,即

$$v_e \cdot p \cdot dt = -V \cdot dp \qquad (3-1-1)$$

从而

$$v_e = -V \frac{dp}{p\,dt} \qquad (3-1-2)$$

二、实验内容

(1) 启动真空系统,用机械泵将系统抽到 Pa 的数量级;然后,开启扩散泵加热电源,将系统抽到 10^{-3}Pa 的数量级. 用复合真空计测量系统真空度.

(2) 用高频电火花真空测定仪通过热偶管和电离管的玻璃表面观测系统内辉光的变化. 在每一个数量级至少记录一次现象,与表 3-1-1 内现象比较有何异同.

(3) 测量 p-t 关系曲线,由式(3-1-2)计算出有效抽速.

(4) 抽至极限真空度.

三、注意事项

(1) 参照仪器使用说明拟好实验步骤,经实验指导教师核对正确无误方可进行实验.

(2) 开扩散泵之前一定要使系统真空度达到 Pa 数量级,并通冷却水.

(3) 抽至极限真空度后,先关闭扩散泵加热电源,待扩散泵冷却至室温时停机械泵,关总电源,结束实验.

(4) 高频火花仪的探头要离开热偶管和电离管的玻璃管壁 1cm 左右的距离,不可与管壁接触,也不可以停在一处,以免打裂玻璃.

四、思考题与讨论

(1) 热偶真空计测真空的原理是什么？限制热偶计测量下限的主要因素是什么？

(2) 电离真空计测量真空的原理是什么？应注意什么事项？为什么？

(3) 扩散泵的使用中应注意什么问题？为什么？

参 考 文 献

骆定祚.1980.实用真空技术.长沙:湖南科学技术出版社

赵宝华.1988.真空技术.北京:科学出版社

3-2　采用真空蒸发技术镀铝反射膜

真空镀膜是在真空条件下,利用物理方法,在金属或非金属、导体或绝缘体以及半导体等多种材料上喷镀单层或多层具有不同性质和要求的薄膜. 真空镀膜广泛地应用在电真空、无线电、光学、原子能以及空间技术中.

真空镀膜可分为真空蒸发镀膜、真空溅射镀膜和现代发展的离子镀膜,这里只介绍真空蒸发镀膜.

一、实验原理

1. 真空蒸发镀膜

任何物质在一定温度下,总有一些分子从凝聚态(液、固相)变成气相离开物质表面. 若气相分子被密封在容器内,当物质和容器温度相同时,部分气相分子因杂乱运动而返回凝聚态,经过一定的时间后达到平衡. 假设平衡状态下某种物质的饱和蒸气压为 P_S,物质的蒸发热与温度无关,则 P_S 和温度 T_0 有如下关系:

$$P_S = Ke^{-\Delta H/RT} \tag{3-2-1}$$

式中 ΔH 为分子蒸发热,K 为积分常数,R 为气体普适常数.

在真空条件下,若物质表面的静态压强为 P,则单位时间内从单位凝聚相表面蒸发出来的质量为

$$\Gamma = 5.833 \times 10^{-2} \alpha \times (M/T)^{-2} \times (P_S - P) \tag{3-2-2}$$

式中 α 为蒸发系数,M 为克分子量,T 为凝聚相物质的温度.

若真空度很高,蒸发的分子又全被凝结而无法返回蒸发源,则蒸发率为

$$\bar{\Gamma} = 5.833 \times 10^{-2} \alpha \times (M/T)^{-2} \times K_0 \times e^{-\Delta H/RT} \tag{3-2-3}$$

这些蒸气分子遇到四壁和基片,就会吸附在其表面上. 当基片表面温度低于某一临界温度时,则发生凝结、核化过程. 当核长大到超过临界尺寸就变成稳定的核,

稳定的核相互连接而成为连续薄膜.

从式(3-2-3)知:若蒸发源温度已知,则可确定最大的蒸发率,而温度的提高将使蒸发率迅速增加.

真空室内真空越高,固体物质蒸发的分子与气体分子碰撞概率就越少.当真空室内气体分子的平均自由程($\bar{\lambda}$)远大于蒸发皿到被镀基片表面的距离 d 时,固体物质分子才能沿飞行途径无阻挡地、直线地到达被镀基片的表面,这样才能得到均匀、牢固的薄膜.气体分子的平均自由程为

$$\bar{\lambda} = \frac{1}{\sqrt{2}\pi n}\sigma^{-2} \tag{3-2-4}$$

式中 n 为单位体积内的分子数,σ 为分子的有效直径.因为 n 与压强 p 成正比,从式(3-2-4)看出 $\bar{\lambda}$ 与 p 成反比.对于蒸发源到基片的距离为 0.18~0.25m 的镀膜装置,真空室的真空度必须在 10^{-5}~10^{-2}Pa 之间才能满足要求.表 3-2-1 列出了空气在各种压强下的平均自由程 $\bar{\lambda}$.

表 3-2-1　空气在各种压强下的平均自由程($\bar{\lambda}$)

p/mmHg	$\bar{\lambda}$/mm	P/mmHg	$\bar{\lambda}$/mm
760	5×10^{-2}	1×10^{-4}	5×10^{2}
1	7×10^{-2}	1×10^{-6}	5×10^{3}
1×10^{-2}	5×10^{-1}	1×10^{-8}	5×10^{5}

2. 材料的清洗

玻璃片、蒸发皿、蒸发材料等的清洁程度是真空蒸发法制做高质量反射膜的关键.特别是玻璃片的清洁程度直接影响薄膜的牢固度和均匀性,玻璃片和蒸发皿表面的任何微量灰尘、油污、杂质及植物纤维等都会大大地降低薄膜的附着力,并使薄膜出现花斑和过多的针孔,造成薄膜经不住摩擦试验,时间不久就会自行脱落,还会使膜层减少反射,增加吸收,所以清洁工作必须认真对待.

二、实验装置

1. 真空蒸发设备

包括抽气系统,镀膜室装置及电气设备.图 3-2-1 为本试验设备装置结构图.

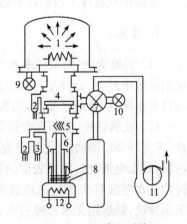

图 3-2-1　真空系统
1. 真空室;2. 热偶规管;3. 电离规管;
4. 高真空阀;5. 冷凝捕集器;6. 油扩散泵;
7. 四通阀;8. 储气瓶;9. 真空室放气阀;
10. 电磁放气阀;11. 机械泵;12. 加热电炉.

低真空部分:包括机械泵、机械泵电磁放气阀及有关阀门.

高真空部分:包括真空蒸发室、过渡管道、扩散泵、及有关阀门.

真空测量系统:低、高真空度的测量通过热偶规管和电离规管,借助于复合真空计完成,而用火花探测仪进行辅助探测.

2. 蒸发皿

蒸发皿是由热稳定性好、出气少、纯度高的耐高温材料制成的.

常用的蒸发皿材料有:钨、钽、钼、铌、铂、耐熔合金. 蒸发皿可分为两大类:①用金属丝制成;②用金属铂制成槽形等形式.

在本实验的蒸发皿采用直径为 0.5～0.7mm 单股钨丝绕制成螺旋式蒸发皿. 它可使蒸发物质放置量多,接触面大,受热均匀. 在蒸发前先预熔,然后迅速升温而快速蒸发.

蒸发物质的纯度直接影响着薄膜的结构和光学性质,为了得到纯度的薄膜,要求物质纯度尽可能高(一般用 99.99％ 或 99.999％). 在本实验中使用纯度为99.99％的铝箔.

蒸发的速度也影响着薄膜的结构的均匀性. 蒸发的时间愈短,薄膜的均匀性愈好,蒸镀的时间太长,一定会使真空度下降太多,就会影响膜层质量.

三、实验步骤与内容

在医用载玻片上镀铝以制造反射镜.

1. 清洗

(1) 钨丝清洗:先用自来水冲洗表面的灰尘,再放入浓度为 10％～20％ 的氢氧化钠溶液中煮 10 分钟左右除去表面的氧化物和油迹,直到钨丝表面发亮为止,后用自来水冲洗,蒸馏水漂洗,用吹风机吹干备用.

(2) 玻璃底片(包括真空钟罩的视窗的玻璃片)的清洗(如已镀上薄膜的玻璃片,应先在 20％ 的氢氧化钠溶液中浸泡数分钟,直至薄膜全部脱掉为止):先用去污粉(或肥皂液)洗,除去表面的灰尘油污,用自来水冲洗,放入洗液中(5％的重铬钾饱和水溶液与 95％的浓硫酸混合而成)浸泡 10～15min,取出后用清水,再蒸馏水冲洗,最后用无水乙醇脱水,吹风机吹干. 整个清洗过程中手不能直接与被清洗物与被镀表面接触.

2. 安装

(1) 打开阀门9,先给真空镀膜室放气,然后将四通阀 7 扳向升降机抽气,将镀膜室钟罩慢慢向上升起.

（2）小心地将视窗保护片从视窗上取下,换上已经清洗好的视窗保护片.

（3）将钨丝加热器固定在两电极支架上,将裁成细丝的铝箔加在钨丝加热器上.

（4）将被镀玻璃片放在被镀支架上,将镀膜室中的挡板旋转到蒸发源与被镀件挡住的位置上,最后降下钟罩（安装时应带白纱手套）.

3. 抽气

（1）接通总电源和冷却水并调节好冷却水的大小（水流量在 $200L \cdot h^{-1}$ 左右）,开动机械泵,对前级管道进行抽气.

（2）将四通阀 7 转向低真空挡,对扩散泵抽气.用复合真空计的热偶计挡通过热偶管 2 进行低真空监测,达到 Pa 的数量级时,将四通阀 7 转向预真空挡,对真空镀膜室进行抽气.

（3）用热偶计通过热偶管 1,对真空镀膜室进行低真空监测,达到 Pa 的数量级时,将四通阀 7 转回低真空挡,并打开高真空蝶阀 4.

（4）待真空度达到 5 Pa 时,接通扩散泵加热电源（油扩散泵预热大约需 45 分钟）,待热偶真空计指示满刻度时,可开启电离真空测量.

（5）待真空度达到 $5 \times 10^{-3}Pa$ 时,便可进行镀膜.

4. 预熔和蒸发

当真空室真空度达 $5 \times 10^{-3}Pa$,进行预熔时,钨加热器和铝箔会放出大量的气体,真空度反会下降,待真空度恢复到 $5 \times 10^{-3}Pa$ 以上时,增加电流,让铝箔迅速蒸发到玻璃片上.此时请注意观察加热电流和铝箔的蒸发,当铝箔快蒸发完时,迅速将调压器电流降低到零,切断蒸发加热电源,蒸发结束.

5. 停机

（1）关闭高真空蝶阀 4,打开放气阀 9,然后将四通阀 7 扳向升降机抽气,将镀膜室钟罩慢慢向上升起;取出工件并进行质量鉴定.

（2）重新罩上钟罩,关闭放气阀 9,将四通阀 7 转向预真空挡,对真空镀膜室进行抽气,达到 Pa 的数量级时,将四通阀 7 转回低真空挡,并打开高真空蝶阀 4,继续用扩散泵对真空镀膜室进行抽气,直到热偶计读数为满刻度时,关闭高真空蝶阀 4,切断扩散泵电源,机械泵继续对扩散泵抽气.

（3）到扩散泵温度与室温相近时,将四通阀 7 转到升降机抽气与低真空挡的中间位置,使扩散泵仍保持高真空状态,关闭机械泵电源,关冷却水,关总电源,结束工作.

四、思考题与讨论

(1) 真空度与镀膜层质量有何关系？如何获得较好的膜层？

(2) 蒸发源与蒸发器皿有何关系？是否可以随便选择？

参 考 文 献

Holland L. 1962. 真空镀膜技术. 林树嘉译. 北京：国防工业出版社

3-3　X射线衍射物相定性分析

　　X射线物相定性分析的任务是利用X射线衍射方法，鉴别出待测试样是由哪些物相所组成的，即确定试样中是由哪几种元素形成的哪些具有固定结构的化合物（其中包括单质元素、固溶体和化合物）. 本实验的目的，要求学生熟悉X射线衍射仪的结构工作原理及其使用，掌握X射线衍射物相定性分析的基本方法.

一、实验原理

1. 方法的依据

　　晶体的X射线衍射图像实质上是晶体微观结构形象的一种精细复杂的变换. 由于每一种结晶物质，都有其特定的结构参数，包括点阵类型、晶胞大小、单胞中原子（离子或分子）数目及位置等，而晶体物质的这些特定参数，反映在衍射图谱上表现出衍射线条的数目、位置及相对强度各不相同. 因此，每种晶态物质与其X射线衍射图谱之间有着一一对应的关系. 任何一种晶态物质都有自己独立的X射线衍射图谱，不会因为他种物质混聚在一起而产生变化. 这就是X射线衍射物相定性分析的方法的依据.

　　从布拉格(Bragg)方程知道，晶体衍射图谱中的每一个衍射峰都和一组晶面间距为 d 的晶面组联系着

$$2d\sin\theta = \lambda \tag{3-3-1}$$

式中，θ 为入射线与晶面的夹角，λ 为入射线的波长. 另一方面，晶体衍射图谱中的每一条衍射线的强度 I 又与结构因子 F 模量的平方成正比

$$I = I_0 K |F|^2 V \tag{3-3-2}$$

式中，I_0 为单位截面上入射X射线的功率；K 为比例因子，与实验衍射几何条件、试样的形状、吸收性质、温度及一些物理常数有关；V 为参加衍射的晶体的体积；F 称为结构因子，取决于晶体的结构，它是晶胞内原子坐标的函数，由它决定

了衍射的强度. 可见 d 和 $|F|^2$ 都是由晶体的结构所决定的, 因此每种物质都必有其特有的衍射图谱. 由此可以肯定, 混合物的衍射图谱不过是其各组成物相图谱的简单叠合, 我们必定可以通过对混合物衍射图的解释、辨认, 进行物相鉴定.

2. 物相定性

物相定性, 就是说只要我们辨认出, 样品的粉末衍射图分别能和哪些已知的晶体粉末衍射"相关", 那么我们就可以断定该样品是由哪些晶体物相混合而组成的. 这里的"相关"包括两层含义: 一是样品的衍射图谱中能找到组成物相应该出现的衍射, 而且实验的 d 值和相对应的已知的 d 值在实验误差范围内应该是一致的; 二是各衍射线相对强度的顺序也是一致的. 显然, 要把这一原理顺利地付诸应用, 需要积累有大量的各种已知化合物的衍射图资料、数据作为参考标准, 而且还要有一套实用的查找、对比的方法, 才能迅速完成未知物衍射图谱的辨认、解释, 得出其相组成的鉴定结论.

3. 利用 PDF 衍射卡片进行物相分析

1) 基本方法

任何物质都有反映该物质的衍射图谱, 即每个衍射峰具有确定的 d 值和相对强度 I/I_1. 当未知样品为多相混合物时, 其中的各相分都将在衍射图上贡献出自己所特有的一组衍射峰(一组 d 值). 因此当样品中含有一定量的某种相分时, 则其衍射图中的某些 d 值和相对强度, 必定与这种相分所特有的一组 d 值和相对强度全部或至少仍有的强峰(当含量较少时)相符合. 由此可见, 描述每张衍射图的 d 值和相对强度 I/I_1 值, 是鉴定各种物相的"手模脚印".

十分明显, 如果事先对一切纯净的单相物质进行测定, 并将其 d 值和相对强度 I/I_1 保存在卡片上, 这就是 PDF 数据卡片. 现在将我们测得的样品衍射图谱的 d 值和相对强度 I/I_1 与 PDF 卡片一一比较, 假如某种物质的 d 值和 I/I_1 与某一卡片全部都能对上, 则可初步肯定样品中含有此种物质(或相分), 然后再将样品中余下的线条与别的卡片对比, 这样便可逐次地鉴定样品中所含的各种相分.

2) PDF 卡片介绍

目前, 内容最丰富、规模最大的多晶衍射数据集是由 JCPDS(joint committee on powder diffraction standards　粉末衍射标准联合委员会, 现更名为国际衍射数据中心, ICDD)编的《粉末衍射卡片集》(PDF). 至 2009 年, JCPDS 卡片集有 59 集, 化合物总数已超过 210 000 种, 并且 PDF 数据卡片的数目以每年 2000 张以上的速度在增长. 其中纸质 PDF 卡片的形式如表 3 - 3 - 1.

表 3-3-1　PDF 卡片的形式

X-XXXX

d	d_1	d_2	d_3	d	化学分子式					
I/I_1	I_1	I_2	I_3	I	物质名称		矿物名称			
试验条件数据					$d/\text{Å}$	I/I_1	hkl	$d/\text{Å}$	I/I_1	hkl
物质晶体学数据					⋮	⋮	⋮	⋮	⋮	⋮
光学及其他物理性质数据					⋮	⋮	⋮	⋮	⋮	⋮
试样来源、化学分析数据及化学处理方法										

【说明】

（1）卡片左上角的数字 X-XXXX 叫做卡片号，头位数字为卡片属于 PDF 的第几集，后四位数字表示该卡片的编号. 早期的卡片的卡片号在符号 I/I_1 的下面.

（2）卡片中左上方给出该物质粉末衍射图中强度最大的三条线的 d 值：d_1、d_2、d_3 和相对强度 I/I_1 值：I_1、I_2、I_3，其中 I_1 以 100 表示，其余类推. 另外还给出了衍射图中最大的 d 值及相应的相对强度 $I.d$ 值的单位为 Å.

（3）卡片中右下方给出该物质粉末衍射图中全部线条的 d 值及相对强度 I/I_1，有的还给出每条线条的晶面衍射指数 hkl.

3）卡片索引介绍

为了顺利地找到所需要的卡片，必须利用卡片索引. 先将实验数据与索引对照，找到一致的那一条索引，再由它去找卡片，这样可大大缩短查找卡片的时间. 索引分为数字索引和文字索引. 对未知样品中可能所含的相分完全不知道时，可利用数字索引. 而对样品中可能所含的相分中某一种或全部已经知道或估计到，或者要证实这些物相存在时，便可利用文字索引.

① 数字索引

数字索引是按图谱中三条强线及对应的相对强度来表征每一种物质的. 索引先按最强线 d_1 的数值范围分为许多组，在每一组内又按次强度 d_2 减小的顺序排列分为若干亚组，在同一亚组中 d_2 值相同时，则按 d_3 减小的顺序排列. 如表 3-3-2所示.

② 文字索引

文字索引是按照物质英文名称的字母顺序排列而成的. 如果知道某种物相时，利用文字索引比利用数字索引方便而迅速. 从左到右的顺序依次为：物质英文名称、化学分子式、d_1、d_2、d_3、I_1、I_2、I_3 和卡片号.

二、实验装置

1. X射线衍射仪的结构原理

X射线衍射仪是一种大型精密的机械电子仪器,它由X射线发生器系统、测角仪系统、X射线衍射强度测量记录系统和衍射仪控制与衍射数据采集分析系统四大部分所组成.

X射线发生器是衍射仪的X光源,它配用衍射分析专用的X光管,具有一套自动调节和自动稳定X光管工作高压、管电流的电路和各种保护电路等;测角仪系统是X射线衍射仪的核心,是衍射仪的最精密的机械部分,用来精确测量衍射角的,它是由计算机控制的两个互相独立的步进电机驱动样品台轴（θ轴）与检测器转臂旋转轴（2θ轴）,依预定的程序进行扫描工作的,另外还配有光学狭缝系统、驱动电源等电气部分,其光路布置如图3-3-1所示;X射线衍射强度测量记录系统是由X射线检测器、线性放大器和脉冲幅度分析器等组成;衍射仪控制与衍射数据采集分析系统是通过一个配有"衍射仪操作系统"的计算机系统以在线方式来完成的.

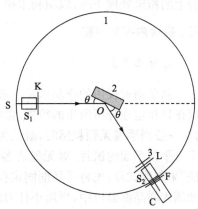

图3-3-1　测角仪光路布置简图
1. 测角仪圆;2. 样品;3. 滤波片;
S——光源;S_1、S_2——梭拉狭缝;
K——发散狭缝;L——防散射狭缝;
F——接收狭缝;C——计数管

衍射仪在进行正常工作之前,要进行一系列的调整工作,选好X光管,做好测角仪的校直和选好X射线强度记录系统的工作条件,这些确定好的仪器条件,在以后日常工作时一般不再改变. 在实际进行衍射测量时,一些具体的实验条件,需操作者根据样品的衍射能力和实验目的,临时选定. 本实验所用的工作条件如下.

辐射:Cu靶,K_α线,（平均波长 $\bar{\lambda}_{K_\alpha} = 1.54184$ Å）,管压30kV,管流20mA;

扫描方式:定速连续扫描;扫描速度（2θ）:4°/min.

2. 注意事项

1) 安全防护

X射线对人体是非常有害的. 因此使用X射线设备时必须十分注意安全,避免受到X射线的辐射,绝对不可受到X射线的直接照射. 更换样品时必须注意X射线的出射窗口是否关闭,实验时防护罩必须四周关严.

此外,X 射线机也是一种高压设备,因而也要注意高压的防护.开机时不允许打开 X 射线机的防护门,维修时必须切断电源并使高压电容放电.

2) 仪器保养

X 射线衍射仪是大型精密的机械、电子仪器,每一位操作者都应注意对它的爱护及保养.首先必须保证冷却水的畅通,注意最大衍射角不可超过 160°,最低起始角不得小于 2°,各个开关要轻开轻关,严格按照操作规程进行,实验完毕要将样品台上的粉末处理干净,以防粉末掉入轴孔损坏轴及轴承等.

三、实验内容和步骤

1.样品准备

制备衍射仪用的样品试片一般包括两个步骤.首先,需要把样品制成适合衍射仪作物相定性分析所用的粉末,常用的方法是取适量样品,在玛瑙研钵中研磨和过筛,一般当手摸无颗粒感时,既认为晶粒大小已符合要求.然后,需把样品制成一个十分平整平面的试片.对无显著各向异性且在空气中稳定的粉末样品常用"压片法"来制作试片:先将样品框固定在平滑的玻璃片上,然后把样品粉末尽可能均匀地洒入样品框窗口中,再用小抹刀的刀口轻轻摊匀堆好、轻轻压紧,最后用刀片把多余凸出的粉末削去,小心地把样品框从玻璃平面上拿起,轻轻地放入衍射仪的样品台上.注意样品要放置到位,若样品掉落,及时清理.

2. 开机

以北京大学仪器厂 BD2000-X 射线衍射仪为例.

(1) 检查确保测试样品放置到位,关好防护门;

(2) 打开冷却水系统或循环水系统电源;并检查水路是否畅通,水流量是否正常!

(3) 开 220V 的总电源,此时 X 射线发生器控制面板"总电源"指示灯亮;

(4) 按 X 射线发生器控制面板"电源"键(白键)(正常状态下,"电源"键上灯亮,"停"键上灯亮,"正常"灯亮,"水冷"灯亮);若"正常"灯不亮,检查管流管压旋钮是否调到初始位置(20KV,6mA);

(5) 按 X 射线发生器控制面板"X 光"键(红键),等待管压自动升至 20KV,管流升至 6mA 并稳定;然后先缓慢提升管压至 30KV,后缓慢提升管流至 20mA;

(6) 开检测面板测角仪驱动电源开关,强度测量系统低压电源开关,再开高压电源开关(650V).

3. 样品衍射图谱的获取

以北京大学仪器厂 BD2000-X 射线衍射仪控制操作系统为例.

（1）打开计算机、打印机电源；

（2）在 Windows 操作系统下，打开"X 射线衍射仪控制操作系统"软件.

（3）在菜单栏单击"校读"按钮，此时计算机控制测角仪完成"校读"操作，分别驱动 θ 和 2θ 轴快速转动到 $5°(\theta)$ 和 $10°(2\theta)$ 的初始位置上；

（4）单击"转动"按钮，打开转动对话框，输入"终止角度"（被测样品起始测量角度），单击"确定"按钮，目的为测量样品衍射图谱做好准备，等待转动完成后，单击"取消"；

（5）单击"测量"按钮，弹出"测量条件输入"对话框，输入测角仪控制参数（测量角度范围、扫描速度等）和实验记录参数（包括操作者和样品名）；所有条件参数输入确认无误后，单击"确定"按钮，便可进行测量，同时将在线测量到的数据在屏幕上显示出来，即衍射强度 I 与衍射角的关系曲线——衍射图谱；

（6）测量完成后，弹出"BD2000"对话框，确认保存位置和数据文件名，点击"保存"按钮数据存盘；

（7）需测量多个样品时，换样品，再依次按（4）～（6）步骤循环，即开始下一个样品的测量工作；

（8）所有样品测量结束时，单击"转动"按钮，使测角仪回到初始 $10°(2\theta)$ 位置，待完成后，"退出"X 射线衍射仪操作控制软件.

注意：①测量出现异常时，可单击"停止"按钮，终止测量，并查找原因.②操作遇到问题时，可参考"X 射线衍射仪控制操作系统" 软件菜单中"帮助".③测量完成的样品放回原样品杯中；若样品掉落，及时清理；将样品框及样品勺等用品清理干净放回原处.

4. 关机

（1）在发生器控制面板，先降管流后降管压，至管压管流最低档（20KV，6mA），然后按发生器 X 光停止键（绿键），等待管压管流降至零；按"电源"键（白键），发生器电源关闭；

（2）依次关闭测量系统高压电源、低压电源、测角仪驱动电源开关；

（3）继续冷却 5 分钟后，关冷却水；关 220V 的总电源；

四、实验数据处理

1. 原始衍射图谱的处理

通过"X 射线衍射仪控制操作系统"软件，保存的是关于衍射位置和衍射强度的二维数据，可以通过 X 射线衍射分析软件（我们使用北京大学仪器厂的"图谱分析"）转换为二维的衍射图谱，即对应一系列 2θ 角度位置的 X 射线衍射强度分布图,其每一条衍射线表现为一个高出背景的衍射峰.由于测量误差的存在,需要对衍射图谱作一些初步的处理:图谱的平滑、背底的扣除和弱峰的辨认,然后再进行衍射角 2θ 和衍射强度 I 的测量.在要求不高时,可将峰巅位置(或中心位置)作为衍射峰 2θ 的位置,峰巅高度作为衍射峰的衍射强度 I.习惯上以最强峰的峰高 I_1 作为 100,其他峰的强度则为 $100I/I_1$(通常表示为 I/I_1),以此来比较取各衍射线的相对强度.再由布拉格公式(3-3-1)式,求出每一个 2θ 角度所对应的 d 值.这样,从低角区开始逐一对每一衍射峰对应的 $(2\theta,I)$ 转化为 $(d,I/I_1)$,记录列入表中.这个工作可以人工来完成,也可以用"图谱分析"软件来完成.

2. 物相定性分析

1) 利用数字索引和 PDF 衍射卡片进行物相定性分析

物相定性分析流程图如图 3-3-2 所示,具体步骤概括如下:

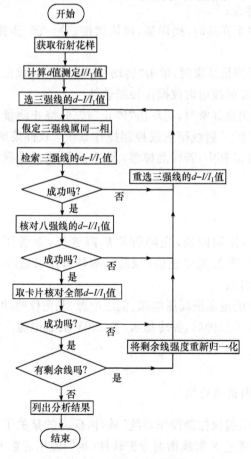

图 3-3-2　定性分析流程图

（1）对衍射图进行初步处理后，确定三条强线 d_1、d_2、d_3 和它们的相对强度 I_1、I_2、I_3，并假定它们属同一物相.

（2）在数字索引中找出包括有 d_1 的那一组，根据 d_2 找到亚组，再根据 d_3 找到亚组中的具体一行（即某种物质）.

（3）将索引和所得衍射图的 d_1、d_2、d_3 及 I_1、I_2、I_3 进行对比，在实验误差范围内，若基本一致，则初步肯定未知样品中可能含有索引所载的这种物质.

（4）根据索引中所得的卡片号，在卡片柜找到所需要的卡片，将其上的全部 d 值和 I/I_1 值与所得未知样品的 d 值和 I/I_1 值对比，在实验误差范围内，若基本符合，则肯定未知样品便是所查这张卡片的物质，分析宣告完成.

（5）若除去和卡片相一致的线条以外还有一些线条，表明还有未知物待定，此时再将剩余的线条作归一化处理，即令其中最强线的强度增高到100，其余线条的强度乘以归一化因子，随后再通过一般的数字索引步骤找出这些剩余线条所对应的卡片，若全部符合时，鉴定工作便告完成，否则继续进行上述步骤.

2）利用文字索引和 PDF 衍射卡片进行物相定性分析

（1）根据已知相分的英文名称，从文字索引中找出它们的卡片编号，然后找出卡片.

（2）将所得未知样品的 d 值和 I/I_1 值与第一步查出的卡片一一对照，若此卡片能与所测样品的某些线条很好地符合，既可肯定样品中含有此卡片所载的这种物质.

（3）若除去和卡片相一致的线条以外还有一些线条，表明还有未知物待定，此时再用数字索引即可定出，鉴定工作便告完成.

由上面可看出，当未知物质为单一物相时，分析比较简单，但当未知物质为多相混合物时，分析就要复杂得多. 实际上物相分析就是采用不厌其繁的尝试法. 特别当一种相分的某根线条和另一种相分的某根线条重叠，而且这根重叠的线条又为衍射图中最强线条之一或最强线时，则混合物的分析就更加困难. 通常的办法只能先对其中一种相分做出一种非常试验性的鉴定，当找到所测 d 值的一部分和某一相分卡片上 d 值一致时，先将这些线条分出来（这些线条属于这一相分）；再将重叠线条的相对强度分成两部分，将其一部分指定属于前面那一相，而将剩余部分，连同未鉴定的线条再按上述的步骤进行处理. 有时可能所取的三条最强线不是一种单一物相的，此时就要舍弃其中某一条，再另取一条，然后再尝试.

应当注意，在比较 d 值时，应考虑到所测的未知物质的 d 值和 I/I_1 值与卡片上稍有出入，特别当各种相分的某些衍射线条有互相重合的可能性，使得 I/I_1 的出入可能很大. 其次卡片上某些强度很弱的线条，可能在被测样品的衍射图上没有出现.

3. 说明

现在,可以应用计算机对衍射数据进行处理,帮助进行 PDF 卡片检索,自动解释样品的粉末衍射数据. 但是计算机的应用并不意味着可以降低对分析者工作水平的要求,它只能帮助人们节省查对 PDF 卡片的时间,只能给人们提供一些可供考虑的答案,正式的结论必须由分析者根据各种资料数据加以核定才能得出. 而且用计算机来解释衍射图时,对 d-I 数据质量的要求,也更为严格. 我们为了掌握 X 射线衍射物相定性分析的最基本方法,所以仍采用人工分析处理.

五、实验报告要求

(1) 简述 X 射线衍射物相分析的原理方法.

(2) 结合具体实验内容,简述粉末衍射图的测量、计算、检索等处理过程.

(3) 将测量数据、计算处理结果列表写清,并与 PDF 卡片数据列表对比(表 3-3-2).

(4) 对误差进行定性分析,并对被测物质的分析结果作出确定的结论.

(5) 写出本次试验的体会和疑问.

表 3-3-2 数字索引

d_1	d_2	d_3	I_1	I_2	I_3	化学分子式	物质英文名称	卡片号
2.28	1.50	1.78	100	100	70	$Cs_3Bi(NO_2)_6$	Cesium Bismuth Carbide	2-1129
2.28	1.49	1.10	100	100	100	$Cs_3Ir(NO_2)_6$	Cesium Iridium Nitrite	2-1130
2.27	1.49	1.07	100	60	60	X-W_2C	Alpha Tungsten Carbide	2-1134

参 考 文 献

常铁军,祁欣. 1999. 材料近代分析测试方法. 哈尔滨:哈尔滨工业大学出版社

范雄. 1988. X 射线金属学. 北京:机械工业出版社

3-4　扫描隧道显微镜实验

扫描探针显微术(scanning probe microscopy,SPM)是 20 世纪 80 年代初发展起来的一类新型的表面研究新技术,其核心思想是利用探针尖端与表面原子间的不同种类的局域相互作用来测量表面原子结构和电子结构. 扫描探针显微术中最早研制成功的是扫描隧道显微镜(scanning tunneling microscopy,STM). 1981 年在 IBM 公司瑞士苏黎世实验室工作的 G. 宾尼希(G. Binning)和 H. 罗雷尔(H. Rohrer)利用针尖和表面间的隧道电流随间距变化的性质来探测表面的结构,获得

了实空间的原子级分辨图像. 这一发明使显微科学达到一个新的水平, 促进了扫描探针显微术研究的蓬勃发展, 并对物理、化学、生物、材料等领域产生巨大的推动作用. 为此 G. 宾尼希和 H. 罗雷尔于 1986 年被授予诺贝尔物理学奖.

在探索微观世界的过程中, 人类最先使用的显微技术是光学显微镜, 利用透镜对光线的折射, 使物体形成比自身大几百倍的像, 人们可以看到如细胞、晶粒那样细小的物体. 但是光的波动性产生的衍射效应使光学显微镜的分辨极限只能达到光波的半波长左右, 确切的表达式为

$$d = \frac{0.61\lambda}{N\sin\alpha} \qquad (3-4-1)$$

其中 λ 为波长, α 为物镜的孔径角, N 为折射率, d 为最小可分辨长度. 显然在可见光范围内 d 的最小值约为 $0.3\mu\mathrm{m}$. 对于微观世界的研究来说, 光学显微镜的性能显然是远不能满足需要的. 20 世纪 30 年代根据粒子的波动性人们想到可以用电子束代替光束来进行显微研究, 电子的德布罗意波长为

$$\lambda = \frac{h}{mv} \qquad (3-4-2)$$

其中 h 为普朗克常量, 电子受电场 V 加速获得动能, 其速度为

$$v = \sqrt{\frac{2eV}{m}} \qquad (3-4-3)$$

所以

$$\lambda = \frac{h}{\sqrt{2meV}} \qquad (3-4-4)$$

当加速电压在几十 kV 以上时, 考虑相对论修正, 则有

$$\lambda = \frac{h}{\sqrt{2meV\left(1 + \dfrac{eV}{2m_0 c^2}\right)}} \qquad (3-4-5)$$

式中 m_0 为电子静止质量, c 为光速.

100keV 的高能电子的波长为 0.0037nm. 显然电子显微镜分辨本领大大高于光学显微镜. 现代高分辨透射电子显微镜（transmission electron microscopy, TEM）分辨率优于 0.3nm, 晶格分辨率可达 0.1~0.2nm.

几十年来许多分析方法和仪器相继问世, 如场离子显微镜（field ion microscopy, FIM）, 扫描电子显微镜（scanning electron microscopy, SEM）, 俄歇谱仪（auger electron spectroscopy, AES）, 光电子能谱（X-ray photoemission spectroscopy, XPS）, 低能电子衍射（low energy electron diffraction, LEED）等. 这些技术在表面研究中都起着重要作用. 但是任何一种技术都有一定的局限性, 如 TEM 主要研究薄膜样品的结构, FIM 只能探测曲率半径小于 100nm 的针尖状样品的原子结构,

AES、ESCA 则只用于提供空间平均的电子结构信息. 此外上述技术还要求在真空环境下工作. 表 3-4-1 列出常用分析仪器的主要特点及分辨本领.

表 3-4-1　各种显微镜的特点

技术名称	分辨本领	工作环境	对样品影响	检测深度
STM	$d_\perp$:0.01nm $d_{/\!/}$:0.1nm	大气、液体、真空均可	无损	1~2个原子层
TEM	$d_\perp$:无 $d_{/\!/}$:0.2nm	高真空	中	样品厚度<0.1μm
SEM	$d_\perp$:低 $d_{/\!/}$:6~10nm	高真空	小	1μm
FIM	$d_{/\!/}$:0.2nm	高真空	大	1个原子层

注:$d_\perp$ 为垂直于样品表面方向的分辨本领;

　　$d_{/\!/}$ 为平行于样品表面方向的分辨本领.

为了让学生了解 STM 这一新技术,我们安排了这一实验.

一、扫描隧道显微镜的工作原理

1. 隧道效应

隧道效应是由于微观粒子具有波动性所产生的. 由量子力学可知当一粒子进入一势垒中,势垒的高度 Φ_0 比粒子能量 E 大时,粒子穿过势垒出现在势垒另一边的概率 $p(z)$ 不为零,如图 3-4-1 所示. 如果两个金属电极用一非常薄的绝缘层隔开,在极板上施加电压 V_T,电子则会穿过绝缘层由负电极进入正电极. 这称为隧道效应,此时电流密度为

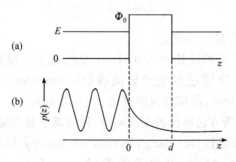

图 3-4-1　粒子对势垒的隧穿

(a)一个高度为 Φ_0 的矩形势垒;(b)一个典型的(矩形)势垒穿透概率密度函数 $p(z)$

$$J = \frac{e^2}{h}\left(\frac{k_0}{4\pi^2 s}\right)V_T \cdot \exp(-2k_0 s) \qquad (3-4-6)$$

其中 $k_0 = h\sqrt{m\times(\Phi_1+\Phi_2)} = h\sqrt{m\Phi}$，$\Phi_1$，$\Phi_2$ 为功函数，s 为两个电极的间距. 如果 $V_T = 1V$，$\Phi_1+\Phi_2 = 8eV$，$s = 0.4nm$，则 $J = 5\times 10^{-8}A \cdot nm^{-2}$.

由上式可知，J 和极间距 s 呈指数关系，若 $\Phi \approx 5eV$，则 s 增加 $0.1nm$ 时，电流改变一个数量级.

当一个电极由平板状改变为针尖状时就要用隧道结构的三维理论来计算隧道电流. 计算结果为

$$I = \frac{2\pi e}{h}\sum_{\mu\nu} f(E_\mu)[1-f(E_\nu+eV)]\,|\,M_{\mu\nu}\,|^2\sigma(E_\mu-E_\nu) \qquad (3-4-7)$$

其中 $f(E)$ 是费米统计分布函数

$$f(E) = \frac{1}{1+\exp\left(\dfrac{E-E_F}{kT}\right)}$$

V 是针尖和表面之间电压，E_μ 和 E_ν 分别是针尖和表面的某一能态，$M_{\mu\nu}$ 是隧道矩阵元

$$M_{\mu\nu} = \frac{h^2}{2m}\int dS \cdot (\Psi_\mu^* \nabla \Psi_\nu - \Psi_\nu \nabla \Psi_\mu^*) \qquad (3-4-8)$$

式中 Ψ 是波函数，括号中的量是电流算符，积分对整个表面进行.

由式(3-4-7)可知隧道电流含有表面电子态密度的信息，这一点在对图像进行解释时必须加以注意. 改变偏压 V 或电极间距 s 观察隧道电流的变化，即可得出电流-电压隧道谱和电流-间隙特性谱，隧道谱含有丰富的表面电子结构信息.

2. 隧道显微镜的工作原理

若以针尖为一电极，被测固体表面为另一电极，当它们之间的距离小到纳米数量级时，根据公式(3-4-7)电子可以从一个电极通过隧道效应穿过空间势垒到达另一个电极形成电流，其电流大小取决于针尖与表面间距及表面的电子状态. 如果表面是由同一种原子组成，由于电流与间距成指数关系，当针尖在被测表面上方做平面扫描时，即使表面仅有原子尺度的起伏，电流却有成 10 倍变化，这样就可用现代电子技术测出电流的变化，它反映了表面的起伏，如图 3-4-2(a)所示，这种运行模式称为恒高度模式(保持针尖高度). 图中 V_b 为针尖上施加的偏压，I 为隧道电流，V_z 为反馈电路施加在压电陶瓷 L_z 上的电压，控制针尖 z 方向位移.

当样品表面起伏较大时，由于针尖离样品仅纳米高度，恒高度模式扫描会使针尖撞击样品表面造成针尖损坏，此时可将针尖安放在压电陶瓷上，控制压电陶瓷上电压，使针尖在扫描中随表面起伏上下移动，在扫描过程中保持隧道电流不变(即

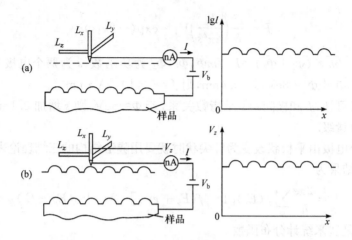

图 3-4-2　STM 的工作模式

(a)恒高度模式；(b)恒电流模式

间距不变)，压电陶瓷上的电压变化即反映了表面的起伏. 这种运行模式称为恒电流模式，如图 3-4-2(b)所示，目前 STM 大都采用这种工作模式.

一般 STM 的针尖是安放在一个可进行三维运动的压电陶瓷支架上，如图 3-4-3 所示，L_x、L_y、L_z 分别控制针尖在 x、y、z 方向上的运动，在 L_x、L_y 上施加电压使针尖沿表面作扫描，测量隧道电流并以此反馈控制施加在 L_z 上的电压 V_z 使得针尖与表面的间距 s 不变，当 s 变大时，I 有变小的趋向，反馈放大器改变 L_z 上电压使

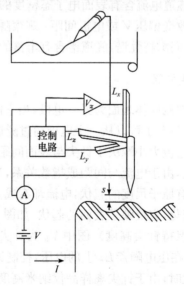

图 3-4-3　STM 原理示意图

L_z 伸长导致 s 变小，反过来亦一样. 电压 V_z 的值反映了表面的轮廓. 由式(3-4-6)可知隧道电流还与逸出功函数有关. 这样样品表面上具有不同功函数的区域即使它们在同一平面上，隧道电流也不相同，反映在最终图像上会被误认为是外形的起伏. 这在图形解释时需仔细分析加以区别.

二、实验装置——扫描隧道显微镜结构

　　一般说来隧道显微镜可以分为三大部分：隧道显微镜主体、控制电路、计算机控制(测量软件及数据处理软件).

　　隧道显微镜主体包括针尖(或样品)的平面扫描机构、样品与针尖间距控制调节机构、系统与外界振动等的隔离装置. 世界各国实验室发展了具有各自特色的STM，其中比较常用的扫描机构(x, y, z 三维细调)是压电陶瓷扫描管或压电陶瓷杆组成的三维互相垂直的位移器. 压电陶瓷扫描管(图 3-4-4(b))的结构和运行原理如下.

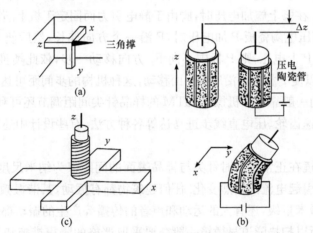

图 3-4-4　(a)三角架型；(b)单管型；(c)十字架配合单管型

　　取一沿径向极化的压电陶瓷管，将其外电极沿轴向等分为四份，在其相对的两对电极上分别施加数值相等、极性相反的电压. 若内电极接地，则当右边 1/4 管壁由于电场作用沿轴向伸长时，则左边 1/4 由于电场方向相反而沿轴向方向收缩. 由于压电陶瓷管本身是一整体，所以就像双金属片受热发生弯曲一样，压电陶瓷管的中心轴线产生向左的偏移；外加电压极性相反时，则向右偏移. 当施加电压为锯齿波时则中心点沿 x 方向扫描，在另外一对电极上施加电压可令它产生沿 y 方向的扫描运动. 在陶瓷管内壁施加可变电压，则该压电陶瓷管可产生沿轴线方向位移 Δz，一般情况下扫描管的 x, y, z 三个方向的位移范围可达微米量级，控制精度在 xy 平面上可达 0.1nm，在 z 向可达 0.001nm.

将样品和针尖的间距由宏观尺度如毫米逐步缩小到产生隧道电流的微观尺度(纳米)并保证两者不发生碰撞是 STM 仪器结构上的难点. 最初的 STM 采用爬虫(Louse)结构, 其工作原理如下(图 3-4-5).

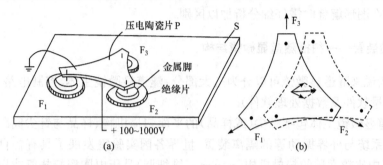

图 3-4-5　Louse 结构及工作原理

三角形的压电陶瓷板 P, 每个角对应一个金属脚(F_1、F_2、F_3), 脚与金属底板 S 之间有绝缘片. 在脚上施加电压时, 脚由于静电引力而固定在板上. 若固定 F_1 而使 F_2、F_3 自由, 当压电陶瓷板 P 加电压时, P 沿一个方向伸长, 然后使 F_2 脚固定, 放松 F_1 脚, 解除 P 上电压, 则 P 板中心向 F_2 方向移动一步, 依此类推. 交替施加三个脚上电压可以使 P 板中心沿底板平面移动, 这种机构的步间距可达 $10\sim100\mathrm{nm}\cdot$ 步$^{-1}$, 它的移动一般靠计算机操纵. STM 的样品针尖间距调节还可利用差动螺杆、步进马达和减速齿轮、压电直线步进马达等各种方法, 有些设计中还利用简单惯性移动机构.

隧道显微镜在正常工作时针尖与样品表面的间距仅为纳米尺度, 而且间距的微小变化都会引起电流的剧烈变化. 任何建筑物都有振动, 其谐振频率在 20Hz 附近, 振幅可达微米量级, 还有人的运动和声音的传播等产生的振动都会影响隧道电流的稳定性. 所以扫描隧道显微镜一般需要采取严格的隔震措施和与环境隔离的措施来保证其获得原子级的分辨能力和稳定的图像.

为了得到原子级的分辨本领, 扫描隧道显微镜的针尖结构十分关键, 针尖的粗细、形状和化学性质不仅影响 STM 图像的分辨率和图像的特性, 而且在谱的测定中影响所测定的电子态. 理想的针尖其最尖端只有一个稳定的原子, 并且针尖的表面没有氧化层和吸附物质, 这样才能获得稳定的隧道电流和原子级分辨率的图像.

常用的针尖材料为钨或铂铱合金. 钨针尖由于刚性好而被广泛使用, 但其表面容易形成氧化物, 所以在使用前需要加以适当处理并保持在真空中. 铂铱针尖由于其高度的化学稳定性尤其适合于大气或液态环境中使用. 针尖的制备一般采用电化学腐蚀方法, 在 NaOH 或 KOH 溶液中将钨丝作为阳极, 施加交流或直流电压,控制电压和电流及其他电化学参数可使腐蚀后的针尖尖端曲率半径小于 50nm.

　　用锋利的剪刀,使刀口与铂铱丝成一倾角将丝剪断,所得到的断口前端常常也能作为针尖使用,但这种方法在观察表面窄而深的沟槽或小洞时常会引起图形部分失真. 图 3-4-6 示出一个完整的 STM 的各部分关系. 左边的计算机部分主要用于输出 xy 扫描的控制信息、针尖与样品相对运动的控制及数据采集、数据处理和图像显示.

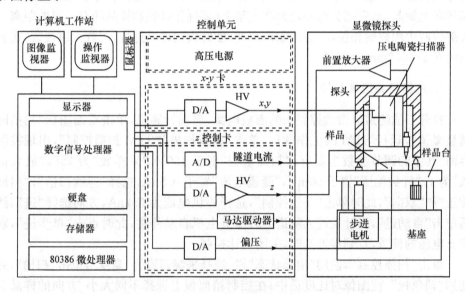

图 3-4-6　STM 系统框图及各部分的联系

　　中间部分是电子学系统,其工作方式简述如下:

　　由计算机控制数－模变换提供阶梯电压,经过直流高压放大器 HV 后,分别加在 x 和 y 压电陶瓷管的外电极上,使针尖沿 x、y 方向做光栅扫描. 隧道电流经过前置放大器和模-数变换器进入计算机或模拟电路,与预定电流设置值比较,不相等时根据差值符号和幅度输出相应控制值,经过高压放大来改变扫描机构的 z 方向压电晶体的伸长或收缩,使隧道电流稳定在预定的设置值. 电子学系统的其他部分是用于控制步进机构和提供偏压等功能. 由于隧道电流非常微弱仅为纳安量级,而 STM 又要求各机械动部分十分稳定,所以电子学系统除了要求高灵敏度、高稳定度等性能外,其噪声必须降至极小.

三、实验内容与步骤

1. 准备和安装样品、针尖

将一段长约 3cm 的铂丝(掺部分铱)放在丙酮中洗净,再放入超声中清洗 5min,取出后,用经丙酮洗净的剪刀剪尖,再放入丙酮中洗净. 在此后的实验中,千万不要碰到针尖,将探针后部弯曲,插入扫描隧穿显微镜头部的金属管中固定,针尖露出头部约 5mm,将样品放在样品座上,保证良好的电接触,将下部的两个微调螺丝向上旋起,然后把头部轻轻放在支架上(要确保针尖和样品间有一定的距离),头部的两边用弹簧扣住,小心地细调螺丝,使针尖向样品逼近,用放大镜观察,在相距约 0.1～0.2mm 处停住.

2. 光栅样品图像扫描

打开扫描隧道显微镜控制箱的面板电源,启动计算机,单击桌面图标"扫描隧道显微镜",运行 STM 的工作软件,单击"在线扫描""STM 扫描控制",出现控制界面. 其中的调节参数主要有:"扫描量程"置于 150V,"采样数"为 256,"放大倍数"为 1,"针尖偏压"置于 50mV,"隧道电流"置于 0.5nA,选择"连续扫描"、"斜面校正"和"双向",此时单击"马达控制",选择停机电流为 0.2nA,方向选择"进",然后单击"自动进",当针尖进入隧道区时步进电机自动停住,此时点击"单步进",观察 z 电压的读数,直到接近 0 时,关闭马达控制.

单击"扫描控制",使用"增强状态"栏,选择采集通道为"高度",单击"扫描",并使用"调色板",使图像对比度适中. 在控制箱面板上选择不同大小、方向的样品偏压和隧道电流(隧道电流不得大于 100nA),对网格间距为 1nm 的光栅进行扫描,耐心调节比例和积分旋钮,并对样品的不同选区进行扫描,直到获得满意的图像,最后可将较理想的图像结果存盘.

扫描结束后一定要将针尖退回!"马达控制"用"连续退",然后关掉马达和控制箱.

3. 图像处理

(1) 平滑处理. 将像素与边缘像素作加权平均.

(2) 斜面校正. 选择斜面的一个顶点,以该顶点为基点,线性增加该图像的所有像素值,可多次操作.

(3) 中值滤波. 对当前图像作中值滤波.

(4) 傅里叶变换. 对当前图像作 FFT 滤波,此变换对图像的周期性很敏感,在做原子图像扫描时很有用.

(5) 边缘增强. 对当前图像作边缘增强,使图像具有立体浮雕感.

（6）图像反转. 对当前图像作黑白反转.

（7）三维变换. 使平面图像变换为立体三维图像，真实直观.

4. 高序石墨原子（HOPG）图像的扫描（选做）

在上面实验的基础上，可进一步扫描石墨表面的碳原子，用一段透明胶带均匀地贴在石墨表面上，小心地将其剥离，露出新鲜石墨表面，保证样品台和样品座之间有着良好的电接触. 调节隧道电流为 1nA，偏压约 7mV. 在扫描过程中逐渐减小扫描面积，增加放大倍率，并注意避开由于解离所带来的原子台阶，并细心地维持 AD 平衡接近零，调节反馈速度，这样扫描约 20min，待其表面达到新的热平衡后，可以得到比较理想的石墨原子排列图像.

四、思考题与讨论

（1）恒流模式和恒高模式各有什么特点？

（2）不同方向的样品针尖间的偏压对实验结果有何影响？

（3）隧道电流设置的大小意味着什么？

参 考 文 献

白春礼. 1992. 扫描隧道显微术及其应用. 上海：上海科学技术出版社

［美］陈成钧著，华中一等译. 1996. 扫描隧道显微学引论. 北京：中国轻工业出版社

曾谨言. 1997. 量子力学. 北京：科学出版社

张礼. 1997. 近代物理学进展. 北京：清华大学出版社

3-5　高温超导材料特性测试和低温温度计

根据固体物理理论，实际的金属材料由于存在杂质和缺陷对电子运动的散射. 在温度趋向绝对零度时，金属的电阻率将趋近一个定值，称为剩余电阻率. 但是，1911 年荷兰物理学家昂尼斯（H. K. Onnes）用液氦冷却水银线并通以几毫安的电流，在测量其端电压时发现，当温度稍低于液氦的正常沸点时（4.2K）左右，水银线的电阻率突然由正常的剩余电阻率跌落到接近零，这就是所谓的零电阻现象或超导电现象. 通常把具有这种超导电性的物体，称为超导体；而把超导体电阻突然变为零的温度，称为超导转变温度或超导临界温度，一般用符号 T_c 表示. 在超导现象发现以后，人们一直在为提高超导临界温度而努力，然而进展却十分缓慢，1973 年所创立的记录（Nb3Ge，$T_c = 23.2K$）就保持了 12 年. 1986 年 4 月，米勒（K. A. Muller）和贝德罗兹（J. G. Bednorz）宣布：一种钡镧铜氧化物的超导转变温度可能高于 30K，从此掀起了波及全世界的关于高温超导电性研究的热潮. 在短短的两年

时间里就把超导临界温度提高到了110K,到1993年3月已达到了134K.

目前氧化物高温超导材料体系较多,典型的有 La 系、Bi 系、Tl 系、Y 系和 Hg 系等.其中 La 系即 $La_{2-x}Sr_xCuO_4$ 的 T_c 为 40K 左右,Bi 系 $Bi_2Sr_2Ca_3Cu_3O_y$ 材料的 T_c 在 110K 以上,Tl 系 $TlBa_2Ca_2Cu_3O_y$ 的 T_c 可达 125K,Y 系的 $YB_2Cu_3O_7$ 材料的 T_c 在 90K 以上,而 Hg 系的 T_c 最高,为 135K,高压下可以达到 165K.

超导电性的应用十分广泛,如超导磁悬浮列车、超导重力仪、超导计算机、超导微波器件等.超导电性还可以用于计量标准,在 1991 年 1 月 1 日开始生效的新的伏特和欧姆的实用基准中,电压基准就是以超导电性为基础的.

本实验的目的是了解高临界温度超导材料的基本特性及其测试方法;了解金属和半导体 pn 结的伏安特性随温度的变化以及温差电效应;学习几种低温温度计的比对和使用方法,以及低温温度控制的简便方法.

一、实验原理

1. 高临界温度超导电性

同时具有完全导电性和完全抗磁性的物质称为超导体.完全导电性和完全抗磁性是超导电性的两个最基本的性质.

1)零电阻现象

当物质的温度下降到某一确定值 T_c(临界温度)时,物质的电阻率由有限值变为零的现象称为零电阻现象,也称为物质的完全导电性.临界温度 T_c 是一个由物质本身内部性质确定的、局域的内禀参量.若样品很纯,且结构完整,超导体在一定温度下,由正常的有阻状态(常导态)急剧地转为零电阻状态(超导态),如图 3-5-1 的曲线 I.在样品不纯或不均匀情况下,超导转变所跨越的温区会展宽,如图 3-5-1 的曲线 II.

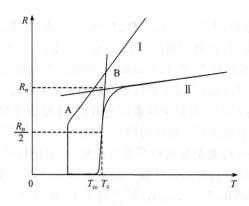

图 3-5-1　超导体的电阻转变曲线

　　理论上,超导临界温度的定义为:当电流、磁场及其他外部条件(如应力、辅照等)保持为零或不影响转变温度测量的足够低值时,超导体呈现超导态的最高温度.由正常态向超导态过渡是在一个有限的温度间隔里完成的,即有一个转变宽度 ΔT_c,它取决于材料的纯度晶格的完整性.理想样品的 $\Delta T_c \leqslant 10^{-3}$ K.基于这种电阻变化,可以通过电测量来确定 T_c,通常是把样品的电阻降到转变前正常态电阻值一半时的温度定义为超导体的临界温度 T_c.

　　2) 迈斯纳效应

　　1933 年,迈斯纳(W. F. Meissner)和奥克森菲尔德(R. Ochsenfeld)把锡和铅样品放在磁场中冷却到其转变温度以下,测量了样品外部的磁场分布.他们发现:不论是在没有外加磁场或有外加磁场的情况下使样品从正常态转变为超导态,只要 $T < T_c$,在超导体内部的磁感应强度 B_i 总是等于零的,这个效应称为迈斯纳效应,表明超导体具有完全抗磁性,这是超导所具有的独立于零电阻的想像的另一个最基本的性质.迈斯纳效应可以用磁悬浮实验来演示:当我们将永久磁铁慢慢落向超导体时,磁铁会被悬浮在一定的高度上而不触及超导体.其原因是磁感应线无法穿过具有完全抗磁性的导体,因而磁场受到畸变而产生向上的浮力.

　　3) 超导临界参数

　　约束超导现象的出现的因素不仅仅是温度.实验表明,即使在临界温度下,如果改变流过超导体的直流电流,当电流强度超过某一临界值时,超导体的超导态将受到破坏而回复到常导态.如果对超导体施加磁场,当磁场强度达到某一值时,样品的超导态也会受到破坏.破坏样品的超导电性所需的最小极限电流值和磁场值,分别称为临界电流 I_c(常用临界电流密度 J_c 表示)和临界磁场 H_c.

　　临界温度 T_c、临界电流 I_c 和临界磁场 H_c 是超导体的三个临界参数,这三个参数与物质的内部微观结构有关.在实验中要注意,要使超导体处于超导态必须将其置于这三个临界值以下,只要其中任何一个条件被破坏,超导态都会被破坏.

2. 金属电阻随温度的变化

　　电阻随温度的变化的性质,对于各种类型的材料是很不相同的,它反映了物质的内在属性,是研究物质的基本方法之一.

　　在合金中,电阻主要是由杂质散射引起的,因此电子的平均自由程对温度的变化很不敏感,如锰铜的电阻随温度的变化就很小,实验中所用的标准电阻和电阻加热器就是用锰铜线绕制而成的.今天已广泛应用的半导体,其基本性质的揭示是和电阻-温度关系的研究分不开的.也正是在研究低温下水银电阻的变化规律时,发现了超导电性.另一方面,作为低温物理实验中基本工具的各种电阻温度计,完全是建立在对各种类型材料的电阻-温度关系研究的基础上的.因此,掌握这方面实验研究的基本方法是十分必要的.尽管实验是以液氮作为冷源的,进行测量工作的温区是 77K 到室温,但这里所采用的实验方法同样适用于以液氦作为冷源的更低温的情况.

在绝对零度下的纯金属中,理想的完全规则排列的原子(晶格)周期场中的电子处于确定的状态,因此电阻为零. 温度升高时,晶格原子的热震动会引起电子运动状态的变化,即电子的运动受到晶格的散射而出现电阻 R_i. 理论计算表明,当 $T > \Theta_D/2$ 时,$R_i \propto T$,其中 Θ_D 为德拜温度. 实际上,金属中总是含有杂质的,杂质原子对电子的散射会造成附加的电阻. 在温度很低时,例如在 4.2K 以下,晶格散射对电阻的贡献趋于零,这时的电阻几乎完全由杂质散射所造成,称为剩余电阻 R_r,它近似与温度无关. 当金属的纯度很高时,总电阻可以近似表达为

$$R = R_i(T) + R_r \tag{3-5-1}$$

在液氮温度以上,$R_i(T) \gg R_r$,因此有 $R \approx R_i(T)$. 例如,铂的德拜温度 Θ_D 为 225K,在从 63K 到室温的范围内,它的电阻 $R \approx R_i(T)$ 近似地正比于温度 T. 然而,稍许精确的测量就会发现它们偏离线形关系,如图 3-5-2 所示.

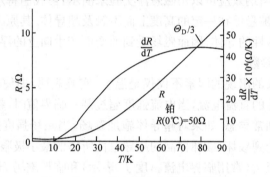

图 3-5-2　铂电阻的电阻-温度关系

在液氮正常沸点到室温温度范围内,铂电阻温度计具有良好的线性电阻温度关系,可表示为

$$R(T) = AT + B \tag{3-5-2}$$

或

$$T(R) = aR + b \tag{3-5-3}$$

其中 A、B 和 a、b 是不随温度变化的常量. 因此,根据我们给出的铂电阻温度计在液氮正常沸点和冰点的电阻值,可以确定所用的铂电阻温度计的 A、B 和 a、b 的值,并由此可得到用铂电阻温度计测温时任一电阻所相应的温度值.

3. 导体电阻以及 pn 结的正向电压随温度的变化

半导体具有与金属很不相同的电阻-温度关系. 一般而言,在较大的温度范围内,半导体具有负的温度系数. 半导体导电的机制比较复杂,电子和空穴是致使半导体导电的粒子,常统称为载流子. 在纯净的半导体中,由所谓的本征激发产生载

流子；而在掺杂的半导体中，则除了本征激
发外，还有所谓的杂质激发也能产生载流
子，因此具有比较复杂的电阻-温度关系．如
图 3-5-3 所示，锗电阻温度计的电阻温度
关系可以分为四个区．在Ⅰ区中，半导体本
征激发占优势，它所激发的载流子的数目随
着温度的升高而增多，使其电阻随着温度的
升高而指数下降．当温度降低到Ⅱ和Ⅲ区
时，半导体杂质激发占优势，在Ⅲ区中温度开
始升高时，它所激发的载流子的数目也是随

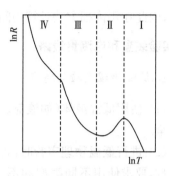

图 3-5-3　半导体锗的电阻-温度关系

着温度的升高而增多的，从而使其电阻随温度的升高而指数下降．但当温度升高而
进入Ⅱ区中时，杂质激发已全部完成，因此当温度继续升高时，由于晶格对载流子
散射作用的增强以及载流子热运动的加剧，所以电阻随温度的升高而增大．最后，
在Ⅳ区中温度已经降低到本征激发和杂质激发几乎都不能进行，这时靠载流子在
杂质原子之间的跳动而在电场下形成微弱的电流，因此温度越高电阻越低．适当调
整掺杂元素和掺杂量，可以改变Ⅲ和Ⅳ这两个区所覆盖的温度范围以及交接处曲
线的光滑程度，从而做成所需的低温锗电阻温度计．此外，硅电阻温度计、碳电阻温
度计、渗碳玻璃电阻温度计和热敏电阻温度计也都是常用的低温半导体温度计．显
然，在大部分温区中，半导体具有负的电阻温度系数，这与金属完全不同的．

　　在恒定的电流下，硅和砷化镓二极管 pn 结的正向电阻随着温度的降低而升
高，如图 3-5-4 所示．在图可见，用一支二极管温度计就能测量很宽范围的温度，且灵敏度很高．由于二极管温度计的发热量较大，常把它作为控温元件．

4. 温差电偶温度计

　　当两种金属所做成的导线联成回路，并使其两个接触点维持在不同的温度时，该闭合回路中就会有温差电动势存在．如果将回路的一个接触点固定在一个已知的温度，例如液氮的正常沸点 77.4K，则可以由所测量得到的温差电动势确定回路的另一个接触点的温度．

　　应注意到：硅二极管 pn 结的正向电压 U 和温差电动势 E 随温度 T 变化都不是线

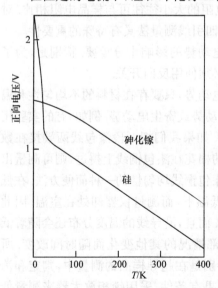

图 3-5-4　二极管的正向电压温度关系

性的,因此在用内插方法计算中间温度时,必须采用相应温度范围内的灵敏度值.

二、实验装置和电测量线路

1. 低温物理实验的特点

(1) 使用低温液体(如液氮、液氦等)作为冷源时,必须了解其基本性质,并注意安全.

(2) 进行低温物理实验时,离不开温度的测量. 对于各个温区和各种不同的实验条件,要求使用不同类型和不同规格的温度计. 在 13.8~630.7K 的温度范围内,常使用铂电阻温度计. 然而,用作国际温标内插仪器的标准铂电阻温度计,与实验室用的小型铂电阻温度计和工业用的铂电阻温度计相比,不仅体积要大的多,而且结构也复杂得多. 锗和硅等半导体电阻温度计具有负的电阻温度系数,在 30K 以下的低温具有很高的灵敏度;利用正向电压随温度变化的 pn 结特性制成的半导体二极管温度计,在很宽的温度范围内有很高的灵敏度,常用作控温仪的温度传感器;温差电偶温度计测量接点小,制作简单,常用来测量小样品的温度变化;渗碳玻璃电阻温度计的磁效应很弱,可用于测量在强磁场条件下工作的部件的温度等. 因此,我们必须了解各类温度传感器的特性和使用范围,学会定标温度计的基本方法.

(3) 在液氮正常沸点到室温的温度范围,一般材料的热导较差、比热较大,使低温装置的各个部件具有明显的热惰性,温度计与样品之间的温度一致性较差.

(4) 样品的电测量引线有细有长,引线电阻的大小往往可与样品电阻相比. 对于超导样品,引线电阻可比样品电阻大得多,四引线测量法有特殊的重要性.

(5) 在直流低电势的测量中,克服乱真电动势的影响十分重要. 特别是,为了判定超导样品是否达到了零电阻的超导态,必须使用反向开关.

实际上,即使电路中没有来自外电源的电动势,只要存在材料的不均匀性和温差,就有温差电动势的存在,通常称为乱真电动势或寄生电动势. 例如,有的实验用的双刀双掷开关就有几个微伏的乱真电动势. 如果我们把一段漆包线两端接在数字电压表测量端上,然后用蘸有干冰或液氮的棉花在漆包铜线上捋过,则可测量出该段漆包铜线上的乱真电动势,这正是检验漆包铜线均匀性的一种简便方法. 在低温物理实验中,待测样品和传感器往往处在低温下,而测量仪器却处在室温. 因此它们之间的连接导线处在温差很大的环境中. 而且,沿导线的温度分布还会随着低温液体面的降低、低温恒温器的移动以及内部情况的其他变化而随时间改变. 所以,在涉及低电势测量的低温物理实验中,特别是在超导样品的测量中,判定和消除乱真电动势的影响是十分重要的. 当然,如果有条件,采用锁相放大器来测量低频交流电阻,是一种比较好的办法.

2. 低温恒温器和不锈钢杜瓦容器

为了得到从液氮的正常沸点 77.4K 到室温范围内的任意温度,采用如图 3-5-5 所示的低温恒温器和杜瓦容器. 液氮盛在不锈钢真空夹层杜瓦容器中,借助于手电筒我们可以通过有机玻璃盖看到杜瓦容器的内部,拉杆固定螺母(以及与之配套的固定在有机玻璃盖上的螺栓)可用来调节和固定引线拉杆及其下端的低温恒温器的位置. 低温恒温器的核心部件是安装有超导样品和温度计的紫铜恒温块,此外还包括紫铜圆筒及其上盖、上下挡板、引线拉杆和 19 芯引线插座等部件.

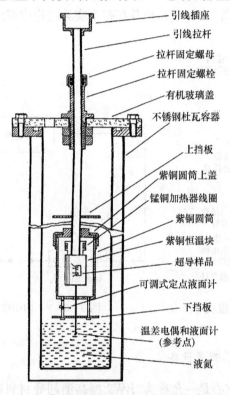

引线插座
引线拉杆
拉杆固定螺母
拉杆固定螺栓
有机玻璃盖
不锈钢杜瓦容器
上挡板
紫铜圆筒上盖
锰铜加热器线圈
紫铜圆筒
紫铜恒温块
超导样品
可调式定点液面计
下挡板
温差电偶和液面计
(参考点)
液氮

图 3-5-5　低温恒温器和杜瓦瓶容器的结构

为了得到远高于液氮温度的稳定的中间温度,需将低温恒温器放在容器中远离液氮面的上方,调节通过电加热器的电流以保持稳定的温度. 电加热器线圈由温度稳定性较好的锰铜线无感地双线并绕而成. 这时,紫铜圆筒起到均温的作用,上、下挡板分别起阻挡来自室温和液氮的辐射的作用.

本实验的主要工作是测量超导转变曲线,并在液氮正常沸点附近的温度范围内(如 77~140K)标定温度计. 为了使低温恒温器在该温度范围内降温速率足够缓慢,又能保证整个实验在 3 个小时内顺利完成,我们安装了可调试定点液面温度计,学生在整个实验过程中可以用它来简便而精确地使液氮面维持在紫铜圆筒底和下挡板之间距离的1/2处.在超导样品的超导转变曲线附近,如果需要,还可以利用加热器线圈进行细调.由于金属在液氮温度下具有较大的热容,因此当我们在降温过程中使用电加热器时,一定要注意紫铜恒温器恒温块温度变化的滞后效应.

为使温度计和超导样品具有较好的温度一致性,我们将铂电阻温度计、硅二极管和温差电偶的测量端塞入紫铜恒温块的小孔中,并用低温胶或真空脂将待测超导样品粘贴在紫铜恒温块平台上的长方形凹槽内.超导样品与四根电引线的连接是通过金属铟的压接而成的.此外,温差电偶的参考端从低温恒温器底部的小孔中伸出(图3-5-6和图3-5-7),使其在整个实验过程中都浸没在液氮内.

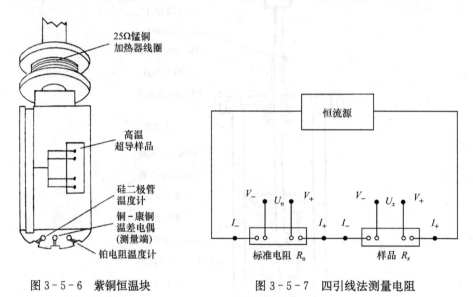

图3-5-6 紫铜恒温块   图3-5-7 四引线法测量电阻
　　　　(探头)的结构

3. 测量原理及其测量设备

电测量设备的核心是一台称为"BW2型高温超导材料特性测试装置"的电源盒和一台灵敏度为$1\mu V$的PZ158型直流数字电压表.BW2型高温超导材料特性测试装置主要由铂电阻、硅二极管和超导样品等三个电阻测量电路构成,每一电路均包含恒流源、标准电阻、待测电阻、数字电压表和转换开关等五个主要部件.

1) 四引线测量法

电阻测量的原理如图3-5-7所示.测量电流由恒流源提供,其大小可由标准电阻R_n上的电压U_n的测量值得出,即$I=U_n/R_n$,如果测量到了待测样品上的电压U_x,则待测样品的电阻R_x为

$$R_x = \frac{U_x}{I} = \frac{U_x}{U_n} R_n \qquad\qquad (3-5-4)$$

由于低温物理实验装置的原则之一是必须尽可能减少室温漏热,因此测量引线通常是又细又长,其阻值有可能远远超过待测样品(如超导样品)的阻值. 为了减少引线和接触电阻的影响,通常采用所谓的"四引线测量法",即每个电阻元件都采用四根引线,其中两根为电流引线,两根为电压引线.

四引线测量的基本原理是:恒流源通过两根电流引线将测量电流 I 提供给待测样品,而数字电压表则是通过两根电压引线来测量电流 I 在样品上所形成的电势差 U,由于两根电压引线与样品的接点处在两根电流引线的接点之间,因此排除了电流引线与样品之间的接触电阻对测量的影响;又由于数字电压表的输入阻抗很高,电压引线的引线电阻以及它们与样品之间的接触电阻对测量的影响可以忽略不计. 因此,四引线测量法减少甚至排除了引线和接触电阻对测量的影响,是国际上通用的标准测量方法.

2)铂电阻和硅二极管测量电路

在铂电阻和硅二极管测量电路中,提供的电流只有单一输出的恒流源,它们输出电流的标称值分别为 1mA 和 $100\mu A$. 在实际测量中,通过微调我们可以分别在 100Ω 和 $10k\Omega$ 的标准电阻上得到 100.00mV 和 1.0000V 的电压.

在铂电阻和硅二极管测量电路中,使用两个内置的灵敏度分别为 $10\mu V$ 和 $100\mu V$ 的 $4\frac{1}{2}$ 数字电压表,通过转换开关分别测量铂电阻和硅二极管以及相应的标准电阻上的电压,由此可确定紫铜恒温块的温度.

3)超导样品测量电路

由于超导样品的正常电阻受到多种因素的影响,因此每次测量所使用的超导样品的正常电阻可能有较大的差别. 为此,在超导样品测量电路中,采用多挡输出式的恒流源来提供电流. 在本装置中,该内置恒流源共设标称为 $100\mu A$、1mA、5mA、10mA、50mA、100mA 的六挡电流输出,其实际值由串接在电路中 10Ω 标准电阻上的电压值确定.

为了提高测量精度,使用一台外接的灵敏度为 $1\mu V$ 的 $5\frac{1}{2}$ 位的 PZ158 型直流数字电压表,来测量标准电阻和超导样品上的电压,由此可确定超导样品的电阻. 为了消除直流测量电路固有乱真电动势的影响,我们在采用四引线测量法的基础上还增设了电流反向开关,用以进一步确定超导体的电阻确已为零. 当然,这种确定受到了测量仪器灵敏度的限制. 然而,利用超导环所做的持久电流实验表明,超导态即使有电阻也小于 $10^{-27}\Omega$.

4) 温差电偶及定点液面计的测量电路

利用转换开关和 PZ158 型直流数字电压表,可以监测铜-康铜温差电偶的电动势以及可调试定点液面计的指示.

5) 电加热器电路

BW2 型高温超导材料特性测试装置中,一个内置的稳压电源和一个指针式电压表,构成了一个为安装在探头中的 25Ω 锰铜加热器线圈供电的电路.利用电压调节旋钮可提供 $0\sim5V$ 的输出电压,从而使低温恒温器获得所需要的加热功率.

6) 其他

在 BW2 型高温超导材料特性测试装置的面板上,后边标有"探头"字样的铂电阻、硅二极管、超导样品和 25Ω 锰铜加热器等四个部件,以及温差电偶和液面计,均安装在低温恒温器中.

利用一根两头带有 19 芯插头的装置连接电缆,可将 BW2 型高温超导材料特性测试装置与低温恒温器连为一体.

在每次实验开始时,学生必须利用所提供的带有香蕉插头的面板连接导线.把面板上用虚线连接起来的两两插座全部连接好.只有这样,才能使各部分构成完整的电流回路.

4. 实验电路图

本实验测量线路如图 3-5-8.

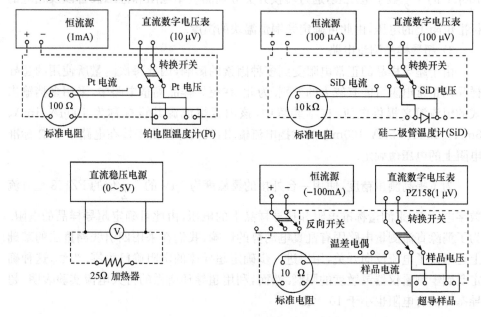

图 3-5-8　实验电路图

三、实验内容

1. 液氮的灌注

使用液氮一定要注意安全. 不要让液氮溅到人的身体上, 也不要把液氮倒在有机玻璃板、测量仪器或引线上. 液氮汽化时体积将急剧膨胀, 切勿将容器出气口封死; 氮气是窒息性气体, 应保持实验室有良好的通风.

在实验开始之前, 先检查实验用得不锈钢杜瓦容器中是否有剩余液氮或其他杂物, 如有则须将其倒出. 清理干净后, 可将输液管道的一端插入贮存液氮的杜瓦容器中并拧紧固定螺母, 并将输液管道的另一端插入实验用的不锈钢杜瓦容器中, 然后关闭贮存杜瓦容器上的通大气的阀门使其中的氮气压强逐渐提高, 于是液氮将通过输液管道注入实验用的不锈钢杜瓦容器.

由于液氮一直在剧烈地沸腾, 不易判断其平静下来的液面位置, 因此最好先将贮存杜瓦容器中的液氮注入便携式广口玻璃杜瓦瓶中, 然后将广口玻璃杜瓦瓶中的液氮缓慢地逐渐倒入实验用不锈钢杜瓦容器中, 使液氮平静下来时的液面位置在距离容器底部约 30cm 的地方.

2. 电路的连接

将"装置连接电缆"两端的 19 芯插头分别插在低温恒温器拉杆顶端及"BW2 型高温超导材料特性测试装置"(以下称电源盒)右侧面的插座上, 同时接好"电源盒"面板上虚线所示的待连接导线, 并将 PZ158 型直流数字电压表与电源盒面板上的"外接 PZ158"相连接.

注意: 19 芯插头插座不宜经常拆卸, 以免造成松动和接触不良, 甚至损坏.

3. 室温的测量

打开 PZ158 型直流数字电压表的电源开关(将其电压量程置于 200mV 挡), 以及电源盒的总电源开关, 并依次打开铂电阻、硅二极管和超导样品等三个分电源开关, 调节两支温度计的工作电流, 测量并记录其室温的电流和电压数据.

原则上, 为了能够测量得到反映超导样品本身性质的转变曲线, 通过超导样品的电流应越小越好. 然而, 为了保证用 PZ158 型直流数字电压表能够较明显地观测到样品的超导转变过程, 通过超导样品的电流就不能太小. 对于一般的样品, 可

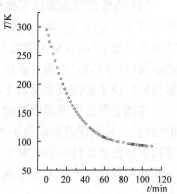

图 3-5-9　紫铜恒温块温度随时间的变化

按照超导样品上的室温电压大约为 $50\sim200\mu\mathrm{V}$ 来选定所通过的电流的大小,但最好不要大于 50mA.

最后,将转换开关先后旋至"温差电偶"和"液面指示"处,此时 PZ158 型直流数字电压表的示值应该很低.

4. 低温恒温器降温速率的控制及低温温度计的比对

1) 低温恒温器降温速率的控制

低温测量是否能在规定的时间内顺利完成,关键在于是否能够调节好恒温器的下挡板浸入液氮的深度,使紫铜恒温块以适当的速率降温. 为了确保整个实验工作可在 3 个小时以内顺利完成,我们在低温恒温器的紫铜圆筒底部与下挡板间距离的 1/2 处安装了可调试定点液面计. 在实验过程中只要随时调节低温恒温器的位置以保证液面计指示电压刚好为零,即可保证液氮表面刚好在液面计位置附近,这种情况下紫铜恒温块温度随时间的变化大致如图 3-5-9 所示.

具体步骤如下:

(1) 确认是否已将转换开关旋至"液面指示处".

(2) 为了避免低温恒温器的紫铜圆筒底部一开始就触及液氮表面而使恒温块温度骤然降低造成实验失败. 可在低温恒温器放进杜瓦容器之前,先用米尺测量液面距杜瓦容器口的深度,然后旋松拉杆固定螺母,调节拉杆位置使得低温恒温器下挡板至有机玻璃板的距离刚好等于该深度,重新旋紧拉杆固定螺母,并将低温恒温器缓缓放入杜瓦容器中. 当低温恒温器的下挡板碰到了液面时,会发出像烧热的铁块碰到水时的响声,同时用手可感觉到有冷气从有机玻璃板上的小孔喷出,还可用手电筒通过有机玻璃板照射杜瓦容器内部,仔细观察低温恒温器的位置.

(3) 当低温恒温器的下挡板浸入液氮时,液氮表面将会像沸腾一样翻滚并伴有响声和大量冷气的喷出,大约 1 分钟后液面逐渐平静下来. 这时,可稍许旋松拉杆使之缓慢下降,并密切监视与液面指示器计相连接的 PZ158 型直流数字电压表的示值(以下简称"液面计示值"),使之逐渐减小到零,立即拧紧固定螺母. 这时液氮面恰好位于紫铜圆底部与下挡板间的距离的 1/2 处(该处安装有液面计).

伴随着低温恒温器温度的不断下降,液面也会缓慢下降,引起液面指示计示值的增加. 一旦发现液面示值不再是零,应将拉杆向下移动少许(约 1mm,切不可下移过多),使液面计示值恢复零值. 因此,在低温恒温器的整个降温过程中,我们要不断地控制拉杆下降来恢复液面计示值为零,维持低温恒温器下挡板的浸入深度不变.

2) 低温温度计的比对

当紫铜恒温块的温度开始降低时,观察和测量各种温度计及超导样品电阻随温度的变化,大约每隔 5 分钟测量一次各温度计的测温参量(如铂电阻温度计的电阻、硅二极管温度计的正向电压、温差电偶的电动势),即进行温度计的比对.

具体而言,由于铂电阻温度计已经被标定,性能稳定,且有较好的线性电阻-温度关系,因此可以利用所给出的本装置铂电阻温度计的电阻-温度关系简化公式,由相应温度下铂电阻温度计的电阻值确定紫铜恒温块的温度,再以此温度为横坐标,分别以所得的硅二极管的正向电压值和温差电偶的温差电动势值为纵坐标,画出它们随温度变化的曲线.

如果要在较高的温度范围进行精确的温度计比对工作,则应该将低温恒温器置于距液面尽可能远的地方,并启用加热器,以使紫铜恒温块能够恒定在中间温度.即使在以测量超导转变为主要目的的实验过程中,尽管紫铜恒温块从室温到150K附近的降温过程进行得很快,仍可以通过这一实验加深对具有正和负的温度系数的两类物质的低温特性的印象,并可以利用这段时间熟悉实验装置和方法,例如利用液面计示值来控制低温恒温器降温速率的方法,装置的各种显示,转换开关的功能,三种温度计的温度和超导样品电阻的测量方法等.

5. 超导转变曲线的测量

当紫铜恒温块的温度降低到130K附近时,开始测量超导体的电阻以及这时铂电阻温度计所给出的温度,测量点的选取可视电阻变化的快慢而定,例如在超导转变发生之前可以每5min测量一次,在超导转变过程中大约每半分钟测量一次.在这些测量点,应同时测量各温度计的测温参量,进行低温温度计的比对.

由于电路中乱真电动势并不随电流方向的反向而改变,因此当样品电阻接近于零时,可利用电流反向后的电压是否改变来判定该超导样品的零电阻温度.具体做法是,先在正向电流下测量超导体的电压,然后按下电流反向开关按钮,重复上述测量.若这两次测量所得到的数据相同,则表明超导样品达到了零电阻状态.最后,画出超导体电阻随温度变化的曲线,并确定其起始转变温度 $T_{c,onset}$ 和零电阻温度 T_{c0}.

在上述测量过程中.低温恒温器降温速率的控制依然是十分重要的.在发生超导转变之前,即在 $T>T_{c,onset}$ 温区,每测完一点都要把转换开关旋至"液面计"挡,用 PZ158 型直流数字电压监测液面的变化.在发生超导转变过程中,即在 $T_{c0}<T<T_{c,onset}$ 温区,由于在液面变化不大的情况下,超导样品的电阻随着温度的降低而迅速减少,因此不必每次再把转换开关旋至液面计挡,而是应该密切监测超导样品电阻的变化.当超导样品的电阻接近零值时,如果低温恒温器的降温已经非常缓慢甚至停止,这时可以逐渐下移拉杆,使低温恒温器进一步降温,以促使超导转变的完成.最后,在超导样品已达到零电阻之后,可将低温恒温器紫铜圆筒的底部接触液氮表面,使紫铜恒温块的温度尽快降至液氮温度.在此过程中,转换开关应放在"温差电偶"挡,以监视温度的变化.

6. 注意事项

(1) 所有测量必须在同一次降温过程中完成,应避免紫铜恒温块的温度上下波动. 如果实验失败或需要补充不足的数据,必须将低温恒温器从杜瓦容器中取出并用电吹风机加热使其温度接近室温,待低温恒温器温度计示值重新恢复到室温数据附近时,重做本实验,否则所得得到的数据点将有可能偏离规则曲线较远. 当然,这样势必会大大延误实验时间,因此应从一开始就认真按照要求进行实验,避免实验失败,并一次性取齐数据.

(2) 恒流源不可开路,稳压电源不可短路. PZ158 直流数字电压表也不宜长时间处在开路状态,必要时可利用随机提供的校零电压引线将输入端短路.

(3) 为了达到标称的稳定值,PZ158 直流数字电压表和电源盒至少应预热 10min.

(4) 在电源盒接通交流 220V 电源之前,一定要检查好所有电路的连接是否正确. 特别是,在开启总电源之前,各恒流源和直流稳压电源的分电源开关均应处在断开的状态,电加热器的电压旋钮应处在指零的位置上.

(5) 低温下,塑料套管又硬又脆,极易折断. 在实验结束取出低温恒温器时,一定要避免温差电偶和液面计的参考端与杜瓦容器(特别是出口处)相碰. 由于液氮杜瓦容器的内筒的深度远小于低温恒温器的引线拉杆的长度,因此在超导特性测量的实验过程中,杜瓦容器内的液氮不应少于 15cm,而且一定不要将拉杆往下移动太多,以免温差电偶和液面计的参考端与杜瓦容器的内筒底相碰.

(6) 在旋松固定螺母并下移拉杆时,一定要握紧拉杆,以免拉杆下滑.

(7) 低温恒温器的引线拉杆是厚度仅 0.5mm 的薄壁德根管,注意一定不要使其受力,以免变形损坏.

(8) 不锈钢金属杜瓦容器的内筒壁厚仅为 0.5mm,应避免撞击. 杜瓦容器底部的真空封嘴已用一段附加的不锈钢圆管加以保护,切忌磕伤.

四、思考题与讨论

(1) 如何判断低温恒温器的下挡板或紫铜圆筒底部碰到了液氮面?

(2) 在"四引线测量法"中,电流引线和电压引线能否互换? 为什么?

(3) 确定超导样品的零电阻时,测量电流为何必须反向? 这种方法所判定的"零电阻"与实验仪器的灵敏度和精度有何关系?

参 考 文 献

陆果,陈凯旋,薛立新. 2001. 高温超导材料特性测试装置. 物理实验. 21(5):7~12

吴思诚,王祖铨. 1995. 近代物理实验. 2 版. 北京:北京大学出版社

阎守胜,陆果. 1985. 低温物理实验原理与方法. 北京:科学出版社

3－6　微波技术相关知识介绍

微波技术是近代发展起来的一门新兴学科,在国防通信、工业、农业以及材料科学中有着广泛应用. 随着社会向信息化、数字化的迈进,微波作为无线传输信息的技术手段,将发挥更为重要的作用. 特别在天体物理,射电天文、宇航通信等领域,具有别的方法和技术无法取代的特殊功能. 因此,在近代物理实验中,我们安排了五个微波技术方面的实验. 目的是通过这些教学内容,使同学了解微波的基本特性,微波的产生、传输以及它的应用,为今后工作奠定基础.

一、微波的特性及应用

1. 微波的特性

什么是微波? 微波是波长很短(也就是频率很高)的电磁波,一般把波长从 1m 到 1mm,频率在 300～300 000MHz 范围内的电磁波称作微波. 广义的微波包括波长从 10m 到 10mm(频率从 30MHz 到 30THz)的电磁波. 微波具有以下特点:

1) 波长短

它不同于一般的无线电波,因微波波长短到毫米,它具有类似光一样有直线传播的性质.

2) 频率高

作为一种电磁辐射,微波的趋肤效应、辐射损耗相当严重. 所以在研究微波问题时要采用电磁场和电磁波的概念和方法,不能采用集总参数元件,而需要采用分布参数元件,如波导、谐振腔、测量线等,其测量的量是驻波比、频率、特性阻抗等.

3) 量子特性

在微波波段,电磁波每个量子的能量范围为 10^{-6}～10^{-3} eV. 许多原子和分子发射和吸收的电磁波能量正好处于微波波段内,人们正是利用这一特点研究分子和原子的结构,发展了微波波谱学、量子电子学等新兴学科,并研制了量子放大器、分子钟和原子钟.

4) 能穿透电离层

微波可以畅通无阻地穿过地球周围的电离层,是进行卫星通信,宇航通信和射电天文学研究的一种有效手段.

基于微波具有上述特点,微波作为一门独立学科得到人们的重视,获得迅速的发展.

2. 微波的应用

1) 雷达与通信

微波的早期发展与雷达密切相关:利用微波直线传播的特性,可制成军用的如超远程预警雷达、相控阵雷达等,民用的如气象雷达、导航雷达等.

在通信方面,微波的可用频带很宽,信息容量大,现代移动通信和卫星通信都在微波波段.

2) 受激辐射原理——频标、计量标准

在微波波谱学深入研究的基础上,1957年根据受激辐射原理发明了微波受激辐射放大器,即"脉塞"(maser)——微波激射器.1960年发明了光受激辐射放大器,即"莱塞"(laser)——激光器.激光的发明,是本世纪科学技术上的一个重大突破,但是追根寻源,不难看出激光器的发明只是将微波技术中的(受激辐射原理)成果(量子放大器)"移植"到可见光波段的一项新成就.

量子频率标准(原子钟)是利用波谱学成就制作的精确时间频率测量设备,目前量子频标的频率稳定度和准确度已分别达到 10^{-14} 和 10^{-15} 的数量级,在精确测量频率的基础上,物理学理论如量子电动力学和广义相对论所预言的某些效应,兰姆(Lamb)移位、电子反常磁矩、引力"红移"和引力波等已得到验证.

近年来,科技界出现一种倾向,力图用一种物理定律把其他物理量(如长度、电压和温度等)转换成频率的测量以提高测量精确度.1968年国际计量大会决议:"定义时间单位'秒'为铯-133原子基态的两个超精细能级之间跃迁所对应的辐射的 9 192 613 770 周期的持续时间",这根谱线就处于微波波段内.1983年国际计量大会对米的定义做出决议:"米是光在真空中在 1/299 792 458s 的时间间隔内行程的长度".新的米定义建立在"秒"和物理基本常数光速($299\ 792\ 458\mathrm{m \cdot s^{-1}}$)的基础上.

3) 微波与物质的相互作用

微波铁氧体是微波技术中常用的一种各向异性材料,它不仅具有较强的磁性,而且具有很高的电阻率.微波很容易通过铁氧体,在铁氧体中产生特殊的磁效应——旋磁性.在恒磁场和微波场的作用下,微波铁氧体的微波磁导率是一个张量.张量磁导率的特点是:① 非对称性,这使微波在铁氧体中传播具有非互易性,成为制作非互易微波铁氧体器件的基础;② 张量元素都是复数,其实部具有频散特征,其虚部具有共振特性,是研究铁氧体的微波特性和微观结构的基础.

等离子体是分别带有正负电荷的两种粒子所组成的电中性的粒子体系,其中至少有一种带电粒子是可以自由运动的,等离子态称为物质的第四态.等离子体物理与受控热核反应、空间研究、天体物理和气体激光等密切相关,且有重要应用,利用微波与等离子体的相互作用,可以对等离子体的特性进行研究并促进应用.例如:① 微波等离子诊断(利用微波在等子离子体中的传播特性,对等离子体的参量进行测量);② 利用高功率微波加热等离子体(利用等离子体的高频损耗特性进行微波加热);③ 利用微波产生等离子体(高功率微波可以使气体放电产生等离子体).

4）穿透电离层——天体物理和射电天文研究

以微波为主要观测手段的射电天文学的迅速发展，扩大了天文观察的视野，促进了天体物理的研究，所谓 20 世纪 60 年代天文学的四大发现——类星体、中子星、微波背景辐射和星际分子，全都是利用微波为主要观测手段发现的. 其中，微波背景辐射被誉为"20 世纪天文学的一项重大成就"，其发现者也荣获 1978 年诺贝尔物理学奖.

5）介质的微波特性——微波电谱和磁谱，微波吸收材料，微波遥感

微波电谱和磁谱是指介质的介电常数和磁导率与外加微波场频率的相互关系，微波电谱和磁谱不仅提供介质材料性能的重要判据，在基础研究中也具有特殊的意义. 例如在电子对抗技术中采用的微波吸收材料，由微波遥感获得遥感信息等，都与微波技术和微波电谱、磁谱有关.

二、微波基本知识与常用微波器件

1. 微波基本知识

1）微波及传输

由于微波的波长短，频率高. 它已经成为一种电磁辐射，所以传输微波就不能用一般的金属导线. 常用的微波传输有同轴线、波导管、带状线和微带线等. 引导电磁波传播的空心金属管称为波导管. 常见的波导管有矩形波导管和圆柱形波导管两种. 从电磁场理论知道，在自由空间传播的电磁波是横波，简写为 TEM 波，理论分析表明，在波导中只能存在下列两种电磁波：TE 波，即横电波，它的电场只有横向分量而磁场有纵横分量；TM 波，即横磁波，它的磁场只有横向分量而电场存在纵横分量. 在实际使用中，总是把波导设计成只能传输单一波型. TE_{10} 波是矩形波导中最简单和最常使用的一种波型，也称为主波型.

一般截面为 $a \times b$ 的、均匀的、无限长的矩形波导如图 3-6-1，管壁为理想导体，管内充以介电常数为 ε，磁导率为 μ 的介质，则沿 z 方向传播的 TE_{10} 波的各个分量为

$$E_y = E_0 \sin \frac{\pi x}{a} e^{i(\omega t - \beta z)}$$

$$H_x = -\frac{\beta}{\omega \mu} \cdot E_0 \sin \frac{\pi x}{a} e^{i(\omega t - \beta z)}$$

$$H_z = i \frac{\pi}{\omega \mu a} \cdot E_0 \cos \frac{\pi x}{a} e^{i(\omega t - \beta z)} \qquad (3-6-1)$$

$$E_x = E_z = H_y = 0$$

其中 $\omega = \beta / \sqrt{\mu \varepsilon}$ 为电磁波的角频率，$\beta = 2\pi / \lambda_g$ 称为相位常数，$\lambda_g = \lambda / \sqrt{1 - (\lambda / \lambda_c)^2}$ 称为波导波长，$\lambda_c = 2a$ 为截止或临界波长，$\lambda = c / f$ 为电磁波在自由空间的波长.

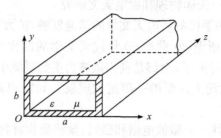

图 3 - 6 - 1　矩形波导管

TE_{10} 波具有下列特性：

(1) 存在一个截止波长 λ_c，只有波长 $\lambda < \lambda_c$ 的电磁波才能在波导管中传播.

(2) 波长为 λ 的电磁波在波导中传播时，波长变为 $\lambda_g < \lambda_c$.

(3) 电场矢量垂直于波导宽壁(只有 E_y)，沿 x 方向两边为 0，中间最强，沿 y 方向是均匀的. 磁场矢量在波导宽壁的平面内(只有 H_x、H_z). 图 3 - 6 - 2 是 TE_{10} 波电磁场分量沿 x、y、z 方向分布示意图. TE_{10} 的含义是 TE 表示电场只有横向分量. 1 表示场沿宽边方向有一个最大值，0 表示场沿窄边方向没有变化(例如 TE_{mn}，表示场沿宽边和窄边分别有 m 及 n 个最大值).

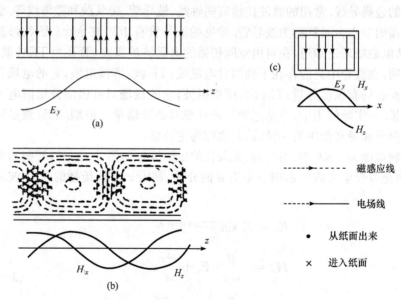

图 3 - 6 - 2　TE_{10} 波电磁场分量分布图
(a) 纵截面图；(b) 顶示图；(c) 横截面图

实际使用时，波导不是无限长的，它的终端一般接有负载，当入射电磁波没有被负载全部吸收时,波导中就存在反射波而形成驻波,为此引入反射系数 Γ 和驻波比 ρ 来描述这种状态

$$\Gamma = \frac{E_r}{E_i} = |\Gamma| e^{i\varphi} \qquad (3-6-2)$$

$$\rho = \frac{|E_{max}|}{|E_{min}|} \qquad (3-6-3)$$

E_r、E_i 分别是某横截面处电场反射波和电场入射波,φ 是它们之间的相位差. E_{max} 和 E_{min} 分别是波导中驻波电场最大值和最小值. Γ 和 ρ 的关系为

$$\rho = \frac{1+|\Gamma|}{1-|\Gamma|} \qquad (3-6-4)$$

$$|\Gamma| = \frac{\rho-1}{\rho+1} \qquad (3-6-5)$$

当微波功率全部被负载吸收而没有反射时,此状态称为匹配状态,此时 $|\Gamma|=0$,$\rho=1$,波导内是行波状态. 当终端为理想导体时,形成全反射,则 $|\Gamma|=1$,$\rho=\infty$,称为全驻波状态. 当终端为任意负载时,有部分反射,此时为行驻波状态(混波状态).

2) 微波的谐振

(1) 谐振腔是一个微波谐振系统.

宽边为 a,窄边为 b,长度为 τ 的一段波导,两边用金属片封闭,在一个端面上开一个小孔,即形成矩形谐振腔. 若电磁波从小孔进入,调节 τ 的长短腔内会形成驻波即发生谐振. 计算表明,当 $l = p\frac{\lambda_g}{2}$ 时,$p=1,2,3,\cdots$,腔内就发生谐振,由 $\lambda_g = \lambda / \sqrt{1-\left(\frac{\lambda}{\lambda_c}\right)^2}$ 得谐振波长

$$\lambda_0 = 2 / \sqrt{\left(\frac{1}{a}\right)^2 + \left(\frac{p}{l}\right)^2}, \qquad p=1,2,3,\cdots \qquad (3-6-6)$$

谐振频率 $f_0 = c/\lambda_0$,与腔的形状、体积、波形有关.

谐振腔分传输式和反射式. 两端金属片都开有小孔,电磁波从一端输入,另一端输出的为传输式;只有一端开有小孔,电磁波从该孔输入,腔内电磁波从该孔反射出来为反射式.

(2) 振荡模式. 谐振腔谐振时电磁场分布的形式称为振荡模式,用 TE_{mnp} 表示,m、n 的意义与表示波导形式相同,p 表示沿腔的长度 τ 的半波个数,令 a、b、τ 分别为 x、y、z 方向,则电磁场分布的表达式为

$$E_y = -2E_0 \sin\frac{\pi x}{a} \sin\frac{p\pi z}{l} e^{it}$$

$$H_x = \frac{p\pi}{\omega\mu l} \cdot 2E_0 \sin\frac{\pi x}{a} \cos\frac{p\pi z}{l} e^{it} \qquad (3-6-7)$$

$$H_z = \frac{\pi}{\omega \mu a} \cdot 2E_0 \cos \frac{\pi x}{a} \sin \frac{p\pi z}{l} e^{it}$$

$$H_y = E_x = E_z = 0$$

从上式看出,电磁场沿 x、z 方向都形成驻波,沿 x 方向有一个驻立半波,沿 z 方向有 p 个驻立半波. 在 E_y 的驻波波腹处,H_x 和 H_z 为波节,E_y 为波节处,H_x 和 H_z 为波腹,而且 E_y 和 H_z 和 H_x 有 $\frac{\pi}{2}$ 相位差,这表示腔内电场能量最大时,磁场能量为零,反之,磁场能量最大,由于腔内电磁场能量相互转换,形成持续的振荡.

(3) 谐振腔谐振曲线. 谐振腔谐振曲线显示腔的谐振特性,曲线愈窄,频率选择性愈好.

① 传输式谐振腔谐振曲线,它是谐振腔传输系数 $T(f)$ 随输入微波频率 f 的变化曲线,如图 3-6-3(a). $T(f)$ 定义为

$$T(f) = \frac{P_{出}(f)}{P_{入}(f)} \tag{3-6-8}$$

$P_{出}(f)$ 为负载上的输出功率,$P_{入}(f)$ 为信号源与匹配负载连接时的最大输出功率. 在 Q 值足够高的情况下,有

$$T(f) = \frac{T(f_0)}{1 + 4Q_L^2 \left(\frac{\Delta f}{f}\right)^2} \tag{3-6-9}$$

其中 $T(f_0) = \frac{4Q_L^2}{Q_{e1} Q_{e2}}$,$\Delta f = f - f_0$,$Q_L = \frac{f_0}{|f_1 - f_2|}$,$Q_L$ 为谐振腔的有载品质因数,Q_{e1}、Q_{e2} 为腔外品质因数,f_0 为谐振频率.

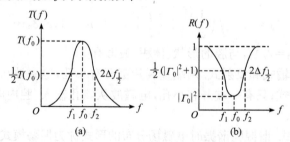

图 3-6-3　谐振腔谐振曲线
(a) 传输式腔;(b) 反射式腔

② 反射式谐振腔谐振曲线. 它是谐振腔相对反射功率 $R(f)$ 随输入微波频率 f 的变化曲线,如图 3-6-3(b),$R(f)$ 定义为

$$R(f) = \frac{P_r(f)}{P_i(f)} \tag{3-6-10}$$

其中 $P_r(f)$ 为腔的输入端的反射功率, $P_i(f)$ 为入射功率, 可以证明

$$R(f) = |\Gamma|^2 = \frac{|\Gamma_0|^2 + 4Q_L^2 \left(\frac{\Delta f}{f_0}\right)^2}{1 + 4Q_L^2 \left(\frac{\Delta f}{f_0}\right)^2} \tag{3-6-11}$$

式中 Γ 为反射系数.

2. 常用微波器件

1) 微波信号源

微波信号源有许多类型, 这里介绍实验室常用的简单的反射式速调管微波振荡器和固态微波信号发生器.

(1) 反射式速调管振荡器的结构: 一个完整的普通速调管振荡器, 包括反射式速调管、稳压电源和高频结构三个主要部分, 结构图如图 3-6-4 所示.

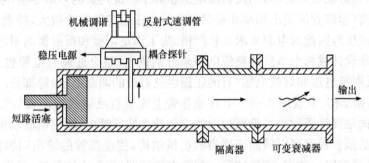

图 3-6-4 反射式速调管振荡器的结构

下面分别讨论这三个主要部分.

① 反射式速调管: 反射式速调管的结构原理如图 3-6-5 所示, 主要部分有: (i) 用来发射电子的阴极; (ii) 谐振腔 (阳极), 相对于阴极处在正电势, 利用耦合环和同轴线输出微波功率; (iii) 反射极, 相对于阴极处在负电势.

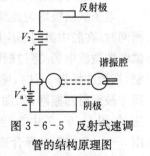

图 3-6-5 反射式速调管的结构原理图

在 3cm 波段, 常用的反射式速调管型号有 K-25、K-27 和 K-108 等. K-27 的一般性能如下, 工作频率 $f = 8600 \sim 9600$MHz, 输出功率 $P \approx 50$mW, 电子调谐范围 ≈ 55MHz, 阳极电压 $V_0 = 300$V, 反射极电压 $V_R \approx -60 \sim -300$V, 阳极电流 $i \approx 22$mA, 灯丝电压 $= 6.3$V. 图 3-6-6 给出 K-27 型反射式速调管的结构, 图中调谐螺钉的作用是通过改变谐振腔两个

栅网的距离来改变谐振频率.

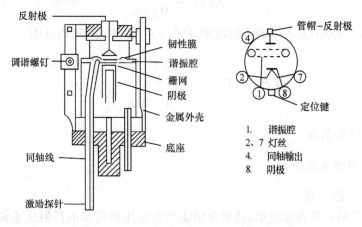

图 3-6-6　反射式速调管 K-27 的结构和管座图

② 稳压电源:由于反射式速调管各个电极的工作电压要求不同的数值和极性(阳极电压相对阴极是正的,而反射极电压相对于阴极是负的),对于电压稳定度的要求也很高(速调管的输出功率和振荡频率受电压稳定度影响很大,特别是反射极电压的稳定度),因此对电源要求比较严格.为了满足阳极和反射极的不同要求,在线路上必须设计成两个单独的整流电源来分别供电.整个速调管电源包括提供阳极电压、反射极电压和灯丝电压(有的还提供反射极的调制电压)等部分.

③ 高频结构:参看图 3-6-4.在波导管上安装有反射式速调管的管座,速调管的输出同轴探针通过波导管宽边上的小孔插入波导管内,输出微波功率.速调管与波导管的耦合程度可以借助于适当的机械结构,使速调管的输出同轴探针上下移动,调节微波输出功率.波导的另一端接有隔离器(作为去耦装置,消除负载变动对振荡器工作的影响)和可变衰减器(控制输功率的大小),然后再和测量线路连接.

(2) 速调管工作原理及工作特性

电子从阴极均匀连续地发出,经加速极加速获得足够能量,当电子穿越谐振腔栅网时,在腔中激起感应电流脉冲,产生了电磁振荡,即在两个栅网间产生了一个微弱的微波电场.穿过栅网的电子将受到微波电场的作用.其速度受到微波场的调制,当微波场为 $+\varepsilon_0$ 时,通过栅网的电子获得能量被加速,在反射空间经过较长距离才被反射回栅网,如图 3-6-7 中 1,当微波场为 $-\varepsilon_0$ 时,通过栅网的电子被减速,如图 3-6-7 中 3,当微波场为 0 时,电子速度不变,被反射极反射回栅网如图 3-6-7 中 2,选择合适的反射极电压 V_R,可使不同时间通过栅网的电子同时回到栅网形成所谓群聚现象.显然,微波场为 0 时,通过栅网的电子成为群聚中心.要使谐振腔内微波场持续的振荡并输出最大的微波功率,必须使围绕群聚中心电子的电子群回到栅网时受到微波场的最大减速，使微波场从运动电子中获得最大的能量. 选择合适的反射空间距离 S_0，谐振腔电压 V_0 和 V_R，使群聚中心电子的渡越时间 τ（电子离开栅网到再回到栅网的时间）满足

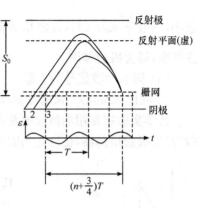

图 3-6-7 速调管内电子群聚过程

$$\tau = \frac{4S_0 \sqrt{\dfrac{mV_0}{2e}}}{V_0 + |V_R|} = \left(n + \frac{3}{4}\right)T, \quad n = 1, 2, 3, \cdots$$

$$(3-6-12)$$

式中，m, e 分别为电子质量和电荷，T 为微波场振荡周期，则微波场就能持续的振荡. 上式可写为

$$\tau = \frac{S_0 \sqrt{\dfrac{8mV_0}{e}}}{V_0 + |V_R|} f = n + \frac{3}{4}, \quad n = 1, 2, 3, \cdots \quad (3-6-13)$$

f 为微波场频率.

从上式可知，当 V_0 一定时，只有特定的反射极电压 V_R 才能产生振荡. 每一个有振荡输出功率的区域，叫做速调管的振荡模. n 表示振荡模的序号，不同的 n 对应于不同的振荡区域，如图 3-6-8. 图中表示出 V_0 一定时，输出功率 P，振荡频率 f 和 V_R 之间的关系，可看出，V_R 变化时，P 与 f 都随着变化，每个振荡模中心对应的输出功率最大，不同的振荡模，其最大输出功率不同. 输出功率最大的模称最佳振荡模，不同振荡模中心对应的频率是相同的 f_0，此频率称为速调管工作频率，要使速调管输出不同的频率，可以调节反射极电压 V_R，此为电子调谐，它的调节范围

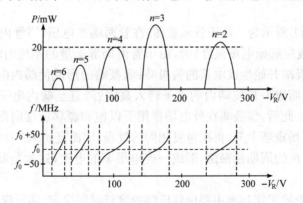

图 3-6-8 反射式速调管输出特性

较小，一般$\dfrac{\Delta f}{f_0}\leqslant 0.5\%$，要使频率有较大的变化，可以改变谐振腔的大小来改变谐振频率，即为机械调谐.

(3) 固态微波信号发生器

① 耿氏(Gunn)二极管振荡器.

教学实验室常用的微波振荡器除了反射式速调管振荡器外，还有耿氏(或称体效应)二极管振荡器，也称之为固态源.

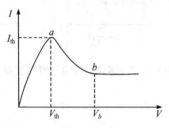

图 3-6-9　耿氏管的电流-电压特性

耿氏二极管振荡器的核心是耿氏二极管. 耿氏二极管主要是基于 n 型砷化镓的导带双谷——高能谷和低能谷结构. 1963 年耿氏在实验中观察到在 n 型砷化镓样品的两端加上直流电压，当电压较小时样品电流随电压增高而增大；当电压 V 超过某一临界值 V_{th} 后，随着电压的增高电流反而减小(这种随电场的增加电流下降的现象称为负阻效应)；电压继续增大($V > V_b$)则电流趋向饱和(如图 3-6-9 所示). 这说明 n 型砷化镓样品具有负阻特性.

砷化镓的负阻特性可用半导体能带理论解释. 如图 3-6-10 所示，砷化镓是一种多能谷材料，其中具有最低能量的主谷和能量较高的临近子谷具有不同的性质. 当电子处于主谷时有效质量 m^* 较小，则迁移率 μ 较高；当电子处于子谷时有效质量 m^* 较大，则迁移率 μ 较低. 在常温且无外加电场时，大部分电子处于电子迁移率高而有效质量低的主谷，随着外加电场的增大，电子平均漂移速度也增大；当外加电场大到足够使主谷的电子能量增加至 0.36eV 时，部分电子转移到子谷，在那里迁移率低而有效质量较大，其结果是随着外加电压的增大，电子的平均漂移速度反而减小.

图 3-6-11 所示为一耿氏管示意图. 在管两端加电压，当管内电场 E 略大于 E_T(E_T 为负阻效应起始电场强度)时，由于管内局部电量的不均匀涨落(通常在阴极附近)，在阴极端开始生成电荷的偶极畴；偶极畴的形成使畴内电场增大而使畴外电场下降，从而进一步使畴内的电子转入高能谷，直至畴内电子全部进入高能谷，畴不再长大. 此后，偶极畴在外电场作用下以饱和漂移速度向阳极移动直至消失. 而后整个电场重新上升，再次重复相同的过程，周而复始地产生畴的建立、移动和消失，构成电流的周期性振荡，形成一连串很窄的电流，这就是耿氏二极管的振荡原理.

耿氏二极管的工作频率主要由偶极畴的渡越时间决定. 实际应用中，一般将耿氏管装在金属谐振腔中做成振荡器，通过改变腔体内的机械调谐装置可在一定范围内改变耿氏振荡器的工作频率.

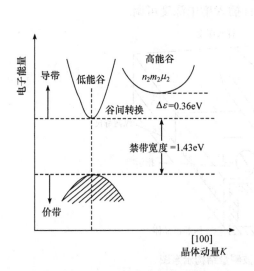

图 3-6-10　砷化镓的能带结构图

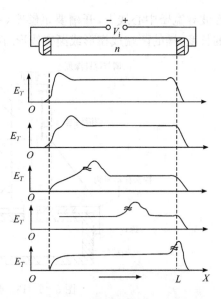

图 3-6-11　耿氏管中畴的形成、传播和消失过程

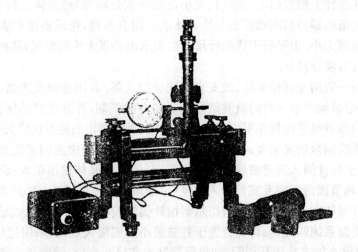

图 3-6-12　CLX-6 型测量线外观图

2）驻波测量线

测量线又叫驻波测量仪（standing wave detector），是用来测量波导中驻波分布规律的仪器，如图 3-6-12 所示．驻波测量线可分为两类：一类是电场测量，另一类是磁场测量，目前广泛应用的是第一类．应用电场测量原理设计的驻波测量线的结构如图 3-6-13 所示．它的主要组成部分有：一段开槽波导、探头装置（包括探针、检波晶体、调谐活塞）、探头移动机构和位置测量装置等．开槽部位应选在矩

形波导宽壁中心线上,开槽要足够窄(一般为 2.5~3.5mm 适宜),有几个半波长的长度,槽的两端成楔形或渐变线形.探针插入槽中深度可调.

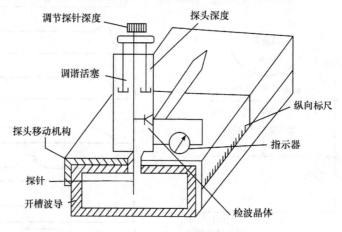

图 3 - 6 - 13　驻波测量结构示意图

　　沿槽可移动的探针与波导中的 TE_{10} 波靠电场耦合.由于探针与电场平行,电场的变化在探针上感应的电动势(其大小正比于该处场强)经晶体二极管检波,检波电场流过指示器回到同轴探头与外导体成一闭合回路,指示器读数表示出沿槽线分布的场强大小.由平行于槽的标尺读数表示出场强大小的位置,从而测得驻波比,驻波相位,波导波长.

　　指示器一般用光标检流计、微安表或选频放大器.若用选频放大器,可直接读出驻波比,但必须注意这时的微波讯号源要加方波调制,并且注意晶体检波律,使输至晶体的讯号电平保持在平方律检波范围内,否则测出的驻波比将失去意义.

　　为了提高测量的灵敏度,在测量前需要调节同轴探头中的调谐活塞及探针深度,消除由于探针插入开槽波导引起的不匹配,使检波晶体输出最大:将探针置于驻波腹点,调节调谐活塞及探针插入深度(一般取窄边 b 的 5%~10% 适宜),使指示器的指针偏转在满刻度附近(若指示器指针偏转较小,则需增大微波输出功率).

　　调节微波系统匹配,须将探针置于驻波极小点或极大点处,采用把 $|E_{min}|$ 调大或把 $|E_{max}|$ 调小的方法进行调配.如果把探针放在极小点处,调节接在测量线终端的调配器,使探针的输出功率稍微增大(不要增大太多,否则会发生假象,这时极小点功率并不增大),然后左右移动探针,看看极小点功率是否真正增大.这样反复调节调配器,使极小点功率逐渐增大,直至达到最佳匹配状态(驻波比 $s \approx 1$).

　　3) 晶体检波器

　　微波检波系统采用半导体点接触二极管(又称微波二极管),外壳为高频铝瓷管,形状像子弹(也有别的形状的),结构如图 3 - 6 - 14(a)所示.晶体检波器就是一段波导和装在其中的微波二极管,结构如图 3 - 6 - 14(b)所示.将微波二极管(检波晶体)插入波导宽壁中,使它对波导两宽壁间的感应电压(与该处电场强度成正比)进行检波. 为了获得大的检波信号输出,调节后部的短路活塞位置,使它与晶体间的距离约等于 $\lambda_g/4$,使晶体处于电场最大(驻波波腹)处. 有的晶体检波器,前方装有三螺钉调配器,以便使它后面与输入波导相匹配,提高检波效率.

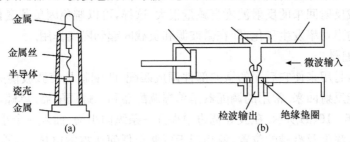

图 3 - 6 - 14　检波晶体结构

(a) 晶体检波器结构;(b) 示意图

由于检波晶体上的电压 V 与微波中的电场 E 成正比,检流电流通 i 与 E 的关系为

$$i = kE^n \tag{3-6-14}$$

式中 k 是一比例常数,n 是大于 1 小于 2 的一个数,当 E 较小时,$n \approx 2$,这是晶体的平方律区域;当 E 较大时,$n \approx 1$,这是晶体的线性律区域. 在平方律区域,晶体的检波电流与晶体接受的微波功率成正比.

4) 可变衰减器

衰减器是用来衰减微波的功率电平,也可以作为负载与信号源间的去耦元件. 由于波导管内各处微波电场强弱不同,因而改变衰减片在波导管中所处的位置,即可得到不同的衰减量. 衰减片是由玻璃叶片(或其他介质片)喷涂镍铬合金(或石墨)的电阻性薄层制成. 在矩形 TE_{10} 波导中,吸收式衰减器的结构如图 3 - 6 - 15 所示.

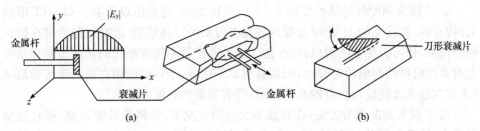

图 3 - 6 - 15　矩形 TE_{10} 波导吸收式衰减器

(a)电场 E_y 沿 x 方向分布,衰减片平行于 E_y,可沿 x 方向移动;(b)刀形衰减法的插入

5) 隔离器

隔离器是一种不可逆的衰减器,在正方向(或需要传输的方向上)它的衰减量(或插入损耗)很小,约 0.1dB 左右,反方向的衰减量则很大,达几十 dB,两个方向的衰减量之比为隔离度.若在微波源后面加隔离器,它对输出功率的衰减量很小,但对于负载反射回来的反射波度衰减量很大.这样,可以避免因负载变化使微波源的频率及输出功率发生变化,即在微波源和负载间起到隔离作用.

6) 调配器

调配器是用来使它后面的微波部件调成匹配.匹配就是使微波能完全进入而一点也不能反射回来.常用的调配器是单螺调配器和三螺调配器.单螺调配器的结构如图 3-6-16(a)所示.在波导宽边中央开一条纵向小槽,插入一个小螺钉,改变螺钉的插入深度及沿槽的位置,就相当于可调至任何所需的电抗.当插入深度 $l <$ $\lambda/4$ 时,它表现为一个等效并联电容;当插入深度 $l \geqslant \lambda/4$ 时,它呈现一个等效并联电感,大约在 $l = \lambda/4$ 时发生串联型谐振,波导成为短路.实际应用上,螺钉的插入深度不要超过谐振位置.图 3-6-16(a)中,若沿槽插入三个小螺钉,则构成三螺调配器.以上两种仅用于功率不很大的情况.

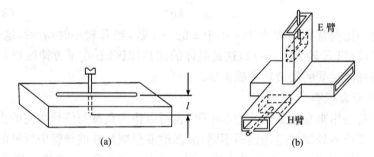

图 3-6-16　调配器结构示意图
(a)单螺旋调配器;(b)双 T 接头调配器

双 T 接头调配器的结构如图 3-6-16(b)所示.它是由双 T 接头(E-HT 形接头)构成的.在接头的 H 臂和 E 臂内各接有可动的短路活塞.改变短路活塞在壁臂中的位置,便可以使系统得以匹配.由于这种匹配器不妨害系统的功率传输和结构上有某些机械的与电的对称性,因而具有以下优点:①可以使用在高功率传输系统(尤其在毫米波波段);②有较宽的频带;③有很宽的驻波匹配范围.

双 T 接头调配调节方法:在驻波不太大的情况下,先调谐 E 臂活塞,使驻波减至最小,然后再调谐 H 臂活塞,就可以得到近似的匹配(驻波比 $s < 1.10$).如果驻波较大,则需要反复调谐 E 臂和 H 臂活塞,才能使驻波比降低到很小程度($s < 1.02$).

7) 环行器

微波环行器的种类很多,现仅举一种波导三端 Y 环行器(图 3 - 6 - 17),它是一只波导"H"平面的"Y"接头(或称"Y"结),结中心放一个铁氧体圆柱(它可以是三角形或其他形状),"Y"结的外边有一个"U"形的永磁铁提供恒定磁场 H_{dc},在 H_{dc} 作用下,铁氧体能促使高频磁场弯曲,并直接单向传输至另一相邻的端口,即当微波自端 1 进入时只到端 2,不到端 3;端 2 进入时只到端 3 不到端 1;端 3 进入时只到端 1 不到端 2. 如用这种环行器代替双 T 接头(又称匹配魔 T),则可省去匹配负载.

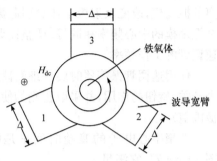

图 3 - 6 - 17　Y 环行器示意图
⊕ H_{dc} 方向指向纸面

环行器有两个技术指标:一个是插入损耗 a,另一个是隔离度 L. 如果自 1 臂输入的功率为 P_1,从 2 臂输出的功率为 P_2,则插入损耗 a 为

$$a(\mathrm{dB}) = 10\lg \frac{P_1}{P_2} \qquad (3 - 6 - 15)$$

插入损耗越小越好,通常可做到 $0.2\mathrm{dB}$ 以下.

隔离度是输入 1 臂的功率 P_1 与漏至 3 臂的功率 P_3 之比,即

$$L(\mathrm{dB}) = 10\lg \frac{P_1}{P_3} \qquad (3 - 6 - 16)$$

隔离度越大越好,一般总是在 $30\mathrm{dB}$ 以上.

3 - 7　反射式速调管的工作特性和波导管的工作状态研究

反射式速调管是一种常见的微波电子管,一般用作实验室的小功率微波振荡器. 熟悉速调管的原理、结构、工作特性和使用方法是正确使用微波信号源的基础.

通过测量反射式速调管中电子渡越时间以及波导管中波传播的相速度、群速度,可以加深对速调管工作原理的理解;研究微波在波导中的传播情况,有助于熟悉匹配、反射和驻波等概念.

一、实验原理

1. 反射式速调管的工作特性

速调管的工作原理和输出特性已在前面的微波基本知识中做了详细介绍,请阅读反射式速调管的工作原理和输出特性的内容.

反射式速调管的特性曲线如图 3-6-8 所示,由图可以看出下列特性:具有分离的振荡模;改变反射极电压会引起微波功率和频率的变化;存在最佳振荡模;各个振荡模的中心频率相同等.调整速调管的反射极电压、机械调谐旋钮,可以调节速调管的工作频率.

使用速调管振荡器时要仔细阅读速调管电源使用说明书,熟悉仪器面板上各个开关、旋钮的作用,并采取正确的使用方法(注意施加电压的步骤和各极电压的极限值).

群聚中心电子的渡越时间 τ 是电子离开栅网到再回到栅网的时间(参看图 3-6-7),它满足

$$\tau = \left(n + \frac{3}{4} \right) T, \quad n = 1, 2, 3, \cdots$$

$$\tau = \frac{4S_0 \sqrt{\dfrac{mV_0}{2e}}}{V_0 + |V_R|} = \left(n + \frac{3}{4} \right) T$$

这里,$|V_R|$ 是相应的模中心反射极电压. 以上两式中含有两个未知量 n(振荡模的序号)和 S_0(反射空间距离). 利用实验数据(在我们的实验中可以观测到四个振荡模)和下式:

$$\frac{4S_0 \sqrt{\dfrac{mV_0}{2e}}}{V_0 + |V_R|} \cdot f = n + \frac{3}{4} \tag{3-7-1}$$

可以算出 n 和 S_0,下面介绍两种方法.

1) 求解方程法

式(3-7-1)中含有两个未知量,原则上有两个方程联立即可求解. 由四个振荡模的数据可以列出四个方程,两两组合解出 n 和 S_0,再求平均值作为测量结果.

2) 拟合直线法

将式(3-7-1)变成直线方程

$$y = a + bx$$

其中

$$x = (V_0 + |V_R|)^{-1}$$

当式(3-7-1)中的 n 取值为 n、$n+1$、$n+2$、$n+3$ 时,相应有

$$y = 1, 2, 3, 4$$

$$a = 0.25 - n$$

$$b = 4S_0 \sqrt{\frac{mV_0}{2e}} \cdot f_x \tag{3-7-2}$$

$$a = 0.25 - n$$

利用计算器可以求出截距 a、斜率 b 和相关系数 r.

已知电子电量 $e=-1.602\times10^{-19}$ C，质量 $m=9.109\times10^{-31}$ kg，由实验数据 V_0、$|V_R|$、f_0 以及 a、b，可由式(3-7-2)求出 n 和 S_0，从而算出群聚中心电子的渡越时间 τ_x. 测量结果表明，渡越时间和微波振荡周期可以比拟，甚至还要小.

2. 波导管的工作状态

1) 波导管中波的传播特性

一般说，波导管中存在入射波和反射波. 描述波导管中匹配和反射程度的物理量是驻波比或反射系数. 由于终端情况不同，波导管中电磁场的分布情况也不同，可以把波导管的工作状态归结为三种状态：匹配状态、驻波状态和混波状态，它们的电场分布曲线分别如图 3-7-1(a)、(b)、(c)所示.

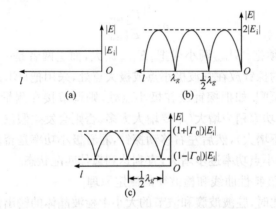

图 3-7-1 电场随 l 变化的分布曲线

在匹配状态，由于不存在反射波，所以电场 $|E_y|=|E_i|$；在驻波状态，终端发生全反射，$|E_i|=|E_r|$. 所以在驻波波腹处 $|E|_{\max}=|E_i|+|E_r|$，驻波波节处 $|E|_{\min}=|E_i|-|E_r|=0$. 在混波状态，终端是部分反射，$|E_r|<|E_i|$，所以 $|E|_{\max}=|E_i|+|E_r|$，$|E|_{\min}=|E_i|-|E_r|\neq0$.

我们知道，波导管中的波导波长 λ_g 大于自由空间波长 λ. 由于

$$c=\lambda f, \qquad v_g=\lambda_g f$$

式中 c 为光速，v_g 为相速度. 可见波在波导管中传播的相速度 v_g 大于光速 c. 显然，任何物理过程都不能以超过光速的速度进行，理论分析表明，相速度只是位相变化的速度，并不是波导管中波能量的传播速度（即群速度 u），因此相速度可以大于光速. 矩形波导管中 TE_{10} 波的物理图像为：一个以入射角 $\theta(\theta=\arccos(\lambda/2a))$ 射向波导管窄壁的平面波，经过窄壁的往复反射后，由入射波和反射波叠加而成 TE_{10} 波. 由此可见，波沿波导管轴传播的相速度 v_g 自然要比斜入射的平面波传播速度 c 来

得大. 由相速度 v_g、群速度 u 和光速 c 的关系式

$$v_g u = c^2$$

可以看出波能量沿波导管轴传播的速度(群速度 u)小于光速.

实验中,我们通过测量波导波长 λ_g 和频率 f 来决定光速 c、相速度 v_g 和群速度 u.

2) 驻波测量线的调整、使用和驻波测量

驻波测量线是微波实验室不可缺少的基本仪器,可利用它来进行多种微波参量的测量. 因此,我们要熟悉驻波测量线的结构,掌握它的正确使用方法(如调整探针有合适穿伸度、调谐、晶体检波律等),并利用它来测量驻波比和波导波长.

我们说过,"调节匹配"是微波测试中必不可少的概念和步骤. 怎样把微波系统调到匹配状态呢? 按照驻波比的定义

$$\rho = \frac{|E|_{max}}{|E|_{min}}$$

要降低 ρ,必须把 $|E|_{max}$ 调小或把 $|E|_{min}$ 调大,而这两者是一致的. 在实验中,可把驻波测量线的探针放在驻波极小点或极大点处,采用把 $|E|_{min}$ 调大或把 $|E|_{max}$ 调小的方法进行调配. 如把探针放在极小点处,则调节接在测量线端点的调配元件,使探针的输出功率稍为增大(不要增大太多,否则会发生假象——波形移动,这时极小点功率并不增大),然后左右移动探针,看看极小功率是否真正增大. 这样反复调配元件,使极小点功率逐步增大,直到达到最佳匹配状态.

3) 晶体的检波特性曲线和检波律的测定原理

在测量驻波比时,驻波波腹和波节的大小由检波晶体的输出信号测出. 晶体的检波电流 I 和传输线探针附近的高频电压 E 的关系必须正确测定. 根据检波晶体的非线性特征,可以写出

$$I = k_1 E^n \qquad\qquad (3-7-3)$$

如驻波测量线晶体检波律 $n=1$ 称为直线性检波,$n=2$ 称为平方律检波. n 的数值可按下法测定.

令驻波测量线终端短路,此时沿线各点驻波振幅与终端距离 τ 的关系为

$$|E| = k_2 \left| \sin \frac{2\pi l}{\lambda_g} \right| \qquad\qquad (3-7-4)$$

设以线上 $\tau = \tau_0$ 处的电场驻波波节为参考点,将探针由参考点向左移动,线上驻波电场值 $|E|$ 由零增大,而检波电流 I 也相应地由零增大,每一驻波电场值便有一相应的检波电流值. 如果测量时不必知道检波律 n,我们由实验测得 $I(l)$,由式 (3-7-4) 算出 $|E(\tau)|$,直接画出 $I-|E|$ 的关系曲线,利用它可以由实际测得的检波电流值找出相应的驻波电场相对值,从而求出正确的驻波比(参看图 3-7-2 (a)、(b)).

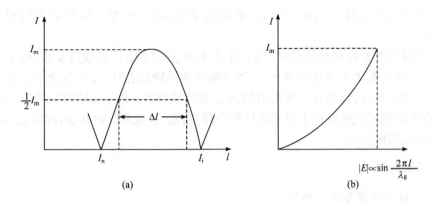

图 3-7-2　晶体检波特性的测定

如果需要知道检波律 n，可以由实验测量在两个相邻波节之间的驻波曲线 $I(l)$，再利用下列关系式定出 n：

$$n=\frac{-0.3010}{\lg\left(\cos\dfrac{\pi\Delta l}{\lambda_\mathrm{g}}\right)}$$

其中 Δl 为驻波曲线上 $I=I_\mathrm{m}/2$ 两点的距离，I_m 为波腹的检波电流.上式不难由式（3-7-3）和式（3-7-4）求得，同学可自行证明.

二、实验装置

考虑到观测速调管工作特性和波导管工作状态的需要，以及熟悉常用微波元件和掌握三种基本测量的要求，我们采用图 3-7-3 的实验线路.

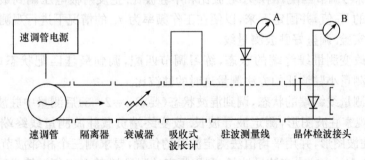

图 3-7-3　实验线路

速调管电源提供阳极电压、反射极电压和灯丝电压，有的还提供反射极的调制电压（方波调制和锯齿波调制）.参考型号：WY-19A 型速调管电源.

速调管一般采用 K-27 型反射式速调管，工作频率为 8600～9600MHz.

整个微波测量线路由 3cm 波段波导元件组成，其主要元件为隔离器（GLX-2

型)、吸收式波长计(DHW-12914)、驻波测量线(CLX-6 型)、单螺调匹器和几个
负载.

当速调管处在连续状态时,指示器 A 和 B 为数字纳安表或微安表;处于方波
调幅状态时,A 和 B 为测量放大器;处于锯齿波调频状态时,A 和 B 为示波器.

在实验中,可以通过改变驻波测量线的终端情况,观测波导管的三种工作状
态,在驻波测量线终端接上可变电抗器(短路活塞)来观测驻波状态,或接上匹配负
载来观测匹配状态.

三、实验内容

1. 观测速调管的工作特性

(1) 观测速调管的各个振荡模.

按正确步骤开启电源,使速调管处于最佳工作状态. 改变反射极电压,观测速
调管的各个振荡模(要求:V_R 从 $-300\mathrm{V}$ 变化到 $-30\mathrm{V}$). 描绘草图,注明各个振荡
模的峰值以及始点、峰值和终点所对应的反射极电压值.

(2) 逐点测量速调管最佳振荡模的功率 P 和反射极电压 V_R 的关系曲线,以及
频率 f 和反射极电压 V_R 的关系曲线.

改变 $|V_R|$,对于每个 V_R 值,利用晶体检波接头测量相对功率 P,并用频率计测
量频率. 注意频率计测频率后要失谐.

(3) 电子渡越时间的测定.

2. 观测波导管的工作状态

(1) 练习调节匹配,测量小驻波比和中驻波比. 把反射极电压调到最佳振荡模
峰值对应的 V_R 值,并固定下来,以便在工作频率为 f_0 的情况下进行观测波导管工
作状态的实验. 调整好驻波测量线.

利用改变测量线终端的状态,练习调节匹配,调到最佳匹配状态(要求 $\rho <$
1.10),用测量小驻波比的方法测量这时的驻波比.

改变测量线终端的状态,调到混波状态(要求 $\rho = 2 \sim 3$)后测量中驻波比.

(2) 观察驻波图形,测定波导波长. 改变终端负载驻波测量线终端接近全反
射,观察驻波图形,并用平均值法测定波节的位置,要求测三个相邻波节(两个 $\lambda_g /$
2 之差 $\leqslant 0.10\mathrm{mm}$),决定波导波长. 利用频率计测量频率 f,以便计算光速 c 和群速
度 u.

(3) 选做. 测量两个相邻波节之间的驻波曲线 $I(l)$.

四、数据处理

(1) 画出几个振荡模的草图.

（2）画出最佳振荡模的 $P-V_R$ 曲线和 $f-V_R$ 曲线.

（3）计算最佳振荡模的电子调谐范围和平均电子调谐率.

（4）利用驻波比 ρ 和反射系数 Γ_0 的关系式 $|\Gamma_0|=(\rho-1)/(\rho+1)$，分别计算测出小驻波比和中驻波比所对应的 $|\Gamma_0|$.

（5）将驻波测量线测得的波导波长 λ_g 代入下式：

$$\lambda=\frac{\lambda_g}{\sqrt{1+\left(\frac{\lambda_g}{2a}\right)^2}}$$

算出自由空间波长 λ，并求光速 c、相速度 v_g 和群速度 u（已知波导管宽边 $a=22.86\text{mm}$，计算时应保持四位有效数字）.

五、思考题与讨论

（1）怎样使速调管工作在所需要的频率（如 $f=9000\text{MHz}$）？

（2）怎样准确、简便地测定检波晶体管的检波律？

3-8　微波的光学特性

微波有"似光性"，用可见光、X 射线观察到的反射、干涉和衍射现象都可以用微波再现出来，对于微波的波长为 0.01m 量级的电磁波，用微波设备做波动实验要显得形象、直观，更容易理解，通过观测微波的反射干涉、衍射及偏振等现象，能加深理解微波和光都是电磁波，都具有波动这一共同性.

一、实验原理

1. 微波的反射

微波遵从反射定律，如图 3-8-1 所示，一束微波从发射喇叭 A 发出以入射角 i 射向金属板 MN，则在反射方向的位置上，置一接收喇叭 B，只有当 B 处在反射角 $\angle i'=\angle i$ 时，接受到的功率最大，即反射角等于入射角.

2. 微波的单缝衍射

微波的衍射原理与光波完全相同，当一束微波入射到一宽度与波长可比拟的狭缝时，它就要发生衍射现象，如图 3-8-2 所示.

设微波波长为 λ，狭缝宽度为 a，当衍射角 φ 符合

$$a\sin\varphi=\pm k\lambda, \qquad k=1,2,3,\cdots \tag{3-8-1}$$

时在狭缝背面出现衍射波的强度极小，而当

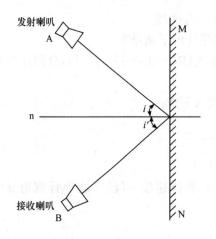

图 3 - 8 - 1　微波的反射

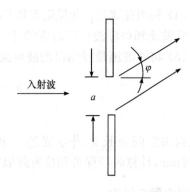

图 3 - 8 - 2　微波的单缝衍射

$$a\sin\varphi = \pm(2k+1)\frac{\lambda}{2}, \qquad k = 0,1,2,\cdots \qquad (3-8-2)$$

时,在缝后面出现衍射波的强度极大(主极大发生在 $\varphi=0$ 处).

3. 微波的双缝干涉

微波遵守光波的干涉规律,如图 3 - 8 - 3 所示,当一束微波(波长为 λ)垂直入

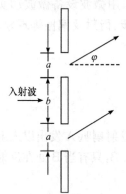

射到金属板的二条狭缝上,则每条狭缝就是次波源.由两缝发出的次波是相干波,因此金属板的背面空间中,将产生干涉现象,设缝宽为 a,两缝间距离为 b,则由光的干涉原理可知,当

$$(a+b)\sin\varphi = \pm k\lambda, \quad k = 0,1,2,3,\cdots$$
$$(3-8-3)$$

时,干涉加强,当

$$(a+b)\sin\varphi = \pm(2k+1)\frac{\lambda}{2}, \quad k = 1,2\cdots$$

图 3 - 8 - 3　微波的双缝干涉　时,干涉减弱.

4. 微波的偏振性

微波在自由空间传播是横电磁波,它的电场强度矢量 E 与磁场强度矢量 H 和波的传播方向 S 永远呈正交的关系,它们的振动面的方向总是保持不变. E、H、S 遵守乌莫夫-坡印亭矢量关系(图 3 - 8 - 4),即为

$$E \times H = S \qquad\qquad (3-8-4)$$

如果 E 在垂直于传播方向的平面内,沿着一条固定的直线变化,这样的横电磁波叫线偏振波.电磁场沿某一方向的能量有 $\cos^2\alpha$ 的关系,这就是光学中的马吕斯定律.

$$I = I_0\cos^2\alpha \qquad\qquad (3-8-5)$$

式中 I_0 为辐射强度,α 是 I 与 I_0 间的夹角.

5. 微波的迈克耳孙干涉

用微波源作波源的迈克耳孙干涉仪与光学中的迈克耳孙干涉完全相似,其装置如图 3-8-5 所示,发射喇叭发出的微波,被 45°放置的分光玻璃板 MM(也称半透射板)分成两束,一束由 MM 反射到固定反射板 A;另一束透过 MM 到达可移动反射板 B.由于 A、B 为全反射金属板,两列波被反射再次回到半透射板.A 束透射,B 束反射,会聚于接收喇叭,于是接收喇叭收到两束同频率、振动方向一致的二束波.如果这二束波的相位差为 π 的偶数倍,则干涉加强;当相位差为 π 的奇数倍则干涉减弱.

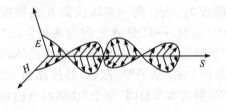

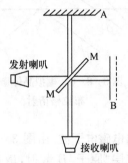

图 3-8-4 E、H、S 遵守乌莫夫-坡印亭矢量关系　　图 3-8-5 微波的迈克耳孙干涉仪

假设入射的微波波长为 λ,经 A 和 B 反射后到达接收喇叭的波程差为 δ,当

$$\delta = k\lambda, \qquad k = 0, \pm1, \pm2, \pm3, \cdots \qquad (3-8-6)$$

时,将有接收喇叭后面的指示器有极大示数. 当

$$\delta = (2k+1)\lambda/2, \qquad k = 0, \pm1, \pm2, \pm3, \cdots \qquad (3-8-7)$$

时,指示器显示极小示数.

当 A 不动,将活动板 B 移动 L 距离,则波程差就改变了 $\delta = 2L$,假设从某一级极大开始记数,测出 n 个极大值,则由 $2L = n\lambda$ 得到

$$\lambda = \frac{2L}{n} \qquad\qquad (3-8-8)$$

即可测出微波的波长.

6. 微波的布拉格衍射

X射线与晶体的晶格常数属于同一数量级,晶体点阵可以作为X射线衍射光栅,而微波波长是0.01m量级的电磁波,显然实际晶体不能作为微波的三维衍射光栅,本实验以立方点阵(点阵结点之间距离为0.01m量级)的模拟晶体为研究对象,用微波向模拟晶体入射,观测不同晶面上点阵的反射波产生干涉应符合的条件,即应满足布拉格(Bragg)在1912年导出的X射线衍射关系式——布拉格公式.

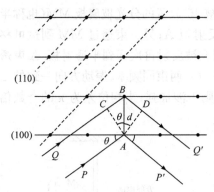

图3-8-6　模拟晶体微波
布拉格衍射

现对模拟立方晶体水平上的某一晶面加以分析,如图3-8-6所示,假设"原子"占据着点阵的结点,两相邻"原子"之间的距离为a(晶格常数).晶体内特定取向的平面用米勒指数(h,k,l)标记,图3-8-6中实线和虚线分别表示(100)和(110)晶面与水平某一晶面的交线,当一束微波以0°角掠射到(100)晶面,一部分微波将为表面层的"原子"所散射,其余部分的微波将为晶体内部各晶面上的"原子"所散射.各层晶面上"原子"散射的本质是因"原子"在微波电磁场作用下做与微波同频率的受迫振荡,然后向周围发出电磁电子波.由图3-8-6知入射波束PA和QB分别受到表层"原子"A和第二层"原子"B散射,散射束分别为AP'和BQ',则PAP'和QBQ'的波程差δ为

$$\delta = CB + BD = 2d\sin\theta \qquad (3-8-9)$$

式中$d=AB$为晶面间距,对立方晶体$d=a$,显然波程差为入射波波长λ的整数倍时,即

$$2d\sin\theta = n\lambda \qquad (3-8-10)$$

两列波同相位,产生干涉极大值,式中θ表示掠射角(入射线与晶面夹角),称为布拉格角;n为整数,称为衍射级次.同样可以证明,凡是在此掠射角被(100)各晶面散射的微波均为干涉加强,式(3-8-10)就是著名的布拉格公式.

布拉格公式仅对于(100)晶面族成立,而对于其他晶面族也成立,但晶面间距不同.对于(110)晶面族$d_{110}=a/\sqrt{2}$,计算晶面间距的公式为

$$d_{hkl} = \frac{a}{\sqrt{h^2 + k^2 + l^2}} \qquad (3-8-11)$$

二、实验装置

本实验装置为图 3-8-7 示出微波分光计的结构,可分为四个部分.一是发射部分,是由固定臂 4 及其上端的发射喇叭 3 组成,称为发射天线,微波信号由三厘米雪崩固态源发出,经可变衰减器到发射喇叭 3;二是接受部分,由可绕中心轴转动的活动臂 7、接受喇叭 6 及其转动角度指示仪 15、晶体检波器 9 和指示器 10 组成;三是在两喇叭之间可绕中心轴自由转动的分度平台 11,平台一周分为 360 等份,其转动的角度可由固定臂指针 5 指示,平台上有定位销,定向坐标和固定被测部件 14 用的四个弹簧销钉;四是圆盘底座 12,底座上有做迈克耳孙干涉实验用的固定正交两个反射板(图中未画出)的定位螺纹孔和水平调节螺钉 13.

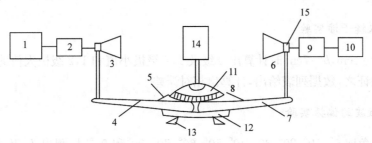

图 3-8-7　实验装置图

固态信号源发出的信号具有单一的波长($\lambda = 32.02\text{mm}$),相当于光学实验中要求的单色光束.当选择"连续"时,指示器是微安表,当选择"方波"时指示器为测量放大器.两个喇叭天线的增益大约的 20dB,波瓣的理论半功率点宽度大约为:H 面是 $20°$,E 面是 $16°$,当发射喇叭口面宽边与水平面平行时,发射信号电矢量的偏振方向是垂直的.

实验前首先旋转分度平台(平台上不放被测部件 14)使 $0°$ 刻线与固定臂上指针对正,再转动活动臂上的指针 8 与分度平台 $180°$ 刻线对正,然后将安装在底座上的塑料头螺钉拧紧,锁紧活动臂使之不自由摆动,读出指示器示数;然后,松开螺钉,移动活动臂向左右同样角度(如 $20°$)时,观看指示器读数左右移动时,偏转是否相同,如果不同,略微旋转接受喇叭,反复调节直至左右指示器偏转相等为止.

做反射、单缝衍射、双缝干涉实验时,14 分别为反射板、单缝衍射板、双缝干涉板;做迈克耳孙干涉实验时,14 为分光玻璃板,按图 3-8-5 安装,并安装两个正交反射板;做布拉格衍射实验时 14 为模拟立方晶体.

三、实验内容

1. 反射实验

在入射角分别等于 $30°$、$40°$、$50°$、$60°$ 和 $70°$ 时测出相应的反射角的大小,并在反射板的另一侧对称地进行测量,然后求其相应的反射角平均值,数据以列表形式给出.

2. 单缝衍射实验

在 $a=7\mathrm{cm}$ 测出 1 级极小和 1 级极大的 φ 角值,并同理论计算值相对比,求出相对误差.

3. 双缝干涉实验

在 $a=4\mathrm{cm}$,$b=7\mathrm{cm}$ 时计算出 0 级及 1,2 级极小值和 1,2 级极大值的 φ 角,通过实验验证之,数据列表给出,计算出相对误差.

4. 微波的偏振实验

在 α 角取 $0°$、$10°$、$20°$、$30°$、$40°$、$50°$、$60°$、$70°$、$80°$ 和 $90°$ 时,测出 I_0 及 I,同理论值对比,数据列表给出.

5. 迈克耳孙干涉实验

调整发射喇叭和接受喇叭彼此正交,移动活动反射板测出 n 个极大值位置,计算微波波长,做三次取平均,将平均波长 $\bar{\lambda}$ 与给定的波长 λ 做比较,求出相对误差,数据以列表形式给出.

6. 布拉格衍射实验

测量(100)和(110)晶面衍射强度随入射角 θ 变化,分别计算出晶面间距,并与模拟晶体的实际尺寸做比较,求出相对误差,每改变 $2°$ 测一读数. 数据以列表及画出 I-θ 关系曲线形式给出(为了避免两喇叭之间波的直接入射,入射角取值范围最好选在 $30°$ 到 $70°$ 之间).

参 考 文 献

沈致远. 1980. 微波技术. 北京:国防工业出版社
吴思诚,等. 1995. 近代物理实验. 北京:北京大学出版社

3-9 相关器的研究及其主要参数的测量

随着科学技术的迅速发展,测量技术得到日臻完善的发展,但同时也提出了更高的要求,尤其是一些极端条件下的测量已成为深化认识自然的重要手段,例如对物质的微观结构与弱相互作用所获得的极为微弱的检测,是当今科学技术的前沿课题. 由于微弱信号检测(weak signal detection)能测量传统观念认为不能测量的微弱量,所以才获得迅速的发展和普遍的重视.

对于众多的微弱量(如弱光、小位移、微震动、微温差、弱磁、弱声、微电流、低电压及弱流量等),一般都通过各种传感器做非电量的转换,使检测对象转变成电量(电流或电压). 但当检测量甚为微弱时,由于微弱物理量本身的涨落、传感器本底与测量仪器噪声的影响,被测的有用的微弱电信号被强于数千甚至数十万倍的噪声所淹没. 因此,微弱信号检测是一种专门与噪声做斗争的技术. 只有抑制噪声,才能取出信号,噪声对于弱检测几乎是无处不在,它总是与信号共存. 微弱信号检测的目的是利用电子学的、信息论的和物理学的方法分析噪声产生的原因和规律,研究被测信号的特征和相关性,采取必要的手段检测被背景噪声覆盖的弱信号. 它的任务是发展微弱信号检测的理论,探索新的方法和原理,研制新的检测设备以及在各学科领域中的推广应用.

自从 1928 年约翰逊(Johnson)对热骚动电子运动产生的噪声研究以来,大量科学工作者对信号的检测做出了重要贡献. 尤其是近几十年来,微弱信号检测技术更加取得了突飞猛进的发展,测量的极限不断低于噪声的量级. 1962 年,美国 PARC 第一台相干检测的锁定放大器问世,使检测的信噪比提高到 10^3;到 20 世纪 80 年代初,在特定的条件下可使小于 1nV 的信号获得满度输出(使信号的放大量接近 200dB),信噪比提高到 10^6. 粗略估计,即平均每 5~6 年测量的极限就提高一个数量级. 因此,随着科技的发展,过去视为不可测量的微观现象或弱相互作用所体现的微弱信号,现已成为可能,这就大大推动了物理学、化学、天文学、生物学、医学以及广泛的工程技术领域等学科的发展. 微弱信号检测技术也就成为一门被人们广泛重视的新兴技术学科.

噪声的定义是有害信号. 它普遍存在于测量系统之中,因而妨碍了有用信号的检测,成为限制测量信号的主要因素. 除噪声之外,实际的测量之中,还存在干扰,它与噪声有本质的区别. 噪声由一系列随机电压组成,其频率和相位都是彼此不相干的,而且连续不断. 而干扰通常都有外界的干扰源,是周期的或瞬时的、有规律的. 无论是噪声还是干扰,它们都是有害信号,有时为方便,统称噪声. 在微弱信号检测中,往往是噪声电平远远大于测量信号,即信号"深埋"(或称"淹没")于噪声之中. 产生噪声的噪声源有很多类型,主要有信号源电阻的热噪声、接收及处理信号仪器的电路产生的噪声、电源和环境干扰等.

在物理实验的模拟测量中,所谓"信号",是指反映某些物理量在一定的实验条件下变化的信息.在使用电子测量技术时,一般是先将这些信息转化成电压量或电流量,再进行接收、处理,以便获得实验者所需要的信息数据.一般来说,一个信号要包括以下几方面的参数:波形、幅值、有效值(或平均值)、频谱、波形的时间特征等.在实际工作中,要检测一个信号并不要求检测这些参数的全部,而是根据需要只要检测到有关参数即可.一般从探测器得到的"总信号"中包括了载有信息成分的有用信号 S 和附加的噪声成分 N.当均用有效值来表示它们的大小时,可用信噪比的改善来表示所得信息的可靠程度.

信噪比的改善定义为

$$SNIR = \frac{(S/N)_{out}}{(S/N)_{in}} \tag{3-9-1}$$

其中 $(S/N)_{out}$ 是输出信噪比,$(S/N)_{in}$ 是输入信噪比. $SNIR$ 可以用来衡量一个系统对噪声的抑制能力,微弱信号检测技术也是一门改善信噪比的技术.

由于信号特点不同,检测方法亦异.微弱信号检测一般有三条途径:一是降低传感器与放大器的固有噪声,尽量提高其信噪比;二是研制适合微弱信号检测原理并能满足特殊需要的器件;三是利用微弱信号检测技术,通过各种手段提取信号.这三者缺一不可,但主要还是第三条,即研究其检测方法.由于检测方法必须根据信号的特点与之相适应,因此,在发展检测方法的过程中也就发展了微弱信号检测这门技术.目前,微弱信号检测的基本方法有以下几种.

相干检测是一种频域信号的窄带化处理方法,也是一种积分过程的相关测量.它利用信号与外加参考信号的相干特性,而这种特性却是随机噪声所不具备的.典型的仪器设备是以相敏检波器(PSD)为核心的锁定放大器(简称 LIA).锁定放大器问世以来其性能不断提高.

时域信号的平均处理是根据时域特征的取样平均来改善信噪比并恢复波形的测量.对于任何重复的信号波形,在其出现期间只取一个样本,并在固定的取样间隔内重复 m 次.由 $\sqrt{m}$ 法则可知,信噪比改善 $SNIR=\sqrt{m}$.若将所描述的信号按时间顺序划分为 n 个间隔,将每个间隔的平均结果记录下来,便能使噪声污染的信号波形得到恢复.其代表性的仪器有 Boxcar 平均器或称取样积分器.这类仪器的缺点是取样效率低,不能充分利用信号波形,其次是不利于低重复频率的信号的恢复,从而限制了它的使用.随着计算机应用的发展,出现了信号多点数字平均技术,可最大限度地抑制噪声或节约时间,并能完成多种模式的平均功能.

在被检测的信号中,有时却是随机的或按概率分布的离散信息.例如当光非常微弱时,它呈粒子性,成为量子化的光子.光子是没有质量只有动量的粒子,其能量为 $E_p=hc/\lambda$.单位时间内的光子既非同时发射,亦非顺序到达,而是满足一定的概率分布. 在检测这些离散量时能否逐一分开、全部记录,如何修正其堆积过程,如何排除噪声,这些问题便是微弱信号检测的又一课题.

随着计算机的普及与发展,原来在微弱信号检测中需要用硬件来完成的检测系统,现在可以用软件来实现. 利用计算机进行曲线拟合、平滑、数字滤波、快速傅里叶变换(FFT)及谱估计等方法处理信号,提高了信噪比,实现了微弱信号检测的要求.

本单元安排了一组微弱信号检测技术方面的实验,通过训练,使学生对微弱信号检测的方法有一定的了解.

微弱信号检测的核心问题是对噪声的处理. 最简单、最常用的办法是采用选频放大技术. 为检测信号,要求选频放大器的中心频率 f_0 与检测信号的频率 f_s 相同. 尽量压缩带宽使 Q 值提高,$Q = f_0/\Delta f$(Δf 选频放大器的信号带宽),从而使大量处于通带两侧的噪声得以抑制,而检测有用的信号. 但是选频放大器对信号频率 f_s 没有跟踪能力,很难达到 $f_0 = f_s$ 的要求. 另外,选频放大器信号带宽应大于被测信号的频谱宽度,Q 值一般不能太高. 当背景信号中的窄带噪声谱宽度与信号谱宽度可以比拟时,或在信号频率 f_s 附近有较强的干扰时,选频放大器处理噪声和干扰的能力更差. 据此,在微弱信号检测中,常规的选频放大器已不能满足要求. 对于窄带微弱信号,要求电路具有极窄的信号频带,即极高的 Q 值,并且对于信号频率的变化不仅要具有自动的跟踪能力,而且同时又锁定信号的相位 φ. 那么,噪声与信号既同频又同时的可能性大为减少. 这就是相干检测的基本思想以及对噪声的处理方法. 也就是说,需要另一个相干信号,它只能识别被测信号的频率与相位. 频域信号窄带化处理的相干检测系统称为锁相放大器(lock-in amplifier),简称 LIA. 因为它实现了锁定相位的功能,故亦有译为锁定放大器. 目前,锁定放大技术已广泛地用于物理、化学、生物、电信、医学等领域. 因此,培养学生掌握这种技术的原理和应用,具有非常重要的现实意义.

本实验的目的是让学生了解相关器的原理,测量相关器的输出特性,掌握相关器正确的使用方法.

一、相关器的工作原理

1. 相关检测

微弱信号检测的基础是被测信号在时间轴上具有前后相关性的特点,所谓相关,是指两个函数间有一定的关系. 如果它们之间的乘积对时间求平均(积分)为零,则表明这两个函数不相关(彼此独立). 如不为零,则表明两者相关. 相关的概念按两个函数的关系又可分为自相关和互相关两种. 由于互相关检测抗干扰能力强,因此在微弱信号检测中大都采用互相关检测原理.

如果 $f_1(t)$ 和 $f_2(t-\tau)$ 为两个功率有限信号,则可定义其相关函数为

$$R(\tau) = \lim_{\tau \to \infty} \frac{1}{2T} \int_{-T}^{T} f_1(t) \cdot f_2(t-\tau) dt \qquad (3-9-2)$$

另,$f_1(t)=V_s(t)+n_1(t)$,$f_2(t)=V_r(t)+n_2(t)$. 其中 $n_1(t)$ 和 $n_2(t)$ 分别代表与待测信号 $V_s(t)$ 及参考信号 $V_r(t)$ 混在一起的噪声. 则式(3-9-2)可写成

$$R(\tau) = \lim_{\tau \to \infty} \frac{1}{2T} \int_{-T}^{T} \{[V_s(t)+n_1(t)] \cdot [V_r(t-\tau)+n_2(t-\tau)]\} dt$$

$$= \lim_{\tau \to \infty} \frac{1}{2T} \Big[\int_{-T}^{T} V_s(t)V_r(t-\tau) dt + \int_{-T}^{T} V_s(t)n_2(t-\tau) dt +$$

$$\int_{-T}^{T} V_r(t-\tau)n_1(t) dt + \int_{-T}^{T} n_1(t)n_2(t-\tau) dt \Big]$$

$$= R_{sr}(\tau) + R_{s2}(\tau) + R_{r1}(\tau) + R_{12}(\tau) \qquad (3-9-3)$$

式中 $R_{sr}(\tau)$、$R_{s2}(\tau)$、$R_{r1}(\tau)$、$R_{12}(\tau)$ 分别代表两信号之间信号对噪声及噪声之间的相关函数. 由于噪声的频率和相位都是随机量,它们的偶尔出现可用长时间积分使它不影响信号的输出. 所以,可认为信号和噪声、噪声和噪声之间是互相独立的,它们的相关函数为零. 式(3-9-3)可写为

$$R(\tau) = \lim_{\tau \to \infty} \frac{1}{2T} \int_{-T}^{T} V_s(t)V_r(t-\tau) dt \qquad (3-9-4)$$

上式表明,对两个混有噪声的功率有限信号进行相乘和积分处理(即相关检测)后,可将信号从噪声中检出,噪声被抑制,不影响输出.

2. 相关器

根据相关检测的原理可以设计的相关检测器,简称相关器,如图 3-9-1 所示,它是锁定放大器的心脏.

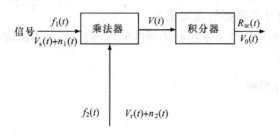

图 3-9-1 相关器基本框图

通常,相关器由乘法器和积分器构成. 乘法器有两种:一种是模拟乘法器;另一种是开关式乘法器. 常采用方波作参考信号,而积分器通常由 RC 低通滤波器构成.

现设式(3-9-4)中两个信号均为正弦波.

待测信号为：$V_s(t) = e_s\cos\omega t$

参考信号为：$V_r(t-\tau) = e_r\cos[(\omega + \Delta\omega)t + \varphi]$

在式中 τ 为两个信号的延迟时间,它们进入乘法器后变换输出为 $V(t)$

$$V(t) = V_s(t) \cdot V_r(t-\tau) = e_s e_r\cos[(\omega + \Delta\omega)t + \varphi] \cdot \cos\omega t$$

$$= \frac{1}{2} e_s e_r\{\cos(\Delta\omega t + \varphi) + \cos[(2\omega + \Delta\omega)t + \varphi]\}$$

即由原来以 ω 为中心频率的频谱变换成以差频 $\Delta\omega$ 及和频 2ω 为中心的两个频谱. 通过低通滤波器(简称 LPF)后,和频信号被滤去,于是经 LPF 输出的信号为

$$V_0(t) = Ke_s e_r\cos(\Delta\omega t + \varphi)$$

若两信号频率相同(这符合大多数实验条件),则 $\Delta\omega = 0$,上式变为

$$V_0(t) = Ke_s e_r\cos\varphi \tag{3-9-5}$$

式中 K 是与低通滤波器的传输系数有关的常数.

上式表明,若两个相关信号为同频正弦波时,经相关检测后,其相关函数与两信号幅度的乘积成正比. 同时与它们之间相位差的余弦成正比,特别是当待测信号和参考信号同频同位相,即 $\Delta\omega = 0$,$\varphi = 0$ 时,输出最大,即

$$V_{om} = Ke_s e_r$$

可见,参考信号也参与了输出. 模拟乘法器组成的相关器虽然简单,但它存在一系列缺陷,对参考信号的稳定性要求极高. 对存在于待测信号和参考信号中的各高次谐波分量以及低次谐波分量等,均有一定的响应. 更严重的是,电路利用器件的非线性特性进行相乘运算,造成对输入信号中的各种分量及噪声进行检波而得到的直流输出,形成输出噪声. 以致仍把微弱信号检出量淹没,基于上述原因,现行的设备中常采用开关式乘法器构成.

开关式乘法器称为相敏检波器(简称 PSD). 相关器由相敏检波器与低通滤波器组成. 此时待测信号 $V_s(t)$ 为正弦信号,参考信号 $V_r(t)$ 为方波信号.

$$V_s(t) = e_s\cos\omega_s t$$

$$V_r(t-\tau) = \frac{4}{\pi}\left[\cos(\omega_r t + \varphi) - \frac{1}{3}\cos 3(\omega_r t + \varphi) + \frac{1}{5}\cos 5(\omega_r t + \varphi) - \cdots\right]$$

$$V_s(t) \cdot V_r(t-\tau) = \frac{4}{\pi}e_s\{\cos[(\omega_r \pm \omega_s)t + \varphi] - \frac{1}{3}\cos[3(\omega_r \pm \omega_s)t + \varphi]$$

$$+ \frac{1}{5}\cos[5(\omega_r \pm \omega_s)t + \varphi] - \cdots\}$$

当待测信号频率和参考信号基波频率相同时,即 $\omega_r = \omega_s$,LPS 的输出为

$$V_0(t) = K \cdot e_s\cos\varphi \tag{3-9-6}$$

式中 K 是只与 LPS 传输系数有关,而与参考信号幅度无关的电路常数.

由式(3-9-6)表明,在参考信号为方波的情况下,经相关检测后,其输出仅与待测信号的幅度有关,也与两信号的相位差有关.当改变参考信号相位 φ 时,可以得到不同的输出.图3-9-2(a)～(c)表示输出 V_0 与相位差 φ 的关系.当 $\varphi=0$ 时, V_0 正最大. $\varphi=\pi$ 时, V_0 负最大. $\varphi=\pi/2$ 和 $\varphi=3\pi/2$ 时, V_0 等于零.当非同步的干涉信号进入 PSD 后,由于与参考信号无固定的相位关系,得到如图3-9-2(d)的波形.经 LPF 积分平均后,其输出值为零,实现了对非同步信号的抑制.

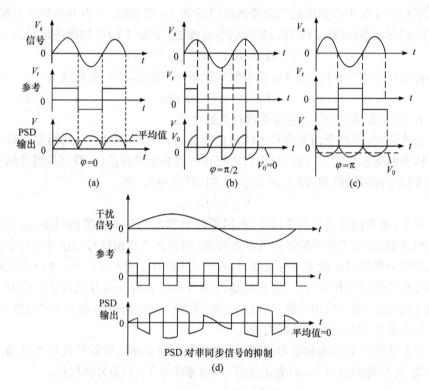

图3-9-2　相敏检波器输出波形图

理论上,由于噪声和信号不相关,通过相关检测器后应被抑制.但由于 LPF 的积分时间不可能无限大,实际上仍有噪声电平影响,它与 LPF 的时间常数密切相关,通过加大时间常数可以改善信噪比.

二、实验装置

相关器实验盒原理如图3-9-3所示.信号通道由加法器、交流放大器、开关式乘法器、低通滤波器、直流放大器组成.参考通道由放大器和开关驱动电路组成.加法器、开关式乘法器、直流放大器的输出端分别连接到面板所对应的电缆插座,

供测量观察使用. 交流放大倍数、直流放大倍数及低通滤波器的时间常数均由面板
上对应的旋钮控制. 为了掌握相关器实验盒的原理,可参考实验室提供的原理图和
仪器的面板图.

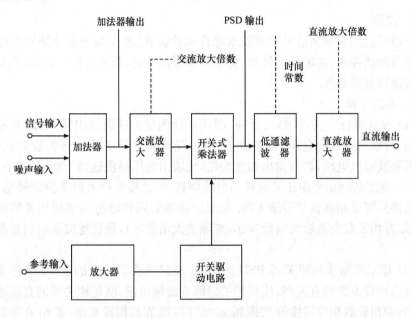

图 3-9-3　相关器实验盒原理框图

加法器由运算放大器组成,有两个输入端,一个是待测信号输入端,另一个是
噪声或干扰信号输入端. 在加法器把待测信号和噪声混合起来,便于研究观察相关
器抑制噪声的能力. 加法器的输出连接到面板加法器输出插座,便于用示波器观察
相加后的波形. 交流放大器也由反相输入的运算放大器组成,放大倍数为 1、10 和
100,由面板旋钮控制.

乘法器由两个运算放大器和一对开关组成开关式乘法器组成,其输出由面
板 PSD 输出插座输出,供示波器观察乘法器输出波形. 低通滤波器由运算放大器
和 RC 电路组成,时间常数由 RC 决定,面板控制时间常数分别为 0.1s、1s 和 10s.
直流放大器由一级反相输入的运算放大器组成,低通滤波器输出的信号由直流放
大器进行放大,最后由面板直流输出插座输出,放大倍数 1、10 和 100 由面板控制
旋钮调整. 参考方波信号由面板参考输入插座输入后,经两级运算放大器变成相
位相反的一对方波,控制由两个场效应管组成的并串联开关,完成乘法器的
功能.

三、实验内容

1. 相关器 PSD 波形的观察及输出电压的测量

1) 仪器

双踪示波器和微弱信号检测技术综合实验装置. 其中综合实验装置要用到多功能信号源插件盒、相关器插件盒、宽带相移器插件盒、频率计插件盒、交直流噪声电压表插件盒等部件.

2) 实验步骤

(1) 接通电源开关,预热两分钟,用频率计测量正弦波输出频率,调节频率调整旋钮,使输出频率稳定在 1kHz 左右. 交直流噪声电压表换档开关拨到正弦档,测量正弦波输出电压,调节输出幅度旋钮,使输出电压幅度达到 100mV 左右.

(2) 将多功能信号源正弦波输出分成两路. 一路接到相关器待测信号输入端,另一路接到宽带相移器信号输入端. 宽带相移器的同相输出端接到相关器的参考输入端. 置相关器交流放大倍数×10,直流放大倍数×1,低通滤波器时间常数选择 1s 档.

(3) 用示波器接到相关器 PSD 输出端,观察乘法器输出的波形. 交直流噪声电压表换档开关拨到直流档,接到相关器的直流输出端,测量相关器的直流输出电压. 当宽带相移器相位转换开关拨到 $\varphi=0°$ 时,调节其相移旋钮,使相关器直流输出电压达到正的最大,PSD 输出的波形如全波整流输出的波形一样. 说明连接正确. 再将相移开关分别拨到 $\varphi=180°$、$90°$ 和 $270°$,记录相位、直流输出电压和 PSD 波形.

(4) 相位计的信号输入和参考输入分别接到相关器的信号输入和参考输入. 调节宽带相移器相位旋钮,测出不同情况下的 φ 值所对应的相关器直流输出电压和 PSD 的波形. 将所测量的相关器输出的直流电压与理论公式 $V_0(t)=\dfrac{2}{\pi}K_{AC}\cdot K_{DC}\,e_s\cos\varphi$ 进行比较,其中 K_{AC}、K_{DC} 分别为相关器的交流放大倍数和直流放大倍数.

注意:如果电路接好以后,PSD 输出没有波形或不正常,可用示波器分别观察相关器加法器输出、宽带相移器输出、多功能信号源输出等,看波形正常与否,直到找到故障,给予排除.

2. 相敏检波特性的测量与观察

如果相关器信号输入为一个恒定的方波信号,和参考方波信号频率相同,则相关器为相敏检波器,输出的直流电压与相位差 φ 成线形关系,可以作检相器使用.

实验仪器和连接电路与实验 1 相同. 把多功能信号源的信号输出转换开关拨

到方波输出,工作频率选为 250Hz 或者不变,输入方波信号幅度调节为 1000mV.相关器的交流放大倍数和直流放大倍数分别选择为 $K_{AC}=1$, $K_{DC}=1$,低通滤波器的时间常数选择为 $T=1s$.

改变宽带相移器的相移量,由示波器观察相关器 PSD 输出的波形.用相位计和直流电压表分别测出相移量 φ 和相关器的输出直流电压.从 0° 到 360° 选择一些关键点,测量一个周期.用坐标纸画出输出电压 V_0 随相位 φ 变化的特性曲线,并分析输出直流电压和相移量之间的关系.

3. 相关器谐波响应的测量与观察

相关器中的乘法器和低通滤波器达到匹配后,奇次谐波能通过,抑制偶次谐波.传输函数和方波的频谱一样,其偶次谐波相关器直流输出等于零,奇次谐波直流输出幅度的绝对值按照 $1/n$ 逐渐减少.这说明相关器能在噪声或干扰中检测和参考信号频率相同的正弦或方波信号.

实验仪器同实验 1 相同,连接电路作一处变动,断开多功能信号源由正弦波输出插座输出到宽带相移器输入端的信号,多功能信号源 $1/n$ 输出插座连接到宽带相移器.此时,可以改变待测信号和参考信号的频率之比,使 $n=1,2,3,\cdots$.

先置分频数为 1,按下宽带相移器相移零度开关.调节相移旋钮,使相关器输出的直流电压最大,观察示波器的波形相同于全波整流波形.说明相关器待测信号与参考信号频率相同,相位也相同,满足 $n=1$ 的要求.记录输入信号、参考信号、PSD 信号、直流输出信号,画出各点波形.

改变分频数 n 为 $2,3,4,5,\cdots$,分别重复上述测量.记录数据和画出波形,并分析相关器谐波响应直流输出电压的特点.

4. 相关器对不相干信号的抑制

相关器对相干信号进行检测,对不相干信号进行抑制.输入信号与参考信号频率相同、相位相同,输出直流信号最大,待测信号得到了检测.对频率不同、相位不同的信号,直流输出得到衰减,或者等于零,说明噪声得到抑制.但对于干扰信号等于奇次谐波时,相关器抑制干扰能力变弱.

实验仪器在实验 1 的基础上再加一台低频信号发生器.连接电路在实验 1 的基础上,将低频信号源输出的正弦信号作为相关器的干扰信号,连接到相关器的噪声输入端.用示波器观察 PSD、加法器输出的波形,用交直流噪声电压表分别测量输入信号、干扰信号、输出直流信号的电压,用频率计分别测量输入信号和干扰信号的频率.

实验步骤为

(1) 选择相关器的交流放大倍数为 10,直流放大倍数为 1.时间常数为 1s.调节多功能信号源的频率旋钮,使相关器输入信号的频率达到 200Hz,也可以任选频率.调节幅度旋钮,使其幅度电压为 100mV.调节低频信号发生器输出,使相关器噪声输入的信号等于零.调节宽带相移器的相移,使相移量为零,相关器直流信号为最大.记录加法器输出、PSD 输出的波形及相关器直流输出的电压值.

(2) 低频信号发生器任选一个频率.例如为 930Hz,调节其输出幅度,使输入相关器噪声端的信号达到 300mV,为待测信号的 3 倍.此时,待测信号已被噪声所淹没.由示波器观察加法器输出、PSD 输出的波形,由交直流噪声电压表测量相关器直流输出电压,如果 PSD 输出、直流输出测量结果与没有噪声干扰变化不大,说明相关器抑制干扰能力强,否则抑制干扰能力差.

(3) 改变干扰信号的频率,重复上述测量.将噪声干扰频率逐渐接近输入信号的奇次谐波时,抑制干扰能力下降,输出直流电压发生周期性的变化.在信号各谐波处形成带通特性,通带宽度由低通滤波器的时间常数决定.通带宽度不同,抑制干扰的能力不同.改变积分时间常数为 0.1s 或 10s,分别进行测量,根据各组数据,进行分析总结.

四、思考题与讨论

(1) 相关器为什么可以检测微弱信号?

(2) 输入相关器的待测信号和参考信号间的相位关系对输出的直流信号有何影响?

(3) 低通滤波器的时间常数的选择对相关器输出的直流信号有什么影响?

参 考 文 献

陈佳圭.1987.微弱信号检测.北京:中央广播电视大学出版社
戴逸松.1994.微弱信号检测方法及仪器.北京:国防工业出版社
吕斯骅,朱印康.1991.近代物理实验技术(Ⅰ).北京:高等教育出版社

3-10 锁定放大器实验

锁定放大器(lock-in amplifier),简称 LIA.它是一个以相关器为核心的微弱信号检测仪器,它能在强噪声情况下检测微弱正弦信号的幅度和相位.当我们对相关器有所了解以后,就可以将它构成锁定放大器.本实验的目的是了解锁定放大器的基本组成,掌握锁定放大器的正确使用方法.

一、锁定放大器的基本组成

锁定放大器的基本结构框图如图 3-10-1 所示.它由四个主要部分组成:信

号通道、参考通道、相关器(即相关检测器)和直流放大器.

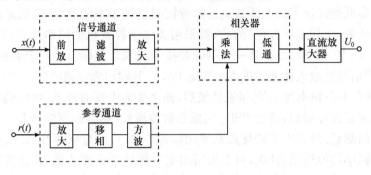

图 3 - 10 - 1 锁定放大器的基本结构框图

1. 信号通道

信号通道包括:低噪声前置放大器、带通滤波器及可变增益交流放大器.

前置放大器用于对微弱信号的放大,主要指标是低噪声及一定的增益(100~1000 倍).

可变增益交流放大器是信号放大的主要部件,它必须有很宽的增益调节范围,以适应不同的输入信号的需要.例如,当输入信号幅度为 10nV,而输出电表的满刻度为 10V 时,则仪器总增益为 $10V/10nV=10^9$,若直流放大器增益为 10 倍,前放增益为 10^3,则交流放大器的增益达 10^5.

带通滤波器是任何一个锁定放大器中必须设置的部件,它的作用是对混在信号中的噪声进行预滤波,尽量排除带外噪声.这样不仅可以避免 PSD 过载,而且可以进一步增加 PSD 输出信噪比,以确保微弱信号的精确测量.常用的带通滤波器有下列几种.

1) 高低通滤波器

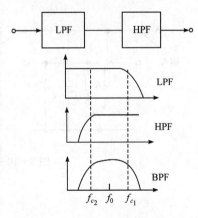

图 3 - 10 - 2 为一个高通滤波器和一个低通滤波器组成的带通滤波器,其滤波器的中心频率 f_0 及带宽 B 由高低滤波器的截止频率 f_{c_1} 和 f_{c_2} 决定.锁定放大器中一般设置几种截止频率,从而根据被测信号的频率来选择合适的 f_0 及带宽 B.但是带通滤波器带宽不能过窄,否则,由于温度、电源电压波动使信号频谱离开带通滤波器的同频带,使输出下降.

为了消除电源 50Hz 的干扰,在信号通道中常插入阻带滤波器,又称陷波滤波器.

图 3 - 10 - 2 高低通滤波器原理

2) 同步外差技术

上述高低通滤波器的主要缺点是随着被测信号频率的改变,高低通滤波器的参数也要改变,应用很不方便.为此,要采用类似于收音机的同步外差技术,原理框图如图 3-10-3 所示.这是一种单外差技术.PSD_1 实际上是一个混频器,具有频率 f_0 的信号经放大滤波后进入混频的 PSD_1.其输出为和频项(f_i+2f_0)及差频 f_i,再经具有中心频率为 f_i 的带通滤波后,输出变为中频信号 f_i(幅度仍与被测信号的幅度成正比).最后,通过 PSD_2 完成相敏检波后,得到解调输出 U_0,达到了对信号幅度的测量.外差方式的优点是采用固定中频 f_i 的带通滤波器.因而对不同被测信号频率均能适用.其次,由于采用固定中频的带通滤波器,故滤波器带宽及形状可以专门设计,所以本电路具有很强的抑制噪声的能力.

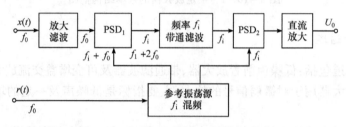

图 3-10-3　同步外差技术原理框图

3) 同步积分技术

图 3-10-4 为同步积分器电路图.同步积分器是一种 RC 积分电路,用电子开关使其轮流导通.电子开关由参考信号形成的开关方波控制,K_1、K_2 和 K_3 同时动作.当信号输入后,电容 C 就轮流充电.由于它是一种积分电路,故输出可以抑制噪声.输出频率为 f_0 的方波,其幅度与输入信号幅度成正比,从而达到了抑制噪声,提取信号的目的.所以,同步积分器也相当于一种可变中心频率的带通滤波器.

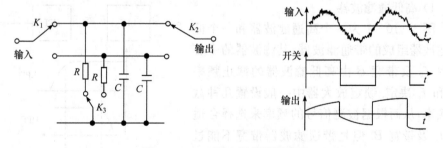

图 3-10-4　同步积分器原理图

2. 参考通道

参考通道的作用是提供锁定放大器中 PSD 的开关方波. 这种方波应是一个具有正负半周之比为 $1:1$, 频率为 f_0 的方波. 开关方波的相位能在 $0°\sim360°$ 之间任意移动, 以保证输出信号 U_0 能达到正或负的最大. 由于方波的对称性, 可以消除偶次谐波的响应.

参考通道的输入为频率 f_0 的正弦波, 经移相、整形后得到开关方波. 因此, 对参考信号的频率和幅度有一定的要求, 通常幅度应大于 $100\mathrm{mV}$ 以上. 另外, 输入信号的波形可以是非正弦波, 因为它可以通过整形达到规范化.

移相电路可以用 RC 移相网络、模拟门积分比较器、锁相环等组成.

3. 直流放大器

由 PSD 输出的信号是直流电压或缓慢变化的信号, 因此后续的电路应为直流放大器. 直流通道主要问题是放大器零漂的影响. 由于 PSD 输出的直流信号可能很小(特别是对微弱正弦信号的检测), 因此要选择低漂移的运算放大器作为直流放大器的前置级. 其次, 器件的 $1/f$ 噪声也是引起输出电压波动的原因, 因此要求有尽量小的 $1/f$ 噪声.

4. 相关器

详见 3-9 实验.

二、锁定放大器的特性参量

任何仪器均有自己的主要性能指标, 锁定放大器是一种微弱信号检测仪器, 可以实现在噪声中微弱正弦信号的测量, 因此它的主要特性参量就是根据这个要求而确定的.

1. 等效噪声带宽(ENBW)

为测量深埋在噪声中的微弱信号, 必须尽可能地压缩频带宽度. 锁定放大器最后检测的是与输入信号幅度成正比的直流电压, 原则上与被测信号的频率无关. 因此, 频带宽度可以做的很窄. 可采用一级普通的 RC 滤波器来完成频带压缩. 所以, 锁定放大器的等效噪声带宽(ENBW)可以引用滤波器的 ENBW 来定义. 一个普通的一级 RC 滤波器, 其传输系数

$$K = \frac{1}{\sqrt{1 + w^2 R^2 C^2}}$$

其等效噪声带宽

$$\Delta f = \int_0^\infty K^2 \mathrm{d}f = \int_0^\infty \frac{\mathrm{d}f}{1 + w^2 R^2 C^2} = \frac{1}{4RC} \tag{3-10-1}$$

如取 RC 时间常数 $T = 1\mathrm{s}$,则 $\Delta f = 0.25\mathrm{Hz}$.

2. 信噪比改善(SNIR)

对于锁定放大器的 SNIR,可用输入信号的噪声带宽 Δf_{ni} 与锁相检波器输出的噪声带宽 Δf_{no} 之比的平方根来表示,即

$$\mathrm{SNIR} = \sqrt{\frac{\Delta f_{ni}}{\Delta f_{no}}} \tag{3-10-2}$$

令 $\Delta f_{ni} = 10\mathrm{kHz}$,$RC = 1\mathrm{s}$,若用一级 RC 滤波,则 $\Delta f_{no} = 0.25\mathrm{Hz}$,那么信噪比改善为 200 倍.

3. 动态范围

根据锁定放大器的三个性能指标,可以确定锁定放大器的动态范围. 它们三者之间的关系如图 3-10-5 所示,FS 为满刻度输入电平,OVL 为最大输入过载电平,MDS 为最小可检测电平.

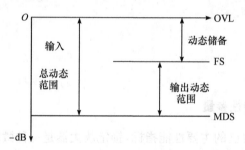

图 3-10-5　锁定放大器的动态特性

锁定放大器的 FS 又称满刻度灵敏度,是指输出端电表指示达满刻度时输入的同相、同频正弦信号的有效值. 显然放大器的增益越大,则信号输入越小. 因此,锁定放大器的满刻度灵敏度 FS 通常是指仪器放大倍数为最大时,使输出达满刻度的输入电平.

锁定放大器的过载电平是指仪器不产生非线性失真时的最大噪声电平,它是在仪器最大增益状态下测量的. 由于过载时会使仪器工作在非线性状态,从而使满刻度信号响应产生误差. 通常定义使信号输出产生 5% 误差的噪声电平为本仪器的 OVL. 显然,OVL 的值远大于 FS 值,其比值称为锁定放大器的动态储备,即

$$动态储备 = 20 \times \lg \frac{\mathrm{OVL}}{\mathrm{FS}} \tag{3-10-3}$$

动态储备的物理意义是指锁定放大器在维持满刻度输出条件下,输入端所能允许的最坏情况下信噪比的直接量度.

对于锁定放大器来说,由于采用 PSD 技术,只要低通滤波器的截止频率减少(相当于 RC 加大),则就可以排除更多噪声,可测量更微弱的正弦信号幅度.从理论上说,输入的噪声再大,也可以抑制.或者说,再小的正弦信号幅度也能被检测到.但实际上,太小的正弦信号不能被检测到.这是由于当相关器输出的信号过小时,则将被直流通道的零点漂移所淹没,从而使信号幅度不能被准确的测量.锁定放大器可以检测的最小信号电平也是反映锁定放大器性能的主要指标之一.MDS 越小,则可检测的信号幅度就越小.因此,MDS 值远小于仪器的 FS 值,与其比值称为锁定放大器的输出动态范围,即

$$输出动态范围 = 20 \times \lg \frac{FS}{MDS} \qquad (3-10-4)$$

MDS 测量方法一般是将锁定放大器输入端短路,用记录仪记录其输出漂移量,再除以信号通道增益,折合到输入端的值即为 MDS.

根据以上讨论,可以计算出输入总动态范围为

$$总动态范围 = 动态储备 + 输出动态范围$$
$$= 20 \times \lg \frac{OVL}{FS} + 20 \times \lg \frac{FS}{MDS} \qquad (3-10-5)$$

它是评价锁定放大器从噪声提取信号能力的主要因素.输入总动态范围一般取决于前置放大器的输入端噪声及输出直流漂移,往往是给定的.当噪声大时应增加动态储备,使放大器不因噪声而过载,但这是以增大漂移为代价的.当噪声小时,可增大输出动态范围,相对压缩动态储备,而获得低漂移的准确测量值.满度信号输入位置的选择要根据测量对象,通过改变锁定放大器的输入灵敏度来达到.

三、双相锁定系统

现行锁定放大器规格型号很多,可分为单相和双相两种.在单相锁定放大器中,输入信号和输出直流电压之间的关系,由式 $V_0(t) = K \cdot e_s \cos\varphi$ 决定.它说明单相锁定放大器只能静态测量振幅和相位,而不能同时进行振幅和相位的动态测量.为了能动态地测量振幅和相位,20 世纪 70 年代后期发展了双相锁定放大器(或称锁定放大器).

双相锁定放大器原理如图 3-10-6 所示.双相锁定放大器能同时检测用直角坐标系表示的同相分量和正交分量;或用极坐标表示的幅值和相位,改变 φ 并不引起幅值的变化.由图可知,待测信号 $V_s(t,\varphi_s)$ 经信号通道后,被分别输入两个 PSD 电路.它们又分别被两个相互正交的方波信号 $V_r(t,\varphi_r)$ 和 $V_r(t,\varphi_r+90°)$ 所驱动.最后在同相 PSD 中输出正比于 $V_s(t,\varphi_s)$ 幅值 e_s 的电压 $Ke_s\cos(\varphi_s-\varphi_r)$,在另一正

交的 PSD 中输出电压为 $K e_s \sin(\varphi_s - \varphi_r)$. 利用向量计算机可以得到被测信号的极坐标表示形式.

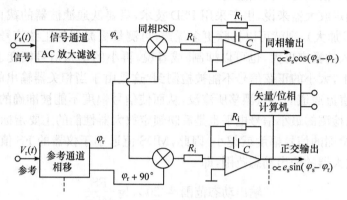

图 3-10-6　双相锁定放大器原理框图

四、实验内容

1. 锁定放大器

实验仪器:双踪示波器;微弱信号检测技术实验综合装置,其中包括相关器插件盒、宽带相移器插件盒、选频放大器插件盒、前置放大器插件盒、多功能信号源插件盒、相位计插件盒、交直流噪声电压表插件盒、频率计插件盒等;ND-601 型精密衰减计.

完整的锁定放大器由低噪声前置放大器、选频放大器、宽带相移器、相关器等部分组成,其余为测试仪器.电路连接与实验 3-9 相关器的 PSD 波形观察及输出电压测量基本一样,多功能信号源正弦输出的信号分成两路,一路进入宽带相移器,从其同相端输出作为参考信号进入相关器的参考输入;另一路正弦信号首先进入精密衰减输入,与噪声混合并衰减,从其输出进入前置放大器输入,经其放大后输出进入选频放大器,经选频后最后输入相关器的信号输入端.

实验步骤为

(1) 接通电源,预热两分钟.调节多功能信号源输出正弦波频率为 1kHz 左右,电压为 100mV;调节 ND-601 型精密衰减器,使其衰减 1000 倍,输出为 $100\mu\mathrm{V}$;前置放大器增益开关置 100,接地浮地开关置浮地,测量接地开关置测量;选频放大器的增益开关置×10,Q 值置 3,选频频率置 1kHz;相关器交流放大倍数置×10,直流放大倍数置×10,时间常数置 1s.

(2) 用示波器观察相关器加法器输出,细调选频放大器的频率调节旋钮×0.1 和×0.01 档,使输出电压最大.改 Q 值为 30,重复调节选频频率,使输出信号电压最大,表明选频放大器的谐振频率已调节到信号频率.

（3）观察相关器的 PSD 输出,首先调节宽带相移器,使待测信号与参考信号相位差为 90°,相关器直流输出为 0,说明相关器有了一定抑制干扰的能力.然后再调节宽带相移器,使待测信号与参考信号的相位差为 0°,这时相关器的输出应达到最大输出直流电压,此电压即为锁定放大器的输出电压.根据选择的各插件盒的放大倍数,输出电压应为 10V,但由于放大倍数不十分准确,输出电压要有点误差.

（4）为了进一步了解锁定放大器检测微弱信号的能力,熟悉锁定放大器的性能和使用方法,由精密衰减器给出更小的电压,例如 $10\mu V$、$1\mu V$ 等信号进行测量.测量时,注意观察输出信噪比、时间常数、输入灵敏度之间的关系,接地对测量微弱信号的影响等,并讨论这些现象.

2. 双相锁定放大器

在单相锁定放大器的基础上,再增加一个相关器插件盒,就构成了双相锁定放大器.它由低噪声前置放大器、选频放大器、同相输出的相关器、正交输出的相关器、宽带相移器等五部分组成.其输出可以有两种表示方式:一种是用直角坐标表示,输出电压为同相分量和正交分量,或称实分量和虚分量;另一种是用极坐标表示方式,输出为信号的幅值和相位.两者之间可以互相转换.设同相输出分量为 V_I,正交输出分量为 V_Q,则

$$V_I = Ke_s\cos\varphi \qquad\qquad (3-10-6)$$

$$V_Q = Ke_s\sin\varphi \qquad\qquad (3-10-7)$$

通过矢量变换电路直角坐标的表示方式可以转成极坐标的表示式.

$$A = \sqrt{V_I^2 + V_Q^2} \qquad\qquad (3-10-8)$$

$$\varphi = \arctan\frac{V_Q}{V_I} \qquad\qquad (3-10-9)$$

式中 A、φ 分别为被测信号的振幅和相位.

电路连接同实验 1 基本一致,不同之处是:宽带相移器的同相输出的方波信号连接到同相相关器的参考信号输入端,正交输出的方波信号连接到正交相关器的参考输入端;选频放大器输出的待测信号同时连接到两个相关器的信号输入端.

实验步骤为

（1）接通电源,预热两分钟.调节多功能信号源输出正弦波频率为 1kHz,电压为 100mV,调节 ND-601 型精密衰减器,使其衰减 1000 倍,输出为 $100\mu V$;前置放大器增益开关置 100,接地浮地开关置浮地,测量接地开关置测量;选频放大器的增益开关置×10,Q 值置 3,选频频率置 1kHz;相关器交流放大倍数置×10,直流放大倍数置×10,时间常数置 1s.

(2) 用示波器观察任一个相关器加法器输出,细调选频放大器的频率调节旋钮×0.1 和 0.01 档,使输出电压最大.改 Q 值为 30,重复调节选频频率,使输出信号电压最大,表明选频放大器的谐振频率已调节到信号频率.

(3) 用示波器的两个探头分别测量同相相关器和正交相关器的 PSD 输出,用相位计测量宽带相移器的同相和正交之间的相位差.调节宽带相移器的相移,使正交相关器的输出为零,则同相相关器的输出为最大.改变宽带相移器的相移量为90°,则同相相关器输出为零,正交相关器输出为最大.若两相关器的放大倍数完全相同,则两次输出的最大电压应相同,并能从示波器中观察到两者相位差 π/2 的波形.两个相关器的输出电压由式(3-10-6)和式(3-10-7)决定.

(4) 为了进一步了解双相锁定放大器的性能,可分别测量几组同相相关器和正交相关器的输出电压,待测信号与各自参考信号之间的相位,用式(3-10-8)、式(3-10-9)计算出极坐标形式的振幅和相位,并进行分析.

五、思考题与讨论

(1) 单相锁定放大器和双相锁定放大器有什么区别和联系?

(2) 根据所学习的锁定放大器知识,试设计一个锁定放大器应用的事例.

参 考 文 献

陈佳圭.1987.微弱信号检测.北京:中央广播电视大学出版社
戴逸松.1994.微弱信号检测方法及仪器.北京:国防工业出版社
吕斯骅,朱印康.1991.近代物理实验技术(Ⅰ).北京:高等教育出版社

3-11　激光拉曼光谱

拉曼光谱是分子或凝聚态物质的散射光谱.拉曼散射是拉曼首先从实验上观察到的一种散射现像,它本质上是单色光与分子或晶体物质发生非弹性散射的结果.由于拉曼谱线的数目、频移、强度直接与分子的振转能级有关.因此,研究拉曼光谱可以提供物质结构的有关信息.自从激光问世以来,拉曼光谱的研究取得了长足进展,目前,已广泛应用于物理、化学、生物以及生命科学等研究领域.

通过本实验,可以掌握拉曼散射的原理,掌握激光拉曼光谱分析的实验技术.

一、实验原理

1. 经典理论

当分子受场强 E 的电场作用时,产生的感应电偶极矩 P,设 α 为分子的极化率,则

$$P = \alpha \cdot E \tag{3-11-1}$$

频率为 ν 的光波所对应的电场强度为

$$E = E_0 \cos 2\pi\nu_0 t$$

因此,在光波的作用下产生了一个变化的电偶极矩,这导致了与入射光有相同频率的瑞利散射的产生.

一般地,分子是非各向同性的,在一个方向上施加电场会引起不同方向上的偶极矩,即 α 是一个张量,于是在 x, y, z 方向上所感应的电偶极矩可表示为

$$P_x = \alpha_{xx}E_x + \alpha_{xy}E_y + \alpha_{xz}E_z$$
$$P_y = \alpha_{yx}E_x + \alpha_{yy}E_y + \alpha_{yz}E_z \tag{3-11-2}$$
$$P_z = \alpha_{zx}E_x + \alpha_{zy}E_y + \alpha_{zz}E_z$$

其中 α_{xy} 的意义是沿 y 轴方向的单位电场 E_y 在 x 方向所感应的电偶极矩.

由于 $\alpha_{xy} = \alpha_{yx}, \alpha_{xz} = \alpha_{zx}, \alpha_{yz} = \alpha_{zy}$,那么张量 α 实际上仅由六个分量组成.上面六个系数可与坐标 x, y, z 可以组成如下椭球方程

$$\alpha_{xx}x^2 + \alpha_{yy}y^2 + \alpha_{zz}z^2 + 2\alpha_{xy}xy + 2\alpha_{yz}yz + 2\alpha_{zx}zx = 1 \tag{3-11-3}$$

由极化率分量的数值即可确定极化率椭球的尺度,如果在转动或振动中六个极化率分量中的任何一个发生变化,产生拉曼谱的条件就被满足了.

对于很小振动而言,分子极化率与简正振动坐标 Q_k 的相互关系为

$$\alpha = \alpha_0 + \left(\frac{\partial \alpha}{\partial Q_k}\right)_0 Q_k \tag{3-11-4}$$

式中第一项确定了瑞利散射的性质,第二项确定了拉曼散射的性质.

简正振动频率 ν_v 与简正坐标 Q_k 的相互关系为

$$Q_k = Q_0 \cos(2\pi\nu_v t)$$

其中 Q_0 为初位置的简正坐标.

$$P_x = (\alpha_{xx}E_{0x} + \alpha_{xy}E_{0y} + \alpha_{xz}E_{0z})\cos 2\pi\nu_0 t \tag{3-11-5}$$

由上综合,可得

$$P_x = (\alpha_{0xx}E_{0x} + \alpha_{0xy}E_{0y} + \alpha_{0xz}E_{0z})\cos 2\pi\nu_0 t + \left[\left(\frac{\partial \alpha_{xx}}{\partial Q_k}\right)_0 E_{0x}\right.$$
$$\left. + \left(\frac{\partial \alpha_{xy}}{\partial Q_k}\right)_0 E_{0y} + \left(\frac{\partial \alpha_{xz}}{\partial Q_k}\right)_0 E_{0z}\right] Q_0 \cos 2\pi\nu_v t \cos 2\pi\nu_0 t \tag{3-11-6}$$
$$= (\alpha_{0xx}E_{0x} + \alpha_{0xy}E_{0y} + \alpha_{0xz}E_{0z})\cos 2\pi\nu_0 t + \frac{Q_0}{2}\left[\left(\frac{\partial \alpha_{xx}}{\partial Q_k}\right)_0 E_{0x}\right.$$
$$\left. + \left(\frac{\partial \alpha_{xy}}{\partial Q_k}\right)_0 E_{0y} + \left(\frac{\partial \alpha_{xz}}{\partial Q_k}\right)_0 E_{0z}\right][\cos 2\pi(\nu_0 - \nu_v)t + \cos 2\pi(\nu_0 + \nu_v)t]$$

式(3-11-6)中右边第一项仅包含入射光频率因子 ν_0,它对应于瑞利散射,第二项 $(\nu_0 - \nu_v)$ 和 $(\nu_0 + \nu_v)$ 是振动拉曼散射(图 3-11-1),分别对应斯托克斯散射和反斯

托克斯散射.

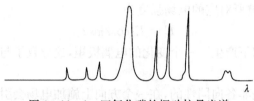

图 3-11-1　四氯化碳的振动拉曼光谱

2. 量子理论

当入射光量子被分子弹性散射时,它的能量并不改变,因此,光量子的频率并不改变,此为瑞利散射(图 3-11-2),而在非弹性散射中,它或者放出一部分能量给予分子,或者从分子吸收一部分能量,放出或吸收的能量只能是分子的两定态间的能量差值.设 E_m 和 E_n 分别为初态和终态的能量,ν_0 和 ν' 分别为入射光和散射光的频率,于是有

$$h\nu' = h\nu_0 + (E_m - E_n) \tag{3-11-7}$$

当 $E_m < E_n$, 则 $\nu' = \nu_0 - \nu_{nm}$,此为斯托克斯线,ν_{nm} 为玻尔频率.

当 $E_m > E_n$, 则 $\nu' = \nu_0 + \nu_{nm}$,此为反斯托克斯线.

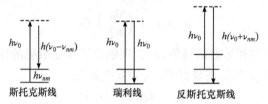

图 3-11-2　分子的散射能级图

虚线只是用来表示高于初始态的对应于入射光量子的虚能级,并不是分子的一个实际能级.

拉曼散射的谱线强度正比于处于初始态中的分子数,对应于斯托克斯线的初始态,n 是基态,而对应于反斯托克斯线的初始态 n 为一激发态,所以反斯托克斯线的强度比斯托克斯线的强度弱.

散射电偶极矩的矩阵元为

$$\langle n | p | m \rangle = \int \psi_n{}^* p \psi_m \mathrm{d}\tau$$

$\psi_n{}^*,\psi_m$ 分别为初态和终态的波函数.

将 $\boldsymbol{P} = \alpha \cdot \boldsymbol{E}$ 代入上式,得

$$\langle n | p | m \rangle = \int \psi_n{}^* \alpha | E | \psi_m \mathrm{d}\tau$$

ψ_n^*，ψ_m，p 分别有时间因子 $\exp\left(\dfrac{2\pi \mathrm{i} E_n t}{h}\right)$，$\exp\left(\dfrac{2\pi \mathrm{i} E_m t}{h}\right)$，$\exp(2\pi \mathrm{i}\nu_0 t)$，$\langle n\,|\,p\,|\,m\rangle$ 随频率 $\nu_0 + (E_n - E_m)/h$ 变化，即散射光量子具有这种频率.

当 $n = m$ 时，散射光频率与入射光频率相同为 ν_0，散射光振幅与 $\langle n\,|\,p\,|\,m\rangle = |E|\displaystyle\int \psi_n^* \alpha \psi_m \mathrm{d}\tau$ 成正比. 若积分不为零，则在入射光作用下，由 n 态到 m 态的散射跃迁可以产生.

如果分子的极化率 α 为一常数，不随分子的振动或转动而变化，除 $n = m$ 外（由正交归一性），积分式为零，也就是说极化率为常数时，只有瑞利散射而没有拉曼散射出现，所以分子在振动或转动时，极化率发生变化是产生拉曼散射的必备条件.

3. 分子的振动拉曼光谱

原则上，所有的双原子分子都能产生振动拉曼光谱这是因为分子沿分子轴振动时，极化率总是发生变化的.

拉曼谱线的强度与矩阵元 $\langle n\,|\,p_0\,|\,m\rangle$ 的平方成正比，在一级近似下，分子极化率 α 随分子振动时位移 $x = r - r_e$ 做线性变化，于是

$$\alpha = \alpha_0 + \left(\frac{\mathrm{d}\alpha}{\mathrm{d}x}\right)_0 x$$

$\left(\dfrac{\mathrm{d}\alpha}{\mathrm{d}x}\right)_0$ 为在平衡位置处极化率对 x 的导数.

$$\langle n\,|\,p\,|\,m\rangle = \int \psi_n^* p_0 \psi_m \mathrm{d}\tau = \int \psi_n^* \alpha |E| \psi_m \mathrm{d}\tau = \int \psi_n^* |E| \left[\alpha_0 + \left(\frac{\mathrm{d}\alpha}{\mathrm{d}x}\right)_0 x\right] \psi_m \mathrm{d}\tau$$

$$= |E| \int \psi_n^* \alpha_0 \psi_m \mathrm{d}\tau + |E| \int \psi_n^* \left(\frac{\mathrm{d}\alpha}{\mathrm{d}x}\right)_0 x \psi_m \mathrm{d}\tau$$

$$= |E| \alpha_0 \int \psi_{v'}^* \psi_{v''} \mathrm{d}x + |E| \left(\frac{\mathrm{d}\alpha}{\mathrm{d}x}\right)_0 \int \psi_{v'}^* x_{v'} \psi_{v''} \mathrm{d}x$$

第一项不为零的条件是 $v' = v''$，$\Delta v = 0$，对应于瑞利散射.

第二项不为零的条件是 $\Delta v = \pm 1$，此为选择定则，跃迁只能在相邻的两个态之间进行（产生），拉曼光谱中只有一条斯托克斯线和一条反斯托克斯线，拉曼散射光谱的产生机理是依赖于分子极化率的变化.

在简单的谐振子模型下，分子的振动能量为 $E_v = \left(v + \dfrac{1}{2}\right)hc\omega$，$v$ 为振动量子数，取值为 $0, 1, 2, \cdots$. 如果初态 $v'' = 0$，终态 $v' = 1$ 即拉曼散射使分子获得能量，从而出现斯托克斯线，若分子初态为 $v'' = 1$，终态为 $v' = 0$，拉曼散射使分子减小能量，则得到反斯托克斯线，分子增加或减少的能量为

$$\Delta E_v = E_{v'} - E_{v''} = \left(v' + \frac{1}{2}\right)hc\omega - \left(v'' + \frac{1}{2}\right)hc\omega = hc\omega$$

而所观察到的拉曼线离激发线的位移波数为 $\Delta v = \omega$.

拉曼频移指拉曼散射光与入射光频率的差值. 它与物质的振动和转动能级有关,不同物质有不同的振动能级,因而有不同的拉曼频移. 对于同一种物质,若用不同频率的光照射,所产生的拉曼光频率也不相同,但其拉曼频移却是一个确定的值. 因此,拉曼频移是表征物质分子振动—转动能级特性的一个物理量. 这就是利用拉曼光谱进行物质分子结构分析和定性鉴定的依据.

二、仪器的结构

拉曼光谱仪由五个部分构成,如图 3-11-3 所示:光源部分(提供单色性好,功率大的入射光);外光路部分(①聚光部件,是为了增强样品上入射光的辐照功率,通常用合适的透镜或透镜组把激光进行聚集,使样品正好处于会聚激光束的腰部;②集光部件,是为了最大限度收集散射光);色散系统部分(使拉曼散射光按波长在空间分开);接收系统部分;信息处理和显示部分.

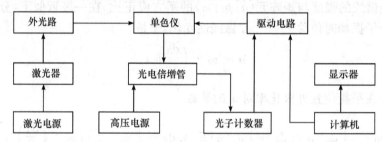

图 3-11-3　激光拉曼光谱仪的结构示意图

1. 激光器

本仪器采用 40mW 半导体激光器

2. 外光路

见图 3-11-4,激光器射出的激光束被反射镜 R 反射后,照射到样品 S 上. 为了得到较强的激发光,采用一聚光镜 C_1 使激光聚焦,使在样品容器的中央部位形成激光的束腰. 为了增强效果,在容器的另一侧放一凹面反射镜 M_2. 凹面镜 M_2 可使样品在该侧的散射光返回,最后由聚光镜 C_2 把散射光会聚到单色仪的入射狭缝上.

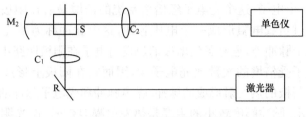

图 3 - 11 - 4　外光路示意图

3. 单色仪(色散系统)

S_1 为入射狭缝,M_1 为准直镜,G 为平面衍射光栅,衍射光束经成像物镜 M_2 会聚,平面镜 M_3 反射直接照射到出射狭缝 S_2 上,在 S_2 外侧有一光电倍增管 PMT,当光谱仪的光栅转动时,光谱讯号通过光电倍增管转换成相应的电脉冲,并由光子计数器放大、计数,进入计算机处理,在显示器的荧光屏上得到光谱的分布曲线(图 3 - 11 - 5).

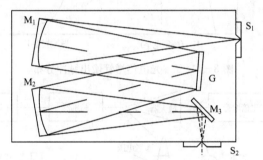

图 3 - 11 - 5　单色仪的光学结构示意图

4. 探测系统

拉曼散射是一种极微弱的光,其强度小于入射光强的 10^{-6},比光电倍增管本身热噪声水平还要低.用通常的直流检测方法已不能把这种淹没在噪声中的信号提取出来.

单光子计数器方法是利用弱光下光电倍增管输出电流信号自然离散的特征,采用脉冲高度甄别和数字计数技术将淹没在背景噪声中的弱光信号提取出来. 与锁定放大器等模拟检测技术相比,它基本消除了光电倍增管高压直流漏电和各倍增极热噪声的影响,提高了信噪比;受光电倍增管漂移,系统增益变化的影响较小;它输出的是脉冲信号,不用经过 A/D 变换,可直接送到计算机处理.

在弱光测量时,通常是测量光电倍增管的阳极电阻上的电压.测得的信号或电压是连续信号. 当弱光照射到光阴极时,每个入射光子以一定的概率(即量子效率)

使光阴极发射一个电子. 这个光电子经倍增系统的倍增最后在阳极回路中形成一个电流脉冲, 通过负载电阻形成一个电压脉冲, 这个脉冲称为单光子脉冲(图 3 - 11 - 6). 除光电子脉冲外, 还有各倍增极的热发射电子在阳极回路中形成的热发射噪声脉冲. 热电子受倍增的次数比光电子少, 因而它在阳极上形成的脉冲幅度较低. 此外还有光阴极的热发射形成的脉冲. 噪声脉冲和光电子脉冲的幅度的分布如图 3 - 11 - 7 所示. 脉冲幅度较小的主要是热发射噪声信号, 而光阴极发射的电子(包括光电子和热发射电子)形成的脉冲幅较大, 出现"单光电子峰". 用脉冲幅度甄别器把幅度低于 V_h 的脉冲抑制掉. 只让幅度高于 V_h 的脉冲通过就能实现单光子计数.

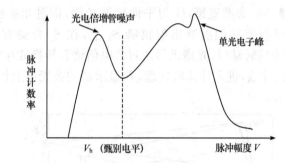

图 3 - 11 - 6　光电倍增管输出脉冲分布

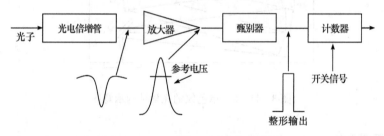

图 3 - 11 - 7　单光子计数器的框图

　　单光子计数器中使用的光电倍增管其光谱响应应适合所用的工作波段, 暗电流要小(它决定管子的探测灵敏度), 响应速度快及光阴极稳定. 光电倍增管性能的好坏直接关系到光子计数器能否正常工作.

　　放大器的功能是把光电子脉冲和噪声脉冲线性放大, 应有一定的增益, 上升时间≤3ns, 即放大器的通频带宽达 100MHz; 有较宽的线性动态范围及低噪声, 经放大的脉冲信号送至脉冲幅度甄别器.

　　在脉冲幅度甄别器里设有一个连续可调的参考电压 V_h. 如图 3 - 11 - 8 所示, 当输入脉冲高度低于 V_h 时, 甄别器无输出. 只有高于 V_h 的脉冲, 甄别器输出一个标准脉冲. 如果把甄别电平选在图中的谷点对应的脉冲上, 就能去掉大部分噪声脉冲而只有光电子脉冲通过, 从而提高信噪比. 脉冲幅度甄别器应甄别电平稳定; 灵敏度高;死时间小、建立时间短、脉冲对分辨率小于 10ns,以保证不漏计.甄别器输出经过整形的脉冲.

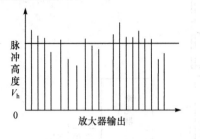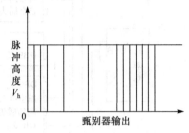

图 3 - 11 - 8　甄别器工作示意图

　　计数器的作用在规定的时间间隔内将甄别器的输出脉冲累加计数.在本仪器中此间隔时间与单色仪步进的时间间隔相同.单色仪进一步,计数器向计算机送一次数,并将计数器清零后继续累加新的脉冲.

三、实验内容

　　本实验以四氯化碳为样品,测量四氯化碳的拉曼光谱,从而获得其拉曼频移.

　　(1) 对照图 3 - 11 - 9 和图 3 - 11 - 10 连接好电缆.

　　(2) 放入待测样品.

　　(3) 打开激光器,此激光器为半导体激光器,输出功率为 40mW,输出为偏振光,LD 最大电流为 1.1A.

　　(4) 照调节说明,调节外光路.先调聚光部件,使激光束最细,再调集光部件,在单色仪的入射狭缝处观察绿光的像,最终使其又细又亮.

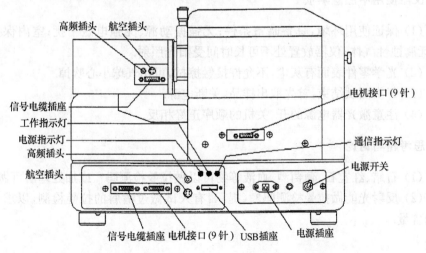

图 3 - 11 - 9　接线面板图

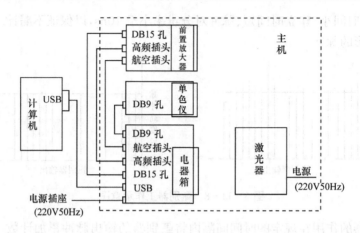

图 3-11-10 接线图

(5) 打开仪器的电源.

(6) 打开计算机,启动应用程序.

(7) 通过阈值窗口选择适当的阈值.

(8) 在参数设置区设置阈值和积分时间及其他参数.

(9) 扫描,根据情况调节狭缝至最佳效果.

(10) 数据处理及存储打印.

(11) 关闭应用程序.

(12) 关闭仪器电源.

(13) 关闭激光器电源.

四、仪器使用中注意事项

(1) 保证使用环境:具备暗室条件;无强振动源、无强电磁干扰;室内保持清洁、无腐蚀性气体;仪器放置处不可长时间受阳光照射.

(2) 光学零件表面有灰尘,不允许接触擦拭,可用气球小心吹掉.

(3) 每次测试结束,首先取出样品,关断电源.

(4) 注意激光器电源的开、关机的顺序正好相反.

五、思考题与讨论

(1) 石蜡、红宝石、葡萄酒、血液等物可以做拉曼检测吗?或加处理后可做吗?

(2) 反射光能做拉曼检测吗?(提示:有人试做过嘴唇的拉曼检测,以求了解血糖含量.)

参 考 文 献

李志超,等. 2001. 大学物理实验. 北京:高等教育出版社
吴思诚,等. 1995. 近代物理实验. 北京:北京大学出版社
晏于模,等. 1995. 近代物理实验. 长春:吉林大学出版社
赵藻藩,等. 1995. 仪器分析. 北京:高等教育出版社

3-12 单光子计数

随着近代科学技术的发展,人们对极微弱光的信息检测越来越感兴趣. 所谓弱光,是指光子流强度比光电倍增管本身在室温下的热噪声水平(10^{-14}W)还要低的光. 因此,用通常的直流测量方法,已不能把这种淹没在噪声中的信号提取出来. 近年来,锁定放大器在信号频带很宽或噪声与信号有同样频谱时就无能为力了,而且它还受模拟积分电路漂移的影响,因此锁定放大器在弱光测量中受到一定的限制.

单光子计数方法是利用弱光照射下,光电倍增管输出电流信号自然离散化的特征,采用了脉冲高度甄别技术和数字计数技术,与模拟检测技术相比,它有以下优点:①测量结果受光电倍增管的漂移、系统增益的变化等不稳定因素的影响较小;②基本上消除了光电倍增管高压直流漏电流和各倍增极的热发射噪声的影响,大大提高测量结果的信噪比;③有比较宽的线性动态范围;④可输出数字信号,适合与计算机接口作数字数据处理. 所以采用了光子计数技术,可以把淹没在背景噪声的弱光信号提取出来. 目前一般的光子计数器探测灵敏度优于 10^{-17}W,这是其他探测方法所不能比拟的.

本实验的目的是让学生掌握一种弱光检测技术,了解单光子计数方法的基本原理、基本实验技术和弱光检测中的一些主要问题.

一、实验原理

1. 光子的量子特性

光是由 hc/λ 光子组成的光子流,光子是静止质量为零,有一定能量的粒子. 一个光子的能量可用下式确定:

$$E = h\nu_0 = hc/\lambda \qquad (3-12-1)$$

式中 $c=3.0\times10^8$ m·s^{-1} 是真空中的光速,$h=6.6\times10^{-34}$J·s 是普朗克常量.

光流强度常用光功率 p 表示,单位为 W. 单色光的光功率可用下式表示:

$$p = RE \qquad (3-12-2)$$

式中 R 为单位时间通过某一截面的光子数. 即只要测得 R,就可得到 p.

2. 测量弱光时光电倍增管的输出特性

光电倍增管是一种噪声小、高增益的光传感器,工作电路如图 3 - 12 - 1. 当弱光信号照射到光阴极 K 上,每个入射光子以一定的概率使光阴极发射一个光电子,这个光电子经倍增系统的倍增,在阳极回路上形成一个电流脉冲,即在 R_1 上建立一个电压脉冲,称为"单光子脉冲". 如果入射光很弱,入射的光几乎是一个个离散地入射到光阴极上的,则在阳极上得到一系列离散

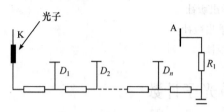

图 3 - 12 - 1　光电倍增管的
负高压供电及阳极电路

的脉冲信号. 即光电倍增管输出的光电信号是离散的尖脉冲,这些脉冲的平均计数效率与光子的流量成正比.

图 3 - 12 - 2 为光电倍增管阳极回路输出脉冲计数率 ΔR 随脉冲幅度大小的分布. 图中有两个峰值,较小的主要是热发射噪声信号,较大的是光阴极发射的电子形成的脉冲. 所以可以用脉冲幅度甄别器把高于 V_h 的脉冲鉴别输出,就可实现单光子计数.

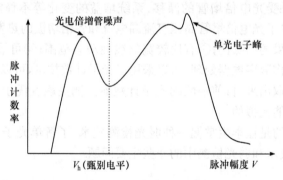

图 3 - 12 - 2　光电倍增管输出脉冲
幅度分布(微分)曲线

3. 光子计数器的组成

单光子计数器的组成如图 3 - 13 - 3 所示,光电倍增管:要求光谱响应适合工作波段,暗电流小,响应速度快,光阴极稳定性高,最好选用具有小面积光阴极的管子.

放大器:功能是把光电倍增管阳极回路输出的光电子脉冲和其他噪声脉冲线性放大. 对放大器的主要要求有:有一定的增益;上升时间≤3ns,即放大器的通频带宽达 100MHz;有较宽的线性动态范围且噪声系数要低.

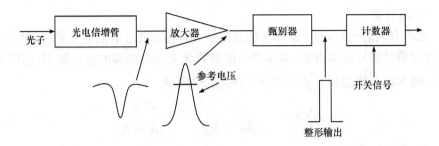

图 3 - 12 - 3　单光子计数器的框图

甄别器:甄别器的功能是鉴别输出光电子脉冲,去除热发射噪声脉冲.甄别器内有一个连续可调的参考电压——甄别电压 V_h,当输出脉冲高度高于 V_h 时就输出一标准脉冲;当输入脉冲低于 V_h 时无输出,如图 3 - 12 - 4 所示.若将甄别电压选择在 V_h 上,则可以去除大量噪声脉冲,大大提高信噪比.要求:甄别电压稳定,灵敏度高,有尽可能小的时间滞后,脉冲对分辨率≤10ns.

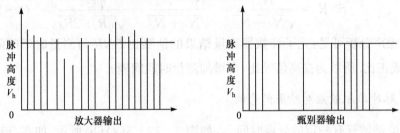

图 3 - 12 - 4　甄别器工作示意图

计数器(定标器):功能是在规定的测量时间间隙内把甄别器输出的标准脉冲累计和显示.要求计数频率在 10MHz 左右.

4. 光子计数器的误差及信噪比

1) 泊松统计噪声

用光电倍增管探测热光源发射的光子,而光子打到光阴极上的时间间隔是随机的,对于大量粒子的统计结果服从泊松分布.由于这种统计特性,测量到的信号中就有一定的不确定度,通常用均方根偏差 σ 表示为 $\sigma = \sqrt{N} = \sqrt{\eta R t}$,其中 η 是光电倍增管的量子计数效率,R 是光子平均流量,$N = \eta R t$ 是在时间间隔 t 内光电倍增管的光阴极发射的光电子平均数,这种不确定度称之为统计噪声,所以统计噪声使得测量信号中固有的信噪比 SNR 为

$$SNR = \frac{N}{\sqrt{N}} = \sqrt{N} = \sqrt{\eta R t}$$

2) 暗计数

在没有入射光时,光电倍增管的光阴极和各倍增极还有热电子发射,即暗计数(亦称背景计数).假如以 R_d 表示光电倍增管无光照时测得的暗计数率,则按上述结果,噪声成分增加到 $\sqrt{\eta Rt+R_d t}$,信噪比 SNR 为

$$SNR = \frac{\eta Rt}{\sqrt{\eta Rt + R_d t}} = \frac{\eta R\sqrt{t}}{\sqrt{\eta R + R_d}} \tag{3-12-3}$$

3) 累积信噪比

当扣除背景计数或同步数字检测的工作方式时,在两相同时间间隔 t 内,分别测量背景计数 N_d 和总计数 N_t.设信号计数为 N_p,则 $N_d = R_d t$,$N_p = N_t - N_d = \eta Rt$,按照误差理论,测量结果的信号计数 N_p 中的总噪声为

$$\sqrt{N_t + N_d} = \sqrt{\eta Rt + 2R_d t} \tag{3-12-4}$$

则测量结果的信噪比为

$$SNR = \frac{N_p}{\sqrt{N_t + N_d}} = \frac{N_t - N_d}{\sqrt{N_t + N_d}} = \frac{\eta R\sqrt{t}}{\sqrt{\eta R + 2R_d}} \tag{3-12-5}$$

由以上噪声分析可见:光子计数器测量结果的信噪比 SNR 与测量时间间隔的平方根 $\sqrt{t}$ 成正比.所以为提高信噪比,可增加测量时间间隔 t.

5. 脉冲堆积效应对结果的影响

光电倍增管有一定的分辨时间 t_R,如图 3-12-5(a)(b)所示.如在分辨时间 t_R 内相继有两个或两个以上的光子入射到光阴极上时,由于它们的时间间隙小于 t_R,光电倍增管只能输出一个脉冲,因此光电子脉冲的输出计数率比单位时间内入射到光阴极上的光子数要少;另一方面甄别器有一定的死时间 t_d,在 t_d 内输入脉冲时甄别器输出计数率也要受损,这种效应统称为脉冲堆积效应.

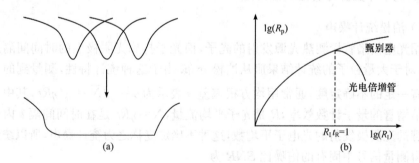

图 3-12-5　脉冲堆积效应示意图

脉冲堆积效应造成的输出脉冲计数率误差,可以如下计算:

（1）对于光电倍增管，光阴极探测到上一个光子后的时间间隔 t 内探测到 n 个电子的概率 $P(n,t) = \dfrac{\overline{N}^n \mathrm{e}^{-N}}{n!}$，其中 $\overline{N}$ 为时间间隔 t 内探测光阴极发射的光电子平均数，则在 t_R 时间内不出现光子的概率为

$$P(0, t_R) = \exp(-\overline{N}) = \exp(-\eta R t_R) \qquad (3\text{-}12\text{-}6)$$

令 $\eta R = R_i$，即 R_i 为入射光子在光阴极单位时间内发射的光电子数. 在 t_R 内出现光子的概率为 $1 - \exp(-\eta R t_R)$. 若由于脉冲堆积，使单位时间内输出的光电子脉冲为 R_p，则

$$R_i - R_p = R_i[1 - \exp(-R_i t_R)] \qquad (3\text{-}12\text{-}7)$$

所以

$$R_p = R_i \exp(-R_i t_R) \qquad (3\text{-}12\text{-}8)$$

由图 3-12-5(b) 知，R_p 随入射光子流量 R_i 增大而增大. 当 $R_i t_R = 1$ 时，R_p 出现最大值，以后 R_p 随 R_i 增大而下降，一直降到零. 也就是说当入射光强增加到一定数值时，光电倍增管的输出信号就没有脉冲成分了，此时可以利用直流测量的方法来检测光信号.

（2）对于甄别器，如不考虑光电倍增管的脉冲堆积效应，在测量时间 t 内输出脉冲的总计数 $N_p = R_p t$，总的"死"时间 $= N_p t_d = R_p \cdot t_d$. 因此总的"活"时间 $= t - R_p t \cdot t_d$. 所以接收到的总的脉冲计数：$N_p = R_p t = R_i(t - R_p t \cdot t_d)$. 由此式可知：$R_p = R_i - R_i R_p t_d$. 即甄别器的死时间 t_d 造成的脉冲堆积使输出计数率下降为 $R_p = \dfrac{R_i}{1 + R_i t_d}$ 式中 R_i 为假定死时间为 0 时，甄别器应该输出的脉冲计数率.

由图 3-12-4 知当 $R t_d \geqslant 1$ 时，R_p 趋向饱和，即 R_p 不再随 R 增加而有明显变化.

由上知：光电倍增管分辨时间 t_R 造成的相对误差 $\varepsilon_1 = 1 - \mathrm{e}^{-R_i t_R}$，甄别器死时间 t_d 造成的相对误差 $\varepsilon_2 = \dfrac{R_i}{1 + R_i t_d}$，当计数率较小时，有 $R_i t_R \ll 1$，$R_i t_d \ll 1$，即

$$\varepsilon_1 \approx R_i t_R, \qquad \varepsilon_2 = R_i t_d$$

当计数率较小并使用快速光电倍增管时，脉冲堆积效应引起的误差 ε 主要取决于甄别器，即

$$\varepsilon = \varepsilon_2 = R_i t_d = \eta R t_d$$

一般认为，计数误差 ε 小于 1% 的工作状态就叫做单光子计数状态，处于这种状态下的系统就称为单光子计数系统.

在本实验系统中并不知道甄别器与计数器的死时间是多少，但对于一般由高速的甄别器和计数器组成的光子计数系统，极限光子流量近似为 $10^9\,\mathrm{s}^{-1}$.

二、实验装置

三、实验内容及步骤

(1) 打开外光路系统的上盖,根据实验要求将窄带滤光片、衰减滤光片装在减光筒上,合上盖子.

(2) 将冷却水管接在水龙头上并开始通水,打开光子计数器开关.两分钟后打开制冷器开关.

(3) 制冷器上控温仪表,PV 显示测量温度,SV 显示设定温度.先将温度设定为所需的温度,即按"SET"键,SV 显示数值出现闪动,其中最后一位为亮位,即修改位.用"◣"或"◢"键使亮位为所需改动的位置,再用"△"或"▽"键修改数值,将SV 单位数值设定为所需温度后,再按 SET 键,闪动现象消失,温度设定完成,控温开始.

(4) 约 20min 后,待 PV 显示值与 SV 显示相符合并稳定后,打开计算机开始采集数据.

(5) 开机后,在桌面上打开"单光子计数"程序,将模式定为"阈值方式",改变参数.然后点"开始"开始采集数据,得到一曲线,确定阈值.

(6) 将模式改为"时间方式",将阈值定为上面测出的值,然后将光源的电源打开,转动光强调节钮,将光强设定为某一强度.开始采集数据,得到一振荡的曲线,将之保存.

(7) 打开保存的文件文本,将这些数据复制到 Excel 文件里,将所需数据求平均,即得到背景计数 N_d.

(8) 将光源的电源打开,转动光源强度调节钮,给光源某一强度,开始采集数据,将得到的曲线保存.求平均,即得总计数 N_t.

(9) 根据 $SNR = \dfrac{N_t - N_d}{\sqrt{N_t + N_d}}$ 求得信噪比.

(10) 改变光源强度,再重复步骤 8 和步骤 9,看信噪比有何变化.

（11）改变设定温度 SV,再重复实验,看信噪比与温度有何关系.

（12）实验结束后,关闭单光子计数器及制冷器开关,关闭计算机与光源电源,2 分钟后再关闭水源.

四、实验结果与思考

（1）阈值并不随温度的改变而改变.因为温度只影响热噪声中热发射电子的个数,并不影响热电子形成的脉冲幅度,也即阈值定为 23 时,大部分的热噪声已被屏蔽,不论噪声的大小.所以温度设定时,噪声大小改变不影响阈值.

（2）用阈值方式采集数据确定阈值时,阈值应取计数率急剧下降后的那个值.因为单光子也有一定的宽度及分布.若阈值很小时,不能分辨出脉冲个数,计数率很低.当阈值逐渐增加时,计数率会急剧增加.当计数率最大时,说明此时的阈值是噪声最多时的脉冲幅度.再增加阈值时,计数率会急剧下降,说明大部分噪声已被清除,此时为适当阈值.

（3）单光子计数系统在一定温度下,信噪比随光强的增大而增大.在同一光强下,信噪比随温度的下降而增大.但是若光强过大,就不宜使用这种方法来检测,可直接用直流测量法.

五、注意事项

（1）在开制冷器前,一定先通冷却水.关闭制冷器后才能切断水源,否则将发生严重事故.

（2）保存曲线时,若想将不同曲线进行比较,应将这些曲线存在不同寄存器中,否则不能同时打开.

（3）测量时,不可打开光路的上盖,以避免杂散光的影响.

参 考 文 献

戴逸松.1994.微弱信号检测方法及仪器.北京:国防工业出版社

吕斯骅,朱印康.1993.近代物理实验技术（Ⅰ）.北京:高等教育出版社

吴思诚,王祖铨.1995.近代物理实验.北京:北京大学出版社

3-13　热辐射与红外扫描成像实验

热辐射是 19 世纪发展起来的新学科,至 19 世纪末该领域的研究达到顶峰.黑体辐射实验是量子论得以建立的关键性实验之一.物体由于具有温度而向外辐射电磁波的现象成为热辐射,热辐射的光谱是连续谱,波长覆盖范围理论上可从 0 到 ∞,而一般的热辐射主要靠波长较长的可见光和红外线.物体在向外辐射的同时,还将吸收从其他物体辐射的能量,且物体辐射或吸收的能量与它的温度、表面积、

黑度等因素有关.

一、实验原理

　　热辐射的真正研究是从基尔霍夫(G. R. Kirchhoff)开始的. 1859 年他从理论上导入了辐射本领、吸收本领和黑体概念,他利用热力学第二定律证明了一切物体的热辐射本领 $r(\nu, T)$ 与吸收本领 $\alpha(\nu, T)$ 成正比,比值仅与频率 ν 和温度 T 有关,其数学表达式为

$$\frac{r(\nu, T)}{\alpha(\nu, T)} = F(\nu, T) \qquad (3 - 13 - 1)$$

式中 $F(\nu, T)$ 是一个与物质无关的普适函数. 在 1861 年他进一步指出,在一定温度下用不透光的壁包围起来的空腔中的热辐射等同于黑体的热辐射. 1879 年,斯特藩(J. Stefan)从实验中总结出了黑体辐射的辐射本领 R 与物体绝对温度 T 四次方成正比的结论;1884 年,玻尔兹曼对上述结论给出了严格的理论证明,其数学表达式为

$$R_T = \sigma T^4 \qquad (3 - 13 - 2)$$

即斯特藩-玻尔兹曼定律,其中 $\sigma = 5.673 \times 10^{-12} \mathrm{W \cdot cm^{-2} \cdot K^{-4}}$ 为玻尔兹曼常量.

　　1888 年,韦伯(H. F. Weber)提出了波长与绝对温度之积是一定的. 1893 年维恩(wilhelm Wien)从理论上进行了证明,其数学表达式为

$$\lambda_{\max} T = b \qquad (3 - 13 - 3)$$

式中 $b = 2.8978 \times 10^{-3} (\mathrm{m \cdot K})$ 为一普适常数,随温度的升高,绝对黑体光谱亮度的最大值的波长向短波方向移动,即维恩位移定律.

　　图 3 - 13 - 1 显示了黑体不同色温的辐射能量随波长的变化曲线,峰值波长 $\lambda_{\max}$ 与它的绝对温度 T 成反比. 1896 年维恩推导出黑体辐射谱的函数形式

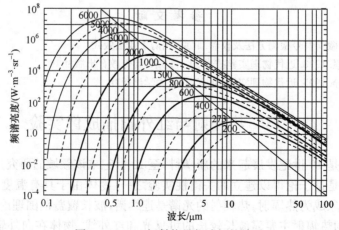

图 3 - 13 - 1　辐射能量与波长的关系

$$r_{(\lambda, T)} = \frac{\alpha c^2}{\lambda^5} e^{-\beta c/\lambda T} \qquad (3-13-4)$$

式中，α, β 为常数，该公式与实验数据比较，在短波区域符合得很好，但在长波部分出现系统偏差. 为表彰维恩在热辐射研究方面的卓越贡献，1911 年授予他诺贝尔物理学奖.

1900 年，英国物理学家瑞利(Lord Rayleigh)从能量按自由度均分定律出发，推出了黑体辐射的能量分布公式

$$r_{(\lambda, T)} = \frac{2\pi c}{\lambda^4} kT \qquad (3-13-5)$$

该公式被称之为瑞利·金斯公式，公式在长波部分与实验数据较相符，但在短波部分却出现了无穷值，而实验结果是趋于零. 这部分严重的背离，被称之为"紫外灾难".

1900 年德国物理学家普朗克(M. Planck)，在总结前人工作的基础上，采用内插法将适用于短波的维恩公式和适用于长波的瑞利·金斯公式衔接起来，得到了在所有波段都与实验数据符合得很好的黑体辐射公式

$$r_{(\lambda, T)} = \frac{c_1}{\lambda^5} \cdot \frac{1}{e^{c_2/\lambda T} - 1} \qquad (3-13-6)$$

式中 c_1, c_2 均为常数，但该公式的理论依据尚不清楚.

这一研究的结果促使普朗克进一步去探索该公式所蕴含的更深刻的物理本质. 他发现如果作如下"量子"假设：对一定频率 ν 的电磁辐射，物体只能以 $h\nu$ 为单位吸收或发射它，也就是说，吸收或发射电磁辐射只能以"量子"的方式进行，每个"量子"的能量为：$E = h\nu$，称之为能量子. 式中 h 是一个用实验来确定的比例系数，被称之为普朗克常量，它的数值是 6.62559×10^{-34} J·s. 公式(3-13-6)中的 c_1, c_2 可表述为：$c_1 = 2\pi hc^2$，$c_2 = ch/k$，它们均与普朗克常量相关，分别被称为第一辐射常数和第二辐射常数.

二、实验目的

(1) 研究物体的辐射面、辐射体温度对物体辐射能力大小的影响，并分析原因.

(2) 测量改变测试点与辐射体距离时，物体辐射强度 P 和距离 S 以及距离的平方 S^2 的关系，并描绘 P-S^2 曲线.

(3) 依据维恩位移定律，测绘物体辐射能量与波长的关系图.

(4) 测量不同物体的防辐射能力，你能够从中得到哪些启发？(选做)

(5) 了解红外成像原理，根据热辐射原理测量发热物体的形貌(红外成像).

三、实验装置

DHRH-1测试仪、黑体辐射测试架、红外成像测试架、红外热辐射传感器、半自动扫描平台、光学导轨(60cm)、计算机软件以及专用连接线等.

四、实验内容

1. 物体温度以及物体表面对物体辐射能力的影响

(1) 将黑体热辐射测试架,红外传感器安装在光学导轨上,调整红外热辐射传感器的高度,使其正对模拟黑体(辐射体)中心,然后再调整黑体辐射测试架和红外热辐射传感器的距离为2cm左右,并通过光具座上的紧固螺丝锁紧.

(2) 将黑体热辐射测试架上的加热电流输入端口和控温传感器端口分别通过专用连接线和DHRH-1测试仪面板上的相应端口相连;用专用连接线将红外传感器和DHRH-I面板上的专用接口相连;检查连线是否无误,确认无误后,开通电源,对辐射体进行加热.

(3) 把温度控制器温度设定在80℃给黑体加热,用万用表或者数据采集器分别测量四组黑体辐射面辐射强度大小(电压 mV)随黑体温度变化之间的关系,每1℃测量一次;记录不同温度时的辐射强度,填入表3-13-1中,并绘制温度-辐射强度曲线图.

注:本实验可以动态测量,也可以静态测量.静态测量时要设定不同的控制温度.静态测量时,由于控温需要时间,用时较长,故做此实验时建议采用动态测量.

表 3-13-1　黑体温度与辐射强度记录表

温度 $t/℃$	30	31	32	...	80
辐射强度 P/V					

(4) 将红外辐射传感器移开,控温表设置在60℃,待温度控制好后,将红外辐射传感器移至靠近辐射体处,转动辐射体(辐射体较热,请戴上手套进行旋转,以免烫伤).测量不同辐射表面上的辐射强度(实验时,保证热辐射传感器与待测辐射面距离相同,便于分析和比较),记录于表3-13-2中.

表 3-13-2　黑体表面与辐射强度记录表

黑体面	黑面	粗糙面	光面 1	光面 2(带孔)
辐射强度/V				

注:光面2上有通光孔,实验时可以分析光照对实验的影响.

(5) 黑体温度与辐射强度微机测量.

用计算机动态采集黑体温度与辐射强度之间的关系,按照步骤(2)连好线,然后把黑体热辐射测试架上的测温传感器 PT100II 连至测试仪面板上的"PT100 传感器 II",用 USB 电缆连接电脑与测试仪面板上的 USB 接口.

2. 探究黑体辐射和距离的关系

(1) 按照实验 1 的步骤(2)把线连接好.

(2) 将黑体热辐射测试架紧固在光学导轨左端某处,红外传感器探头紧贴对准辐射体中心,稍微调整辐射体和红外传感器的位置,直至红外辐射传感器底座上的刻线对准光学导轨标尺上的一整刻度,并以此刻度为两者之间距离零点.

(3) 将红外传感器移至导轨另一端,并将辐射体的黑面转动到正对红外传感器.

(4) 将控温表头设置在 80℃,待温度控制稳定后,移动红外传感器的位置,每移动一定的距离后,记录测得的辐射强度,并记录在表 3-13-3 中,绘制辐射强度-距离图以及辐射强度-距离的平方图,即 P-S 和 P-S^2 图.

(5) 分析绘制的图形,你能从中得出什么结论,黑体辐射是否具有类似光强和距离的平方成反比的规律?

表 3-13-3　黑体辐射与距离关系记录表

距离 S/mm	300	290	⋯	0
辐射强度 P/mV				

注:实验过程中,辐射体温度较高,禁止触摸,以免烫伤.

3. 依据维恩位移定律,测绘物体辐射强度 P 与波长的关系图

(1) 按实验 1,测量不同温度时,辐射体辐射强度和辐射体温度的关系并记录.

(2) 根据公式(3-13-3),求出不同温度时的 λ_{max}.

(3) 根据不同温度下的辐射强度和对应的 λ_{max},描绘 P-λ_{max} 曲线图.

4. 测量不同物体的防辐射能力(选做)

(1) 分别测量在辐射体和红外辐射传感器之间放入物体板之前和之后,辐射强度的变化.

(2) 放入不同的物体板时,辐射体的辐射强度有何变化,分析原因,你能得出哪种物质的防辐射能力较好,从中你可以得到什么启发.

5. 红外成像实验

(1) 将红外成像测试架放置在导轨左边,半自动扫描平台放置在导轨右边,将红外成像测试架上的加热输入端口和传感器端口分别通过专用连线同测试仪面板上的相应端口相连;将红外传感器安装在半自动扫描平台上,并用专用连接线将红外辐射传感器和面板上的输入接口相连,用 USB 连接线将测试仪与电脑连接起来.

(2) 将一红外成像体放置在红外成像测试架上,设定温度控制器控温温度为 60℃或 70℃等,检查连线是否无误;确认无误后,开通电源,对红外成像体进行加热.

(3) 温度控制稳定后,将红外成像测试架向半自动扫描平台移近,使成像物体尽可能接近热辐射传感器(不能紧贴,防止高温烫坏传感器测试面板).

(4) 启动扫描电机,开启采集器,采集成像物体横向辐射强度数据;手动调节红外成像测试架的纵向位置(每次向上移动相同坐标距离,调节杆上有刻度),再次开启电机,采集成像物体横向辐射强度数据;电脑上将会显示全部的采集数据点以及成像图,软件具体操作可参考软件界面上的帮助文档.

6. 注意事项

(1) 实验过程中,当辐射体温度很高时,禁止触摸辐射体,以免烫伤.

(2) 测量不同辐射表面对辐射强度影响时,辐射温度不要设置太高,转动辐射体时,应带手套.

(3) 实验过程中,计算机在采集数据时不要触摸测试架,以免造成对传感器的干扰.

(4) 辐射体的光面 1 光洁度较高,应避免受损.

五、思考题和讨论

(1) 什么是热辐射,热辐射对人体有害吗? 试举例说明.

(2) 简要说明物体表面对辐射能力的影响.

参考文献

顾樵. 2014. 量子力学. 北京:科学出版社

3-14 LED 综合特性实验

1962 年,通用电气公司的尼克·何伦亚克(Nick Holonyak,Jr)开发出第一只发光二极管 LED(light emitting diode). 20 世纪 80 年代,LED 的亮度有了很大提高,开始广泛应用于各种大屏幕显示. 1994 年,日本科学家中村秀二在氮化镓 GaN 基片上研制出第一只蓝光 LED,1997 年诞生了蓝光芯片加荧光粉的白光 LED,使 LED 的发展和应用进入了全彩应用及普通照明阶段. LED 是一种固态的半导体器件,它可以直接把电转化为光,具有体积小、耗电量低、易于控制、坚固耐用、寿命长、环保等优点,其主要应用领域包括照明、大屏幕显示、液晶显示的背光源、装饰工程等.

本实验主要研究 LED 的电学、光学、热学特性,使学生能比较全面地掌握 LED 的知识. 可分为两部分内容进行教学,第一部分研究 LED 的伏安特性、电光转换特性,第二部分研究如何测量 LED 的结温和热阻,以及在此基础上学习结温对 LED 电学、光学性能的影响.

一、实验原理

1. LED 发光原理和伏安特性

发光二极管是由 p 型和 n 型半导体组成的二极管(图 3 - 14 - 1). p 型半导体中有相当数量的空穴,几乎没有自由电子. n 型半导体中有相当数量的自由电子,几乎没有空穴. 当两种半导体结合在一起形成 pn 结时,n 区的电子(带负电)向 p 区扩散,p 区的空穴(带正电)向 n 区扩散,在 pn 结附近形成空间电荷区与势垒电场. 势垒电场会使载流子向扩散的反方向做漂移运动,最终扩散与漂移达到平衡,使流过 pn 结的净电流为零. 在空间电荷区内,p 区的空穴被来自 n 区的电子复合,n 区的电子被来自 p 区的空穴复合,使该区内几乎没有能导电的载流子,所以又称为结区或耗尽层.

当加上与势垒电场方向相反的正向偏压时,结区变窄,在外电场作用下,p 区的空穴和 n 区的电子就向对方扩散运动,从而在 pn 结附近产生电子与空穴的复合,并以热能或光能的形式释放能量. 采用适当的材料,使复合能量以发射光子的形式释放,就构成发光二极管. 发光二极管发射光谱的中心波长,由组成 pn 结的半导

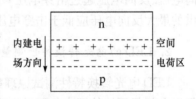

图 3 - 14 - 1　半导体 pn 结示意图

体材料的禁带宽度所决定,采用不同的材料及材料组分,可以获得发射不同颜色的发光二极管.

LED 的光谱线宽度一般有几十纳米,可见光的光谱范围是 380～780nm. 白光 LED 一般采用三种方法形成. 第一种是在蓝光 LED 管芯上涂敷荧光粉,蓝光与荧光粉产生的宽带光谱合成白光. 第二种是采用几种发不同色光的管芯封装在一个组件外壳内,通过色光的混合构成白光 LED. 第 3 种是紫外 LED 加 3 基色荧光粉,3 基色荧光粉的光谱合成白光.

LED 的伏安特性测量原理如图 3 - 14 - 2 所示:

伏安特性反映了在 LED 两端加电压时电流与电压的关系,如图 3 - 14 - 3 所示.

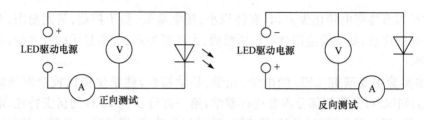

图 3-14-2   LED伏安特性测试原理图

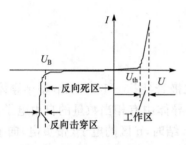

图 3-14-3   LED 的伏安特性曲线

在 LED 两端加正向电压,当电压较小,不足以克服势垒电场时,通过 LED 的电流很小. 当正向电压超过死区电压 U_{th}(图 3-14-3 中的正向拐点)后,电流随电压迅速增长. 正向工作电流指 LED 正常发光时的正向电流值,根据不同 LED 的结构和输出功率的大小,其值在几十毫安到 1A 之间. 正向工作电压指 LED 正常发光时加在二极管两端的电压. 允许功耗指加于 LED 的正向电压与电流乘积的最大值,超过此值,LED 会因过热而损坏.

LED 的伏安特性与一般二极管相似. 在 LED 两端加反向电压,只有 μA 级反向电流. 反向电压超过击穿电压 U_B 后 LED 被击穿损坏. 为安全起见,激励电源提供的最大反向电压应低于击穿电压.

2. LED 的电光转换特性测量

LED 电光转换特性测试原理如图 3-14-4,图 3-14-5 是发光二极管发出的光在某截面处的照度与驱动电流的关系曲线,其照度值与驱动电流近似呈线性关系,这是因为驱动电流与注入 pn 结的电荷数成正比,在复合发光的量子效率一定的情况下,输出光通量与注入电荷数成正比,其照度正比于光通量.

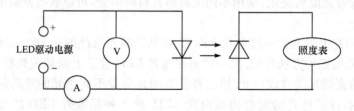

图 3-14-4   LED电光转换特性测试原理图

3. LED 结温及结温测量方法

LED 的基本结构是一个半导体的 pn 结,pn 结的温度就是 LED 的结温,由于元件芯片均具有很小的尺寸,因此我们也可把 LED 芯片的温度视为结温.

1) LED 正向电压与结温关系

根据二极管的肖克利(Shockley)模型,LED 的伏安特性为

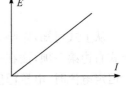

图 3-14-5　LED 电光转换特性曲线

$$I=I_S\left[\exp\left(\frac{eU}{kT}\right)-1\right]\approx I_S\exp\left(\frac{eU}{kT}\right) \qquad (3-14-1)$$

式中,I、U 为流过 LED pn 结的电流和 LED pn 结的端电压;I_S 为反向饱和电流;$e=1.6\times10^{-19}$ C(库仑),为电子电量;$k=1.38\times10^{-23}$ J·K^{-1},为玻尔兹曼常量;T 为绝对温度.I_S 是温度的函数,在半导体材料杂质全部电离、本征激发可以忽略的条件下有

$$I_S=Ae\left(\sqrt{\frac{D_n}{\tau_n}}\frac{n_i^2}{N_A}+\sqrt{\frac{D_p}{\tau_p}}\frac{n_i^2}{N_D}\right) \qquad (3-14-2)$$

式中,A 是结面积;D_n、D_p 是电子和空穴的扩散系数;τ_n、τ_p 是少数电子寿命和少数空穴寿命;N_A、N_D 分别是掺入的受主浓度和施主浓度;n_i 为本征半导体浓度,且

$$n_i^2=N_C N_V\exp\left(-\frac{eU_{g0}}{kT}\right) \qquad (3-14-3)$$

$$N_C=2\left(\frac{m_n^* kT}{2\pi\hbar^2}\right)^{\frac{3}{2}}, \quad N_V=2\left(\frac{m_p^* kT}{2\pi\hbar^2}\right)^{\frac{3}{2}} \qquad (3-14-4)$$

其中,N_C、N_V 分别为导带和价带的有效态密度;m_n^*、m_p^* 分别为电子和空穴的有效质量;U_{g0} 是绝对零度时 pn 结材料的导带底和价带顶的电势差.因为式中两项的情况相似,所以只需考虑第一项即可.因 D_n 与温度 T 有关,设 D_n/τ_n 与 T^γ 成正比,γ 为一常数,则有

$$I_S=Ae\left(\sqrt{\frac{D_n}{\tau_n}}\frac{n_i^2}{N_A}+\sqrt{\frac{D_p}{\tau_p}}\frac{n_i^2}{N_D}\right)\propto T^{3+\frac{\gamma}{2}}\exp\left(-\frac{eU_{g0}}{kT}\right) \qquad (3-14-5)$$

所以有

$$I_S=CT^\beta\exp\left(-\frac{eU_{g0}}{kT}\right) \qquad (3-14-6)$$

C、β 为常数.由上式可得

$$U=U_{g0}-\frac{k}{e}\ln\left(\frac{C}{I}\right)\cdot T-\frac{k\beta T}{e}\ln T \qquad (3-14-7)$$

上式表示一般 pn 结的电压与电流和温度的函数关系,从中可以看出,当电流 I 一定时,U 仅随 T 的变化而变化,且结温越大,电压越低,于是可以通过测量电压得到结温,这是电学参数法的测量基础.定义电压温度系数 K 为

$$K=\frac{\mathrm{d}U}{\mathrm{d}T}=-\frac{k}{e}\ln\left(\frac{C}{I}\right)-\frac{\beta k}{e}-\frac{\beta k}{e}\ln T \qquad (3-14-8)$$

从上式可知,影响 K 的因素有电流 I 和温度 T,但当 I 很小时 K 的值取决于上式右边第一项,而在一定温度范围内,末项中 T 的影响较小,所以当电流为很小的恒定电流时,电压温度系数 K 近似为常数. 于是上式就可以表示为

$$T=\frac{U-U_0}{K}+T_0 \qquad (3-14-9)$$

U_0,T_0 为初始时的电压和结温,这是小电流 K 系数法的理论基础.

应当指出,由于实际 LED 样品不可能是一个理想的 pn 结,因此式(3-14-8)所描写的并不是严格的定量关系.

2) 利用小电流 K 系数法测量 LED 结温

(1) 标定 K. 给 LED 通一小的测量电流 I_M,在不同的环境温度下,测量对应的电压 U_M,求得系数 K. 一般测量电流 I_M 的大小取决于被测 LED 的额定电流或功率大小,通常取 0.1~5.0mA. 另外,将电流 I_H 切换至 I_M 的时间应尽量短,避免 LED 出现较大的降温,建议在 50μs 以下. 加热电流 I_H 的大小一般为被测 LED 的额定电流.

(2) 测结温. 在规定的环境温度条件下,给被测 LED 施加小的测量电流 I_M,得到正向电压 U_M,用加热电流 I_H 替代 I_M,待达到热稳定并建立热平衡后,快速用测量电流 I_M 替代 I_H,测得正向电压 U_{Mi},根据标定的 K,求得此时的结温 T_{Ji}.

小电流 K 系数法的局限性在于:测试时必须首先将该 LED 从原来的线路中断开,然后用专门的结温测试电源——脉冲恒流源供电.

3) 脉冲法测量 LED 结温

脉冲法是一种测量结温的新方法,2008 年由美国 NIST 实验室的 Zong Yuqin 先生提出,它与目前最常用的小电流 K 系数法一样同属于电学参数法.

(1) 研究电压与结温的关系. 通过给 LED 注入恒定的窄脉冲电流(使得通电时间内产生的热量对结温温升的影响有限),脉冲电流幅值与额定工作电流相等,同时通过减小占空比使得脉冲电流断开后热量有足够的时间散出去. 确定脉冲源后,分别测量 LED 在不同温度下的正向电压(在热平衡条件下结温等于环境温度),获得额定电流下正向电压与结温的关系曲线.

(2) 在 LED 正常工作时,通过测量 LED 两端电压,根据已经求出的电压与结温的函数关系得到 LED 的结温.

与小电流 K 系数法相比,脉冲法最大的好处就是无须改变原来系统的连接关系,可直接测量. 脉冲法测量 LED 结温的关键在于脉冲源必须保证工作电流下 LED 没有严重的自热行为,这就包括脉冲的宽度和占空比的选择(占空比(duty ratio)是指在一串理想的脉冲周期序列中(如方波),正脉冲的持续时间与脉冲总周

期的比值.例如,脉冲宽度 $1\mu s$,信号周期 $4\mu s$ 的脉冲序列占空比为 0.25.)

LED 在宽脉宽、大占空比的脉冲电流下结温随时间的变化关系可近似如图 3-14-6 所示:

从图 3-14-6 可以看出,当脉冲电流脉宽较大、占空比较大时,结温的增量 ΔT 将随着时间累积增加.如果选择合适的窄脉宽和小占空比的脉冲电流,结温随时间的变化近似如图 3-14-7 所示.

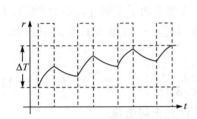

图 3-14-6 LED 在宽脉宽、大占空比的脉冲电流下结温随时间的变化关系

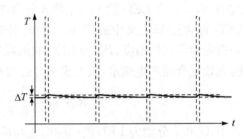

图 3-14-7 LED 在窄脉宽、小占空比的脉冲电流下结温随时间的变化关系

由图 3-14-7 可见,脉宽越小时,一个脉宽作用下引起的温升 ΔT 也越小,若第二个同样的窄脉冲到来之前,LED 有足够长的散热时间(即占空比足够小),那么前一个脉冲引起的温升将得到抵消,当第二个、第三个、…脉冲来临时,将重复第一个脉冲周期内的结温变化情况.

由以上分析可见,脉冲宽度越小,占空比越小,通电电流引起的温升就越小,结温测量越准确.如何确定脉宽和占空比呢(思考)?

4. 结温对 LED 发光性能的影响

LED 的光通量或照度受结温的影响较大,随着结温的升高,LED 光通量减小,同一截面上照度也随之减小,结温下降时,LED 的光通量或照度增加.一般情况下(正常工作时),这种情况是可逆的和可恢复的,当结温回到原来的值,光通量或照度也会回到原来的状态. LED 光通量或照度随结温(室温~120℃)的变化关系大致如图 3-14-8 所示.

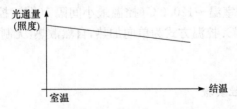

图 3-14-8 LED 光通量(或照度)与结温的关系曲线

5. LED 热阻

热阻是导热介质两端的温度差与通过热流功率的比值(单位℃·W^{-1}或 $K·W^{-1}$),LED 的热阻定义为:

$$R_{\theta(J-X)} = \frac{T_J - T_X}{P_H} \qquad (3-14-10)$$

式中,$R_{\theta(J-X)}$ 为 LED 的 pn 结到指定参考点之间的热阻;T_J 为测试条件稳定时 LED 的结温(即上文中的 T,此处为区别于 T_X,特意添加了下标 J,以示结温);T_X 为指定参考点的温度;P_H 为 LED 的热耗散功率,目前,一般输入的电能中约 85% 因无效复合而产生热量,故上式又可近似写为

$$R_{\theta(J-X)} = \frac{T_J - T_X}{0.85P} = \frac{T_J - T_X}{0.85UI} \qquad (3-14-11)$$

其中,U 和 I 分别为 LED 两端的电压与流过 LED 的正向电流.

二、实验仪器

实验仪器主要由激励电源、LED 特性测试仪、热特性温控仪、温控测试台、实验装置(含照度检测探头、LED 光发射器、直线轨道)等组成.

激励电源为 LED 提供驱动电源,其有稳压与稳流两种输出模式.其中稳压模式分为 0~4V 和 0~36V 挡,稳流模式分为 0~40mA 和 0~350mA 挡.(稳压 0~4V 挡用于 LED 正向测试.稳压 0~36V 挡用于 LED 反向测试.稳流 0~40mA 挡用于高亮型 LED 的空间分布特性和正向伏安特性测试.稳流 0~350mA 挡用于功率型 LED 的空间分布特性和正向伏安特性测试.)

LED 光发射器可以正反 90°旋转并由刻度盘指示旋转角度.

照度检测探头用于检测当前位置 LED 出射光的照度值,并与测试仪的照度表一起构成照度计.照度检测探头所采用的照度传感器的光谱响应接近人眼视觉的光谱灵敏度特性,峰值灵敏度波长为 560nm.(该照度检测探头仅用于本实验,应注意勿对准强光.)

照度,表示被照射主体表面单位面积上所得到的光通量,符号用 E 表示,单位为 lx 或 lux(勒克司).当发光强度不变时,照度与光发射距离的平方成反比.

温控仪控温范围室温~120.0℃(控温最小间隔 10℃),控温精度优于 0.5℃,温度显示分辨力 0.1℃.控温方式为单向加热,自然散热,无制冷功能.

三、实验内容

1. LED 基本特性实验

打开激励电源和测试仪预热 10min.将 LED 样品紧固在 LED 发射器上,发射

器方向指示线对齐 0°. 将照度检测探头移至距 LED 灯 10cm 处, 调节探头的高度和角度, 使其正对 LED 发射器.

1) 测量 LED 样品的反向特性

(1) 点击测试仪上的方向按钮, 点亮"反向"指示灯. 激励电源输出模式选为"稳压", 电源输出选择 0～36V 挡, "稳压, 36V 挡"状态指示灯亮. 点击测试仪上的"测试"按钮, 点亮测试状态指示灯.

(2) 将激励电源上"输出调节"旋钮顺时针旋转, 记录 −1～−4V(间隔 1V 左右)各电压下的反向电流值(电压值以距设定值最近的实际电压值为准).

(3) 数据记录完毕后, 点击"复位"按钮, 电流归零, 反向特性实验结束.

2) 测量 LED 样品的正向特性

(1) 点击测试仪上的方向按钮, 点亮"正向"指示灯. 激励电源输出模式选为"稳压", 电源输出选择 0～4V 挡, "稳压, 4V 挡"状态指示灯亮.

(2) 顺时针旋转"输出调节"旋钮, 调节电压至正向前三组设定值附近, 记录对应的电流和照度值.(注: 由于材料特性, 同类型的红色 LED 与其他颜色 LED 的电学参数差异较大, 绿、蓝、白色 LED 的电学参数相近, 故红色 LED 的正向电压设定值与其他颜色 LED 不同.)

(3) 点击"复位"按钮, 电流归零. 若样品为高亮型 LED, 将激励电源输出模式切换为"稳流, 40mA 挡", 若为功率型 LED, 选择"稳流, 350mA 挡". 顺时针旋转"输出调节"旋钮, 按表 1 或表 2 设计的电流值改变电流(接近即可), 记录电压、照度值. 点击"测试"按钮, 测试状态指示灯灭, 否则更换样品时可能出现短暂报警.

(4) 更换样品, 重复以上正反向特性测试步骤.

注意: 严禁在反向测试时使用电流源即稳流模式作为 LED 的驱动电源!! 严禁在正向电流较大时(高亮型＞2mA, 功率型＞20mA)使用稳压源作为 LED 的驱动电源!!

根据所测数据画出 4 只高亮型 LED、4 只功率型 LED 的伏安特性及电光转换特性曲线, 并与图 3-14-3、图 3-14-5 比较, 分析异同原因. 普通硅二极管的死区电压 $U_{th} \approx 0.7V$, 锗二极管的死区电压 $U_{th} \approx 0.2V$, 试比较 LED 样品与普通二极管的异同.

2. LED 热学特性研究及应用

该部分主要研究如何测量 LED 的结温和热阻, 以及结温对 LED 电学、光学特性的影响.

1) 选择满足结温准确测量的脉冲源

在电流为 300.0mA 条件下分别测量占空比为 1：50、1：100 和 1：1000 时电压值和 LED 表面温度(每 0.5min 测一次). 通过测量不同占空比下电压值和 LED

表面温度选择脉冲源.

2) 结温对 LED 正向伏安特性的影响

在选择好的脉冲源工作条件下(通电引起的温升很小的脉冲源),调节电流使测试仪上电流表显示为额定电流 300.0mA(或附近),此时立即按下秒表开始计时,并每隔 0.5min 记录一次电压值和 LED 表面温度. 共记录 5min. 同样上述步骤,重复测量脉冲电流幅值为 5~300mA 时,各电流下的电压值和室温(即 LED 表面温度). 以电压为横轴、电流为纵轴、结温为参变量,绘出不同结温下 LED 的正向伏安特性曲线族. 观察 LED 正向伏安特性曲线随结温变化的规律,总结结温对 LED 正向伏安特性的影响.

观察各电流下 LED 的电压与结温是否呈线性关系. 小电流(5mA)与大电流(300mA)时,电压与结温的线性度有何差异,若有差异,理论上如何解释.

3) 额定电流时结温与电压的关系

对上面内容中额定电流下的电压与结温数据进行线性拟合,根据线性拟合函数计算出最大结温测量偏差,若该偏差较大(如大于 5℃),说明在额定电流下若要更加准确地测量结温与电压的关系应该采用非线性拟合方式.

4) 结温对 LED 发光性能的影响

采用上面内容中确定的更加准确的结温与电压关系,通过测量电压计算结温,来研究结温对照度的影响.

同样直流模式下 1min 内间隔 10s,其余间隔 50s,迅速记录每次电压和照度值,共记录 10min. 通过测量电压计算结温,来研究结温对照度的影响.

5) 测量 LED 的稳态热阻

最后稳定时(即电压不再变化)记录电压和表面温度(即参考点温度),计算 LED 的稳态热阻.

四、思考题与讨论

(1) 思考结温是如何影响 LED 发光性能的.

(2) 热阻与电阻有何相似之处? 热阻的大小怎样影响 LED 的散热性能?

3-15　液晶电光效应

液晶是介于液体与晶体之间的一种物质状态. 一般的液体内部分子排列是无序的,而液晶既具有液体的流动性,其分子又按一定规律有序排列,使它呈现晶体的各向异性. 当光通过液晶时,会产生偏振面旋转、双折射等效应. 液晶分子是含有极性基团的极性分子,在电场作用下,偶极子会按电场方向取向,导致分子原有的排列方式发生变化,从而液晶的光学性质也随之发生改变,这种因外电场引起的液晶光学性质的改变称为液晶的电光效应.

1888年,奥地利植物学家 Reinitzer 在做有机物溶解实验时,在一定的温度范围内观察到液晶.1961年美国RCA公司的 Heimeier 发现了液晶的一系列电光效应,并制成了显示器件.从20世纪70年代开始,日本公司将液晶与集成电路技术结合,制成了一系列的液晶显示器件,并至今在这一领域保持领先地位.液晶显示器件由于具有驱动电压低(一般为几伏),功耗极小,体积小,寿命长,环保无辐射等优点,多用于各种显示器件.

一、实验原理

1. 液晶光开关的工作原理

液晶的种类很多,现以常用的 TN(扭曲向列)型液晶为例,说明其工作原理.

TN 型光开关的结构如图 3-15-1 所示.在两块玻璃板之间夹有正性向列相液晶,液晶分子的形状如同火柴一样,为棍状.棍的长度在十几埃($1Å=10^{-10}\,m$),直径为 $4\sim6Å$,液晶层厚度一般为 $5\sim8\mu m$.玻璃板的内表面涂有透明电极,电极的表面预先作了定向处理(可用软绒布朝一个方向摩擦,也可在电极表面涂取向剂),这样,液晶分子在透明电极表面就会躺倒在摩擦所形成的微沟槽里;电极表面的液晶分子按一定方向排列,且上下电极上的定向方向相互垂直.上下电极之间的那些液晶分子因范德瓦尔斯力的作用,趋向于平行排列.然而由于上下电极上液晶的定向方向相互垂直,所以从俯视方向看,液晶分子的排列从上电极的沿$-45°$方向排列逐步地、均匀地扭曲到下电极的沿$+45°$方向排列,整个扭曲了$90°$.如图 3-15-1 左图所示.

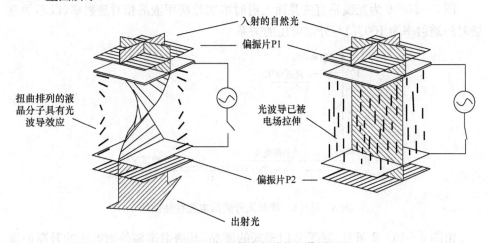

图 3-15-1 液晶光开关的工作原理

　　理论和实验都证明,上述均匀扭曲排列起来的结构具有光波导的性质,即偏振光从上电极表面透过扭曲排列起来的液晶传播到下电极表面时,偏振方向会旋转 90°.

　　取两张偏振片贴在玻璃的两面,P1 的透光轴与上电极的定向方向相同,P2 的透光轴与下电极的定向方向相同,于是 P1 和 P2 的透光轴相互正交.

　　在未加驱动电压的情况下,来自光源的自然光经过偏振片 P1 后只剩下平行于透光轴的线偏振光,该线偏振光到达输出面时,其偏振面旋转了 90°.这时光的偏振面与 P2 的透光轴平行,因而有光通过.

　　在施加足够电压情况下(一般为 1~2V),在静电场的作用下,除了基片附近的液晶分子被基片"锚定"以外,其他液晶分子趋于平行于电场方向排列.于是原来的扭曲结构被破坏,成了均匀结构,如图 3-15-1 右图所示.从 P1 透射出来的偏振光的偏振方向在液晶中传播时不再旋转,保持原来的偏振方向到达下电极.这时光的偏振方向与 P2 正交,因而光被关断.

　　由于上述光开关在没有电场的情况下让光透过,加上电场的时候光被关断,因此叫做常通型光开关,又叫做常白模式.若 P1 和 P2 的透光轴相互平行,则构成常黑模式.

　　液晶可分为热致液晶与溶致液晶.热致液晶在一定的温度范围内呈现液晶的光学各向异性,溶致液晶是溶质溶于溶剂中形成的液晶.目前用于显示器件的都是热致液晶,它的特性随温度的改变而有一定变化.

　　2. 液晶光开关的电光特性

　　图 3-15-2 为光线垂直液晶面入射时本实验所用液晶相对透射率(以不加电场时的透射率为 100%)与外加电压的关系.

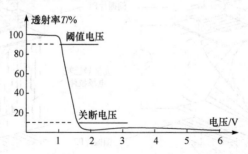

图 3-15-2　液晶光开关的电光特性曲线

　　由图 3-15-2 可见,对于常白模式的液晶,其透射率随外加电压的升高而逐渐降低,在一定电压下达到最低点,此后略有变化.可以根据此电光特性曲线图得出液晶的阈值电压和关断电压.

阈值电压:透过率为 90％时的驱动电压;

关断电压:透过率为 10％时的驱动电压.

液晶的电光特性曲线越陡,即阈值电压与关断电压的差值越小,由液晶开关单元构成的显示器件允许的驱动路数就越多. TN 型液晶最多允许 16 路驱动,故常用于数码显示. 在电脑,电视等需要高分辨率的显示器件中,常采用 STN(超扭曲向列)型液晶,以改善电光特性曲线的陡度,增加驱动路数.

3. 液晶光开关的时间响应特性

加上(或去掉)供电电压能使液晶的开关状态发生改变,是因为液晶的分子排序发生了改变,这种重新排序需要一定时间,反映在时间响应曲线上,用上升时间 τ_r 和下降时间 τ_d 描述. 给液晶开关加上一个如图 3 - 15 - 3 上图所示的周期性变化的电压,就可以得到液晶的时间响应曲线,上升时间和下降时间. 如图 3 - 15 - 3 所示.

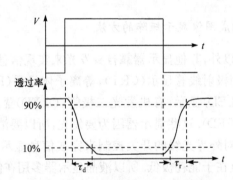

图 3 - 15 - 3　液晶驱动电压和时间响应图

上升时间:透过率由 10％升到 90％所需时间;下降时间:透过率由 90％降到 10％所需时间.

液晶的响应时间越短,显示动态图像的效果越好,这是液晶显示器的重要指标.早期的液晶显示器在这方面逊色于其他显示器,现在通过结构方面的技术改进,已达到很好的效果.

4. 液晶光开关的视角特性

液晶光开关的视角特性表示对比度与视角的关系. 对比度定义为光开关打开和关断时透射光强度之比,对比度大于 5 时,可以获得满意的图像,对比度小于 2,图像就模糊不清了.

图 3-15-4 表示了某种液晶视角特性的理论计算结果. 图 3-15-4 中,用与原点的距离表示垂直视角(入射光线方向与液晶屏法线方向的夹角)的大小.

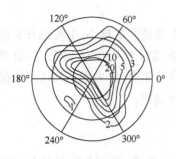

图中 3 个同心圆分别表示垂直视角为 30°、60° 和 90°. 90° 同心圆外面标注的数字表示水平视角(入射光线在液晶屏上的投影与 0° 方向之间的夹角)的大小. 图 3-15-3 中的闭合曲线为不同对比度时的等对比度曲线.

由图 3-15-4 可以看出,液晶的对比度与垂直与水平视角都有关,而且具有非对称性. 若我们把具有图 3-15-4 所示视角特性的液晶开关逆时针旋转,以 220° 方向向下,并由多个显示开关组成液晶显示屏. 则该液晶显示屏的左右视角特性对称,在左,右和俯视 3 个方向,垂直视角接近 60° 时对比度为 5,观看效果较好. 在仰视方向对比度随着垂直视角的加大迅速降低,观看效果差.

图 3-15-4　液晶的视角特性

5. 液晶光开关构成图像显示矩阵的方法

除了液晶显示器以外,其他显示器靠自身发光来实现信息显示功能. 这些显示器主要有以下一些:阴极射线管显示(CRT),等离子体显示(PDP),电致发光显示(ELD),发光二极管(LED)显示,有机发光二极管(OLED)显示,真空荧光管显示(VFD),场发射显示(FED). 这些显示器因为要发光,所以要消耗大量的能量.

液晶显示器通过对外界光线的开关控制来完成信息显示任务,为非主动发光型显示,其最大的优点在于能耗极低. 所以液晶显示器多用在便携式装置的显示方面,如电子表、万用表、手机、传呼机等. 下面我们来看看如何利用液晶光开关来实现图形和图像显示任务.

矩阵显示方式,是把图 3-15-5(a)所示的横条形状的透明电极做在一块玻璃片上,叫做行驱动电极,简称行电极(常用 X_i 表示),而把竖条形状的电极制在另一块玻璃片上,叫做列驱动电极,简称列电极(常用 S_i 表示). 把这两块玻璃片面对面组合起来,把液晶灌注在这两片玻璃之间构成液晶盒. 为了画面简洁,通常将横条形状和竖条形状的 ITO 电极抽象为横线和竖线,分别代表扫描电极和信号电极,如图 3-15-5(b)所示.

矩阵型显示器的工作方式为扫描方式. 欲显示图 3-15-5(b)的那些有方块的像素,首先在第 A 行加上高电平,其余行加上低电平,同时在列电极的对应电极 c、d 上加上低电平,于是 A 行的那些带有方块的像素就被显示出来了. 然后第 B 行加上高电平,其余行加上低电平,同时在列电极的对应电极 b、e 上加上低电平,因而 B 行的那些带有方块的像素被显示出来了. 然后是第 C 行、第 D 行、…,余此类推,最后显示出一整场的图像. 这种工作方式称为扫描方式.

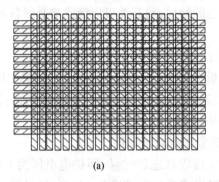
(a)

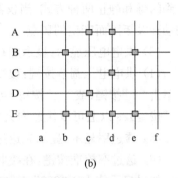
(b)

图 3 - 15 - 5　液晶光开关组成的矩阵式图形显示器

　　这种分时间扫描每一行的方式是平板显示器的共同的寻址方式,依这种方式,可以让每一个液晶光开关按照其上的电压的幅值让外界光关断或通过,从而显示出任意文字、图形和图像.

二、实验装置

　　本实验所用仪器为液晶光开关电光特性综合实验仪,其外部结构如图 3 - 15 - 6 所示. 仪器各个按钮的功能如下.

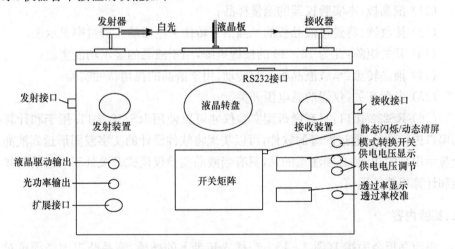

图 3 - 15 - 6　液晶光开关电光特性综合实验仪示意图

　　(1) 模式转换开关:切换液晶的静态和动态(图像显示)两种工作模式. 在静态时,所有的液晶单元所加电压相同,在(动态)图像显示时,每个单元所加的电压由开关矩阵控制. 同时,当开关处于静态时打开发射器,当开关处于动态时关闭发射器.

(2) 静态闪烁/动态清屏切换开关:当仪器工作在静态的时候,此开关可以切换到闪烁和静止两种方式;当仪器工作在动态的时候,此开关可以清除液晶屏幕因按动开关矩阵而产生的斑点.

(3) 供电电压显示:显示加在液晶板上的电压,范围在 0.00~7.60V.

(4) 供电电压调节按键:改变加在液晶板上的电压,调节范围在 0~7.6V. 其中单击"＋"按键(或"－"按键)可以增大(或减小)0.01V. 一直按住"＋"按键(或"－"按键)2s 以上可以快速增大(或减小)供电电压.

(5) 透过率显示:显示光透过液晶板后光强的相对百分比.

(6) 透过率校准按键:在接收器处于最大接收状态的时候(即供电电压为 0V 时),如果显示值大于"250",则按住该键 3s 可以将透过率校准为 100％;如果供电电压不为 0,或显示小于"250",则该按键无效,不能校准透过率.

(7) 液晶驱动输出:接存储示波器,显示液晶的驱动电压.

(8) 光功率输出:接存储示波器,显示液晶的时间响应曲线,可以根据此曲线来得到液晶响应时间的上升时间和下降时间.

(9) 扩展接口:连接 LCDEO 信号适配器的接口,通过信号适配器可以使用普通示波器观测液晶光开关特性的响应时间曲线.

(10) 发射器:为仪器提供较强的光源;

(11) 液晶板:本实验仪器的测量样品;

(12) 接收器:将透过液晶板的光强信号转换为电压输入透过率显示表;

(13) 开关矩阵:此为 16×16 的按键矩阵,用于液晶的显示功能实验;

(14) 液晶转盘:承载液晶板一起转动,用于液晶的视角特性实验;

(15) 电源开关:仪器的总电源开关.

(16) RS232 接口:只有微机型实验仪才可以使用 RS232 接口. 用于和计算机的串口进行通信,通过配套的软件,可以实现将软件设计的文字或图形送到液晶片上显示出来的功能. 必须注意的是,只有当液晶实验仪模式开关处于动态的时候才能和计算机软件通信.

三、实验内容

将液晶板金手指 1(图 3-15-7)插入转盘上的插槽,液晶凸起面必须正对光源发射方向. 打开电源开关,点亮光源,使光源预热 10min 左右.

在正式进行实验前,首先需要检查仪器的初始状态,看发射器光线是否垂直入射到接收器;在静态 0V 供电电压条件下,透过率显示经校准后是否为"100％". 如果显示正确,则可以开始实验,如果不正确,要将仪器校准再进行实验.

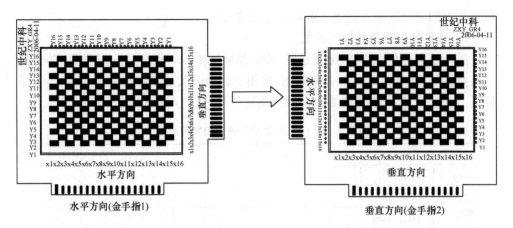

图 3 - 15 - 7 液晶板方向(视角为正视液晶屏凸起面)

1. 液晶的电光特性测量实验

将模式转换开关置于静态模式,液晶转盘的转角置于 0°,保持当前转盘状态.在供电电压为 0V,透过率显示大于 250 时,按住"透过率校准"按键 3s 以上,将透过率校准为 100%.调节"供电电压调节"按键,从 0~6V,以 0.2V 的增量逐步增大供电电压(0~1V 增量可适当加大),记录下每个电压值下对应的透过率值.将供电电压重新调回 0V(此时若透过率不为 100%,则需重新校准).重复步骤 2,完成 3 次测量.重复 3 次并计算相应电压下透射率的平均值,依据实验数据绘制电光特性曲线,可以得出阈值电压和关断电压.

2. 液晶的时间特性实验

将模式转换开关置于静态模式,透过率显示调到 100%,然后将液晶供电电压调到 2.20V,在液晶静态闪烁状态下,用存储示波器观察此光开关时间响应特性曲线,根据此曲线测得液晶的上升时间 τ_r 和下降时间 τ_d.

3. 液晶的视角特性测量实验(液晶板方向可以参照图 3 - 15 - 7 所示)

1) 水平方向视角特性的测量

将模式转换开关置于静态模式.首先将透过率显示调到 100%,然后再进行实验.确定当前液晶板为金手指 1 插入的插槽(图 3 - 15 - 7).在供电电压为 0V 时,按照表 3 - 15 - 1 所列举的角度调节液晶屏与入射光的角度,在每一角度下测量光强透过率最大值 T_{MAX}.然后将供电电压设置为 2.20V,再次调节液晶屏角度,测量光强透过率最小值 T_{MIN},并计算其对比度.以角度为横坐标,对比度为纵坐标,绘制水平方向对比度随入射光入射角而变化的曲线.

2) 垂直方向视角特性的测量

关断总电源后,取下液晶显示屏,将液晶板旋转 90°,将金手指 2(垂直方向)插入转盘插槽(图 3 - 15 - 7). 重新通电,将模式转换开关置于静态模式. 按照与①相同的方法和步骤,可测量垂直方向的视角特性. 并记录入表 3 - 15 - 1 中.

表 3 - 15 - 1　液晶光开关视角特性测量

角度/(°)		−75	−70	⋯	−10	−5	0	5	10	⋯	70	75
水平方向视角特性	$T_{MAX}/\%$											
	$T_{MIN}/\%$											
	T_{MAX}/T_{MIN}											
垂直方向视角特性	$T_{MAX}/\%$											
	$T_{MIN}/\%$											
	T_{MAX}/T_{MIN}											

4. 液晶的图像显示原理实验

将模式转换开关置于动态(图像显示)模式. 液晶供电电压调到 5V 左右. 此时矩阵开关板上的每个按键位置对应一个液晶光开关像素. 初始时各像素都处于开通状态,按 1 次矩阵开光板上的某一按键,可改变相应液晶像素的通断状态,所以可以利用点阵输入关断(或点亮)对应的像素,使暗像素(或点亮像素)组合成一个字符或文字. 以此让学生体会液晶显示器件组成图像和文字的工作原理. 矩阵开关板右上角的按键为清屏键,用以清除已输入在显示屏上的图形.

实验完成后,关闭电源开关,取下液晶板妥善保存.

四、思考题与讨论

(1) 液晶的阈值电压和关断电压怎么确定? 其值对液晶有什么影响?

(2) 解释一般液晶显示器件的工作原理.

五、注意事项

(1) 禁止用光束照射他人眼睛或直视光束本身,以防伤害眼睛!

(2) 在液晶视角特性实验中,更换液晶板方向时,务必断开总电源后,再进行插取,否则将会损坏液晶板. 液晶板凸起面必须要朝向光源发射方向,否则实验记录的数据为错误数据.

（3）在调节透过率 100% 时,如果透过率显示不稳定,则可能是光源预热时间不够,或光路没有对准,需要仔细检查,调节好光路.

（4）在校准透过率 100% 前,必须将液晶供电电压显示调到 0.00V 或显示大于"250",否则无法校准透过率为 100%. 在实验中,电压为 0.00V 时,不要长时间按住"透过率校准"按钮,否则透过率显示将进入非工作状态,本组测试的数据为错误数据,需要重新进行本组实验数据记录.

参 考 文 献

黄子强. 2006. 液晶显示原理. 北京:国防工业出版社

第四单元　创新研究性实验

4-1　超稳外腔式半导体激光器的研制

半导体激光器凭借其转换效率高、便于集成等优点逐步成为信息通信、信息存储等领域的关键器件. 特别是可调谐外腔式半导体激光器具有波长连续可调谐、结构简单及窄线宽的特性,在光网络、原子物理、精密测量、量子信息、量子模拟等诸多领域有着广泛的应用. 若使用可调谐外腔式半导体激光器则可大大降低系统的综合成本、节约资源,还为实现可重构及易升级的科研系统和应用产品提供了可能. 但是,外腔式半导体激光器中外部谐振腔的稳定性作为一个重要的因素,对波长可调谐的半导体激光器及其在相关研究领域的应用具有重要意义. 外腔式半导体激光器的外部谐振腔容易受到外界环境(噪声、机械振动)的影响,使激光器输出激光的频率变得不稳定,而且会造成使已稳频激光的突然失锁. 若能进一步增强激光器输出的稳定性,则可提高外腔式半导体激光器的性能,更好地服务于科学研究和基础应用.

本实验要求掌握外腔式半导体激光器的工作原理,采用光栅做外部反馈的Littrow 式结构,设计、制作一台出光波长为 852nm 的外腔式半导体激光器;改进外腔式半导体激光器底座,减小了外界环境噪声对半导体激光器外腔稳定性的影响;利用铯原子的饱和吸收光谱对改进的外腔式半导体激光器进行频率锁定,研究经隔振处理激光器与原激光器的鉴频曲线,进一步提高了外腔式半导体激光器的性能. 在实验中,通过对外腔式半导体激光器的一体化底座进行了隔振处理提高激光器的稳定性,还可以加深对半导体激光器的工作原理、组成结构、使用方法等各个方面的了解,并学会如何对激光器进行锁频,使外腔式半导体激光器的输出激光更加稳定.

一、实验原理

1. 半导体激光器的基本工作原理

半导体激光器是一种相干辐射光源,要使它能产生激光,必须具备以下三个基本条件. 首先是增益条件:建立起有源区(实现粒子数反转的区域)内载流子的粒子数反转,在半导体中代表电子能量的是由一系列接近于连续的能级所组成的能带,因此在半导体中要实现粒子数反转,必须在两个能带区域之间,处在高能态导带底的电子数比处在低能态价带顶的空穴数大很多,这靠给同质结或异质结加正向偏压,向有源层内注入必要的载流子来实现.将电子从能量较低的价带激发到能量较高的导带中去.当处于粒子数反转状态的大量电子与空穴复合时,便产生受激辐射.

然后,要实际获得相干受激辐射,必须使受激辐射在光学谐振腔内得到多次反馈而形成激光振荡,本实验中选用的外腔式半导体激光器,谐振腔由光栅与激光光源镜面组成,光源发射激光经过光栅会发生衍射现象,利用光栅方程 $2d\sin\theta=k\lambda$(d 为光栅常数,k 为衍射级数,θ 为入射激光与光栅夹角)得到,当激光以 53°夹角入射到光栅表面时,一级衍射光形成反馈,在谐振腔中形成激光振荡,从而实现零级衍射光的放大输出.

最后,为了形成稳定振荡,激光介质必须能提供足够大的增益,以弥补谐振腔引起的光损耗及从腔面的激光输出等引起的损耗,不断增加腔内的光场.这就必须要有足够强的电流注入,即有足够的粒子数反转,粒子数反转程度越高,得到的增益就越大,即要求必须满足一定的电流阈值条件.当激光器达到阈值时,具有特定波长的光就能在腔内谐振并被放大,最后形成激光而连续地输出,而增加增益的方法是加大注入的正向电流.本实验中利用对激光光源加电流泵浦,实现持续性强且高强度的粒子数反转,增强增益效果.

半导体工作介质中,存在一系列满带与空带,我们把能量最高的满带叫做价带,能量最低的空带叫做导带,导带与价带之间称为带隙,用 E_g 表示带隙宽度,如图 4-1-1 所示.导带和价带是我们最感兴趣的两个能带,因为原子的电离以及电子与原子的复合发光等过程,只要发生在导带和价带之间.将价带的低能级电子激发到导带可以利用光照的形式,形成电子与空穴的复合,这个过程称为本征光吸收,所以要想将电子激发到导带,入射光子的能量一定要大于带隙宽度,即

$$h\nu\geqslant E_g$$

式中,$h=6.626\times10^{-34}$J・s 为普朗克常量,ν 为入射光频率.

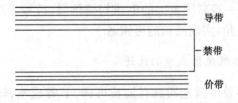

图 4-1-1　半导体工作介质导带和价带示意图

2. 外腔可调谐半导体激光器的波长调谐机制

一般来说,可调谐外腔式半导体激光器由半导体工作介质和外部反馈系统两部分构成,半导体作为增益介质,外腔作为选频单元.外腔式半导体激光器通过外部

腔对激光光源输出的激光进行选择性反馈,只有特定波长的光才可返回有源区,在谐振腔内形成受激辐射的光放大.由于外腔形式的不同,外腔是半导体激光器的种类也很繁多.本实验中采用光栅做为外腔反馈的 Littrow 式结构,如图 4-1-2 所示.

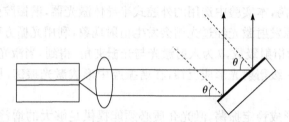

图 4-1-2　Littrow 式外腔半导体激光器结构示意图

Littrow 结构中,激光光源发射的激光,经过准直透镜准直后以一束平行光出射,当激光照射到光栅表面时,发生衍射现象,一部分衍射光作为反馈返回有源区,在谐振腔中振荡,另一部分衍射光作为输出光入射到反射镜表面,经过反射镜反射后输出.其中,只有特定的一部分衍射光才可作为反馈回激光光源,这样就实现了压窄线宽.当光栅角度发生改变时,由布拉格公式可得,反馈激光的波长也发生改变,这样就实现了波长的可调谐. Littrow 式结构简单、转换效率高,但是输出波长受到光栅角度的影响.

设衍射光栅常数为 d,当光栅旋转了 $\Delta\theta$,如图 4-1-2 所示,本实验中采用一级衍射光,此时有光栅方程:

$$2d\sin\theta=k\lambda$$

当衍射光栅转动角度较小时可得衍射光栅转动后的光栅方程

$$\lambda'=2d\sin(\theta+\Delta\theta)$$

在本实验中,为了实现光栅对波长的可调谐,在光栅后放置一个压电陶瓷 PZT,通过对 PZT 加一经高压放大的电压扫描信号,改变 PZT 的长度,进而改变光栅与入射激光的夹角,实现波长的可调谐.

3. 外腔式半导体激光器底座的改进

可调谐外腔式半导体激光器具有波长可调、节省成本、转换率高等一系列优点,但是其容易受到外界因素的影响,外部温度的变化会影响其输出激光的波长,实验台轻微振动也会造成输出激光的不稳定,特别是对已稳频的激光有很大影响.为此,提高外腔式半导体激光器输出激光的稳定性一直是制作激光器研究中的热点问题.

关于温度对激光器的影响,通常可以利用温控装置实现对温度的控制.对于外界振动对激光器稳定性的影响,我们做出如下改进,在基于反馈电路以及控制电路提高激光器输出稳定性的基础上,对激光器的一体化硬质铝底座进行隔振处理,将原有的一体化底座用两块硬质铝底座代替,并且在下方铝块的表面铣两个或者两个以上的闭合长方形凹槽,中间加入隔振片,将两块底座固定在一起使用,减少外部振动对锁频激光器稳定性的影响,实现激光器的稳定输出(图 4 - 1 - 3).

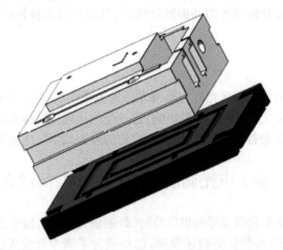

图 4 - 1 - 3　改进的激光器底座

二、实验内容

(1) 利用 Solidworks 制图软件绘制 Littrow 式外腔半导体激光器各部件并进行机加工,根据光栅作为外腔反馈的外腔式半导体激光器原理搭建实验所需的外腔式半导体激光器. 将激光二极管输出激光以 53°夹角入射到光栅表面,精细调谐光栅与入射激光的夹角,利用一级衍射光进行选择性反馈,实现零级衍射激光的放大输出. 通过调节光栅的倾角降低阈值电流,获得最大的波长可调谐范围,增加激光器的稳定性.

(2) 对激光器的一体化硬质铝底座进行隔振处理,将两块硬质铝作为激光器底座,在下方铝块的上表面铣 2 个以上闭合的长方形凹槽,将隔振的皮垫嵌入凹槽内,然后将两个铝底座固定在一起使用,隔振层的添加减少了外部振动对锁频激光器长期稳定性的影响,提高 852nm 外腔式半导体激光器输出激光的稳定性.

(3) 激光器出射的激光经过整形棱镜整形,再通过光隔离器,防止被反射的激光再次进入谐振腔,对激光器造成干扰. 搭建饱和吸收光谱装置,使激光穿过铯原子气室,实现强弱激光对射,并对弱光进行探测. 将一台信号发生器产生的锯齿的扫描信号加载到激光器的 PZT 上,通过调节扫描信号的幅值和偏置电压来改变激光器输出激光的扫频范围与中心波长. 优化激光器的温控和电流以获得一个比较好的模式输出,观测铯原子的饱和吸收光谱信号.

（4）将一个 30kHz 的正弦调制信号加载到外腔式半导体激光器发光二极管的电流上,通过饱和吸收光谱与调制信号混频,得到一阶误差曲线.随后,减小锯齿波的扫描幅值,将饱和吸收光谱峰值所对应误差曲线的零点放大,逐渐减少扫描信号并关闭,将误差曲线经 PID 处理后加载到激光器的 PZT 和电流上,实现激光器输出激光频率锁定到铯原子的共振跃迁线上,对测得的实验数据进行了 Allan 方差分析.

三、实验结果

通过对比经隔振处理激光器与原激光器的鉴频曲线,测量外部环境对改进底座的激光器输出激光频率及功率的影响,进一步优化隔振结构和组合方式,从而提高外腔式半导体激光器的稳定性,实现超稳定的外腔式半导体激光器.

4-2 基于声光调制技术的自由空间激光通信

自 20 世纪 60 年代激光器问世以后,光纤通信凭借其传输平台易于搭建,通信质量好,成本低廉等各种优势快速发展,已经成为了当今社会无法缺少的通信方式.而自由空间内的激光通信由于激光器成本高,激光束大气衰减严重,瞄准困难,极小的空间发散角,给发射和接收点之间的瞄准带来不少困难.但是在一些特定的应用背景下,激光通信却展现出了广阔的应用前景.相比传统的微波通信技术,激光通信的优点主要是:通信容量大;保密性强,激光不仅方向性强,而且可以采用不可见光,因而不易被敌方所截获;结构轻便,设备经济.相比于光纤通信,其造价更加低廉,隐蔽性更好,活动性更强;与微波通信相比,激光通信的激光频率高,方向性强,安全性高,可用频谱较宽,无需申请频率使用许可.

探究环境因素对自由空间激光通信质量的影响.为分别探究温度、湿度、空气流速等因素对激光通信质量的影响机制,可以使用控制变量法,即在同一环境下改变不同的条件,得到声音信号,并将多组输出声音信号分别与原信号进行比较.实验中改变的环境因素:湿度、压强、温度、传输介质的浓度、颜色及透明度.

一、实验原理

1. 声光调制器

声光体调制器的组成包括:电-声换能器、声光介质、吸声(或反射)装置及驱动源,其结构如图 4-2-1 所示.

（1）电-声换能器:利用具有反压电效应的压

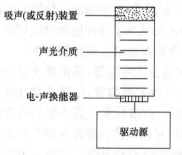

图 4-2-1 声光调制器结构图

吸声(或反射)装置

声光介质

电-声换能器

驱动源

电晶体或压电半导体,使其在外加电场作用下,通过机械振动产生超声波,将电功率转变为声功率.这种受电场影响形成的声场是声光效应中的声波源.

(2) 声光介质:产生声光效应的物理介质.利用品质因数不同的声光材料,使得光波和超声场在介质内发生声光互作用,从而产生拉曼-奈斯衍射或布拉格衍射,实现对光信号的强度调制.

(3) 吸声(或反射)装置:置于声光介质末端.若选择吸声装置,则超声场处于行波状态,若选择反射装置,则超声场处于驻波状态.

(4) 驱动源:声光调制系统的重要组成部分,其通过输出射频信号来驱动电-声换能器正常工作,改变驱动信号的幅值及频率,可以控制超声场的声功率及声波长.

声光调制器实现对激光的强度调制,体现在衍射光光强随声功率的变化上,由此引出一个重要参量:衍射效率.下面对衍射效率进行介绍.

当发生布拉格衍射时,设入射光强为 I_i,则一级衍射光强可表示为

$$I_1 = I_i \sin\left(\frac{\nu}{2}\right) \qquad\qquad (4-2-1)$$

式中,ν 是光波穿过超声场时附加的相位延迟,即

$$\nu = \frac{2\pi}{\lambda} V_n L \qquad\qquad (4-2-2)$$

式中,V_n 为声致折射率的变化.

根据晶体光学的知识,在各向同性的介质中,当光波和声波沿对称方向传播时,声致折射率 V_n 可表示为

$$V_n = -\frac{1}{2} n^3 P S \qquad\qquad (4-2-3)$$

式中,P 为介质的弹光系数,S 为声场作用下介质的弹性应变幅值.将 S 用超声场功率及换能器面积等参数替换,得到衍射效率的表达式:

$$\eta_S = \frac{I_1}{I_i} = \sin^2\left[\frac{\pi}{\sqrt{2}\lambda}\sqrt{\left(\frac{L}{H}\right)M_2 P_s}\right] \qquad\qquad (4-2-4)$$

式中,λ 为激光波长,L 为换能器的长度,H 为换能器的宽度,M_2 为声光材料的品质因数,P_s 为超声驱动功率.

经上述分析,工作时,驱动源输出射频驱动信号作用于电-声换能器,电-声换能器将电功率转换为声功率在声光介质中产生超声波,入射光波与介质内超声波经声光互作用后发生衍射现象,衍射光光强受到超声驱动功率调制,即衍射效率受到驱动源输出电功率的控制,使衍射光成为可传输信息的强度调制波.本实验所用声光调制器衍射类型为布拉格衍射,则衍射效率与超声驱动功率的关系为非线性调制曲线形式,为使信号调制工作在线性区,可加入超声偏置,防止信号发生失真,

调制特性曲线如图 4-2-2 所示. 可见,当光束以布拉格角入射时,通过控制声强就可以达到调制衍射光强的目的. 由于布拉格衍射的衍射效率高,调制带宽大,故被广泛应用于各种声光调制器. 布拉格型声光调制器工作原理如图 4-2-3 所示.

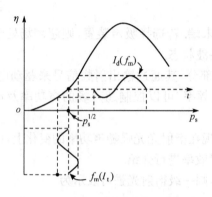

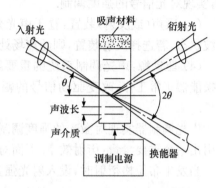

图 4-2-2 布拉格衍射调制特性　　　　图 4-2-3 布拉格型声光调制器

2. 声音信号的处理

基音的频率即为基频. 一复杂声音中最低且通常情况下能量最强的频率,常被认为是声音的基础音调,它决定整个音的音高. 在声学研究中,声音的基频越高,声音越尖锐,反之则越低沉,通常来判断声音来源的物种、语种,甚至是感情,其可以间接反映被处理后的信号与原信号的失真程度. 基音和泛音:一般的声音都是由发音体发出的一系列频率、振幅各不相同的振动复合而成. 发音体整体振动产生的音,叫做基音,决定音高;发音体部分振动产生的音,叫做泛音,决定音色.

声音在经过共振腔时,受到腔体的滤波作用,使得频域中不同频率的能量重新分配,一部分因为共振腔的共振作用得到强化,另一部分则受到衰减. 能量分布不均匀,其中能量集中的部分称为共振峰. 共振峰是指在声音的频谱中能量相对集中的一些区域,共振峰不但是音质的决定因素,且反映了共振腔的物理特征. 在本实验中,将会运用共振峰来辅助计算语音信号的失真度.

失真度是用一个未经放大器放大的信号与经过放大器放大的信号作比较,被放大的信号与原信号之比的差别,称为失真度. 在使用电脑进行研究时,输入和输出信号均为电信号. 通常实验中,可以使用"失真仪"直接对比两个信号的差异,但由于一些因素,我们无法取得该仪器的使用权限,故使用 MATLAB 来计算失真度. 数字化计算方法是指先通过将信号数字化并送入计算机,再由计算机计算出失真度的测量方法. 根据失真度的计算方法可分为 FFT 法和曲线拟合法. 实验采用了曲线拟合法. 例如,一个数据处理系统,如果输入样值为 $xi, xi \in \{a_1, \cdots, a_n\}$,输

出值 yj, $yj \in \{b_1, \cdots, b_m\}$. 此时定义失真函数：均方失真可以表示为 $d^2(xi, yj) = (xi - yj)^2$；绝对失真可以表示为 $|d(xi, yj)| = |xi - yj|$；相对失真可以表示为 $d(xi, yj) = |xi - yj| / |xi|$.

信噪比又称为讯噪比，是指一个电子设备或者电子系统中信号与噪声的比例，即噪声信号与原信号的比值．其中噪声信号可以通过处理后的信号和原信号的差值得出．

二、实验内容

1. 搭建光路（图 4-2-4）

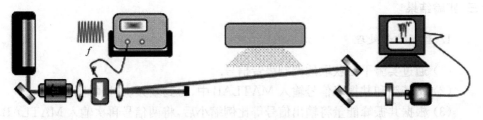

图 4-2-4　实验光路图

2. 改变传播过程中的环境因素

在传播过程中放置一个圆柱形密闭铝管，铝管两端开孔，嵌入两个窗片，通过改变管内密闭环境，探究环境因素对信息传播的影响．将铝管两端架起，使之与激光传播处于同一高度．

（1）将加湿器的输出端与铝管接通．通过预埋（如铝管）的湿度传感器可以测得铝管中的湿度变化．改变不同的湿度（如 10％，20％，30％，40％，50％等）分别测得不同湿度下的声音信号．

（2）配置好不同浓度的盐水（改变盐与水的质量比），可以分别配置 20％，40％，60％的盐水置入铝管中，使激光射线平行通过铝管，测得不同盐浓度下的声音信号．

（3）配置好不同颜色的水（可以通过向水中加入不同成分的物质或者色素使水显示不同的颜色）倒入的铝管中．架设实验平台，使激光射线平行通过铝管，得到不同颜色下的声音信号．

（4）架设实验平台，向管中通入烟．改变不同的烟的浓度（拟使用燃烧物质的方式将产生的烟通入铝管中，并采用离子感烟探头或者光电烟探头直接测得烟的浓度．或通过改变燃烧物质的数量、通入烟雾时间等方式，间接控制烟的浓度），使激光射线平行通过铝管，得到不同浓度下的声音信号．

　　(5) 通过预埋入的电阻丝(镍铬合金或者铁铬铝合金)直接加热铝管,并通过温度传感器测得管内的温度,使激光射线平行通过铝管,改变不同的温度,测得不同温度下的声音信号.

　　(6) 通过抽气泵来改变铝管内的压强,使激光射线平行通过铝管,分别测得不同的压强下的声音信号.

3. 改变传播距离

　　在保证其他实验条件相同的情况下,将发射装置与接收器的距离设定为 5m,10m,15m,20m,25m,并且测得不同传播距离下的声音信号.

三、实验结果

1. 音频信号处理

　　(1) 通过实验平台获取的调制声音信号.

　　(2) 将基频和共振峰信号输入 MATLAB 中,得到基频、共振峰图像.

　　(3) 根据共振峰能量将输出信号等比例缩小后,将两信号再次输入 MATLAB 中,得到信噪比和失真函数图像.

2. 环境因素对通信质量的影响

1) 空气温度对通信质量的影响

　　实验通过改变加热电源的电压来控制加热速率,并同时观察和控制两个温度传感器的示数保持温度一致. 实验从室温开始加热,每当温度升高大约 5℃用电脑录制此时的波形文件,并记下此时的温度作为一组数据,每组数据中包含 4 段音频信息. 待加热至 100℃左右时停止,实验结束,并且分析实验结果.

2) 空间湿度对通信质量的影响

　　实验将管内湿度由 25％逐步加湿到 94％,按前文所述方法进行分析得出不同湿度下的参数,并且分析实验结果,总结误差来源.

3) 透光性对通信质量的影响

　　将 32.2mW 光强(直接测量激光器输出光功率得到)逐步衰减到 18.6μW,按上分所述方法进行测量和分析.

4-3　新型光学材料光致吸附与解吸附动力学过程的实验研究

　　物质内部的原子扩散和原子吸附-解吸过程,对原子-介电相互作用研究具有重要的指导意义. 光致原子解吸附(light-induced atom desorption, LIAD)是利用短波长的非相干光（称为解吸附光）直接照射真空气室内壁使吸附在内壁上的原子脱离而进入真空腔室的装载过程. 1993 年, Gozzini 等在内壁涂有聚硅氧烷（polysiloxane）膜的玻璃泡中观察到光致原子解吸附. 实验发现解吸附光照射玻璃泡后, 玻璃泡内的原子数密度会发生改变, 解吸附光的波长越短从内壁解吸附的原子越多, 从而泡内的原子数密度越大, 同时大的解吸附光功率密度会使多的原子释放出来. 近年来人们开展了多种材料表面解吸附的实验和理论研究, 并且被广泛应用到超冷原子和 BEC 的制备实验. 在 2001 年, Anderson 等把这种现象应用到磁光阱（MOT）原子装载的实验中, 发现利用大功率密度（$2 \sim 10\mathrm{W} \cdot \mathrm{cm}^{-2}$）白光照射不锈钢真空系统内壁, 能够使磁光阱中铷原子数量增加.

本实验利用 465nmLED 阵列发出的蓝光作为解吸附光源, 研究不同材料（如聚硅氧烷和 MOCVD 等, 注: MOCVD 是以Ⅲ族、Ⅱ族元素的有机化合物和Ⅴ、Ⅵ族元素的氢化物等作为晶体生长源材料, 以热分解反应方式在衬底上进行气相外延, 生长各种Ⅲ-Ⅴ族、Ⅱ-Ⅵ族化合物半导体以及它们的多元固溶体的薄层单晶材料）表面下, 原子吸附与解吸附的动力学过程. 通过有机结合 MOCVD 生长设备与超冷原子系统的极佳可操控性来研究材料与原子吸附和解吸附特性.

本实验要求在自主设计并搭建的真空系统上完成光致吸附与解吸附动力学过程的操控与探测. 要求理解半导体激光器的工作原理, 掌握利用饱和吸收光谱对激光器进行锁频的技术、以及光致原子解吸附实验装置, 包括真空系统、光学系统、探测系统和控制系统的工作原理与操作过程. 建立光致原子解吸附的理论模型, 确定关键实验参数的可控范围. 为研究相关物理参量对解吸附系数的影响机制, 分别进行解吸附光的光强和频率、腔体比表面积、环境温度、原子种类等的研究, 同时研究不同种类光学材料、半导体材料的光致解吸附现象, 获得其吸附与解吸附系数.

一、实验原理

1. 光致原子解吸附

利用短波长的非相干光, 即解吸附光照射装载有碱金属原子蒸气的真空气室, 使吸附在内壁上的原子脱离而进入真空气室的装载过程. 通过控制解吸附光的光功率密度、大小和照射时间可以控制解吸附原子的多少. 吸附与解吸附的过程与真空气室内壁的材料结构有紧密的关系, 实验中采取不同的材料（光学玻璃、聚硅氧烷和 MOCVD 等）来探索解吸附过程的动力学特性. 在实验过程中采用具有原子共振跃迁频率的吸收光探测真空气室中的原子数变化, 进而结合相关理论模型分析光致原子吸附与解吸附的动力学过程.

2. 外腔式半导体激光器的工作原理

实验中我们采用外腔式半导体(ECDL)激光器的输出激光作为探测原子的吸收光的光源. ECDL 激光器是通过在激光管外增加一些光反馈元件,使得激光管的后反射面和光反馈元件之间形成一个外腔. 由于外腔对激光器的模式选择作用,可以大幅度压窄半导体激光器的线宽到 kHz 级别,同时通过外腔光学元件的调谐作用,使得激光波长可以精确调谐且谱线宽度窄、功率高、维护简单,因而使 ECDL 激光器在冷原子,原子干涉仪,激光陀螺,高精度原子钟和光钟原子分子精密光谱研究领域具有广泛的用途. 本实验采用 Littrow 结构的 ECDL,其工作原理如图 4-3-1 所示.

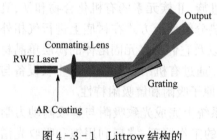

图 4-3-1　Littrow 结构的
ECDL 示意图

Littrow 光栅外腔反馈的光路为:激光器发出光经透镜准直射到光栅表面,经光栅选模,将一级衍射光线按原路反馈回激光器有源区,使选出的模式在激光器内腔中的增益得到放大从而在模式竞争中获得优势最后作为光栅零级衍射光(即反射光)输出出去. Littrow 结构较简单,出射光为光栅零级衍射光,出射光会随着光栅转动. Littrow 谐振腔通过使用光栅给增益元件提供反馈. 从这个端面出射的光束首先被准直,然后光栅对这个准直光进行衍射,一级衍射再耦合回增益元件,用来维持激射. 激光器的波长调谐可以通过改变光栅相对于谐振腔的角度来实现. 光栅的零级衍射光从激光谐振腔出射的角度取决于光栅的角度.

3. 饱和吸收光谱的基本原理

饱和吸收光谱技术是一种在原子气室中直接获得消除多普勒增宽的简便激光光谱方法,它是一种高分辨率光谱,广泛应用于激光频率标准、激光冷却等方面. 饱和吸收光谱技术有效地消除了多普勒增宽对谱线的影响,实现了对亚多普勒线宽的原子、分子气体样品的吸收谱线的探测,如图 4-3-2 所示. 其基本物理原理是将传播方向相反而路径基本重合的两束光(泵浦光与探测光)穿过气体样品,当激光频率扫描到其原子或分子的精细能级的共振频率时,根据多普勒效应,只有在探测光路径上速度分量为零的那部分原子或分子由于其多普勒频移为零,才能同时与泵浦光和探测光发生共振相互作用,相对较强的泵浦光使这部分原子在基态的数目减少,所以对探测光的吸收减少,因而谱线呈吸收减弱的尖峰即超精细跃迁.

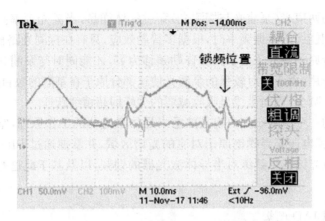

图 4‐3‐2　饱和吸收光谱及其鉴频线

二、实验仪器

真空实验系统(包括离子泵、石英真空腔),ECDL 激光器(自制),激光电流源驱动,温度控制器,光学隔离器,微波源,锁相放大器,波形发生器,示波器,光电探测器,频率计数器,电流源,标准时间频率源(借用),PID 控制器(自制),波长计(借用),光学镜片及镜架等.

三、实验内容

1. 建立两套不同的 LIAD 的理论模型

模型一:假设①Cs 源中 Cs 的浓度随时间变化很小(T_1 阀门所处位置管径较小,Cs 源和 Cell 之间 Cs 的交换主要通过泄流交换 Cs 原子.)②Cs 源和 Cell 之间的粒子交换速率与浓度差成正比(泄流的要求).③Cell 内浓度均一,材料表面浓度均一(扩散的弛豫时间很短).材料和 Cell 之间的吸附速率和 $n(t)$ 成正比,材料向 Cell 的解吸附和 $N(t)$ 成正比.基于此求解模型.

模型二:碱金属原子在多孔材料表面的一维扩散模型.

当样品被解吸附光照射时,计算不同多孔材料的 LIAD 效应在扩散特征时间内影响孔内原子的分布.

2. 利用饱和吸收法对 852nm 外腔式半导体激光器输出的激光进行锁频稳频

饱和吸收光谱技术是一种在原子气室中直接获得消除多普勒增宽的简便激光光谱方法,它是一种高分辨率光谱,广泛应用于激光频率标准、激光冷却等方面.饱和吸收光谱技术有效地消除了多普勒增宽对谱线的影响,实现了对亚多普勒线宽的原子、分子气体样品的吸收谱线的探测.其基本物理原理是将传播方向相反而路径基本重合的两束光(泵浦光与探测光)穿过气体样品,当激光频率扫描到其原子或分子的精细能级的共振频率时,根据多普勒效应,只有在探测光路径上速度分量为零的那部分原子或分子由于其多普勒频移为零,才能同时与泵浦光和探测光发生共振相互作用,由于相对较强的泵浦光使这部分原子在基态的数目减少,所以对探测光的吸收减少,因而谱线呈吸收减弱的尖峰即超精细跃迁.

本实验的一个重要研究内容是熟悉半导体激光器的工作原理,掌握通过调节电流、压电陶瓷电压等寻找铯原子对应的光谱区域,并掌握通过 PID、LIR 等设备结合饱和吸收光谱技术熟练对半导体激光器的锁频,以及基于此进行对 LIAD 现象的探测.

3. 观察 LIAD 现象

图 4-3-3 为 LIAD 实验的装置示意图,包括真空系统验部分(系统真空度 5 ×10^{-7}Pa),LIAD 实验部分(蓝光 LED 阵列由外部信号发生器控制输出与开断,以及持续时间)与光学探测部分(饱和吸收光谱锁频与吸收光探测真空气室原子数变化)组成. LIAD 主要利用短波长的非相干光(蓝光、紫光或者紫外波段)直接照射真空气室内壁从而使吸附在真空气室内壁上的原子解吸附,有效地增加了真空气室中背景铯原子数密度,从而增加磁光阱的装载率并实现单原子的快速装载. 实验中可以通过控制解吸附光的光强和照射时间控制解吸附原子的数目,更为重要的是在完成磁光阱装载并且关闭解吸附光后,真空气室背景中的原子在很短的时间内重新被吸附到气室内壁上,背景真空随即恢复到初始的状态. LIAD 实验过程主要是吸附和解吸附两个过程共同作用的结果.

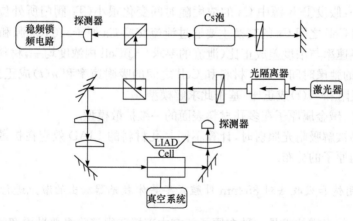

图 4-3-3　光致原子吸附与解吸附实验装置示意图

四、实验步骤

(1) 利用 465nm 蓝光诱导的光致原子解吸附效应(LIAD)解吸附附着在真空气室内壁上的原子,改变磁光阱区域背景原子密度,实现大磁场梯度磁光阱中少数原子快速和高概率的装载.

(2) 观察 Cs 蒸气对激光的吸收,探测气池内 Cs 原子浓度的变化,研究 LIAD 现象. 为了使探测激光能够充分与腔内的 Cs 原子作用,利用两个焦距为 $f=30mm$、$f=200mm$ 的平凸透镜将通过稳频锁频电路之后的激光进行扩束. 光线通过玻璃腔之后,用一个 $f=250mm$ 的透镜将光线会聚,利用探测器进行探测.

(3) 首先在真空石英气室中观察吸附与解吸附的现象. 换用不同的半导体材料及聚合物材料等研究 LIAD 现象.

五、实验结果

将实验结果与理论模型拟合结果对比,根据原子的装载曲线,结合理论参数分析获得不同材料下光致原子吸附与解吸附吸收系数. 对各系数进行分析,从吸附与解吸附特性分析材料的表面结构特性对吸附与解吸附特性的影响机制.

4-4 光学空间高阶模的产生与分析

当今时代激光已广泛应用于社会生产和生活的各个方面,但目前的应用及研究主要集中在 TEM_{00} 模基模光场,与之平行的另一个应用及研究方向,即空间高阶模正在兴起. 国际上,基于高阶模的连续变量空间量子光学、空间量子信息已成为当今科学家的重要研究热点. 该技术可以应用于量子成像、空间信息传输、无噪声图像放大等方面. 基于高阶横模的空间量子光学还可应用超高精细的测量、量子全息术等方面. 多重高阶模或高阶横模也可以为连续变量和分离变量量子信息方案提供复杂性,这个优点可应用于量子信息的并行传输、多通道量子密钥分配.

本实验利用 1080nm 光纤激光器,利用激光注入光学谐振腔通过自动锁腔系统产生各类型空间高阶模,并用光束质量分析系统进行测量与分析,使得学生能从数学计算、物理理解、实验操作中掌握光学腔物理参数与产生高阶模之间的联系;测量高阶模、光学腔的参数及理解各类模式互为表示的内在联系;激发学生对空间量子信息、量子成像的学习和研究兴趣.

一、实验原理

一般来说,常见的高阶横模有厄米-高斯模、拉盖尔-高斯模、茵丝-高斯模等横模模式. 此实验中, 我们以厄米-高斯模为例讲解其物理机制及实验产生.

1. 厄米-高斯模

厄米-高斯模通常用来描述光学场在圆柱对称介质传播的横向分布特性, 通常是在一个光学腔中传播.

圆柱的对称轴通常认为是光束传播轴 z, 横向和纵向两个正交方向为 x 轴和 y 轴, 用相关参量来对光场形成一个完整的描述. 厄米高斯模式, 即 TEM_{mn}, 是傍轴场传播方程的解, 其表达式是厄密多项式乘以高斯函数的形式.

一般来讲, 其规范化的表达式为

$$\mathrm{TEM}_{mn} = \frac{C_{mn}}{\omega(z)} \mathrm{H}_n\left[\frac{\sqrt{2}x}{\omega(z)}\right] \mathrm{H}_m\left[\frac{\sqrt{2}y}{\omega(z)}\right] \mathrm{e}^{-\frac{(x^2+y^2)}{\omega(z)^2}} \mathrm{e}^{\mathrm{i}k\frac{(x^2+y^2)}{2R(z)}} \mathrm{e}^{-\mathrm{i}(n+m+1)\phi_G(z)}$$

$$(4-4-1)$$

这里我们引入

$$C_{mn} = \frac{1}{\sqrt{\pi 2^{n+m+1}n!\ m!}}$$

$$z_R = \frac{\pi\omega_0^2}{\lambda}$$

$$R(z) = z + \frac{z^2}{z_R}$$

$$\omega(z) = \omega_0\sqrt{1+\left(\frac{z^2}{z_R}\right)}$$

$$\phi_G(z) = \arctan\left(\frac{z}{z_R}\right)$$

其中 λ 是波长, ω_0 是腰斑大小, z_R 是瑞利长度, $R(z)$ 是曲率半径, $\phi_G(z)$ 是基模的 Gouy 相移. $\omega(z)$ 与角标 m, n 无关, 也不同于光束直径. 各模式的空间延展程度随着模式的阶数增加而增大.

TEM_{mn} 横模的空间场振幅分布取决于厄米多项式与高斯分布函数的乘积. 厄米多项式的零点决定场的节线, 厄米多项式的正负交替变化与高斯函数随着 x, y 的增大而单调下降的特性决定着光场分布的外形轮廓. 由于 m 阶厄米多项式有 m 个零点, 一 TEM_{mn} 模沿 x 方向有 m 条节线, 沿 y 方向有 n 条节线. 例如, TEM_{00} 模在整个平面内没有节线, TEM_{10} 模在 $x=0$ 处有一条节线, TEM_{11} 模在 $x=0, y=0$ 处各有一条节线. 图 4-4-1 给出了 $\mathrm{TEM}_{00}, \mathrm{TEM}_{10}, \mathrm{TEM}_{20}$ 的厄米-高斯模的一维、二维和三维光强分布图.

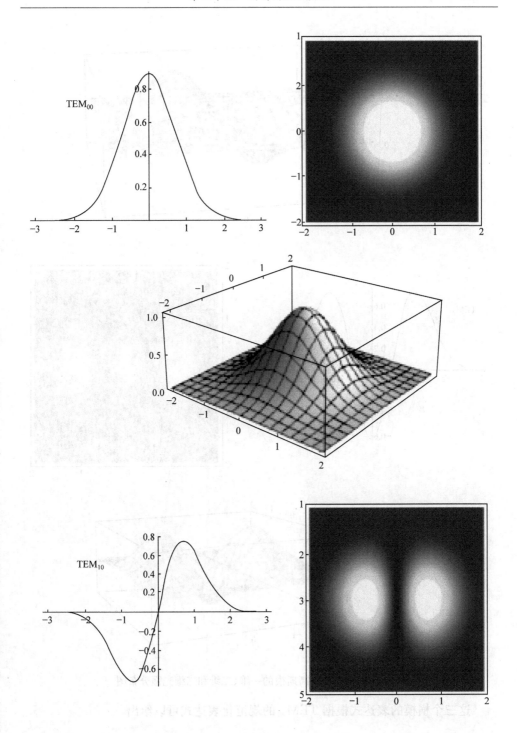

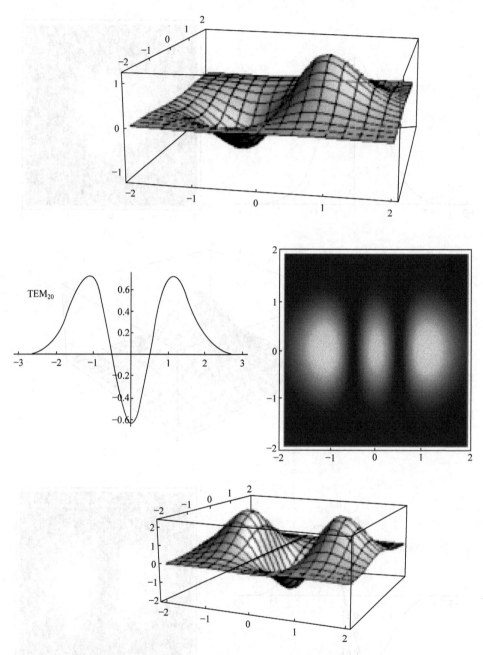

图 4 - 4 - 1　厄米-高斯模的一维、二维和三维光强分布图

这三个横模的表达式根据 TEM_{mn} 的规范化表达式可以给出

$$u_0(x,z) = \left(\frac{2}{\pi\omega^2(z)}\right)^{\frac{1}{4}} e^{-\frac{x^2}{\omega^2(z)}} e^{i\frac{kx^2}{2R(z)}} e^{-i\phi_G(z)}$$

$$u_1(x,z) = \left(\frac{2}{\pi\omega^2(z)}\right)^{\frac{1}{4}} \frac{2x}{\omega(z)} e^{-\frac{x^2}{\omega^2(z)}} e^{i\frac{kx^2}{2R(z)}} e^{-2i\phi_G(z)}$$

$$u_2(x,z) = \left(\frac{2}{\pi\omega^2(z)}\right)^{\frac{1}{4}} \frac{1}{\sqrt{2}} \left(\frac{4x^2}{\omega^2(z)} - 1\right) e^{-\frac{x^2}{\omega^2(z)}} e^{i\frac{kx^2}{2R(z)}} e^{-i3\phi_G(z)} \qquad (4-4-2)$$

注：TEM_{00}，TEM_{10}，TEM_{20}，…等是一组正交的完备的基矢，任何一个模式都可以用它们的线性组合来表示.

2. 厄米-高斯模产生原理

高阶厄米-高斯模的产生方法有相位片变换、空间光调制及相位失配激发等. 其中相位失配激发在近年来受到较多的关注，其原理是使激光光束的位置或方向与光学谐振腔的轴心偏离，在腔内激发出高阶模式.

TEM_{00}模的光轴产生的位移和倾斜，与对应的光学腔的本征模式腰斑尺寸和腰斑位置的失配都可以激发产生厄密-高斯模. 为了便于理解，简单起见，我们只分析一维横向 x 方向的情况.

TEM_{00}模的四种空间变化（即相对于参考轴传播方向和光束腰斑决定的参考平面）：(a)在垂直于参考光轴的横向方向平移位移 d ，(c)倾斜或与参考光轴成角度θ，(b)腰斑大小的失配，(d)腰斑位置的失配 b.

1) 高斯光束的平移和倾斜产生高阶模

从光束的宏观特性方面看，单横模 TEM_{00} 模的平移和倾斜是非常直观的，如图 4-4-2(a)和(c)所示. 相对于光束参考轴沿着 x 方向横向平移一个小位移d；TEM_{00}模倾斜与参考轴成一个角度 θ. 这里的参考轴在空间坐标系中是沿着 z 方向，$x = y = 0$. 倾斜可以认为以参考光束腰斑中心为支点在 x-z 图像平面内转动一

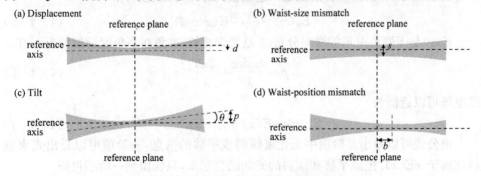

图 4-4-2　TEM_{00}模空间横向平移和倾斜（图(a),(c)），
TEM_{00}模腰斑大小和位置的失配激发高阶横模（图(b),(d)）

个小角度 θ.

在平移量 d 远小于光束腰斑,即 $d = \omega_0$(ω_0 是 TEM_{00} 的光束腰斑)的情况下,光学场可以用泰勒展开表示为

$$E_d(x) = E(x) + d \cdot \frac{\partial E(x)}{\partial x} + \frac{d^2}{2} \cdot \frac{\partial^2 E(x)}{\partial x^2} + \cdots \quad (4 - 4 - 3)$$

只保留一阶项

$$E_d(x) \approx E(x) + d \cdot \frac{\partial E(x)}{\partial x} \quad (4 - 4 - 4)$$

从这个表达式我们可以看出 0 阶项不依赖于 d,平移量 d 直接比例于电场振幅的一阶微分项 $\frac{\partial E(x)}{\partial x}$,一阶场的振幅分布图完全与 TEM_{10} 模一致. 所以经平移的光束在原参考系内可以表示为在横向平面内分解的 TEM_{00} 和 TEM_{10} 模,如图 4 - 4 - 3 所示.

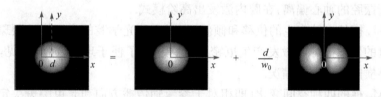

图 4 - 4 - 3　平移的 TEM_{00} 模在横向平面内的表示,平移信息加载在高阶横模 TEM_{10} 上

从另一方面理解,当一个高斯光束 TEM_{00} 模垂直入射一个光学腔,达到完全的模式匹配,也就是该高斯光束的腰斑大小和位置与该光学腔的本征基模完全重合匹配,这时我们平移或倾斜该高斯光,则在高斯光束原来的参考系内就激发产生了一阶、二阶、三阶等高阶横模,而我们就可以用这个一直静止的光学腔在原来的参考系中通过锁定腔长选择某一个高阶横模.

当 $\theta < \lambda / \omega_0 = 1$,经倾斜的光场的电场横向分布可以表示为

$$E_p(x) = \mathrm{e}^{\frac{\mathrm{i}2\pi x \sin\theta}{\lambda}} E(x\cos\theta) \quad (4 - 4 - 5)$$

$E(x)$ 是无倾斜电场的横向分布,λ 是光学波长,夹角在小角度近似情况下有

$$p = \frac{2\pi\sin\theta}{\lambda} \approx \frac{2\pi\theta}{\lambda} \quad (4 - 4 - 6)$$

即电场可以近似为

$$E_p(x) \approx E(x) + \mathrm{i}p \cdot xE(x) \quad (4 - 4 - 7)$$

由公式可以看出 0 阶项中无光束倾斜或平移的信息,一阶项可以看出光束倾斜比例于 $xE(x)$.把经平移和倾斜的光场结合起来,只保留到一阶项可得

$$E_{d,p}(x) = A_0\left[u_0(x) + \left(\frac{d}{\omega_0} + \mathrm{i}\frac{\omega_0 p}{2}\right)u_1(x)\right] \quad (4 - 4 - 8)$$

其中 A_0 是 TEM_{00} 模的振幅, u_0, u_1 是零阶和一阶厄米高斯模.

可以看出 TEM_{00} 模的平移和倾斜信息可以通过测量光场的 TEM_{10} 模的成分而得到,任何平移信息被转移到相对于载波 TEM_{00} 模同相位的 TEM_{10} 模的振幅上,而倾斜的信息转移到有 90° 相移的 TEM_{10} 模的成分上. 这些同相位和 90° 相移的成分振幅的大小依赖于光束的腰斑大小. 对于一个给定平移大小的光束来讲,腰斑小的光束产生的 TEM_{10} 模的成分大,而对于一个给定的倾斜量来说,腰斑越小产生的 TEM_{10} 模的成分越少.

2)腰斑位置和腰斑大小与光学腔的失配产生高阶模

TEM_{00} 模腰斑位置和腰斑大小的失配同样也能产生高阶模. 这样的失配可以由 TEM_{00} 模和光学腔不完美的模式匹配产生.

假设腰斑大小变化 $\delta\omega$ 引起失配,则有

$$\omega_0' = \omega_0 + \delta\omega \tag{4-4-9}$$

当 $\delta\omega = \omega_0$ 时,可由方程

$$u_0(x,z) = \left(\frac{2}{\pi\omega^2(z)}\right)^{\frac{1}{4}} \mathrm{e}^{-\frac{x^2}{\omega^2(z)}} \mathrm{e}^{\mathrm{i}\frac{kx^2}{2R(z)}} \mathrm{e}^{-\mathrm{i}\phi_G(z)} \tag{4-4-10}$$

得到

$$u_0(x,\delta\omega) = u_0(x) + \frac{\delta\omega}{\sqrt{2}\omega_0} u_2(x) \tag{4-4-11}$$

当腰斑位置存在小的失配量时,也就是腰斑的位置不在 $z=0$ 处,而且 $\delta z = 1$ 时,则有

$$u_0(x,\delta z) = \left(\frac{2}{\pi\omega_0^2}\right)^{\frac{1}{4}} \mathrm{e}^{-\frac{x^2}{\omega_0^2}} \left[1 + \mathrm{i}\frac{\delta z}{z_R}\left(1 + \frac{x^2}{\omega_0^2}\right)\right] \tag{4-4-12}$$

再利用 $u_0(x,0)$ 和 $u_2(x,0)$ 的表达式,保留到二阶项,我们可以得到

$$u_0(x,\delta z) = u_0(x,0) + \mathrm{i}\frac{\delta z}{z_R}\left[\frac{5}{4}u_0(x,0) + \frac{1}{2\sqrt{2}}u_2(x,0)\right] \tag{4-4-13}$$

综合以上公式,可得到由于腰斑大小和位置失配产生高阶模的集合表达式:

$$u_0(x,\delta\omega,\delta z) = u_0(x,0) + u_2(x,0)\left[\frac{\delta\omega}{\sqrt{2}\omega_0} + \mathrm{i}\frac{\delta z}{2\sqrt{2}z_R}\right] + \mathrm{i}\frac{5}{4}\frac{\delta z}{z_R}u_0(x,0)$$

$$\tag{4-4-14}$$

可以看出腰斑大小和位置失配产生了二阶高阶模.

二、实验装置

本实验采用的是 SXU-WL-2018 型高阶模产生系统(图 4-4-4),主要由激光器、谐振腔光路部分、光学边带锁腔部分以及显示部分等组成. 通过平移或倾斜高

斯光束使光学腔失配激发高阶模.

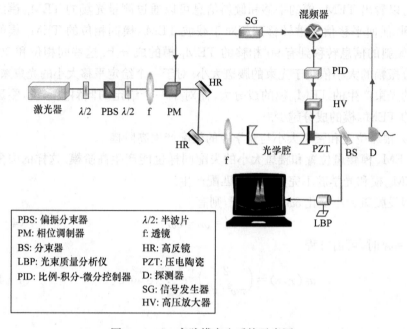

图 4 - 4 - 4　高阶模产生系统示意图

1. 激光器

该系统采用 1080nm 光纤激光器. 实际输出功率在 37mW 左右(可以调节电流改变输出功率).

2. 仪器内部光路部分

说明以下几点:

(1) 系统中准直器和与之紧邻的两个透镜可以用光纤输出耦合头来替代.
(2) 电光调制器用来对光场产生相位调制,便于采用光学边带锁腔(PDH 锁腔).
(3) 光学腔前的反射镜和透镜组共同使得光和光学腔模式匹配.
(4) 此谐振腔为近共心腔,腔镜的曲率半径为 3cm.

3. 锁腔系统

锁腔电路主要由电光调制器、信号发生器、混频器、PID、高压放大器等组成. 其主要采用边带锁腔技术. 边带锁腔技术由于其误差提取准确、抗干扰能力强和反馈速度快等优点,被广泛应用于激光器稳频、谐振腔的锁定及光束相对相位的锁定中. 通过边带稳频技术提取到误差信号后,需要伺服放大系统对误差进行处理后反馈到谐振腔的压电陶瓷上.通常采用比例积分微分控制器(PID)和高压放大器来构成伺服系统,其过程大致为:监视谐振腔的透射光(或反射光)的直流电压信号及边带误差信号,调节 PID 的预偏置使误差信号的中心归零,调节 PID 的输出偏置电压,直至监视的透射直流电压到达最大,此时闭合 PID 积分开关,使 PID 积分,从而将透射光强锁到透射峰值.如果谐振腔失锁,再重复上述过程即可锁定腔长.当外界干扰小且腔的精细度较低时,容易实现较长时间锁定.然而,若外界干扰较强或者腔精细度较高,锁住时间较短,需要实现反复锁定.

4. 显示部分

由示波器和光束质量分析仪组成.

三、实验内容

(1) 认识和辨别光学器件(包括准直器、电光调制器、透镜、45°反射镜、PBS、光电探测器、光学腔等).学会打开和关闭光纤激光器和其他实验仪器(注意开关机顺序)及掌握使用精密光学元件的注意事项.

(2) 调节光路(微调节),利用光电探测器探测谐振腔的出射光场,把电信号输入到示波器观察光波模式,看是否匹配,若没有匹配,调节腔前的两面导光镜,必要时可以微调腔镜和腔前透镜,保证达到模式匹配,也就是该高斯光束的腰斑大小和位置与该光学腔的本征基模完全重合匹配(透射模式中只有 TEM_{00} 模),如图 4-4-5所示.

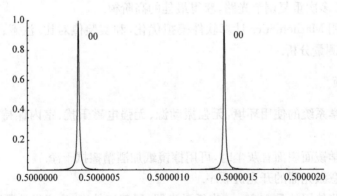

图 4-4-5　TEM_{00} 模与光学腔达到模式匹配

(3) 平移或倾斜该高斯光,则在高斯光束原来的参考系内就激发产生了一阶、二阶、三阶等高阶横模.通过纵向和横向倾斜,获得并观察和辨别 TEM_{01}, TEM_{02}, TEM_{03} 和 TEM_{10}, TEM_{20}, TEM_{30} 等模式,测量激发的各个高阶模比例(图 4-4-6).

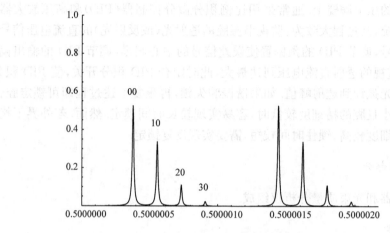

图 4 - 4 - 6　　高阶模的示波器测量图

(4) 锁腔. 调试系统,获得信噪比较高的鉴频曲线,闭合锁腔开关,通过锁腔系统锁定到需要的模式上(精细控制平移量,可以获得不同比例的高阶模. 可以将腔长锁定到任何一个峰的位置来产生相应的模式,同时也抑制了其他各模的共振).

(5) 用红外探片和 CCD 成像显示系统观测各个高阶模式的光场分布,并记录.

(6) 用 THORLAB 光束质量分析仪分析该模式的一维、二维、三维光场强度空间分布图. 多次重复调节光路,获得最佳的高阶模.

(7) 利用 Mathematics 计算软件模拟优化,和实验值对比. 注意:需要对各阶高阶模进行测量分析.

四、注意事项

(1) 光学系统的使用环境:无强振动源、无强电磁干扰、室内保持清洁无腐蚀气体等.

(2) 光学镜面表面有灰尘时,可用擦镜纸加酒精擦拭干净.

(3) 注意激光器的开光机顺序.

(4) 实验使用的是 1080nm 光纤激光器,属于红外光,注意保护眼睛.

五、思考与讨论

(1) 同样的光功率获取的不同高阶模的效率是否相同,各高阶模的比例与什么有关系?

(2) 获得标准高阶模模式的最佳实验效果和哪些因素有关?

（3）尝试用数学程序画出前几阶高阶模的光场的横向分布图，理解 m、n 的含义.

（4）为什么有些情况下高阶模的光斑方向不是严格的竖直或者水平方向，而是有些倾斜？

4-5　碱金属原子激发态光谱研究

原子光谱无疑是人们认识和研究原子世界的一把"钥匙". 特别是对于碱金属原子，其最外层只有一个价电子，光谱结构简单，在精密光谱研究中备受关注. 目前，人们对原子基态到激发态能级之间跃迁的光谱及其应用研究得较多；然而对于原子更高激发态的能级结构以及相关物理常数的精密测量及其应用，就需要对原子激发态光谱进行深入研究. 传统上，采用光学双共振（optical-optical double resonance，OODR）的方法可获得原子激发态跃迁之间的光谱，这种双共振的方法早在 1966 年由诺贝尔物理学奖获得者 Kastler 提出，它是两光场分别与阶梯型三能级原子的上下能级共振，通过探测中间激发态原子的布居数来获得激发态超精细跃迁之间的光谱，由于速率选择布居中间激发态，使得激发态的超精细光谱天然具有亚多普勒的优点，其在基础物理研究、量子频标等方面有重要的应用价值. 2004年，韩国研究小组 Moon 等在 OODR 光谱技术基础上，发展了一种新的激发态光谱技术——双共振光抽运（double resonance optical pumping，DROP）光谱技术：因为其是通过探测原子基态布居数变化（源于双共振光抽运过程，原子在双共振激光场的作用下，将被从基态的一个超精细子能级光抽运到另一个超精细子能级）来获得激发态能级之间跃迁的超精细光谱，在某一些激发态超精细能级跃迁线处，其光谱具有高信噪比的优势. 无论利用 OODR，还是 DROP 光谱锁频，都需要对激光器进行直接或间接的频率调制. 2012 年，英国研究小组 K. J. Weatherill 等实验上演示了原子激发态的双色偏振光谱（two-color polarization spectroscopy，TCPS），可利用其将激光器完全无频率调制锁定到激发态的超精细能级跃迁线上，有望进一步提高激光的频率稳定度. 由于激发态的光谱具有更为丰富的光谱信息，以及多能级原子与两激光场之间的相互作用可能导致一些奇异的量子相干效应等，近年来备受人们关注，在实际中也有广泛的应用，特别是光纤通信波段的激光稳频、里德伯原子的激发与超控、原子激发态超精细能级结构及相关物理常数的精密测量、原子的双色激光冷却与俘获、四波混频等非线性光学诸多实验.

本实验的目的是：要求同学熟悉原子能级的精细结构和超精细结构，实验上通过几种光谱技术获得原子激发态的光谱，完成谱线的识别、原子超精细能级分裂频率间隔的测量，以及超精细结构常数的测量等内容.

一、实验原理

1. 碱金属原子的超精细能级结构

碱金属原子都是最外层只有一个价电子,其能级结构均相似,这里以铯原子(质子数为 55)为例说明,其 6S-6P-8S 跃迁的超精细能级结构如图 4-5-1 所示.因为其最外层只有一个价电子,电子自旋角动量 $S=1/2$,考虑电子自旋 S 与轨道角动量 L 耦合产生原子的精细结构分裂(电子总角动量 $J=L\pm S$),故基态 6S(L $=0$)为 $6S_{1/2}$,激发态 6P($L=1$)分裂为 $6P_{1/2}$ 和 $6P_{3/2}$,($6S_{1/2}$-$6P_{3/2}$ 跃迁的中心波长为 852.3nm,称之为 D2 线;$6S_{1/2}$-$6P_{1/2}$ 跃迁的中心波长为 894.6nm,称之为 D1 线(图 4-5-1 中未画出).进一步考虑到原子核中的质子和中子均是具有自旋为 1/2 的粒子,以及它们在核内复杂的相对运动,使得原子核具有自旋角动量(核自旋)I.对于铯原子 $I=7/2$,当 I 与 J 耦合时,产生原子的超精细分裂:基态 $6S_{1/2}$ 分裂为 $F=3,4$,其频率间隔为 9.192GHz,即钟跃迁线;激发态 $6P_{3/2}$ 态包含有 F' $=2,3,4,5$ 四个超精细能级,能级间隔分别为 151.2MHz,201.3MHz,251.1MHz,其自然线宽为 5.22MHz;$8S_{1/2}$ 态是铯原子的一个更高激发态,含有 $F'=3,4$ 两个超精细能级,能级间隔为 876.5MHz,其自然线宽为 2.18MHz.

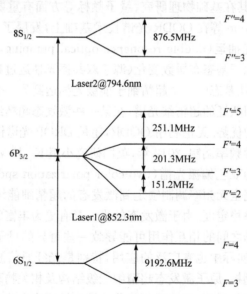

图 4-5-1 铯原子 $6S_{1/2}$-$6P_{3/2}$-$8S_{1/2}$ 超精细能级图

2. 原子磁偶极与电四极超精细相互作用

电子自旋与轨道运动的相互作用产生了原子能级的精细结构,同样地,原子核自旋与电子总角动量的耦合产生了原子能级的超精细结构. 原子核的自旋角动量与核外价电子产生的磁场相互作用, 导致原子能级的位移

$$\Delta E_m = \frac{1}{2} A_{hfs} K \tag{4-5-1}$$

公式(4-5-1)中, $K = F(F+1) - I(I+1) - J(J+1)$, A_{hfs} 为磁偶极超精细常数.

又由于大多数原子核内的电荷分布是偏离球形的分布, 理论和实验已证明其电偶极矩为 0, 但存在电四极矩, 其与核外价电子产生的磁场相互作用, 同样也导致原子能级的位移

$$\Delta E_e = \frac{B_{hfs}}{4} \frac{\frac{3}{2} K(K+1) - 2I(I+1)J(J+1)}{I(2I-1)J(2J-1)} \tag{4-5-2}$$

公式(4-5-2)中 B_{hfs} 为电四极超精细常数.

一般情况下, 原子核与核外价电子同时存在磁偶极与电四极超精细相互作用, 所以对于某一个超精细能级, 其总的原子能级位移为

$$\Delta E_{hfs} = \frac{1}{2} A_{hfs} K + \frac{B_{hfs}}{4} \frac{\frac{3}{2} K(K+1) - 2I(I+1)J(J+1)}{I(2I-1)J(2J-1)} \tag{4-5-3}$$

故相邻超精细能级间隔为

$$\Delta E_{hfs}(F \to F-1) = A_{hfs} F + B_{hfs} \frac{\frac{3}{2} F\left[F^2 - I(I+1) - J(J+1) + \frac{1}{2}\right]}{I(2I-1)J(2J-1)}$$

$$\tag{4-5-4}$$

由上述讨论可知, 对超精细相互作用常数 A_{hfs} 和 B_{hfs} 的测量, 其核心就是对相关原子态的超精细能级分裂的频率间隔测量. 对于铯原子 $8S_{1/2}$ 态, 由于 S 态价电子的电子云呈球对称分布, 即式(4-5-4)中的电四极超精细常数 B_{hfs} 为零, 所以由超精细能级间隔就可计算出其磁偶极超精细常数 A_{hfs}.

3. 获得原子激发态光谱的几种实验技术

室温下气室中原子通常遵循麦克斯韦-玻尔兹曼分布, 大多数原子都处于基态, 要想研究原子激发态-激发态跃迁之间的光谱等实验, 通常须把原子从基态布居到中间激发态. 激光的出现, 由于其线宽窄、能量集中等优点, 非常有效地将原子由基态布居到中间激发态, 便于人们更好地对原子激发态展开研究.

1) OODR

OODR 是基于一个阶梯型三能级原子模型[基态(ground state)-中间激发态(intermediate state)-激发态(excited state)], 如图 4-5-2 所示. 实验上, 波长为 λ_1、λ_2 的两激光束通常在原子样品中相向(也可同向)传输且重合, 监视 λ_2 激光束

通过原子样品后的信号. 其原理是波长为 λ_1 的激光共振于基态-中间激发态的某一超精细跃迁能级, 于是将在光束传播方向上速度分量为零的原子布居到中间激发态的这一超精细能级上(如果中间激发态的超精细能级间隔小于多普勒背景宽度, 约 1GHz, 一部分特定速度分量的原子由于多普勒效应也会被布居到中间态的其他超精细能级, 不过相对于零速度分量的原子所占的比例较少). 这时, 当波长为 λ_2 的激光在整个中间激发态和激发态之间进行频率扫描, 便可获得激发态超精细能级跃迁之间的光谱, 即 OODR. 由于中间激发态布居的是特定速度分量的原子, 因此激发态的光谱具有亚多普勒光谱的特性.

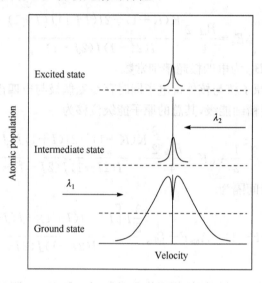

图 4-5-2　OODR 原理图

2) DROP

DROP 技术是基于一个五能级原子模型, 包含基态的两个超精细能级($|g_1\rangle$ 和 $|g_2\rangle$), 中间激发态的两个超精细能级($|m_1\rangle$ 和 $|m_2\rangle$)和一个更高激发态的超精细能级($|e\rangle$), 如图 4-5-3 所示. L_1 激光频率共振于 $|g_2\rangle$-$|m_2\rangle$ 超精细跃迁线处, L_2 激光器在整个超精细 $|m\rangle$-$|e\rangle$ 之间频率扫描, 处于基态 $|g_2\rangle$ 的原子通过级联双光子激发到达激发态 $|e\rangle$, 然后自发辐射经过中间激发态的超精细能级 $|m_1\rangle$ 后, 以一定的概率自发辐射跃迁回到基态另一个超精细能级 $|g_1\rangle$ 上, 从而导致 $|g_2\rangle$ 态原子布居数的较少, 表现为对 L_1 激光吸收减弱的现象, 其作为探测光, 便可获得 DROP 光谱. 这里强调的是尽管 L_1 作为探测光, 但所获得的光谱对应于激发态超精细能级跃迁的光谱信息, 因其激光频率不扫描, 故 DROP 光谱具有平坦的光谱背景, 在某些超精细能级跃迁线处, 较 OODR 光谱具有高信噪比的优势.

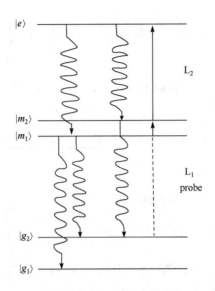

图 4 - 5 - 3　DROP 原理图

3) TCPS

原子激发态的 TCPS 基于一个阶梯型的三能级系统,用工作于基态-中间激发态的圆偏振激光作为泵浦光,将原子极化、布居到中间激发态,然后用另一波长的、工作于中间激发态-更高激发态的线偏振光作为探测光,进行差分探测即可获得激发态的偏振光谱.区别于早在 1976 年,C. Wieman 等基于二能级原子系统(基态-激发态),使用单一波长的激光分为两束,一束作为泵浦光极化原子,另一束作为探测光差分探测来获得偏振光谱(polarization spectroscopy,PS),这里我们把激发态的偏振光谱也称为 TCPS.

原子激发态之间的偏振光谱,与基态到激发态跃迁的偏振光谱类似,以铯原子阶梯型能级 $6S_{1/2}$-$6P_{3/2}$-$8S_{1/2}$ 为例说明.图 4 - 5 - 4 为双色偏振光谱实验原理示意图:一个圆偏振的 852.3nm 泵浦光稳定到 $6S_{1/2}(F=4)$-$6P_{3/2}(F'=5)$ 的跃迁线上,另一线偏振的 794.6nm 的激光在 $6P_{3/2}(F'=5)$-$8S_{1/2}(F''=4)$ 超精细跃迁线之间频率扫描,两激光束在铯泡中通过双色镜重合.σ^+ 的圆偏振泵浦光(852.3nm)将原子布居到中间激发态 $6P_{3/2}(F'=5,\ m_F=F')$,从而使原子介质各向异性.线偏振的 794.6nm 探测光可看成 σ^+、σ^- 圆偏振光的组合.由于原子介质的各向异性,794.6nm 线偏振光中 σ^- 组分吸收强于 σ^+ 组分(图 4 - 5 - 4),且两组分在原子介质中传播的速度也不一样,从而导致探测光的偏振发生了变化.而后,放置一个立方偏振分光棱镜 PBS,与 794.6nm 探测光偏振方向成 45°夹角,将线偏振光的两个圆偏振组分分离探测,得信号 S_1 和 S_2,二者之差即为双色偏振光谱 TCPS,典型信号如图 4 - 5 - 5 所示(差分探测器上 S_1 信号已经与原信号反相).

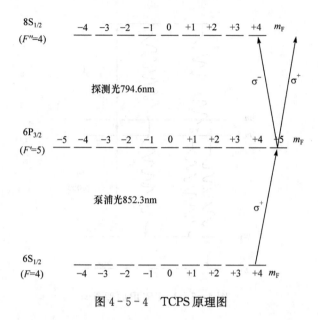

图 4 - 5 - 4　　TCPS 原理图

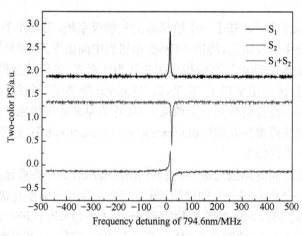

图 4 - 5 - 5　　TCPS 的典型信号线形

二、实验装置

图 4 - 5 - 6 为实验装置示意图,以铯原子 $6S_{1/2}$-$6P_{3/2}$-$8S_{1/2}$ 为例说明. 波长为 852.3nm 光栅外腔反馈半导体激光器 DL_1 的频率通过偏振光谱 PS(或者饱和吸收光谱 SAS,图 4 - 5 - 6 中未画出)锁于 $6S_{1/2}$-$6P_{3/2}$ 的某一超精细跃迁线上,将原子由基态 $6S_{1/2}$ 布居到中间激发态 $6P_{3/2}$ 的超精细跃迁能级上. 另一波长为 794.6nm 半导体激光器 DL_2 的频率在激发态 $6P_{3/2}$-$8S_{1/2}$ 之间扫描,便可获得原子 $6P_{3/2}$-$8S_{1/2}$

跃迁的超精细光谱. 两波长激光束在铯原子气室(Cs vapor cell)中通过双色镜 DF 共线重合和分离探测,依据前述三种激发态光谱技术原理,在探测器 PD$_2$ 获得 DROP 光谱,在差分探测器 PD$_1$ 处获得 TCPS 光谱,PD$_1$ 上单独的每个光电探头处获得 OODR 光谱. 法布里-珀罗干涉腔 F-P 腔用来监视和确保 794.6nm 激光器单频运转. 794.6nm 激光通过电光调制器 EOM 进行频率调制,其边带和主频之间的频率间隔(驱动 EOM 的信号源频率)作为一把"频率刻度尺"用来测量标定原子激发态超精细能级分裂的频率间隔,进一步可计算出该态超精细相互作用常数 A_{hfs} 和 B_{hfs}. 最后,利用激发态的 TCPS 光谱通过比例积分放大器 PI 负反馈于 794.6nm 激光器,实现其频率锁定. 以上述实验原理和方法对于其他种类原子的激发态光谱同样实用.

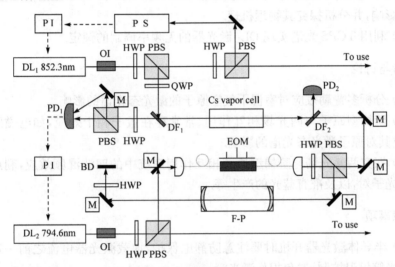

图 4-5-6 实验装置示意图

图中 DL$_1$、DL$_2$ 为 852.3nm 和 794.6nm 光栅外腔反馈半导体激光器;OI 为光隔离器;HWP 为 1/2 波片;QWP 为 1/4 波片;M 为 45°高反镜;PBS 为偏振分光棱镜;DF 为双色镜;Cs vapor cell 为 25mm×50mm 的铯原子蒸气泡;PD 为光电探测器;PI 为比例积分放大器;PS 为偏振光谱;BD 为挡光板;F-P 为法布里-珀罗干涉腔;EOM 为电光调制器

三、实验内容及主要步骤

(1) 实验上首先获得原子基态-中间激发态的超精细跃迁光谱,如偏振光谱 PS,或饱和吸收光谱 SAS,利用这些光谱可将 DL$_1$ 半导体激光器的频率锁定(这些光谱原理、光路布置方式以及锁频等需要同学自己查阅资料解决),实现原子由基态到中间激发态的布居,为原子中间激发态-激发态能级跃迁的超精细光谱的获得奠定了基础.

(2) 按照图 4-5-6 布置激发态光谱的实验光路,当中间激发态超精细能级上有原子布居时,调节 DL$_2$ 半导体激光器频率在中间激发态-激发态能级跃迁之间扫描,便可获得原子激发态的三种光谱:OODR、DROP、TCPS.

(3) 用电光调制器 EOM 对 DL$_2$ 激光器进行频率调制,建立"频率刻度尺",将实验所获得的 OODR、DROP、TCPS 光谱进行频率标定,结合原子的超精细能级结构,完成谱线的识别和原子超精细能级频率间隔的测量.

(4) 根据实验所测量的超精细频率间隔和理论公式(4-5-4),计算出原子的超精细作用常数 A_{hfs} 和 B_{hfs}.

(5) 测量实验参数,如两激光功率、频率失谐、偏振组合,以及两激光束同向/反向作用于气室中的铷原子时,对激发态 OODR、DROP、TCPS 光谱信号幅度、线宽等的影响,并分析探究其物理机理.

(6) 利用 TCPS 光谱实现 DL$_2$ 激光器的无频率调制的锁定.

四、思考与讨论

(1) 分析多普勒效应对室温下气室原子的激光态光谱的影响.

(2) 阶梯型原子与两光场相互作用,常常存在量子相干效应,如电磁感应透明,探究其对原子激光态光谱的影响.

(3) 探究两激光场与阶梯型原子相互作用系统中的四波混频效应,利用其实现关联光子对,以及准直蓝光的产生等.

五、注意事项

(1) 半导体激光器开机时要注意防静电保护,加载激光器电流之前一定要确保将激光管恒温控制,避免损伤激光管.

(2) 半导体激光器应在额定电流下使用,若超额定电流会加速激光管退化或导致激光管的损坏.

(3) 半导体激光器应在指定的温度范围内恒温工作,以及保证激光管良好的散热或制冷.

(4) 激光器工作时,要佩戴合适的防护镜,避免激光直射眼睛,并注意被照射物体的反射、散射光可能对人眼造成的伤害.

参 考 文 献

Moon H S, Lee W K, Lee L, and Kim J B, Double resonance optical pumping spectrum and its application for frequency stabilization of a laser diode. Appl. Phys. Lett. , 2004,85:3965

Sasada H. Wavelength measurements of the sub-Doppler spectral lines of Rb at 1.3μm and 1.5μm, IEEE Photon. Tech. Lett. , 1992,4:1307

Wang J, Liu H F, Yang G, Yang B D, Wang J M, Determination of the hyperfine structure constants of the ⁸⁷Rb and ⁸⁵Rb 4D₅/₂ state and the isotope hyperfine anomaly. Phys. Rev. A, 2014, 90: 052505

Yang B D, Gao J, Zhang T C, Wang J M, Electromagnetically induced transparency without a Doppler background in a multilevel ladder-type cesium atomic system. Phys. Rev. A, 2011, 83: 013818

Yang B D, Zhao J Y, Zhang T C, Wang J M, Improvement of the spectra signal-to-noise ratio of cesium 6P₃/₂-8S₁/₂ transition and its application in laser frequency stabilization. J. Phys. D: Appl. Phys., 2009, 42: 085111

4－6　基于原子相干的反射四波混频效应的研究

　　光与原子相互作用,作为量子光学中一个非常重要的研究内容,在近几十年得到了蓬勃的发展,而基于相干光场与原子介质相互作用的产物,原子相干效应更是受到人们的广泛关注.原子相干的实质就是利用相干光场使原子的不同能级之中有一个是叠加态时,叠加态中的不同成分在吸收(或发射)光子过程中通过不同的通道跃迁;如果该叠加态中的不同成分之间存在相干,那么就会导致上述不同通道跃迁之间产生干涉,即量子干涉.一般来说,原子相干总是伴随着量子干涉.基于原子相干,产生了许多有趣的物理现象,如电磁诱导透明(EIT)、无粒子数反转放大激光(LWI)、光速减慢及光存储(LSS)、电磁诱导吸收光栅(EIG)、四波混频(FWM)、受激拉曼散射(SRS)、全光学光学开关及路由(OSR)等等.这些现象对推动量子信息处理和量子计算机等量子通信领域向实用化发展提供了重要的科学和技术支撑.

　　四波混频是指四个相互作用的电磁场参与的非线性过程,在弱相互作用下它是由介质的三阶非线性极化率决定的.物理上,可以通过分别考虑单个光场与极化介质相互作用来分析这一过程:首先,当第一束光场作用于电介质上时,引起介质的极化振荡,介质的振荡引起的向外辐射频率由于单偶极子的衰减而伴随一定的相移,这是线性光学中对瑞利散射的传统描述;引入第二束光场后,同样也会引起介质极化,两束光场的干涉会使介质在极化方向上产生和频和差频的谐波.而第三束场也会引起介质的极化,这个极化场会和其他两束输入场以及产生的和频、差频信号分别产生拍频现象,而与和频、差频产生的拍频信号又会引起第四束光场的产生,这样,每一次拍频都能产生新的光场,于是基于上述基本过程,所有相互作用的组合就会产生许多新的光场.

　　理论和实验研究表明,基于原子相干效应的四波混频过程,可以使相干介质对弱探测光的折射率产生周期性调制,从而可以对探测光的透射及反射特性进行有效操控,实现量子信息在相干介质中的存储及提取等功能.本实验主要以¹³³Cs原子 D1 线的超精细结构为研究对象,通过一束驻波耦合光驱动的 Λ 型三能级原子系统,实验研究耦合光频率 ω_c 和探测光频率 ω_p 分别满足 $\omega_c > \omega_p$,和 $\omega_c < \omega_p$ 两种条件下的反射四波混频过程,探索在该过程中相干介质的反常色散特性补偿相位失配的物理机制,实验分析原子数密度、作用光场之间的夹角、耦合光功率及频率失谐等参量对反射信号效率的影响;进一步拓展探索基于原子相干的全光量子器件及其特性的应用研究.

一、实验原理

该实验中涉及的 FWM 过程是在基于 EIT 线性相干介质的基础上产生的. 我们通过理论分析双色耦合光作用下的 Λ 型三能级 EIT 系统的非线性过程,重点讨论基于驻波耦合光作用于下的 EIT 介质的极化特性(即吸收和色散),并根据 FWM 过程中的能量守恒和动量守恒定律,分析反常色散对光场相位失配的补偿机制,进一步研究不同频率条件下产生反射四波混频信号的特点.

1. 驻波耦合光作用于电磁诱导透明(EIT)介质的动力学过程

如图 4-6-1 所示,考虑一个以任意速率 v 运动的 Λ 形三能级原子系统,两束较强的耦合光(频率为 ω_{c1} 和 ω_{c2})分别作用于能级 $|b\rangle$ 到 $|a\rangle$ 的跃迁,且二者的传播方向共线相反,其频率失谐分别为 $\Delta_{c1} = \omega_{c1} - \omega_{ab}$ 和 $\Delta_{c2} = \omega_{c2} - \omega_{ab}$,$\omega_{ab}$ 为能级 $|b\rangle$ 和 $|a\rangle$ 之间的共振跃迁频率;一束较弱的探测光 ω_p 沿着 ω_{c1} 的方向以微小的夹角 θ 作用于能级 $|c\rangle$ 到 $|a\rangle$ 的跃迁,其频率失谐为 $\Delta_p = \omega_p - \omega_{ac}$,$\omega_{ac}$ 为能级 $|c\rangle$ 和 $|a\rangle$ 之间的共振跃迁频率.

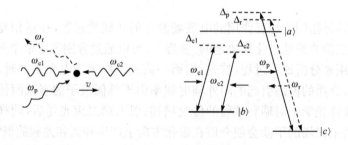

图 4-6-1　光场作用原子及实验能级示意图

在驻波耦合光条件下,$\omega_{c2} = \omega_{c1} = \omega_c$,但考虑一个任意速度 v 的原子,其感应到向前、向后传播的耦合光的频率是不同的. 假设某一原子以速率 v 沿 x 方向运动,则有 $\omega_p' = \omega_p - k_p v$,$\omega_{c1}' = \omega_c - k_c v$ 和 $\omega_{c2}' = \omega_c + k_c v$,分别代表该原子感应到的探测光与前后耦合光的频率,$k = |\mathbf{k}| = n\omega/c$,$n$ 为介质的折射率. 定义 $\delta = \omega_{c2}' - \omega_{c1}' = 2k_c v$ 为运动原子感应到前后两束耦合光的频差,即多普勒频移项. 利用该系统的 Hamiltonian 和密度矩阵方程,以及迭代计算法,最终可得反映原子与探测光相互作用的密度矩阵元的迭代表达式为

$$\tilde{\rho}_{ac}^{[m]} = P_m^{-1} \left(-\mathrm{i}\Omega_p \delta_{m,0} + \frac{\Omega_{c1}^* \Omega_{c2}}{(\Delta_p' - \Delta_{c2}') + \mathrm{i}\gamma_{bc} + n\delta} \tilde{\rho}_{ac}^{[m-1]} + \frac{\Omega_{c1} \Omega_{c2}^*}{(\Delta_p' - \Delta_{c1}') + \mathrm{i}\gamma_{bc} + n\delta} \tilde{\rho}_{ac}^{[m+1]} \right)$$

$$(4-6-1)$$

其中,$\Omega_{c1} = \mu_{ab} E_{c1}/2\hbar$,$\Omega_{c2} = \mu_{ab} E_{c2}/2\hbar$ 和 $\Omega_p = \mu_{ac} E_p/2\hbar$ 分别代表两个耦合光和探测光的拉比频率,μ_{ij} 代表能级 $|i\rangle \leftrightarrow |j\rangle$ 的跃迁矩阵元($i = a, b, c$),γ_i 代表态 $|i\rangle$ 的衰减率($i = a, b, c$),$\gamma_c = 0$,$\Delta_p' = \Delta_p - k_p v$,$\Delta_{c1}' = \Delta_c - k_c v$. 而

$$P_m = (\Delta_p' + \mathrm{i}\gamma_{ac} + n\delta) - \left\{ |\Omega_{c1}|^2 / [(\Delta_p' - \Delta_{c1}') + \mathrm{i}\gamma_{bc} + n\delta] \right.$$
$$\left. + |\Omega_{c2}|^2 / [(\Delta_p' - \Delta_{c2}') + \mathrm{i}\gamma_{bc} + n\delta] \right\} \qquad (4-6-2)$$

不同 m 阶次的密度算符,代表的物理意义不同,$\tilde{\rho}_{ac}^{[0]}$ 代表探测光与原子作用的同频相干性,正比于一阶线性极化率 $\chi^{(1)}$,反映了探测光的线性吸收和色散特性;$\tilde{\rho}_{ac}^m (m \geqslant 1)$ 反映由于不同速率原子感应到前后耦合光频率不同而产生频差 δ 的相干性,由它会引起高阶非线性过程.

2. 原子系综对探针场的吸收色散特性

当 $m = 0$ 时,利用公式(4-6-1),很容易计算得到一个速度为 v 的原子对探测光的作用密度算符为

$$\tilde{\rho}_{ac}^{[0]}(v) = \frac{-\Omega_p}{P_0 - \dfrac{\Omega_{c1} \Omega_{c2}^* Z_1}{(\Delta_p' - \Delta_{c1}') + \mathrm{i}\gamma_{bc}} - \dfrac{\Omega_{c1}^* \Omega_{c2} X_1}{(\Delta_p' - \Delta_{c2}') + \mathrm{i}\gamma_{bc}}} \qquad (4-6-3)$$

其中,P_0、Z_1 和 X_1 是理论计算过程中的循环因子迭代项,详细表达式及计算过程参见 Zhang 等(2011)所著文献. 而在一个粒子数密度为 n 的原子泡内,各个原子的运动速率不同,运动方向也不同,因此由于多普勒效应,其感应到的两束耦合光的频率差也不同,所以单单研究一个原子对探针场的影响没有实际意义,需要考虑所有参与作用的原子的影响.

在室温条件下,理想气体的原子速率遵从麦克斯韦速率分布统计

$$f(v)\mathrm{d}v = \sqrt{\frac{m_a}{2\pi k_B T}} \exp\left(-\frac{m_a v^2}{2 k_B T} \right) \mathrm{d}v \qquad (4-6-4)$$

其中,m_a 是原子质量,k_B 为玻尔兹曼常量,$(m_a/2\pi k_B T)^{1/2}$ 代表在给定温度 T 条件下原子的最概然速率. 而 N 个参与作用的原子与探测光相互作用的密度算符就是对所有速率原子作用的统计叠加

$$\rho_{ac}^{[0]} = \int_{-\infty}^{\infty} \rho_{ac}^{[0]}(v) f(v) \mathrm{d}v \qquad (4-6-5)$$

根据电动力学及非线性光学的知识可知,极化介质对电磁场的极化强度表示为

$$P(t)=\chi^{(1)}E(t)+\chi^{(2)}E^2(t)+\chi^{(3)}E^3(t)+\cdots$$
$$\equiv P^{(1)}(t)+P^{(2)}(t)+P^{(3)}(t)+\cdots \quad (4-6-6)$$

其中 $\chi^{(1)}$ 代表线性极化率,而 $\chi^{(2)}$, $\chi^{(3)}$ 分别称作二阶和三阶非线性极化率. 根据上述分析可知,在双色耦合光作用下,原子系统会产生奇数倍的高阶非线性过程. 我们现在着重讨论一阶线性过程,分析相干原子对探测光的极化特性. 为了讨论方便,极化强度和电场矢量都用标量表示. 根据极化强度的定义 $P^{(1)}(t)=\varepsilon_0\chi^{(1)}E(t)$ $=N\mu_{ac}\rho_{ac}^{[0]}+c.c$,可推知探测光的极化率和密度算符之间的关系为

$$\chi^{(1)}=\frac{2N\mu_{ac}\rho_{ac}^{[0]}\mathrm{e}^{\mathrm{i}\omega_p't}}{\varepsilon_0 E_p}=\frac{2N\mu_{ac}\tilde{\rho}_{ac}^{[0]}}{\varepsilon_0 E_p} \quad (4-6-7)$$

结合式(4-6-3)可得一阶线性复极化率的表达式为

$$\chi^{(1)}=\frac{2N\mu_{ac}}{\varepsilon_0 E_p}\rho_{ac}^{[0]}=\frac{2N\mu_{ac}}{\varepsilon_0 E_p}\int_{-\infty}^{\infty}\rho_{ac}^{[0]}(v)f(v)\mathrm{d}v \quad (4-6-8)$$

其中极化率的虚部 $\mathrm{Im}[\chi^{(1)}]$ 和实部 $\mathrm{Re}[\chi^{(1)}]$ 分别代表了原子对探测光的吸收和色散.

利用公式(4-6-8),我们从理论上模拟了在不同向后耦合光情况下,极化率的实部和虚部,如图 4-6-2 所示. 当 $\Omega_{c2}=0$ 时,即在没有向后耦合光时,原子对探针场吸收减弱,色散呈正常色散,也就是典型的 EIT 效应;当 $\Omega_{c1}=\Omega_{c2}$ 时,即在驻波条件下,原子对探针场的吸收增强,色散由正常变为反常色散,EIT 变为 EIA. 由此,我们可以推断,由于原子对探针场产生吸收,原子态被激发,当其向较低稳定态衰减时,必定向外辐射(散射)新的光子,即产生多波混频效应.

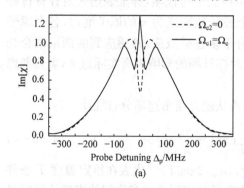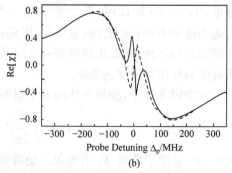

图 4-6-2　在不同向后耦合光功率条件下,理论计算探针场的(a)吸收
和(b)色散随探测光频率失谐的变化

3. FWM 过程及色散补偿相位失配分析

根据上述分析及能量守恒定律可知,新产生的信号场频率可表示为

$$\omega_r^{[m]} = \omega_p - (\boldsymbol{k}_p - \boldsymbol{k}_r - 2m\boldsymbol{k}_c) \cdot \boldsymbol{v} \qquad (4-6-9)$$

所以在我们观察到的反射信号中,反射频率 ω_r 中可能包含很多成分

$$\omega_r = \omega_r^{[0]} + \omega_r^{[1]} + \cdots + \omega_r^{[m]} \qquad (4-6-10)$$

不同成分代表不同的物理过程和意义,下面我们逐项分析.

(1) 当 $m=0$ 时,$\omega_r^{[0]} = \omega_p - (\boldsymbol{k}_p - \boldsymbol{k}_r) \cdot \boldsymbol{v}$ 代表原子吸收探测光能量而被跃迁到激发态后,在没有耦合光的作用下而自发衰减时向外辐射光子的频率,即自发辐射频率. 而在本实验系统中,由于强耦合光的作用,使得两个基态之间建立了很强的相干性,原子被强烈地束缚在两个基态上,严重抑制原子在激发态的自发辐射,所以 $\omega_r^{[0]} \approx 0$;

(2) 当 $m=1$ 时,根据式(4-6-9)可以看出,密度算符 $\tilde{\rho}_{ac}^{[1]} \propto (\Omega_p \Omega_{c1}^* \Omega_{c2})$,即与光场振幅的三次方成正比,根据非线性光学知识,与探测光的三阶非线性极化率 $\chi^{(3)}$ 成正比,这正说明此过程是一个四波混频过程,而产生的场就是一四波混频信号场,其频率为:

$$\omega_r^{[1]} = \omega_p - (\boldsymbol{k}_p - \boldsymbol{k}_r - 2\boldsymbol{k}_c) \cdot \boldsymbol{v} \qquad (4-6-11)$$

(3) 而当 $m > 1$ 时,其产生的是更高阶的非线性过程(多波混频),然而在高阶的多波混频过程中,相位失配量 $\Delta k_m = \boldsymbol{k}_p - \boldsymbol{k}_r - 2m\boldsymbol{k}_c \ll 0$,相位严重失配,所以频率成分 $\omega_r^{[m]} (m>1)$ 也可以忽略.

因此,我们分析得出,产生的反射信号主要来自探测光和驻波耦合光在原子介质中相互作用的四波混频过程. 根据式(4-6-10)可知,在 FWM 过程中,其相位失配量为

$$\Delta \boldsymbol{k} = \boldsymbol{k}_p - \boldsymbol{k}_r - 2\boldsymbol{k}_c \qquad (4-6-12)$$

当 $\Delta \boldsymbol{k} = 0$ 时,也就是四束光的波矢量完全满足相位匹配条件时,$\omega_r = \omega_r^{[1]} = \omega_p$,即反射场频率与入射的探针场频率相同. 根据式(4-6-11)可推得四波混频过程中的相位失配量标量为

$$\Delta k = \frac{2\omega_p \cos\theta - 2\omega_c}{c} + \frac{\omega_p \cos\theta \mathrm{Re}[\chi^{(1)}]}{c} \qquad (4-6-13)$$

由图 4-6-3(b)可以看出,在原子共振跃迁中心(单、双光子共振中心,即 $\Delta_p = \Delta_c = 0$),$\mathrm{Re}[\chi^{(1)}] = 0$,此时相位失配量的大小与作用光场的频率及夹角有关,下面我们就耦合光和探测光之间的频率关系,结合实验中具体作用的原子能级进行具体分析.

1) $\omega_p > \omega_c$

实验选取 Cs 原子 D1 线的两个超精细能级 $6^2\mathrm{S}_{1/2}$,$F=3$ 和 $F=4$ 分别作为图

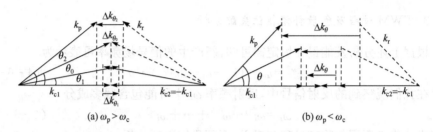

图 4-6-3　FWM 过程的相位失配关系

4-6-1 中的两个低能态 $|c\rangle$ 态和 $|b\rangle$ 态,选取 $6^2P_{1/2}$,$F'=4$ 作为上能态 $|a\rangle$. 当驻波耦合光频率 ω_c 锁定在 $F=4\leftrightarrow F'=4$ 的跃迁中心,跃迁频率为 ω_{44},而探测光频率 ω_p 在跃迁能级 $F=3\rightarrow F'=4$ 的共振中心(跃迁频率为 ω_{34})附近扫描,由于 $\omega_{34}=\omega_{44}+2\pi\times9.2\text{GHz}$,显然 $\omega_p>\omega_c$,且在原子共振中心,满足 $\omega_p=\omega_{34}>\omega_c=\omega_{44}$. 所以根据公式(4-6-12)可求得最佳相位匹配条件下($\Delta k=0$)探测光和耦合光的夹角 θ_0 满足 $\cos\theta_0=\omega_c/\omega_p=\omega_{44}/\omega_{34}$. 当探针场和耦合光夹角等于 θ_0 时,四波混频效率最高,获得的相干反射信号也最强. 根据此结果,我们画出了不同夹角下的相位失配量示意图,如图 4-6-3(a)所示. 当 $\theta=\theta_0$ 时,$\Delta k=0$,相位完全匹配,而当 $\theta=\theta_1<\theta_0$ 时,$\Delta k>0$,$\theta=\theta_2>\theta_0$ 时,$\Delta k<0$,相位都是失配的.

　　下面重点分析在相位失配条件下,反常色散偿相位失配量从而提高非线性 FWM 效率的物理机制,如图 4-6-4 所示. 首先考虑在最佳相位匹配角 θ_0 的情况,在原子共振中心($\Delta_p=\Delta_c=0$),相位完全匹配,$\Delta k=0$,所以此时四波混频的效率最高,获得的反射信号最强;当探测光频率稍微红失谐时,即 $\Delta_p<0$,则公式(4-6-13)中的第一项 $(2\omega_p\cos\theta-2\omega_c)<0$,相位失配,然而 $\text{Re}[\chi^{(1)}]>0$,见图 4-6-4 中的 A 区域,这从一定程度上弥补了相位失配,使 $\Delta k\rightarrow0$,所以此时也能获得

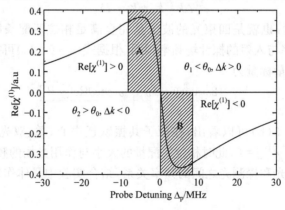

图 4-6-4　反常色散补偿相位失配示意图

反射信号;同理当 $\Delta_p>0$ 时,$2\omega_p\cos\theta-2\omega_c>0$,而 $\mathrm{Re}[\chi^{(1)}]<0$,也能弥补相位失配,见图 4-6-4 中的 B 区域. 当然,探针场的频率失谐不能过大,因为双光子失谐过大,就破坏了原子基态的干涉通道,原子的相干效应减弱,四波混频效率降低. 在热原子系统中,探测光的有效失谐范围取决于原子能级的线宽(线宽取决于热原子的运动速度). 所以当探测光在原子共振处中心附近扫描时,我们应该能够得到一个以原子共振中心对称的呈洛伦兹线形的反射信号.

其次,当 $\theta<\theta_0$ 时,$(2\omega_p\cos\theta-2\omega_c)>0$,在单、双光子共振中心 $\Delta_p=\Delta_c=0$,$\Delta k>0$,相位失配,所以此时在原子共振中心,四波混频效率很低,然而当探测光频率稍有蓝失谐时,即 $\Delta_p>0$ 的位置,$\mathrm{Re}[\chi^{(1)}]<0$,如图 4-6-4 的蓝色区域(理论上,不同角度下的色散大小是不同的,特性变化趋势是相同的,所以就用同一条曲线来进行定性分析). 这在一定程度上补偿了相位失配,使 $\Delta k\rightarrow0$. 所以在 $\theta<\theta_0$ 时,反射峰应该出现在探针场频率蓝失谐的 B 区域,具体位置由探针场频率失谐满足 $|\Delta k|$ 为极小值来确定. 同理,当 $\theta>\theta_0$ 时,反射峰应出现在探针场频率红失谐的位置,即图 4-6-4 中 A 区域.

2) $\omega_p<\omega_c$

当交换耦合光和探测光作用的原子能级跃迁,即驻波耦合光频率 ω_c 锁定在 $F=3\leftrightarrow F'=4$ 的跃迁中心,而探测光频率 ω_p 在跃迁能级 $F=4\rightarrow F'=4$ 的共振中心附近扫描时,显然 $\omega_p<\omega_c$,在原子共振中心,$\Delta k<0$,不存在最佳相位匹配角,如图 4-6-3(b)所示. 但和 $\omega_p>\omega_c$ 时 $\theta>\theta_0$ 的情况类似,当 $\Delta_p>0$ 时,$\mathrm{Re}[\chi^{(1)}]>0$,从而在一定程度上补偿了相位失配,从而提高了非线性效率,因此推断反射信号的峰值也应出现在探测光频率红失谐的位置,即图 4-6-4 中 A 区域.

其实,上述反射信号场产生的物理过程可以描述为:原子先吸收一个向前传播的频率为 ω_p 的探测光子,从基态 $|c\rangle$ 跃迁到激发态 $|a\rangle$,然后受激辐射出一个向前传播的耦合光子 ω_{c1},落到基态 $|b\rangle$ 上,接着又受激吸收一个向后传播的耦合光子 ω_{c2},跃迁到激发态 $|a\rangle$ 上,最后受激辐射出一个向后传播的新光子 ω_r,从 $|a\rangle$ 态落到基态 $|c\rangle$ 态上,构成一次完整的四光子相互作用过程,而这样的过程就循环往复.

二、实验装置及技术说明

1. 主要实验仪器及器件简介

(1) 半导体激光器(DL). 本实验采用两台型号为 DL100 的外腔光栅反馈半导体激光器,其输出功率为 40mW,中心波长在 894.5nm 附近,对应铯原子的 D1 线跃迁 $6^2\mathrm{S}_{1/2}\leftrightarrow6^2\mathrm{P}_{1/2}$. 工作原理如图 4-6-5 所示,

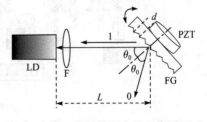

图 4-6-5 半导体激光器工作原理图

其主要由激光二极管 LD、准直透镜 F 和闪耀光栅 FG 组成. 激光二极管输出的光波波长范围很大,但当其中波长成分满足 $2d\sin\theta_0 = \lambda_0$ 时,就会产生一级闪耀(光栅衍射),适当调节光栅位置,使一级衍射光直接同入射光路重合,而当腔长 L 满足 $L = (q/2)\lambda_0$ 时,原路返回的一级衍射光与出射的同频光起振,对于零级光,其光程差 $\Delta L = d\sin\theta_0 - d\sin\theta_0 = 0$,即对于所有不同频率成分的零级光都能从同一方向出射,而只有原路返回的一级衍射光被谐振放大,把其他频率成分的光相对抑制下去,所以零级出射的光中,一级衍射光占主导地位. 激光的一级衍射光因频率的不同会形成一定的空间角分布,因此可以通过控制光栅的角度来改变反馈到二极管中的激光的频率,从而实现激光器连续调谐. 实验中通过控制加在紧贴于光栅背面的压电陶瓷(PZT)的直流偏压和三角波扫描增益,来实现对激光器的频率锁定及扫描.

(2) 锥形光放大器(TA). 实验光路中必不可少的光学器件,如隔离器、波片、棱镜以及光纤(空间滤波)等的损耗,到实际与原子相互作用时,耦合光所剩功率已不能满足要求. 而锥形光放大器,即半导体激光放大二极管,可以在允许的工作范围内对注入的激光功率进行线性放大,而不改变输入光的频率. 图 4-6-6 是 TA 放大器工作光路图. 当 TA 通电工作时,其输入和输出端都有自发辐射的荧光. 由于 TA 的结构和发光机制的特点,其两端发出的荧光在水平和竖直两个方向的发散角不同,我们首先使用两个准直透镜 f_1 和 f_2 分别对两端的荧光进行竖直方向准直;然后在向放大器注入光时,再使用透镜 f_0 对注入光进行整形匹配,使其大小和输入端发出的荧光光斑大小一致,如图 a 点所示,通过导光镜 M_1 和 M_2 使注入光与输入端的荧光相重合,实现对注入光的最佳放大;给 TA 加较小的电流,保证 TA 刚好对注入光产生激发放大,观察输出光斑模式(注意在输出端观察时,要避免有反射光反向进入 TA 的输出端,因为如果有光反馈回 TA,会造成 TA 的反向放大而把二极管击穿),调节 f_2,使输出光斑在竖直方向平行,如图 b 点所示,然后通过一柱面透镜 f_3 对水平方向进行准直,准直后的效果如 c 点,这时光斑已基本呈现方形,再用一组透镜组(f_4 和 f_5)将光斑缩小且平行输出,使其刚好通过光隔离器(避免其他光学元件表面的反射光反向进入 TA),见图 d 点. 最后通过导光镜

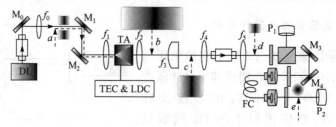

图 4-6-6 TA 放大器工作光路图

M_3 和 M_4 将输出光导入光纤耦合系统 FC 对光斑作进一步空间整形后,便可得到一个理想的圆形高斯模式光斑,如图 e 点所示.加大 TA 工作电流,精细调节 4 个导光镜,实现 TA 的最佳放大和光纤的最佳耦合效率.

(3) 其他主要实验仪器及光学器件.实验中还会用到的实验仪器包括:光隔离器(OI),用于保护激光器及光放大器;4 通道数字存储示波器(DSO),用于采集饱和吸收谱、探测光的透射谱及 FWM 信号的强度谱等;功率计(PM),用于测量各个光场的功率大小;红外观察器(IFO),搭建和准直光路中,用于观察各个光场的光斑;控温仪(TEC),用于控制铯原子泡的温度;等等.主要光学器件包括:不同长度的铯原子泡(Cs vapor cell),45°反射镜(mirror),半波片($\lambda/2$),偏振分光棱镜(PBS),各种焦距的平凸透镜(f),pin 型光电探测器(PD),探测光场的信号.

2. 主要辅助光路系统简介

(1) 饱和吸收谱系统(SAS).饱和吸收谱是一种测量原子吸收光谱的技术,其最大特点是:吸收光谱信号的半高宽没有被多普勒效应展宽,即消多普勒的(Doppler-free),其仅仅由所作用的原子能级跃迁的线宽和激光强度来决定.饱和吸收谱的光路示意图如图 4-6-7 所示,基本设计思路是,一束激光分成较强的泵浦光和两束较弱的光,强的泵浦光通过空间烧孔效应在气体原子的速度分布上把某一类速度的原子(该速度对应于多普勒效应下泵浦光的吸收谱)激发;然后,观测另外两束较弱信号光的吸收光谱.其中,一束弱信号光与泵浦光光路重合,但传播方向相反,另外一束弱光称作参考光,尽量保证其与信号光光路相同但避免被泵浦光影响,最后通过探测信号光(PD_1)就可得到饱和吸收谱,如果将探测的信号光和参考光相减,便得到了无多普勒吸收背景的饱和吸收光谱信号.本实验中主要用于监视探测光频率在扫描状态下作用原子的跃迁能级及频率扫描范围.

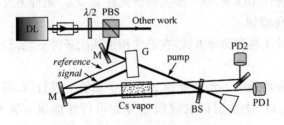

图 4-6-7 饱和吸收谱光路示意图

(2) 电磁诱导透明系统(EIT).EIT 的工作原理已在第 1 部分中介绍.本实验的主要研究内容也是基于在 EIT 条件下进行的.但在具体实施过程中,需要另外再搭建一套 EIT 系统,用于监视耦合光的频率失谐,其光路设计及判断依据自行完成.

(3) 光纤耦合系统(FC). 由于半导体激光器本身的发光机制,决定其激发输出的激光光斑是楔形状. 为了能定量测量和描述光场和原子作用的有效体积及原子数,实验中用两套光纤耦合系统分别对探测光和放大的耦合光进行空间整形. FC 系统主要有一对光纤输入输出耦合头及一条单模光纤构成. 光纤的耦合效率主要取决于注入光的光斑大小及平行度,调节方法需在具体实验过程中体会理解.

三、实验内容及步骤

1. 实验前的准备

参考说明书,熟练掌握半导体激光器及光放大器的工作原理及操作方法;熟悉实验环境,了解其他主要实验仪器及各光学器件的工作特性及使用方法.

2. 光路系统搭建

在掌握实验原理和做好实验前准备的基础上,开始搭建饱和吸收谱光路系统和电磁诱导透明监视系统;学习和掌握利用数字示波器观测信号和存储数据,掌握如何利用 SAS 信号和 EIT 信号判断光场的频率及频率失谐;利用光纤耦合系统分别对探测光和耦合光进行空间整形;根据实验原理,自行设计并搭建测量反射 FWM 信号的实验光路,设计如何精确测量探测光和耦合光之间的夹角的方法.

3. 基于反射 FWM 信号的实验测量

(1) 利用色散补偿理论,实验测量在 $\omega_c < \omega_p$ 条件下,相干反射四波混频信号强度随探测光和耦合光夹角的变化规律. 实验测量并分析反射信号随耦合光功率、铯泡温度等实验参量的变化趋势.

(2) 更换光场作用能级,进一步实验研究在 $\omega_c > \omega_p$ 条件下反射四波混频信号随各个参量的变化规律.

(3) 自行设计光路和测量方式,在最佳相位匹配条件下,实验验证四光子相互作用过程.

(4) 上述实验均是在 Λ 形三能级 EIT 原子系统下进行的. 理论分析在简并能级系统下($\omega_c = \omega_p$)产生反射四波混频信号的可行性能级方案并进一步做实验研究.

四、实验注意事项

(1) 正确掌握半导体激光器及激光放大器的开关机顺序,绝对禁止用眼直接观察激光器发出的光;

(2) 搭建光路时,禁止用手触摸反射镜、棱镜等光学元件的表面,切忌人眼在与平台上光路水平的位置上观察调试光路，以免激光射入人眼致盲；

（3）激光器由 UPS 电源供电，当突然停电时，请保持冷静，并按照正常关机顺序依次关掉激光器等重要仪器，再断开 UPS 电源；

（4）注意定期检查激光器、光纤等光学系统的输出功率及耦合效率等参数；

（5）适时注意和观察实验室的温度和湿度变化，保证实验室温度在 18～22℃，湿度在 20%～50%，以免影响激光器正常工作；

（6）当实验室比较干燥时，特别是在湿度低于 20% 以下（特别是冬天），实验者在靠近光学平台实验时，必须佩戴静电护腕或及时地释放身上的静电，以免损坏激光器．

五、思考讨论

（1）在不同耦合光频率条件下，反射谱峰值随耦合光频率失谐（$\Delta c \neq 0$）的变化规律如何变化？

（2）在该四波混频过程中，前后两束耦合光的功率如何变化的，实验上如何测量？

（3）当对向入射的耦合光频率不同时（$\omega_{c1} \neq \omega_{c2}$），反射的四波混频信号如何变化？

（4）如图 4-6-8 所示，在 $\omega_{c1} \neq \omega_{c2}$ 条件下，如果对向入射两束同频的探测光，则二者的透射谱、反射信号谱之间有什么关系？是否能设计成全光控制的光学二极管装置？

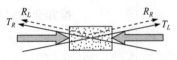

图 4-6-8　两束探针光对射光路

参 考 文 献

蓝信钜，等. 2001. 激光技术. 北京：科学出版社

Brown A W, Xiao M. 2005. All-optical switching and routing based on an electromagnetically induced absorption grating. Opt. Lett. , 30：699-701

Scully M O, Zubairy M S. 1991. Quantum Optics. Cambridge：Cambridge University Press

Wang D W, Zhou H T, Guo M J, et al. , 2013. Optical diode made from a moving photonic crystal. Phys. Rev. Lett, 110：093901

Zhang J X, Zhou H T, Wang D W, et al. 2011. Enhanced reflection via phase compensation from anomalous dispersion in atomic vapor. Phys. Rev. A, 83：053841

Zhou H T, Wang D W, Wang D, et al. 2011. Efficient reflection via four-wave mixing in a Doppler-free electromagnetically-induced-transparency gas. Phys. Rev. A, 84：053835

4-7　基于原子-腔耦合系统的腔透射谱的实验研究

腔量子电动力学（cavity-QED）主要研究束缚在如光学谐振腔、高 Q 微腔、微型量子器件等特定空间中的粒子（原子、分子或离子）与光场相互作用的量子行为．

在原子-腔耦合系统中,当原子与腔模在强耦合作用条件下,会产生许多复杂的物理特性,如真空拉比分裂、光学双稳态、以及内腔电磁诱导透明等,再结合对作用光场的有效操控,可获得一些新奇的物理现象,比如原子自发辐射反转、光场空间模式变换、全光控制开关、量子纠缠、非经典光场等.利用上述特性,腔-QED系统可作为光量子器件,在组成量子逻辑门组,产生量子干涉和制备量子纠缠态等量子信息领域中得到广泛应用,已成为未来高效率量子信息处理的重要工具之一.本实验研究首先理论分析二能级原子-腔耦合系统 的强耦合特征,即正交劈裂模效应(真空拉比分裂),并在此基础上理论分析了三能级原子-腔耦合系统下的非线性效应,重点实验研究热原子介质分别耦合在驻波腔和环形腔系统下腔透射谱的特点,并进一步拓展到内腔四波混频效应的实验研究中.

一、实验原理

1. 二能级原子对探针光的极化特性分析

如图 4-7-1 所示,一束频率为 ω_p 的探针光与一个理想二能级系统作用,其相对原子跃迁中心的频率失谐为 $\Delta_p = \omega_p - \omega_{ab}$. 利用系统的 Hamiltonian 和密度矩阵方程,在偶极近似和弦波近似条件下,推知介质对探针光的极化率为

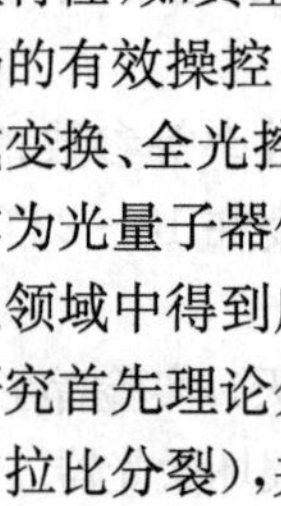

$$\chi = a_0 \frac{[1 + i\Delta_p/(\gamma_{ab}/2)]}{1 + \Delta_p^2/(\gamma_{ab}^2/4) + 2\Omega_p^2/(\gamma_{ab}^2/4)} \qquad (4-7-1)$$

其中 $\Omega_p = \mu_{ab}E_p/2\hbar$ 代表探针光的拉比频率,反映光场强度,μ_{ab} 代表能级 $|a\rangle \leftrightarrow |b\rangle$ 的跃迁矩阵元,N_0 代表原子数密度,$a_0 = \dfrac{N_0|\mu_{ab}|^2(\rho_{aa} - \rho_{bb})^{eq}}{\hbar\varepsilon_0(\gamma_{ab}/2)}$ 代表在原子共振中心的吸收系数. 从式(4-7-1)可看出介质对探针光的极化率是复数,我们将其分为实部和虚部两部分,即 $\chi = \chi' + i\chi''$. 而原子介质对探针光的折射率可表示为

图 4-7-1

$$n = n_0\sqrt{1+\chi} \approx n_0\left(1 + \frac{1}{2}\chi\right) = n_0 + \frac{n_0}{2}(\chi' + i\chi'') \qquad (4-7-2)$$

而探针光的波矢量 k 的大小为

$$|k| = \frac{\omega_p n}{c} = \frac{\omega_p n_0}{c}\left(1 + \frac{1}{2}\chi' + \frac{i}{2}\chi''\right) \qquad (4-7-3)$$

定义介质对探针光的色散系数为 $\beta = \dfrac{1}{2}\dfrac{n_0\omega}{c}\chi'$(正比于极化率的实部),反映介质对探针光的折射率;吸收系数为 $\alpha = \dfrac{1}{2}\dfrac{n_0\omega}{c}\chi''$(正比于极化率的虚部),反映介质的吸收特性. n_0 代表背景环境的折射率(一般取 1). 由此可得

$$\alpha = \frac{\omega_{\mathrm{p}} a_0}{2c} \frac{\Delta_{\mathrm{p}}/(\gamma_{ab}/2)}{1+\Delta_{\mathrm{p}}^2/(\gamma_{ab}^2/4)+2\Omega_{\mathrm{p}}^2/(\gamma_{ab}^2/4)} \tag{4-7-4}$$

$$\beta = \frac{\omega_{\mathrm{p}} a_0}{2c} \frac{1}{1+\Delta_{\mathrm{p}}^2/(\gamma_{ab}^2/4)+2\Omega_{\mathrm{p}}^2/(\gamma_{ab}^2/4)} \tag{4-7-5}$$

上述推导是不考虑原子运动速度情况下进行的. 对于热原子介质, 由于不同原子运动速度不同, 因此不同原子感应到探针光的频率也不同. 假设某一原子以速率 v 沿与探针光传播的方向运动, 则通过计算可得多普勒原子介质的极化率为

$$\chi = \frac{N_0 \mid \mu_{ab} \mid^2}{\hbar\varepsilon_0\Omega_{\mathrm{p}}} \frac{2\sqrt{\ln 2}}{\sqrt{\pi}\Delta\omega_{\mathrm{D}}} \int_{-\infty}^{\infty} \rho_{ab}(v) \exp[-(2\sqrt{\ln 2})^2(\Delta_{\mathrm{D}}^2/\Delta\omega_{\mathrm{D}}^2)] d\Delta_{\mathrm{D}} \mathrm{e}^{-\mathrm{i}\omega_{\mathrm{p}} t} \tag{4-7-6}$$

其中, k_{B} 为玻尔兹曼常量, T 为原子介质的绝对温度. 设 $\Delta_{\mathrm{D}}=v\omega_{\mathrm{p}}/c$ 为运动原子的多普勒频移项, 同时定义原子多普勒展宽的半高宽为

$$\Delta\omega_{\mathrm{D}} = \frac{2\sqrt{\ln 2}\sqrt{\dfrac{2\pi k_{\mathrm{B}} T}{m}}\omega_{\mathrm{p}}}{c} \tag{4-7-7}$$

设 $I/I_0 = 2\Omega_{\mathrm{p}}^2/(\gamma_{ab}^2/4)$, 其反映探针光被介质吸收的强度, 也称为饱和项, 当探针光强度很弱时, 即 $\Omega_{\mathrm{p}} \ll \gamma_{ab}$ 时, $I/I_0 \simeq 0$. 因此, 我们便得到了多普勒展宽介质的吸收系数和色散系数分别为

$$\alpha = \frac{\omega_{\mathrm{p}} a_{\mathrm{d}}}{2c} \mathrm{Im}\{\mathrm{e}^{z^2}[1-\mathrm{erf}(z)]\} \tag{4-7-8a}$$

$$\beta = \frac{\gamma_{ab}}{2} \frac{\omega_{\mathrm{p}} a_{\mathrm{d}}}{2c} \mathrm{Re}\{\mathrm{e}^{z^2}[1-\mathrm{erf}(z)]\} \tag{4-7-8b}$$

其中 $a_{\mathrm{d}} = \dfrac{N_0 \mid \mu_{ab} \mid^2}{\hbar\varepsilon_0 (\gamma_{ab}/2)^2} \dfrac{2\sqrt{\ln 2}}{\sqrt{\pi}\Delta\omega_{\mathrm{D}}}$, $z = \dfrac{c}{\omega_{ab}\Delta_{\mathrm{d}}}\left(\dfrac{\gamma_{ab}}{2}\sqrt{1+I/I_0}-\mathrm{i}\Delta_p\right)$, erf 为误差函数.

2. 原子-腔系统腔透射函数

将一、二能级原子系统置于一驻波腔中, 首先分析有原子介质插入谐振腔条件下的腔透射函数的表达式. 如图 4-7-2 所示, 由两块曲率半径相同的平凹腔镜组成的一长为 L 的近共心 F-P 腔, 其入射镜和出射镜的强度反射系数分别为 r_1、r_2, 透射系数分别为 t_1、t_2, 则该腔在空腔时的自由光谱区为 $\Delta_{\mathrm{FSR}}=c/2L$. 将腔内放入一长为 l 的介质, 该介质的折射率为 n, 强度吸收系数为 α, 其他空间的折射率为 n_0. 可得光穿过原子-腔系统后的透射率为

$$S = \frac{I_{\mathrm{out}}}{I_{\mathrm{in}}} = \left| \frac{E_{\mathrm{out}}}{E_{\mathrm{in}}} \right|^2 = \frac{t_1 t_2 \mathrm{e}^{-2al}}{1-(r_1 r_2)^2 \mathrm{e}^{-4al}+2r_1 r_2 \cos 2\frac{\omega}{c}[L+(n-1)l]}$$

$$\tag{4-7-9}$$

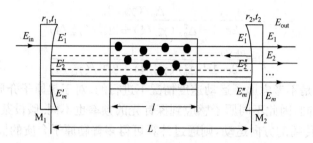

图 4 - 7 - 2　二能级原子-腔系统光路图

定义整个腔镜的透射率和反射率为 $T=t_1t_2$ 和 $R=r_1r_2$. 忽略内腔的线性损耗,考虑探针光的失谐 Δ_p,以及腔模与原子跃迁频率间的失谐 δ_k,则根据式(4-7-9),可写出普适的腔透射率随探针光频率变化的函数关系

$$S=\frac{T^2\mathrm{e}^{-\alpha l}}{(1-R\mathrm{e}^{-\alpha l})^2+4R\mathrm{e}^{-\alpha l}\sin^2[\Phi/2]} \qquad (4-7-10)$$

其中 $\Phi=\varphi+\phi=2\pi(\Delta_p-\delta_k)/\Delta_{\mathrm{FSR}}+\omega_p\beta l/c$ 为相移函数,代表光在腔内循环一周的总相移,主要有两部分组成,其中 φ 代表腔模在腔内循环一周后的相位改变量,ϕ 表示内腔原子介质对探针光的色散产生的相移.

在一个原子-腔耦合的系统中,原子介质的吸收特性 α 和色散特性 β 决定了腔模和腔内原子之间是否能产生强耦合(正交模劈裂);而 α 和 β 的大小取决于探针场的频率失谐 Δ_p、饱和光强大小 I/I_0 以及原子共振中心的吸收系数 α_d,而 α_d 又取决于原子介质的粒子数密度 N_0. 因此,在探针场频率扫描的条件下,通过改变介质的粒子数密度或探针场的强度,来观察腔透射谱的变化.

图 4-7-3 利用公式(4-7-6)、(4-7-8)和(4-7-10)计算了在不同粒子数密度条件下,介质的吸收、色散、腔系统的总相移及腔透射谱. 从图中可以看出,当粒子数密度较小时,其色散还不能使相移发生较大扭曲,所以相移曲线与 x 轴只有一个交点,透射谱只在零失谐位置存在单峰,同时由于吸收峰的高度变矮,如图 4-7-3(a)和(b)所示.进一步提高粒子数密度,以使相移曲线发生较大弯曲,而且在共振中心附近一段频率范围内近于与 x 轴平行,同时由于吸收中间形成凹陷,所以出现双峰,即正交劈裂峰,如图 4-7-3(c)所示;当继续增大粒子数密度时,使相移函数发生很大弯曲,与 x 轴出现 3 个交点,这 3 个交点分别对应式(4-7-10)中正弦平方函数的三个极小值点,但由于零失谐位置的吸收作用,只能出现一对正交劈裂峰,见图 4-7-3(d).

通过上述理论分析可知,正交模劈裂现象就是由于在多粒子数体系中,介质色散特性的增强,使原子-腔系统的相移曲线发生显著改变,同时由粒子数增多而产生较大的吸收引起. 当然,粒子数密度增加,原子与腔之间的耦合强度也随之增强. 定义单原子与单腔模的耦合强度为

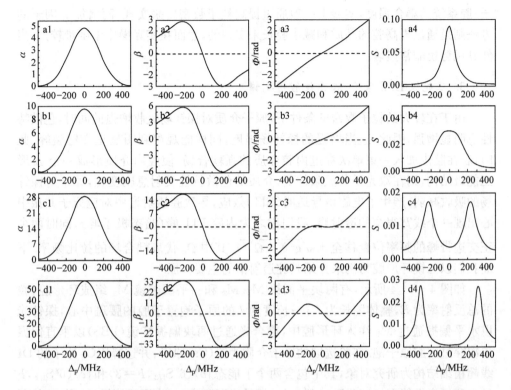

图 4 - 7 - 3　不同粒子数密度下,多普勒介质的(1)吸收 α、(2)色散 β、(3)腔系统的相移 Φ 和(4)透射 S 曲线,其中(a) $N_0 = 0.5 \times 10^{17}$,(b) $N_0 = 1 \times 10^{17}$,(c) $N_0 = 3 \times 10^{17}$,(d) $N_0 = 6 \times 10^{17}$

$$g = \sqrt{\frac{\mu_{ab}^2 \omega_{ab}}{2 \hbar \varepsilon_0 V_c}} \qquad (4 - 7 - 11)$$

其中 V_c 代表腔模体积. 对于多粒子体系,原子与腔的相互作用强度可以增强至 $g \sqrt{N}$ 倍,N 为腔模内粒子总数. 而数值 $\pm g \sqrt{N}$ 正好代表腔透射谱中两个正交劈裂模的频率位置. 在近共振中心区域,在极低强度(极低粒子数密度)的条件下,该劈裂现象被称作真空拉比分裂,这种能明显观察到的劈裂峰正是腔量子电动力学中强耦合的特征表现.

　　实验上,人们通常利用"零相移"条件来对其进行描述,即正交劈裂峰的频率位置正好是腔模在腔内循环一周后,腔失谐和介质色散引起的总相移为零时的两个解. 然而在低粒子数密度区域,当适当增强探针光强度时,即使腔模循环一周的相移不为零,也同样有透射峰出现,一般称之为"虚峰",它反映了真空拉比分裂非谐振特性,从而呈现出了光学双稳态. 这主要是腔内介质的吸收和色散相互作用的结果,本质上取决于共振吸收的大小. 当探针光强达到甚至超过原子介质的吸收饱和强度时,两个劈裂峰则合成为一个透射峰. 此时若想观察到劈裂峰,则需要提高原子-腔系统的耦合强度,实验上一般通过提高粒子数密度来实现.而增加 g 因子的方法则是通过提高腔的品质和减小腔长来实现的,然而在实际操作中困难较大,当然其优势也非常显著.

3. 三能级 EIT 原子-腔系统腔透射谱

由于在较大的粒子数密度条件下,原子介质对探针场吸收增强的同时,色散特性也明显增强,因此,适当增强的探针场强度,同样能观察到明显正交劈裂峰. 此时,若在腔内加入一束单次穿过内腔介质的强耦合场,使腔内介质形成一个 Λ 形三能级结构,则在双光子共振条件下,介质的色散特性发射急剧变化,原子对探针场的吸收减弱,产生了电磁诱导透明(EIT)效应,导致腔透射谱中对应原子共振中心出现一个线宽很窄的透射峰,我们称之为内腔 EIT 峰(暗态极子峰),同时两个正交边带峰的频率位置移至 $\pm\sqrt{g^2N+\Omega_c^2/4}$,其中 Ω_c 代表耦合场的拉比频率.下面我们以三镜环形腔为例来介绍其腔透射谱的主要特征.

如图 4-7-4 所示,有两块平面镜 M_1、M_2 和一平凹腔镜 M_3 组成环形腔,腔的总反射率为 R,整体腔长为 L;一长度为 l 的原子泡置于腔的腰斑中心,探针光以水平偏振通过 M_1 注入环形腔中,耦合光通过两块偏振棱镜(PBS)以垂直偏振单次穿过内腔原子泡. 实验选取的原子介质为铯(Cs)原子,并选择 ^{133}Cs 原子的 D1 线超精细结构为研究对象,其中包含两个下能态 $|b\rangle$($6^2S_{1/2}$,$F=3$)和 $|c\rangle$($6^2S_{1/2}$,$F=4$)和一个上能态 $|a\rangle$($6^2P_{1/2}$,$F'=4$),探针光以频率 ω_p 作用于能级 $|b\rangle$ 到 $|a\rangle$ 的跃迁,耦合光以频率 ω_c 作用于能级 $|c\rangle$ 到 $|a\rangle$ 的跃迁,因此构成图 4-7-4 中虚方框的 Λ 形三能级 EIT 系统.公式(4-7-9)同样适用于该系统,即腔透射率谱的表达式为

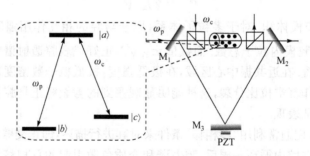

图 4-7-4　三能级原子能级及原子-腔系统光路图

$$S=\frac{(1-R)^2 e^{-\alpha l}}{(1-Re^{-\alpha l})^2+4Re^{-\alpha l}\sin^2[\Phi/2]} \qquad (4-7-12)$$

腔透射谱同样取决于内腔介质的极化特性.而对于多普勒三能级 EIT 介质来说,其极化率表达式为

$$\chi = \frac{N_0 \mid \mu_{ab} \mid^2}{\hbar\varepsilon_0\Omega_p} \frac{2\sqrt{\ln 2}}{\sqrt{\pi}\Delta\omega_D} \int_{-\infty}^{\infty} \rho_{ab}(\Delta_d) \exp[-(2\sqrt{\ln 2})^2(\Delta_d^2/\Delta\omega_D^2)]d\Delta_d$$

$$(4-7-13)$$

其中

$$\rho_{ab}(\Delta_d) = \frac{i\Omega_p[i(\Delta_c-\Delta_p)+\gamma_{bc}]}{[i(\Delta_c-\Delta_p)+\gamma_{bc}][i(\Delta_p-\Delta_d)+\gamma_{ab}]+\Omega_c^2} \qquad (4-7-14)$$

式中,γ_{ab} 代表上能态 $|a\rangle$ 至基态 $|b\rangle$ 的之间的退相干率,γ_{bc} 代表两个基态 $|b\rangle$ 和 $|c\rangle$ 之间的失相速率,$\Delta_c = \omega_c - \omega_{ac}$ 代表耦合光的频率失谐,$\Delta_d = v\omega_p/c$ 代表多普勒原子的频移项,由于实验中耦合光与探针光同向传播,所以它们之间是消多普勒的. 其他参数与上述讨论的相同. 推导过程详见 Scully 和 Zubairy(1991)所著文献,这里不再赘述.

多普勒三能级 EIT 介质的复极化率还可表述为

$$\chi = \frac{4iN_0 \mid \mu_{ab} \mid^2 \sqrt{\pi}}{\hbar\varepsilon_0} \frac{2\sqrt{\ln 2}}{\Delta\omega_D} e^{z_1^2}(1-\mathrm{erf}z_1) \qquad (4-7-15)$$

其中

$$z_1 = \frac{2\sqrt{\ln 2}}{\Delta\omega_D}\left[\gamma_{ab}-i\Delta_p+\frac{\Omega_c^2/4}{\gamma_{bc}-i(\Delta_p-\Delta_c)}\right] \qquad (4-7-16)$$

这样便很容易得到介质的吸收和色散系数,然后利用公式(4-7-12)便可模拟在三能级原-腔系统下的腔透射谱. 图 4-7-5 理论模拟了在原子共振中心($\Delta_c=0$),内腔三能级原子的吸收、色散系数、腔的总相移及腔透射率谱. 与图 4-7-3 相比较,很明显的发现,在双光子共振条件下($\Delta_p=\Delta_c$),介质对探针光的吸收明显减弱,产生透明效应;同时,在共振中心附近,介质产生剧烈的正常色散效应,同时腔的透射谱呈现典型的三峰结构,除了两个对称的正交劈裂模之外,在原子共振中心还出现了线宽极窄的透射峰,即暗态极子峰.

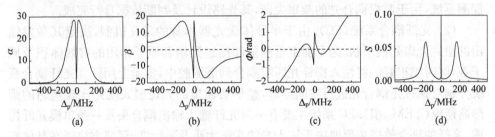

图 4-7-5　多普勒 EIT 介质的(a)吸收 α、(b)色散 β、(c)腔系统的相移 Φ 和(d)透射 S 曲线

二、实验装置及技术说明

1. 主要实验仪器及器件简介

(1) 半导体激光器(DL). 本实验采用两台型号为 DL100 的外腔光栅反馈半导体激光器,其输出功率为 40mW,中心波长在 894.5nm 附近,对应铯原子的 D1 线跃迁 $6^2S_{1/2} \leftrightarrow 6^2P_{1/2}$,其工作原理从略. 实验中调节作为探针光光源的激光器的频率在超精细能级 $6^2S_{1/2}$,$F=3$ 至 $6^2P_{1/2}$,$F=4$ 跃迁中心扫描,扫面范围约 1.2GHz;调节耦合光光源的频率锁定在 $6^2S_{1/2}$,$F=4$ 至 $6^2P_{1/2}$,$F=4$ 的跃迁中心,根据实验要求还可进行频率调谐.

(2) 其他主要实验仪器及光学器件. 实验中还会用到的实验仪器包括:光隔离器(OI),用于保护激光器及光放大器;4 通道数字存储示波器(DSO),用于采集饱和吸收谱、EIT 光谱及腔透射谱等;功率计(PM),用于测量各个光场的功率大小;红外观察器(IFO),搭建和准直光路中,用于观察各个光场的光斑,特别是在匹配腔过程中,利用红外观察器可以协助观察各个腔镜上多次反射的光斑,从而实现快速的闭合腔模;控温仪(TEC),用于控制铯原子泡的温度;信号源和高压放大器,用于扫描和改变腔长,等等. 主要光学器件包括:不同长度的铯原子泡,45°反射镜,半波片($\lambda/2$),平凹腔镜(M),偏振分光棱镜(PBS),压电陶瓷(PZT),各种焦距的平凸透镜(f),PIN 型光电探测器(PD).

2. 主要辅助光路系统简介

(1) 饱和吸收谱系统(SAS). 本实验中主要用于监视探测光频率在扫描状态下作用原子的跃迁能级及探针光频率扫描范围. 具体介绍详见实验 4 - 6:"基于原子相干的反射四波混频效应的研究".

(2) 电磁诱导透明系统(EIT). 本实验中需要另外搭建一套自由空间下的 EIT 探测系统,用于监视耦合光的频率失谐,其光路设计及判断依据自行完成.

(3) 光纤耦合系统(FC). 由于半导体激光器本身的发光机制,决定其激发输出的激光光斑是楔形状. 为了能定量测量和描述光场和原子作用的有效体积及原子数,同时能很好的将注入探针光匹配耦合到谐振腔中,实验上用两套光纤耦合系统分别对探针光耦合光进行空间整形,整形后输出的光斑模式就是比较理想的圆形高斯模(TEM${}_{00}$模). FC 系统主要有一对光纤输入输出耦合头及一条单模光纤构成. 光纤的耦合效率主要取决于注入光的光斑大小及平行度,调节方法需在具体实验过程中体会理解.

三、实验内容

1. 实验前的准备

参考说明书,熟练掌握半导体激光器的工作原理及操作方法;参考各类文献,了解掌握有关谐振腔的工作原理和调节方法,了解其他主要实验仪器及各光学器件的工作特性及使用方法.

2. 光路系统搭建

(1) 在掌握实验原理和做好实验前准备的基础上,首先搭建饱和吸收谱光路系统和电磁诱导透明监视系统;学习和掌握利用数字示波器观测信号和存储数据,掌握如何利用 SAS 信号和 EIT 信号判断光场的频率及频率失谐;利用光纤耦合系统分别对探测光和耦合光进行空间整形.

(2) 光学腔的设计及调试. 光学腔可以分为驻波腔和行波腔,在驻波腔中,光束是来回往复传播,往返一周形成自再现的,称为共心腔,往复两周自再现的,称为共焦腔. 而环形腔中的光束是沿一个方向单次传播的,环绕一周自再现. 内腔 EIT 实验一般在环形腔中进行,这是因为环形腔中探针光和耦合光是同向的,避免了多普勒频移效应的影响. 该实验研究中,需要搭建两套独立的光学腔,一套两镜近共心驻波腔,另一套三镜环形腔. 原子-光学腔调节的一般步骤为(具体方法可见参考文献周炳琨等(2009)和 Zhu 等(1990)):

① 根据腔镜的曲率半径及实验需要确定空腔腔长,然后根据谐振腔工作的稳定性条件,计算出该腔的理想腰斑大小 W_c 及位置 Z_c;

② 利用刀片法和高斯光速在自由空间的传输方程测量经光纤整形后的探针光的腰斑大小 W_0 及位置 Z_0;

③ 利用模式匹配公式,计算出将 W_0 匹配至 W_c 大小所需透镜(透镜组)的焦距大小及距两个腰斑的距离;

④ 调节谐振腔的闭合. 根据计算结果将注入光匹配至谐振腔中,通过微调腔镜、调节匹配透镜的位置、微调腔长等方法,最终实现光学腔在空腔状态下的单模运转. 测量腔的相关参数,自由光谱区、腔精细度、匹配度、及线宽等.

⑤ 将 PBS、原子泡等器件放置于内腔介质中,注意每插入一个器件,都需要微调腔,使其保证单模输出,同时记录腔线宽的变化. 注意当插入原子泡后,调节并测量腔参量时,必须调节探针光频率要远失谐于原子频率共振中心.

3. 基于原子-腔系统透射谱的测量

(1) 测量二能级原子在近共心腔和环形腔下的腔透射谱,观察正交劈裂峰随原子数密度的变化.

　　(2) 测量三能级原子-环形腔下的腔透射谱,观察内腔 EIT 峰及正交劈裂峰随耦合光功率、频率失谐、原子数密度的变化规律.

　　(3) 测量分析三能级原子-驻波腔的腔透射谱,分析比较与环形腔的区别.

　　(4)(选做)开展基于原子-腔系统下的内腔四波混频效应的研究.在内容(2)的基础上,再反向输入一束同频耦合光形成驻波,实验研究内腔相干反射信号的输出特性.

四、实验注意事项

　　(1) 正确掌握半导体激光器的开关机顺序和光学腔的工作方式;

　　(2) 搭建光路时,禁止用手触摸反射镜、棱镜、腔镜等光学元件的表面,切忌人眼在与平台上光路水平的位置上观察调试光路,以免激光射入人眼致盲;

　　(3) 激光器由 UPS 电源供电,当突然停电时,请保持冷静,并按照正常关机顺序依次关掉激光器等重要仪器,再断开 UPS 电源;

　　(4) 注意定期检查激光器、光纤等光学系统的输出功率及耦合效率等参数;保证谐振腔腔镜的洁净度,要用有机玻璃罩罩住光学腔,避免灰尘污染导致腔品质下降;

　　(5) 在给谐振腔加三角波扫描电压和增益时,注意观察三角波信号的线性度,避免电压过大而导致损坏固定在光学腔腔镜上的压电陶瓷;

　　(6) 适时注意和观察实验室的温度和湿度变化,保证实验室温度在 18~22℃,湿度在 20%~50%,以免影响激光器正常工作.

五、思考讨论

　　(1) 以驻波腔为例,理论推导三能级 EIT 原子-腔系统下腔透射率谱的表达式?

　　(2) 实验比较驻波腔中近共焦腔和近共心腔的区别,分析二者对正交劈裂峰的产生有何影响?

　　(3) 在三能级原子-腔耦合系统中,腔模的频率失谐对腔透射谱有何影响(对内腔 EIT 峰和正交劈裂峰分别考虑分析)?

　　(4) 实验中,如果提高腔内原子介质的温度,腔透射谱将如何变化?

参 考 文 献

吕百达. 2003. 激光光学. 3 版. 北京:高等教育出版社

周炳琨,等. 2009. 激光原理. 6 版. 北京:国防工业出版社

Gea-Banacloche J, Wu H B, Xiao M. 2008. Transmission spectrum of Doppler-broadened two-level atoms in a cavity in the strong-coupling regime. Phys. Rev. A, 78: 023828

Joshi A, Xiao M. 2003. Optical Multistability in Three-Level Atoms inside an Optical Ring Cavity. Phys. Rev. Lett., 91: 143904

Scully M O, Zubairy M S. 1991. Quantum Optics. Cambridge: Cambridge University Press

Wu H B, Gea-Banacloche J, Xiao M. 2008. Observation of Intracavity electromagnetically induced transparency and polariton resonances in a Doppler-broadened medium. Phys. Rev. Lett., 100: 173602

Zhu Y, Gauthier D J, Morin S E, et al. 1990. Vacuum Rabi splitting as a feature of linear-dispersion theory: Analysis and experimental observations. Phys. Rev. Lett., 64: 2499

4 - 8　气体放电等离子物理实验

　　1928 年，朗谬尔为了描述气体放电时的状态提出等离子体的概念，并提出等离子体振荡理论，这种理论强调集体现象. 朗谬尔的研究开创了物理学的一个新的分支——等离子体物理. 1937 年，阿尔芬指出，等离子体与物质的相互作用，在空间和天体物理学中都具有重要意义. 后来，阿尔芬建立了磁流体力学用以解释太阳作为等离子体表现出的许多现象（如黑子、日珥和耀斑等）. 此外，朗道和弗拉索夫对等离子体物理也做出了杰出的贡献. 19 世纪初到 20 世纪初，人们发现可在实验室通过气体放电产生人工等离子体，并进行了大量的气体放电实验研究，提出了一系列理论，对气体放电逐渐有了深刻的认识. 气体放电等离子体物理作为物理学的重要分支，具有诸多的物理新现象、新规律和重要的物理定律，一直是人们关注的焦点，辉光放电条纹等离子体是其中重要研究内容之一.

　　等离子体是由部分电子被剥夺后的原子及原子团被电离后产生的正负离子组成的离子化气体状物质，尺度大于德拜长度的宏观电中性电离气体，具有有别于固体和气体的物理属性，被称为是物质的第四态. 辉光放电等离子体是一种常见的等离子体，在薄膜沉积、材料表面改性、污染物质的消毒去污等方面的具有十分诱人的应用前景. 辉光放电条纹是一种典型的放电自组织现象，是一种新奇的、特殊的辉光放电，具有区别于正常辉光放电的物理机制，是近年的研究热点. 国际、国内相继大量地开展了辉光放电等离子体的研究工作. 美国科学家 V. I. Kolobov 发现低气压惰性气氛下可产生清晰的辉光放电条纹，并提出这是由电离不稳定导致的. 随后 Kumar 等在研究以氩气作为放电气体，由表面波生成的等离子体系中的圆柱形稳定条纹的特性及形成机制时，提出了分步电离的观点. 在研究条纹特性的过程中，他们发现条纹的数量会随等离子体柱区长度的增加而增加；当输入功率及其他条件不变时，其数量会随气压的增加而变多但单个条纹长度会变短；当输入功率增加，而其他条件不变时，单个条纹长度也会变短，而且条纹整体也会变短，但其数量不变；当只改变激发频率时，条纹长度和数量都没有改变. 近年，F. lza 等在对气压（~500 Torr）等离子显示板（PDPs）中气体放电情况进行研究时，发现其中低能电子不同电场处于局域平衡状态下,并且其能量平衡取决于非弹性碰撞. 在国内,大连理工大学刘永新等首次在低气压电负性气体 CF4 为放电介质的感性射频耦合等离子体系统中观察到条纹现象,利用粒子模拟(PIC)与蒙特卡罗模拟(MCC)相结合的方法对条纹进行了模拟,认为离子运动会产生对电场进行空间调制的局部空间电荷,所以条纹的形成正是基于离子-离子等离子体中的这种共振. 他们已经将这一研究设备进行了集成,形成一套系统的仪器,供校内的本科生研究气体击穿、放电等离子体的特征研究,同时,也供研究生开展深入的放电物理机制的研究工作. 此外,北京理工大学的欧阳吉庭研究组也发现了在大气压下的辉光放电条纹现象,他们的研究手段较为先进,甚至利用了 ICCD 去观察和探索纳秒尺度下的放电行为,并获得了较好的研究结果.

　　我们课题组,在 2013 年首次在气压约为 10kPa(远大于几帕,低于大气压) 发现空气辉光放电条纹等离子体(图 4 - 8 - 1). 2014 年我们又相继发现了在 30kPa 也可以产生清晰的辉光放电条纹等离子体,并对仪器设备进行了改进,采用小型化的 500W 的等离子体电源作为驱动源,先后发现了氦气和氩气条件下清晰的辉光条纹现象,研究了 10~100kPa 气压范围内氦气辉光放电条纹的基本特性;探索了辉纹明暗条纹数目与电极间距和放电气压的依赖关系;诊断了辉光放电条纹中第一级明纹和第一级暗纹的发射光谱,分析了明条纹和暗条纹光学特征;计算了明条纹和暗条纹中的电子激发温度. 结果表明条纹数目会随气压及电极间距的增加而增加,条纹间隔会随气压的增加而减小,但对电极间距依赖性不强;明条纹的电子激发温度高于暗条纹. 这种辉光放电条纹是一种电离波,其速度约为 $20.78\text{m} \cdot \text{s}^{-1}$,频率为 5.2kHz. 这为我们探索辉光放电等离子体条纹奠定了基础.

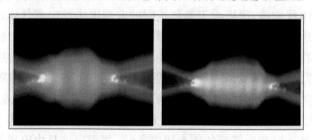

图 4 - 8 - 1　空气辉光放电条纹

一、实验原理

　　对于平行平板放电电极,典型的辉光放电外貌如图 4 - 8 - 2 所示. 从阿斯顿暗区到负辉区称为阴极位降区或阴极区.

1. 阿斯顿暗区（Aston dark space）

它是仅靠阴极的一层很薄的暗区，是由 Aston 首先在 H_2、He、Ne 放电中观察到的放电暗区，所以称为阿斯顿暗区．阿斯顿暗区的厚度与气体压强 p 成反比．

2. 负辉区（negative glow）

在辉光放电中，负辉区是发光最强的区域．因为负辉区亮度大，所以看起来与阴极暗

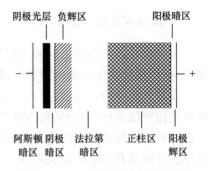

图 4-8-2　辉光放电特征示意图

区有明显界限．电子经过加速，进入负辉区的电子基本上可分成两大类：第一类是快电子，这部分电子从阴极附近产生后，一直被电场加速到负辉区，这部分电子占一小部分；第二类是慢电子，这部分电子从阴极发射出来，虽然经过电场加速，经历了多次非弹性碰撞，电子能量小于电离能，但可以大于或接近激发能，这部分电子占大部分，这些电子在负辉区产生许多碰撞激发，所以会有明亮的辉光．该区域的电场强度 $E\sim0$，所以快电子少，慢电子多，由于电子的速度相对比较小，空间复合的概率会有所增大．

3. 法拉第暗区（Faraday dark space）

穿过负辉区，就是法拉第暗区．一般法拉第暗区比上述各区域都厚．大部分电子在负辉区经历了多次非弹性碰撞，损失了很多能量，且负辉区 $E\sim0$，电子无加速过程，所以从负辉区进入法拉第暗区的电子能量比较低，不足以产生激发和电离，所以不发光，形成一个暗区．从电场分布可以看出，进入法拉第暗区后，电场强度又开始 $E>0$，但比较弱，电子又被加速，这样慢电子通过法拉第暗区加速成快电子，进入正柱区．

4. 正柱区（positive column）

又称为正光柱．在低气压情况下，正柱区为均匀的光柱；当气压较高时，会出现明暗相间的层状光柱（辉纹），条件不同，辉纹状态不同．有时辉纹还会在放电管内滚动．正柱区内，电场 E 沿管轴方向分布是均匀的，即电场强度 E 近似为一常数值．因此在正柱区内空间电荷等于 0，即在正柱区的任何位置电子密度与正离子密度都相等，对外不呈电性，所以又称为等离子体区．由于正离子迁移速率很小，所以放电电流主要是电子流，正离子的作用主要是抵消电子的空间电荷效应．从电场强度上看，正柱区的场强比阴极位降区场强小几个量级，所以正柱区的电子运动主要是乱向运动，电子的能量分布符合 Boltzman-Maxwell 分布．

5. 阳极辉区(anode glow)

位于正柱区与阳极之间的区域为阳极辉区. 从正柱区出来的电子在阳极暗区加速,在阳极前产生碰撞激发和电离,阳极表面形成一层发光层——阳极辉光层.

在辉光放电中,正柱区并不一定是都是均匀放电发光的正柱区. 在一定气压和放电电流密度条件下,会呈现为分离的发光层,这种发光层依放电条件不同,可以出现几种不同的光层式样称之为辉纹. Goldstein 发现在氮气气氛下,气压 p 和条纹厚度之间具有如下依赖关系:$d = f(R)/p^m$,其中 $f(R)$ 是放电管半径的函数,m 是常数. 随后,Wehner 进行了大量的实验,将 Goldstein 公式修正为:$d/R = C/(pR)^m$,这就是著名的气体放电物理 Goldstein-Wehner 关系,它揭示了辉纹长度与气压、管半径的定量关系.

辉纹区带电粒子分布如图 4-8-3 所示. 发光层区域空间正电荷占优势,而后续的暗区负电荷占优势,这样在两光层的交界面处,两种电荷就形成了偶极层,此处电势梯度最大. 由于正、负空间电荷分布不均匀,再加上有轴向外加电场,就可以描绘辉纹区轴向总电场分布. 在发光层靠近阴极一方,电场强度最强,电子得到加速,快电子碰撞激发或碰撞电离,激发和电离过程最强烈,所以发光最强,碰撞电离产生大量的正、负带电粒子,由于电子运动速度比正离子运动速度大得多,这就形成了正空间电荷区;而电子穿越正电荷区,由于经历了多次非弹性碰撞变成了慢电子,该区域电子占了主要部分,导致电场减弱,与外加电场合成电场可以达到负值(空间电荷形成的负电场大于外加电场强度),而慢电子不足以激发气体,也就不会发光,从而形成了暗区. 电子再经过第二层与第一层的交界面加速,变成快电子,进入第二层辉纹区,产生碰撞激发和碰撞电离,如此反复形成了明暗交替的辉纹放电. 符拉索夫认为:层状等离子体中起决定作用的是电子间的集体相互作用和电子的迁移,而其他许多效应(电离、激发、复合等)都是次要的. 等离子体中的电子有迁移运动时,电子在相对静止的正离子中间的空间分布已不再是只有唯一的稳定解,随着迁移速度的增大而达到某一定值时,便会突跃地出现某种空间电荷分布的不规则性,这种空间电荷分布的不规则性就会导致稳定的辉纹或移动辉纹.

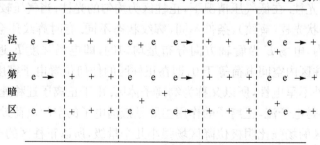

图 4-8-3　辉纹区带电粒子分布

二、实验装置

气体放电在不锈钢材质的长方体气室(505mm×255mm×240mm)中进行,如图 4-8-4 所示. 在放电气室中有一对电极,其中与高压直流电源正极相连接的针型电极为阳极,与负极相连接的针型电极为阴极. 阴极底座被安装在一条导轨之上,它可由气室外的一根带刻度的推杆向前推动,在其上还安有两根同气室内壁相连的弹簧. 当旋转推杆后退时,弹簧便会拉动阴极沿导轨向后运动. 然后通过阅读推杆上的刻度便可较为精确地得知阴极相对阳极移动的距离. 在实验中,利用真空泵将放电气室抽真空至 9.13kPa,随后将通过一个控制阀由气瓶向放电气室充入放电气体. 腔室内的气压由气压计测量. 放电开始后极板间的电压及电流可由高压探头、电流探头及示波器测量. 实验中,不同放电条件下辉纹的图像可由一台设置好的 Canon 数码相机进行拍摄采集. 对辉纹进行光谱诊断时,利用一个透镜将辉纹成像在气室外一个带水平狭缝(5mm×50mm)的白屏上,随后利用光纤透过狭缝对明纹和暗纹区域进行光谱采集,采集到的光谱由光谱仪传送到计算机中进行分析.

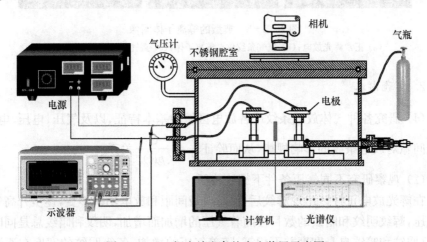

图 4-8-4　辉光放电条纹产生装置示意图

三、实验步骤及内容

在高压气体放电实验研究平台中,可以改变的实验参数包括两极板间距 D(mm)及放电气室内压强 p(kPa). 通过在不同放电条件下对辉纹特性进行研究,对比不同放电条件对辉纹特性的影响,可以进一步地明确高压气体中辉纹的特性与放电参量间的依赖关系,更全面地获知气体放电中辉纹产生背后的物理机制.

1. 实验步骤

实验开始时先对放电气室进行抽真空到 9.13kPa,然后通入气体至大气压,随后再进行抽真空到 9.13kPa.将以上洗气过程反复两次,以便放电气室中气体相对于空气占较大比例.在洗气过程完成后,给放电电极接通电源,调节电压到合适值后,电极间气体便被击穿形成辉光放电.保持电源功率和极板间距(15mm)不变,当放电稳定后,打开通气阀向气室内缓慢通入气体,同时通过气室上的石英玻璃窗观察电极间的放电情况.当气压达到一定值时,正柱区开始有辉纹出现,如图 4-8-5 所示.在辉纹出现稳定之后,实验先通过改变气室内气压值,观测了辉纹特特征随气压的变化.然后在同一气压值下,改变电极间距,观测了辉纹特征随放电间距的变化.

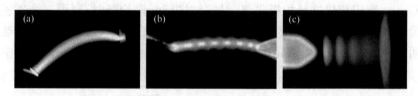

图 4-8-5　典型的等离子体图像

(a)正常辉光放电;(b)氩气条纹放电等离子体;(c)氦气条纹放电等离子体

2. 实验内容

(1)研究各种气体放电条纹中各放电区域的基本特征,以及气压、电压、电流、电极间隙对放电条纹的影响规律,从而验证 $\dfrac{d}{R}=\dfrac{C}{(pR)^m}$ 关系.

(2)观察研究不同气压条件下辉纹特征.

在辉光放电正柱区出现辉纹后,保持电极间距和放电功率不变,逐步升高气室内气压,辉纹明纹和暗纹的数目会随着气压的增加而增加,明纹和暗纹总是同时出现,且明纹和暗纹自身宽度并不相等.随着气压的增加,各级明纹的宽度在逐渐变宽,各级暗纹的宽度在变窄.对各级明纹的亮度进行观察可以看出靠近阴极的一级明纹是各级明纹中最亮的,向着阳极方向各级明纹的亮度在逐渐减小,且越靠近阳端越不易观察.当气压升高时,各级明纹的亮度都在增加,并且阳极端一侧的条纹渐渐扩散开来,成为一整片发光区域.

(3)观察研究不同电极间距下辉纹特征.

保持放电功率和气压不变,通过改变电极间距,观察了辉纹特征的变化情况.随放电电极间距的增加,辉纹数目增加,但明暗条纹间距没有明显改变,只是正柱区在沿轴向往阳极伸长,处于正柱区前端的条纹区域也向阳极区伸长.

（4）研究明暗条纹放电的发射光谱.

探究不同放电区域的光学特性，设定气压值为 15kPa、电极间距为 10mm、放电功率为 400W 时，测量辉纹一级明纹、一级暗纹及阴极辉区和阳极辉区的发射光谱.

四、思考题与讨论

（1）为什么辉纹结构与腔室气压和电极间距比较敏感？
（2）形成辉纹的物理机制是什么？

参 考 文 献

徐学基，诸定昌. 1996. 气体放电物理. 上海：复旦大学出版社

Chen F F，林光海. 2016. 等离子体物理学导论. 北京：科学出版社

Raizer Y P. 1991. Gas Discharge Physics. New York：Springer

Kumar R，et al. 2007. Physics of Plasmas，14(12)：1221018

Lisovskiy V A，et al. 2012. European Journal of Physics，33(6)：1537-1545

Liu Y X，et al. 2016. Physical Review Letters，116(25)：255002

Zhu H L，et al. 2017. Appl. Phys. Lett.，111：054104

4-9　低频弱磁场对小鼠海马神经元钾通道的影响

随着现代工业技术和通信事业的日益发展，电磁场对人体的影响日益广泛. 在我们生活的环境中磁场无处不在，对生物体的影响正在被越来越多的人所重视. 细胞膜上离子通道是生物电活动的基础，广泛存在于动物、植物、单细胞生物和多细胞生物中. 由于离子通道具有产生和传导电信号的重要生理功能，其构象的变化将对细胞的兴奋性，控制递质的释放，以及学习和记忆等产生很大的影响. 其中 K 离子通道是在离子通道中数量最大，家族最为多样的一类，它的变化会直接影响动作电势的形状和动作电势的时程. 分析正常组和对照组大鼠海马神经元的全细胞电流特性以及钾通道的电流特性，电流的时间依赖性，频率依赖性以及稳态激活和失活的动力学特征变化对未来的磁场生物效应研究有非常重要的作用.

我国的磁场生物效应的研究是伴随着磁场治疗法的兴起而开始的，在 20 世纪 70 年代末这方面的文章才零星出现. 随着人们生活水平的不断提高，通信事业的飞速发展，家用电器及日常生活中经常接触到的工频电磁场都是电磁场的主要来源. 人们对磁场生物效应的重视程度日益加大，电磁辐射影响生命活动导致疾病的报道日益增加. 有研究表明中等强度的磁场可以改变中枢神经系统的功能，极低频的磁场可影响神经细胞的生存和死亡，脉冲磁场可对大鼠起到止痛作用，而且没副

作用.临床上已将磁场辐射以多种方式应用到治疗中,并且向规模化发展.

磁场的生物刺激作用和机理目前尚不完全清楚,大多结论还是建立在实验数据分析上,我们需通过大量的实验来提出假设并建模进行相应的分析,最后达到实验数据和理论解释的匹配.膜片钳技术是以记录离子通道电流来反映离子通道蛋白分子活动的技术,广泛的应用于细胞特性的研究.我们选用膜片钳技术,从细胞膜离子通道电流的改变来探索低频弱磁生物刺激效应.实验从细胞和分子水平探讨了低频弱磁的生物刺激效应,实现了离子通道电流的连续动态测量,并进行了时间效应、剂量效应和频率效应的测量和数据分析,为生物医学仪器的制作和磁治疗中参数的设定提供了依据.

一、实验原理

1. 生物电信号的测量

生物体本身是一个带电体,其中充满了大量的电荷,绝大部分电荷又以离子、离子基团和电偶极子的形式存在.由于电荷的运动和相互作用,生物分子具有了一定的空间构想,并且行使各自特定的生命功能.细胞膜是一种多相的各相异性的介电材料,它有高的电阻率、电容性,在特定条件下还有高的电导性.细胞膜的电学特性可用如图 4-9-1 所示的细胞膜片等效电路来表示.

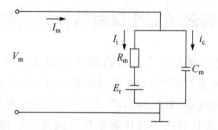

图 4-9-1　细胞膜的等效电路

图中 R_m 为膜电阻,C_m 为膜电容,E_r 为反向电势.由电路的等效图和 KCL 定律,我们可得

$$I_m = i_c + I_i = C_m \frac{dV_m}{dt} + \frac{V_m - E_r}{R_m} = C_m \frac{dV_m}{dt} + G_m(V_m - E_r) \quad (4-9-1)$$

可以看出膜电势 V_m 和细胞静息电势 E_r 的差值、膜电导 G_m,膜电容 C_m 的变化都会影响到细胞膜的总电流 I_m 的大小.通常情况下,细胞膜的总电流是各个离子通道电流之和,每个通道的电流又与该离子的电导和膜电势与平衡电势的差值有关,$I_K = G_K(V_m - E_K)$.某时刻的膜电势 V_m 与静息电势 E_r 之差表示驱动力,若是单一离子所形成的电流,E_r 为离子的平衡电势,若电流是由几种离子形成的,则 E_r 为几种离子综合电流的平衡电势.对于单一离子驱动力越大,则膜电势和平衡

电势的差值越大,离子会在驱动力的作用下通过膜,形成膜电流. 如果把细胞膜电势钳制在某一固定电势(通过硬件的跟踪补偿使细胞膜电势恒定),式(4-9-1)中的为零,I_m 即为离子通道的总电流 I_i.

$$C_m \frac{dV_m}{dt}$$

2. 膜片钳技术原理

膜片钳技术是通过玻璃微电极与细胞膜形成高阻封接(封接电阻在千 $M\Omega$ 到数十 $G\Omega$ 之间),使封接的膜片在电学上和细胞膜其它部分完全隔离,这时候固定命令电压所测到的电流根据记录模式的不同可以是全细胞电流,也可以是单通道电流(被钳制的膜片上只含一个或少数几个通道蛋白).

膜片钳放大器的原理图如图 4-9-2 所示. 场效应管运算放大器 A_1 构成 I-V 转换器,即膜片钳放大器的前置探头. 场效应管运算放大器的正负输入端为等电势,在正输入端加一命令电压,根据负反馈放大电路的"虚断"和"虚短"可使加在膜片上的电压恒定,达到电势钳制的目的. 当封接电阻 R_{seal} 高达 $G\Omega$ 时,我们可以得到 $I_p/I = R_{seal}/(R_s + R_{seal}) - 1$,在命令电压 V_c 的作用下,电极的电流 I_p 经过负反馈电阻 R_f 时产生的压降满足 $V_{o1} - V_c = -I_p R_f$,再经过单位差分放大电路由 A_2 得 $V_o = I_p R_f$. 由于电极和膜片的高阻封接,封接电阻的分流达到最小,电流 I_p 可近似地认为就是横跨膜片的电流 I.

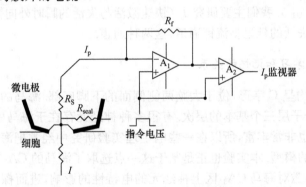

图 4-9-2　膜片钳原理图

3. 细胞膜离子通道

细胞膜上有些蛋白质分子可以增加特异离子的跨膜转运,其中一类蛋白质为较大分子的跨膜糖蛋白,它们在细胞膜上形成特殊的亲水性孔道. 当受到一定的刺激时,孔道开放可有选择性地让某种离子通过双层膜,并产生膜电流. 这些蛋白被称为离子通道.

　　离子通道作为离子跨膜运动的通道,具有两个重要特性,即选择性和门控特性.选择性是指离子通道允许适当大小和适当电荷的离子通过,这主要取决于通道最小直径和离子直径的相对大小,只有通道最小直径大于某离子直径时,该离子才能通过.而细胞膜内、外离子浓度差决定了离子扩散的方向.门控特性是指通道能在开放和关闭状态之间进行快速的转换,在开放状态能够导通离子,在关闭时不允许离子通过.根据通道开关调控机制的不同,受膜电势变化调节的通道称电压门控离子通道(voltage-gated channel),其开、关一方面由膜电势决定,另一方面与电势变化的时间有关(时间依赖性);受神经递质或调质调节的通道称化学门控或配体门控离子通道(ligand-gated channel);而受压力或牵张活动调节的通道称机械门控离子通道(mechanically gated channel).除了这些门控通道外,还有非门控通道,通常在静息状态下打开,有助于稳定静息膜电势,这类通道被称为静息通道.

　　4. 海马神经细胞中的钾离子通道

　　海马结构位于侧脑室下角底内,呈月牙形,具有一致的组织结构,细胞分层排列,依据细胞构筑的不同,海马可分为 CA_1、CA_2、CA_3 和 CA_4 四个区.作为边缘系统的一个重要部分,海马与许多高级神经活动、行为反应以及植物性神经功能有重要关系,一直被视为神经科学研究的模型.海马锥体细胞中存在大量的各种类型的钾通道,成为研究钾通道表达和功能的主要中枢系统之一.在海马组织的 CA_1 和 CA_3 区发现有六种钾通道.其中分为电压依赖型钾通道(I_A,I_K,I_D,I_M)和钙依赖型钾通道(I_C,I_{AHP}).我们主要研究 I_A(快速激活与失活的瞬时外向钾通道),I_K(缓慢激活几乎不失活的延迟整流钾通道)这两种通道.

　　5. 海马与学习和记忆的关系

　　海马的结构呈 C 字形,位于大脑两侧侧面的下脚底部.海马的皮质结构有多型层、锥层和分子层三个基本的层次.有很多种神经元存在于海马中,而且这些神经元的电活动也非常丰富,所以在一些电生理实验研究中经常把海马作为研究神经元活动性质的模型.本实验也正是基于这一点选取了海马的 CA_3 区作为研究对象,研究低频弱磁对海马 CA_3 区上神经元的电特性的影响,进而探讨电磁场辐射对人的记忆功能和神经元动作电势的发放的影响.

二、仪器和材料

　　1. 实验器材和系统

　　实验器材包括膜片钳放大器、倒置显微镜、微电极拉制仪、电子天平、复合 pH 计、恒温孵育箱、磁力搅拌器、防振工作台、烘干箱等.

　　实验系统连接如图 4-9-3 所示.

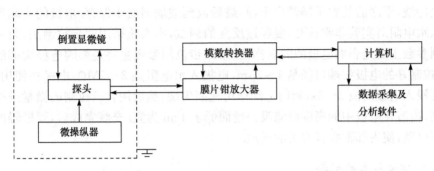

图 4 - 9 - 3　膜片钳实验系统组成及连接示意图

2. 实验标本

昆明小鼠,鼠龄 7～10 天,雌雄不限.

3. 溶液的配制

溶液的配制首先要考虑酸碱度、渗透压和洁净度三个方面. 所配溶液要满足渗透压和酸碱度平衡,溶液要经过 $0.22\mu m$ 的滤膜过滤.

1) 孵育液(ACSF)(单位:$mmol \cdot L^{-1}$)

$NaCl(126)$,$NaHCO_3(25)$, $KCl(5)$, $HEPES(10)$, $Glucose(10)$,$MgSO_4(2)$,$NaH_2PO_4(1.5)$,$CaCl_2(2)$,用 KOH 调节使溶液 pH 为 7.3.

2) 全细胞电流记录液

标准细胞外液(单位:$mmol \cdot L^{-1}$):$NaCl(130)$,$MgCl_2(1)$, $CaCl_2(2)$,$KCl(5.4)$,$HEPES(10)$, $Glucose(10)$, NaOH 调节 pH 7.3. 电极内液($mmol \cdot L^{-1}$):$KCl(120)$,$MgCl_2(1)$,$CaCl_2(1)$,$HEPES(10)$,$EGTA(10)$,KOH 调节 pH 7.3.

3) 钾通道电流记录液

标准细胞外液(单位:$mmol \cdot L^{-1}$):$NaCl(130)$,$MgCl_2(1)$, $CaCl_2(2)$,$KCl(5.4)$, $Glucose(10)$,$HEPES(10)$,NaOH 调节 pH 7.3. 电极内液($mmol \cdot L^{-1}$):$KCl(130)$,$MgCl_2(2)$,$CaCl_2(1)$,$HEPES(10)$,$EGTA(10)$,$Na_2ATP(2)$,KOH 调节 pH 7.2.

三、实验内容

1. 微电极的拉制

考虑到噪声指标和拉制的难易程度,实验中采用硬质有芯的玻璃毛坯,内外径分别是 1.1mm 和 1.5mm,长度 75mm. 用前在甲醇中浸泡一天,然后用去离子水反复冲洗,干净后放到干燥箱中干燥,最后放到玻璃器皿中保存.电极的尖端形状和入水电阻对实验非常重要,要经过反复的调试,本实验采用两步拉制法,第一步拉制参数主要是影响电极的的对称性,第二步拉制参数主要是影响电极尖端的口径.拉制好的电极尖端口径是 $1\sim2\mu m$,电极入水电阻是 $3\sim5M\Omega$. 电极在使用时,先要浸入电极内液 $2\sim3s$,利用毛细作用充灌尖端,然后用自己拉制的微量进样器灌尾,内液在电极中的高度以淹没银丝而低于 1cm 为宜.充灌完成后,要轻轻的弹一下管壁,使内部不要有残留的气泡.

2. 实验标本的制备

用于膜片钳实验的标本一般有培养的细胞和急性分离的细胞.实验中采用急性分离的细胞.

(1) 取材和切片:取出生 7 天左右的小鼠迅速断头取脑,取出整个脑组织置于 $0\sim4℃$ 人工脑脊液中,1min 后放在冰盘上沿矢状缝纵向切开左右侧大脑半球,快速剥离出双侧海马,厚度为 $400\sim500\mu m$,置于孵育液中,整个过程不超过 3min.

(2) 孵育:将脑片室温下平衡孵育 50min,连续通 $95\%O_2+5\%CO_2$ 混合气,注意气泡大小,避免脑片翻滚,防止神经元损伤.

(3) 酶解:将孵育后的脑片移入含有 Pronase 消化液中,其最终浓度为 $0.5mg \cdot mL^{-1}$,$32℃$ 下消化 15min,其间通入 $95\%O_2+5\%CO_2$ 混合气,同时要防止气泡吹到脑片.

(4) 洗酶:消化结束用人工脑脊液洗脑片 3 次,洗净脑片表面的酶液.

(5) 吹打和贴壁:将清洗后的脑片放到加入盛有人工脑脊液的离心管中,用 3 根口径渐小的 Pasteur 吸管轻轻吹打组织块,制成细胞悬液,静置 5min 后取上清液,放入带有盖玻片的培养皿内,约 20min 后细胞贴壁.

(6) 脑片保存:暂时不用的脑片置于孵育液中,并持续通 $95\%O_2+5\%CO_2$ 混合气,脑片可存活 $4\sim6$ 小时.

3. 电流的记录

在 $20\sim25℃$ 室温下,利用 PC2C 膜片钳放大器进行全细胞膜片钳记录.参数设置和数据采集以及刺激方式施加均使用 PClamp 软件,经过 5kHz 的滤波和 10kHz 的数据采样.在电极入液之前,给电极内液施加合适的正压,以防堵塞电极.由三维微操纵器控制微电极进入细胞外液,入液后补偿液结电势,使电流方波基线归零.控制微电极使其迅速接近目标细胞,在接近目标的过程中要缓慢,当看到入水电阻有一跳变时,稳定后稍加负压,入水电阻值迅速上升达 $G\Omega$ 水平,待基线稳定后,设置钳制电势,补偿快电容 C-FAST 和 τ-FAST,显示器上波形的双峰消失,显示为直线,说明高阻封接成功.形成高阻封接后稳定 2min,给细胞施加一个"短促有力"的负压,测试波形再次出现双峰,此时补偿 C-SLOW 和 G-SERIES,双峰消失,全细胞模式形成,选定刺激方案对细胞施加刺激,进行电流记录.

1) 全细胞电流的记录

保持电势-80mV,给予从-70mV 至$+60$mV 的阶梯去极化脉冲电压刺激,步幅$+10$mV,刺激波宽 160ms、频率 0.5Hz,测得 CA3 区锥体神经元全细胞跨膜总电流.

2) 海马神经细胞中钾通道电流的测量

钾电流包括瞬时外向钾电流和延迟整流钾电流.

A. 外向钾电流的记录

采用钾通道标准细胞外液和电极内液,在外液中加入 1μmol$\cdot$L^{-1} TTX 和 0.1mmol$\cdot$L^{-1} 的 $CdCl_2$,记录海马 CA3 区锥体神经细胞膜上外向钾电流. IA 电流具有激活和失活迅速的特点,故刺激脉冲宽度选择 60ms 的刺激时程. 置钳制电势于-80mV,给予脉冲幅度为$-60\sim+50$mV,脉冲宽度 60ms,步幅$+10$mV 的去极化脉冲刺激电压,刺激频率 0.5Hz,记录外向电流,该激活的外向电流包括两种成分,即快速激活和失活的瞬时外向钾电流 IA(峰值部分,达峰值时间 2$\sim$4ms)和缓慢激活且几乎不失活的延迟整流钾电流 IK(平台部分). 向外液中加入 30mmol$\cdot$L^{-1} 的 TEA-Cl 后,仅得到瞬时外向钾电流 IA,用 3mmol$\cdot$L^{-1} 的 4-AP 可绝大部分阻断.

B. 延迟整流钾电流 I_K 的记录

采用钾通道标准细胞外液和电极内液,在外液中加入 1μmol$\cdot$L^{-1} TTX 和 0.1mmol$\cdot$L^{-1} 的 $CdCl_2$,记录海马 CA3 区锥体神经细胞膜上延迟整流钾电流. 置钳制电势于-40mV,给予脉冲幅度为$-40\sim+50$mV,脉冲宽度 160ms,步幅$+10$mV 的去极化脉冲刺激电压,刺激频率 0.5Hz,记录外向电流,该电流出现速度较慢,20$\sim$30ms 后保持稳定,在测定的范围内不会自行失活,呈现出慢激活几乎不失活的特征. 由于在细胞外液中加入了 TTX 和 $CdCl_2$,钠电流、钙电流以及钙激活的钾电流被阻断,并且由于瞬时外向钾通道在膜电势接近-40mV 时失活,在钳制电压为-40mV 条件下只能得到延迟整流钾电流 I_K. 向外液中加入 30mmol$\cdot$L^{-1} 的钾通道阻断剂 TEA-Cl 后,该电流被大部分抑制,证实所测的外向电流为延迟整流钾电流.

4. 钾电流的 I-V 曲线分析

为了实验的可靠性和数据分析的有效性,进行时间依赖性的实验. 在每次记录之前先给细胞两个单次刺激,如果两次刺激记录的结果相差不大,可以认为这次实验数据有效. 另外要排除因为细胞个体大小的差异而造成的实验误差,细胞个体差异可以导致记录到的电流峰值相差比较大,如果在实验中用电流密度来代替电流值可以消除这种误差. 电流密度=通道电流/膜电容, 而膜电容 $C=D\times\varepsilon\times S/d$($D$: 相对介电系数, d: 细胞膜厚度, ε: 真空介电常数, S: 膜表面积). 可以看出电流密度反映的是单位膜面积上通道流过电流的大小, 避免了细胞个体大小差异造成的测量电流的不同导致的统计误差. 在实验的记录和统计分析时, 要选择封接电阻大于 $1G\Omega$, 漏电流相对比较小, 测量过程中膜电容和串联电阻相对稳定的细胞.

5. 钾电流激活、失活动力学分析

1) I_A 和 I_K 的激活动力学

置钳制电势于 $-80mV$, 预置 $-120mV$ 超极化条件刺激 200ms, 然后给予脉冲幅度为 $-60\sim+50mV$, 脉冲宽度 60ms, 步幅 $+10mV$ 的去极化脉冲刺激电压, 刺激频率 0.5Hz, 记录得到的 I_A 电流图形. 将膜电势钳制在 $-40mV$, 预置 $-110mV$ 超极化条件刺激 500ms, 然后从 $-40mV$ 起给予 10mV 步幅递增、160ms 波宽的去激化测试脉冲刺激至 $+50mV$, 刺激频率 0.5Hz, 引出一系列 I_K 电流.

以不同膜电势下记录到的电导值 G($G=I/(V-V_{rev})$) 与最大电导值的比值为纵坐标, 对应的膜电势为横坐标, 绘制稳态激活曲线. 其中 I 为记录到的 I_A 峰值电流, V 为加的刺激膜电势, V_{rev} 为翻转电势(接近于用 Nernst 方程计算出来的 K^+ 的平衡电势), G 为电导. I_A 和 I_K 的稳态激活曲线可以用 Boltzmann 方程进行拟合, Boltzmann 方程表达式为 $y=1/(1+\exp((x-x_0)/dx))$. I_A 的半数激活电压 $V_{1/2}$, dx 对应曲线的斜率因子 k.

2) I_A 的失活动力学

置钳制电势 $-80mV$, 先给予 $-120\sim-10mV$, 步幅 10mV, 刺激波宽 80ms 的阶梯钳制预脉冲刺激, 然后再给予 $+50mV$ 的测试脉冲刺激, 刺激波宽 100ms, 刺激频率 0.5Hz, 记录得到 I_A 失活电流. 以电流峰值与最大电流峰值的比值对应预脉冲刺激电势绘制 I_{max}/II A 的稳态失活曲线以不同膜电势下记录到的电流值 I 与最大电流值 I_{max} 的比值为纵坐标, 对应的膜电势为横坐标, 绘制稳态失活曲线. I_A 的稳态失活曲线同样可以用 Boltzmann 方程 $y=1/(1+\exp((x-x_0)/dx))$ 进行拟合. 计算出 x_0 对应 I_A 的半数失活电压 $V_{1/2}$, dx 对应曲线的斜率因子 k.

6. 加不同频率、不同强度的磁场照射(频率、强度和时间自己设定)

重复测量通道电流和激活、失活电流曲线, 并与正常组对比分析.

四、注意事项

(1) 大鼠的选择. 分离细胞的质量是实验成败的关键因素, 大鼠的鼠龄和状态直接影响到细胞的质量. 便于分离出海马组织, 且细胞质量比较好.

（2）孵育过程中的通气问题. 出泡连续但不能吹到细胞.

（3）细胞的保存. 急性分离的细胞在合适的生存条件下可以存活 4h 左右，并保持良好的活性.

五、实验目标

（1）完成全细胞和钾通道电流测量.

（2）改变磁场辐射剂量和频率以及辐射时间，对比分析正常组和照射组的电流变化、激活和失活的动力学特性.

（3）可以尝试测量动作电势，并讨论磁场辐射对动作电势发放频率的影响.

参 考 文 献

康华光 . 2003. 膜片钳实用技术 . 北京：科学出版社

Hinch R. 2005. The effects of static magnetic field on action potential propagation and excitation recovery in nerve. Sciencedirect，Progress in Biophysics and Molecular Biology，87：321-328

Shen J F, Chao Y L, Du L. 2007. Effects of static magnetic fields on the voltage-gated potassium channel currents in trigeminal root ganglion neurons. Sciencedirect，Neuroscience Letters，415：164-168

4-10　微波对小鼠海马神经元钠离子通道影响

由于科学技术的发展所带来的国家电气化、通信和电子技术的普及，各种电磁波像水和空气一样，构成了我们生活的环境，影响着人类和动植物的生长与发育. 因此全面和系统地研究各种电磁场对人类生存的影响具有重要的意义. 微波不仅能够穿透到生物组织内部，使偶极分子和蛋白质的极性侧链以极高的频率振荡，增加分子的运动，并可导致热量的产生，而且能够对氢键、疏水键和范德瓦耳斯键产生作用，使其重新分配，从而改变蛋白质的构象与活性. 细胞膜上离子通道是生物电活动的基础，广泛存在于动物、植物、单细胞生物和多细胞生物中. 由于离子通道具有产生和传导电信号的重要生理功能，其构象的变化将对细胞的兴奋性、控制递质的释放，以及学习和记忆等产生很大的影响.

钠通道是一类镶嵌在膜内的糖蛋白，在细胞动作电势的产生和传播过程中起着十分重要的作用. 细胞膜是微波与细胞相互作用的靶体，细胞膜离子通道对 Na^+、K^+、Ca^{2+} 等的主动和被动输运不仅是细胞兴奋的基础，也是其进行一些重要新陈代谢和能量转换过程的条件. 由于极其缺少有关微波和生物体系相互作用机理的信息，确定和评价微波的生物效应又很复杂，因此，在物理和工程学界一直对微波的生物效应存在争议. 微波照射不仅对细胞有直接的急性效应，而且还可能有续发作用. 用 2450MHz 频率的微波照射大鼠腹腔肥大细胞,温度达 42℃,肥大细胞直径从 12.7μm 增加到 37μm,最大直径高达 47μm(约占 30%). 长期的低强度微波辐射也可引起神经系统功能紊乱、脑电改变,出现神经衰弱征候群等. 据英国广播公司网站 2003 年 2 月 5 日报道的瑞典一些科学家研究显示,移动电话的辐射会破坏老鼠大脑内与学习、记忆和活动等方面有关的细胞组织. 科学家据此指出,移动电话可能会在人类身上导致阿尔茨海默病(又称早老性痴呆病)过早出现. 瑞典隆德大学的研究人员利用 12～26 星期大的老鼠进行研究,这些老鼠脑组织的发育程度相当于人类十几岁青少年的大脑,研究人员让老鼠暴露在与移动电话辐射相等的辐射中,50 天后,那些暴露于中剂量或者大剂量辐射的老鼠大脑内的死亡脑细胞比较多. 由于老鼠的脑组织与人类大脑组织相似,因此,在老鼠大脑出现的问题也会在人的大脑出现,但目前仍缺乏足够资料对此结论加以证明. 如果微波辐射量控制适当,可对人体产生良好的刺激作用,在医疗上可作为治疗疾病的一种手段,在疾病的治疗中,动物和人体受微波局部照射可以刺激组织修复和再生,减轻紧张状态和促进恢复.

膜片钳技术是近二十年发展起来的,以记录离子通道电流来反映离子通道蛋白分子活动的技术,广泛应用于细胞特性的研究. 这一技术的发展可以从细胞分子水平而不仅仅停留在组织器官水平上来进行实验研究. 本研究用膜片钳技术,从细胞和分子水平探讨微波的生物效应,无论对医疗服务,还是制定电磁健康防护标准,研究各种防护手段和方法防止电磁场对健康的危害都有十分重要的意义. 本实验用膜片钳技术,采用全细胞记录模式获得正常组和辐射组小鼠海马神经元钠离子通道电流,通过对通道电流的分析来探究微波生物效应的实验现象,并试图确定微波生物效应的"频率窗"、"功率窗"和"时间窗".

一、膜片钳技术的一些基本概念

1. 离子通道简介

1) 离子通道功能

离子通道(ion channel)是镶嵌在动物、植物细胞膜上的一类特殊蛋白质,当激活因素存在时,离子通道会在中央形成一个孔道,允许某一类或某些类离子进出细胞. 离子通道负责转运细胞膜内外的各种离子,参与各种细胞功能,这些功能主要包括:维持细胞静息膜电势,产生动作电势,从而调节细胞的兴奋性、不应性和传导性;调节细胞内 Ca^{2+}、cAMP、cGMP 等第二信使的浓度,触发肌肉收缩、腺体分泌、基因表达等一系列细胞生理反应;参与神经元的突触传递,神经元产生兴奋和传导兴奋都依赖于离子通道的功能活动;维持细胞的正常体积.

2) 离子通道的特点

离子选择性. 大多数离子通道只允许某一种离子进出,这是离子通道多以所运输离子的名称来命名的原因,如 Na^+ 通道. 开启与关闭受不同的门控机制控制. 如电压门控性离子通道、配体门控性离子通道、机械敏感性离子通道等. 大多数离子通道至少具有开放、关闭、失活等几种状态. 当离子通道开放时,能被通透的离子可经通道流动,流动的方向取决于跨膜的电化学差,流动的速度不仅受跨膜电化学差的影响,还受通道对该离子通透性大小的影响.

3) 电压门控性离子通道(voltage-gated channel)

这是一类得到广泛研究的离子通道,大量存在于可兴奋细胞膜上. 通道的开放和关闭受控于细胞膜电势的变化. 常用其选择性通透的离子来命名,如电压门控性 Na^+ 通道、K^+ 通道、Ca^{2+} 通道等. 电压门控性 Na^+ 通道分布在可兴奋细胞膜上,主要在神经元、肌细胞、内分泌细胞上,起收缩、兴奋、传导兴奋等作用.

2. Ag/AgCl 电极

1) Ag/AgCl 电极导电时的化学反应

在银丝上镀上一层 AgCl 即成为 Ag/AgCl 电极,它在导电时发生的化学反应为

$$Ag + Cl^- \rightleftharpoons AgCl + e^-$$

当电子从浴液中流向 Ag/AgCl 电极时,AgCl 中的 Ag^+ 吸收电子成为 Ag 原子,Cl^- 进入浴液;反过来,当电子从 Ag/AgCl 电极流向浴液时,Ag 原子将变为 Ag^+ 并与浴液中的 Cl^- 结合成 AgCl 附着在银丝表面.

2) Ag/AgCl 电极的特点

(1) 可逆性:根据电极导电时的化学反应可知,Ag/AgCl 可双向导通电流.

(2) 消耗性:长时间导通电流(尤其是大电流)时,AgCl 会消耗掉,因此要定期镀 AgCl.

(3) Cl^- 依赖性:Ag/AgCl 电极必须在含 Cl^-(至少 10mM)的浴液中才能良好地发挥导电性能.

3) Ag/AgCl 电极的电镀

首先要用细砂纸打磨或用刀片刮一下 Ag 丝,使金属 Ag 裸露,然后浸入含 Cl^- 的溶液(如 100mM KCl)中,接上电池进行电镀,待 Ag 丝表面均匀变灰黑为止. 更简单的方法是直接将 Ag 丝放入次氯酸钠(Clorox)溶液中浸泡. 由于 Ag/AgCl 电极为消耗性电极,因此应定期电镀 AgCl. 另外,对玻璃微电极锋利的尾端进行烧灼,可防止在插入 Ag/AgCl 丝时 AgCl 被刮掉,从而减少电镀的次数.

3. 电势

1) 膜电势

细胞膜内外两侧存在的电势差称为膜电势(membrane potential, V_m). 细胞在

未受刺激时的非兴奋状态下的膜电势,称为静息膜电势(resting membrane potential, RMP). 一般将细胞膜外的电势设为 0mV,静息膜电势为负值. 如果静息膜电势变得更负,则称膜发生了超极化(hyperpolarization),反之,为去极化(depolarization). 一般对于可兴奋细胞(神经元、肌细胞和分泌细胞),膜去极化可使细胞产生兴奋,超极化可使细胞抑制(但也有例外).

2) 钳制电势

通过膜片钳放大器或膜片钳技术信号采集软件,人为地将跨膜电势固定在某一数值,从而记录跨膜电流的变化,这一数值即为钳制电势(holding potential, V_h). 实验中一般将细胞膜钳制在静息膜电势附近,如可将神经元静息膜电势钳制在 $-70mV$ 左右. 通过将膜电势钳制或短暂钳制在不同的水平,可进行通道激活、衰减及失活特性等的研究,对不同离子通道电流进行分离. 钳制电势可通过膜片钳技术信号采集软件输出.

3) 液接电势

液接电势(liquid junction potential, LJP)是接触电势(junction potential, JP)的一种. 接触电势指不同的导电体相接触的界面产生的微小电势差. 在膜片钳记录系统中,当电极丝(银丝)与玻璃微电极内液接触时会产生接触电势,即电极电势(EP). 微电极内液与浴液之间、电极内液与细胞内液之间产生的接触电势为 LJP. 广义上讲,LJP 是指两种不同的盐溶液在相接触的界面处产生的电势差.

4) 电极电势

电极电势(electrode potential, EP)是指固体电极与其接触的溶液之间产生的电势差,又叫半电池电势(half-cell potential). 常用的 Ag/AgCl 记录电极与电极内液接触,而 Ag/AgCl 参比电极与浴液接触,如果两溶液的 Cl^- 浓度不同,则两电极之间将有很大的电势差,最大可到 200mV 左右.

4. 电流

1) 离子通道电流

离子通道开启时离子进出通道产生的电流. 离子的流动方向取决于细胞膜内外离子的浓度差和电学梯度,如果细胞膜内外某离子的浓度相同,且膜两侧电压差为 0mV,则即使该离子通道开放,也将记录不到任何电流. 全细胞记录时,跨膜电流常称为全细胞电流(whole-cell current). 由于细胞直径大小的不同,总的离子通道数目也不相同,全细胞电流的大小也就不一致. 因此为便于不同细胞间的比较,常采用电流密度(current density, I_d)这一概念. 电流密度是指单位细胞膜面积的通道电流大小. 由于细胞膜大小与膜电容的大小成正比,所以,常用跨膜电流除以膜电容来计算电流密度.

2) 内向电流与外向电流

从细胞外进入细胞内的正离子(如 Na^+)电流或从细胞内流向细胞外的负离子(如 Cl^-)电流为内向电流(inward current),在显示器或示波器的显示屏幕上一般采用向下的方向表示. 从细胞内流向细胞外的正离子(如 K^+)电流或从细胞外流向细胞内的负离子(如 Cl^-)电流为外向电流(outward current),在显示器或示波器屏幕上一般采用向上的方向表示.

3) 封接电流(漏电流)

封接电流(seal current, iseal)指微电极与细胞的封接处产生的电流,封接电流常称为"漏电流"(leak current),表示从封接处漏掉的电流. 当封接质量不高,封接电阻 R_{seal} 不大时 I_{seal} 增大,不仅通道电流有丢失,噪声也随之增大. 减小 Iseal 的方法主要是改善微电极尖端的形状以及使细胞膜表面光滑,使两者能达到高阻封接.

5. 电阻

膜电阻(membrane resistance, R_m)是指电流通过细胞膜时所遇到的阻力. 在细胞静息状态下, R_m 主要来自脂质双分子层的电阻,在膜上离子通道开放后, R_m 大大降低,此时 R_m 的大小决定于离子通道的电导与开放的通道数目. 通过给予细胞膜在静息电势附近的超极化或去极化,可以对膜电阻进行测量.

电极电阻(pipette resistance, R_p)是玻璃微电极本身的电阻,为串联电阻的主要成分. 其大小与玻璃电极形状、开口大小以及电极内液有关. 可以利用 R_p 的大小来判断拉制出的玻璃微电极合适与否. 不同类型与大小的细胞以及不同的膜片钳记录模式对玻璃微电极尖端的要求不同,对 R_p 大小的要求也不同. R_p 的测定可直接用膜片钳放大器测量.

串联电阻(series resistance, R_s)是指从微电极到信号地之间电流流过时所遇到的除了膜电阻以外的任何电阻. 当将微电极放入浴液中时, R_s 主要是电极电阻 R_p;全细胞记录模式形成后, R_s 包括电极电阻 R_p、破裂细胞膜的残余膜片电阻、细胞内部电阻. 后两者统称为接入电阻(access resistance, R_a),破裂细胞膜的残余膜片电阻占 R_a 的主要成分. 由于这些电阻在电学上与细胞膜电阻是串联在一起的,故称串联电阻. 全细胞记录时, R_s 引起的问题有以下 3 个方面,对其补偿的目的就是要消除这些问题,使所记录的通道电流更为准确.

(1) 膜电势对命令电压的反应时间延迟. 膜对脉冲刺激反应的时间常数为 $\tau = R_s C_m$. R_s 补偿后, $\tau = R_s(1-C\%)C_m$, $C\%$ 为补偿的百分数. 若 $R_s = 10M\Omega$, $C_m = 5pF$, $C\%$ 分别为 0、50、90 时,则 τ 分别为 $50\mu s$、$25\mu s$、$5\mu s$. 可见 R_s 补偿后,明显加快了膜电势对命令电压的反应时间.

(2) 串联电阻产生电压降,严重影响膜钳制电势的数值. 电极电压降 $V_{drop} =$

$R_s I_m$，I_m 为膜离子通道电流. 在全细胞记录模式，如果 $I_m=5\mathrm{nA}$，$R_s=2\mathrm{M\Omega}$，则 $V_{\mathrm{drop}}=10\mathrm{mV}$，表明膜电势将偏离钳制电势 $10\mathrm{mV}$，这会导致所记录的电流产生严重误差.

(3) 串联电阻与膜电容形成了一个单极 RC 滤波器，限制了摄取电流信号的频带宽. 单极 RC 滤波器对电流幅度无影响，但滤波器的角频率($-3\mathrm{dB}$)$f=1/(2\pi R_s C_m)$ 对信号的带宽有影响. 当 $R_s=10\mathrm{M\Omega}$，$C_m=50\mathrm{pF}$ 时，$f=320\mathrm{Hz}$，即此滤波器将信号的带宽限制为 $320\mathrm{Hz}$ 左右. 串联电阻补偿达 90% 时，则 $R_s=1\mathrm{M\Omega}$，信号带宽由原来的 $320\mathrm{Hz}$ 增加了 10 倍，为 $3.2\mathrm{kHz}$. 补偿(compensation)是膜片钳放大器的一个功能，可将串联电阻、电极电容、膜电容带来的负面影响去除，更好地记录到离子通道电流. 串联电阻的补偿是采用膜片钳放大器的串联电阻补偿功能来完成的.

6. 电容

一般来说，两个被绝缘体(介质)隔开的导体(极板)就构成了电容(器).

1) 膜电容

细胞膜的脂质双分子层是电的不良导体，因而由细胞外液—脂质双分子层—细胞内液就构成了细胞膜电容(membrane capacitance，C_m). C_m 的大小与细胞膜表面积成正比，与脂质双分子层的厚度成反比，脂质双分子层的厚度一般是较为固定的. 因此，对于一个球形细胞，膜电容的计算公式为 $C_m=\pi d^2/100(\mathrm{pF})$. 式中，$d$ 为细胞直径($\mu\mathrm{m}$). 例如，对于一个半径为 $10\mu\mathrm{m}$ 的球形细胞，其膜电容 C_m 约为 $12\mathrm{pF}$. 实际上由于有细胞膜内折的存在，C_m 为此数值的 $1.5\sim3$ 倍不等. 一般情况下，生物膜的电容大体都是 $1\mu\mathrm{F}\cdot\mathrm{cm}^{-2}$(即 $0.01\mathrm{pF}\cdot\mu\mathrm{m}^{-2}$). 细胞膜具有电缆特性，其上的膜电容和膜电阻是并联的，在打破细胞膜形成全细胞记录后，给予细胞膜阈下去极化刺激脉冲时，C_m 出现充放电反应. 膜电容的充放电反应可以作为全细胞记录时打破细胞膜的标志，其大小可通过膜片钳采样软件来测量. 膜电容带来的问题：当给予细胞电压命令时，膜电容的充放电可能会影响离子通道电流的观察. 膜电容充放电可能会使放大器电路饱和. 若不对膜电容进行补偿，则会影响串联电阻的补偿. 膜电容的补偿是采用膜片钳放大器的膜电容补偿功能来完成的.

2) 电极电容

电极电容(pipette capacitance，C_p)包括电极浸液部分电极内液与浴液之间所形成的跨壁电容、电极非浸液部分与邻近地表形成的漂浮电容. 膜片钳实验中，电极电容 C_p 可产生如下几个问题. 电极尖端的电压由于电极电容的充电而变化缓慢，快速激活的离子通道电流因而可受到歪曲. 由于有电极电容的存在，将不能区分电极电容与膜电容，导致在计算膜电容时其被过高估计. 电极电容参与形成多种电极噪声，如分布性 RC 噪声、薄膜噪声等. 串联电阻补偿电路的稳定性会受到电极电容的影响,同时过大的电容电流瞬变值可引起放大器输入饱和.电极电容的充放电电流搀杂在离子通道电流中,显得不美观.膜片钳实验中,可采用膜片钳放大器电容补偿功能对其进行补偿,以求使 C_p 的影响减小到满意的程度.

3) 快电容与慢电容

快电容(fast capacitance,C_{fast})直接与放大器输入相连,几乎是瞬间被充电的($\tau = 0.5 \sim 5\mu s$),电容最大也仅有几个 pF,高阻封接形成后,快电容主要为电极电容.慢电容(slow capacitance,C_{slow})与串联电阻相连,须经电极电阻来充电,充电较慢,电容可达几十个 pF.打破细胞膜形成全细胞记录模式后,慢电容即细胞膜电容.

二、实验原理

膜片钳技术是一种通过微电极与细胞膜之间形成紧密接触的方法,采用电压钳或电流钳技术对生物膜上离子通道的电活动进行记录的微电极技术.电压钳技术是通过向细胞内注射一定的电流,从而将细胞膜电势固定在某一数值上.由于注射电流的大小与与离子流的大小相等方向相反,因此它可以反映离子流的大小和方向.如图 4-10-1 所示为全细胞记录模式的示意图和等效电路图.R_s 为串联电阻,R_{seal} 为封结电阻,R_m 为细胞膜的电阻,C_m 为细胞膜电容.

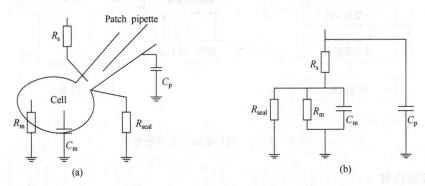

图 4-10-1　全细胞记录示意图(a)和全细胞记录等效电路图(b)

膜片钳放大器的原理图如图 4-10-2 所示.其中场效应管运算放大器 A_1 构成 I-V 转换器,即膜片钳放大器的前置探头.场效应管运算放大器的正负输入端为等电势,从它的正输入端加一个命令电压,根据负反馈放大电路的"虚断"和"虚短"现象可以使加在膜片上的电压恒定,达到电势钳制的目的.当封接电阻 R_{seal} 达 GΩ 时,可以得到 $I_p/I = R_{seal}/(R_s + R_{seal}) - 1$,在命令电压 V_c 的作用下,电极的电流 I_p 经过负反馈电阻 R_f 时产生的压降满足 $V_{o1} - V_c = -I_p R_f$,再经过单位差分放大电路 A_2 得 $V_o = I_p R_f$.由于电极和膜片的高阻封接,使封接电阻的分流达到最小,电流 I_p 可近似的认为就是横跨膜片的电流 I.

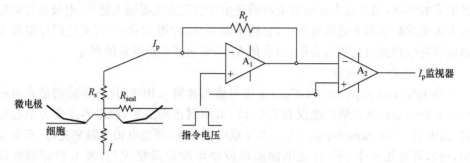

图 4 - 10 - 2　膜片钳技术原理图

三、实验装置

膜片钳实验系统示意图如图 4 - 10 - 3 所示,膜片钳放大器为美国 Axon 公司的 Axopatch200B,放大器的探头型号为 CV-203UB 型,数模/模数转换器为美国 Axon 公司的 Digidata1550,倒置显微镜(OLYMPUS Japan),微操纵器(MP-285 America).

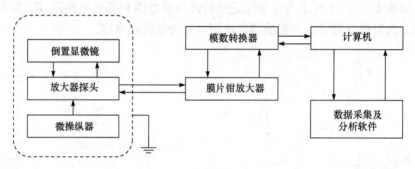

图 4 - 10 - 3　膜片钳实验系统示意图

四、实验内容

1. 动物来源

昆明小鼠,7~8 天,雌雄不限.

2. 溶液的配制

试剂:Pronase E 为 Merck 公司产品,河豚毒素(tetrodotoxin,TTX)、氯化镉(CdCl$_2$)、4-氨基吡啶(4-AP)、氯化四乙铵(TEA-Cl)、N-2-羟乙基哌嗪-N-2-乙磺酸(HEPES)、已二醇-双(2-氨基乙基)四乙酸(EGTA)、氯化铯(CsCl)、氟化铯(CsF)、Na$_2$ATP 均为 Sigma 公司产品,其余试剂为国产分析纯. 溶液的配制主要考虑渗透压、酸碱度和洁净度. 所配的溶液要满足渗透压和酸碱度平衡, 溶液要经过 $0.22\mu m$ 的滤膜过滤.

(1) 孵育液(ACSF)(单位: $mmol \cdot L^{-1}$): NaCl(126), NaHCO$_3$(25), KCl(5), HEPES(10), Glucose(10), MgSO$_4$(2), NaH$_2$PO$_4$(1.5), CaCl$_2$(2), 用 KOH 调节使溶液 pH 为 7.3.

(2) 钠通道电流记录液.

Na$^+$ 的标准细胞外液(单位: $mmol \cdot L^{-1}$): NaCl(140), KCl(5.4), HEPES(10), Glucose(10), MgCl$_2 \cdot$ 6H$_2$O(1), CaCl$_2$(2), 用 NaOH 调节使溶液 pH 在 7.2~7.4. Na$^+$ 的标准细胞内液(单位: $mmol \cdot L^{-1}$): CsCl(125), NaF(10), HEPES(10), EGTA(10), Na$_2$ATP $\cdot$ 3H$_2$O(3), MgCl$_2 \cdot$ 6H$_2$O(2), TEA-CL(20), CsOH 调节 pH 7.2.

3. 微电极的拉制

考虑到噪声指标和拉制的难易程度, 实验中采用硬质无芯的玻璃毛坯, 内外径分别是 1.1mm 和 1.5mm, 长度 75mm. 使用前先用甲醇浸泡一天, 然后用去离子水反复冲洗, 冲洗干净后放到干燥箱中干燥, 最后放到玻璃器皿中保存, 以备使用. 电极的尖端形状和入水电阻对实验非常重要, 经过反复的调试, 本实验采用两步拉制法, 第一步拉制参数主要是影响电极的对称性, 第二步拉制参数主要是影响电极尖端的口径. 拉制好的电极尖端口径是 1~2μm, 电极入水电阻是 2~6MΩ.

4. 急性分离小鼠的海马神经元细胞

1) 制备脑片

取出昆明小鼠后, 迅速断头取脑, 取出脑组织并快速移入冰冷(0~4℃)的孵育液中. 之后在冰盘上操作, 沿矢状缝剥开左右大脑半球, 快速剥离出双侧海马, 沿海马长轴手工切成 400~500μm 厚的脑片, 置于孵育液中, 整个过程不超过 3min.

2) 孵育脑片

将脑片放入恒温箱中孵育 50min, 孵育过程中连续通入 95%O$_2$+5%CO$_2$ 的混合气, 注意气泡大小, 避免脑片翻滚, 以防止神经元损伤. 在孵育结束前 10min 称 0.0020g 酶, 并加入 5mL 孵育液, 轻微振荡使它们混合均匀.

3) 酶解和洗酶

将孵育后的脑片移入酶液中, 在恒温箱中酶解 18min, 期间通入 95%O$_2$+5%CO$_2$ 的混合气, 防止气泡吹到脑片. 酶解完毕后, 用孵育液冲洗脑片 3~4 次, 将脑片表面的酶液洗净, 清洗过程中注意不要损伤脑片.

4) 吹打和贴壁

将洗净的脑片移入盛有孵育液($2\sim3$mL)的离心管中,依次用经过抛光的口径递减的 3 个吸管轻轻吹打脑片,直至组织块分离开来,制成单细胞悬浮液,静置 4min 后吸取上清液,滴入放有盖玻片的培养皿内,放置 20min 后细胞贴壁.

5) 脑片保存

暂时不用的脑片放入孵育液中,并通入 $95\%O_2+5\%CO_2$ 的混合气,同样要防止气泡吹到脑片.脑片可以存活 $4\sim6$h.

5. 全细胞钠电流的记录

1) 换液和挑选细胞

将帖壁后培养皿中的孵育液吸出,用标准钠细胞外液冲洗一次,再加入约 2mL 的标准细胞外液(加阻断剂将 K^+ 和 Ca^{2+} 通道阻断:TEA-CL(阻慢 K^+),4-AP(阻快 K^+),$CdCl_2$(阻 Ca^{2+}).其各种阻断剂的母液的浓度分别为 TEA-CL($1mol \cdot L$),4-AP($300mmol \cdot L^{-1}$),$CdCl_2$($20mmol \cdot L^{-1}$).最终外液中各种阻断剂的浓度要求分别为 TEA-CL($30mmol \cdot L$),4-AP($4mmol \cdot L^{-1}$),$CdCl_2$($0.1mmol \cdot L^{-1}$),将培养皿置于倒置显微镜的载物台上,寻找目标细胞,并将其移至视野中央.

2) 安装玻璃微电极

将充灌好钠标准内液的微电极装入膜片钳放大器的探头上,用微操纵器将电极移至液面上方,调节微操使玻璃微电极进入视场.

3) 全细胞记录模式的操作过程

(1) 打开膜片钳放大器 200B、Digidata 1550,进入 clampex 操作界面,选择好文件保存路径;在 protocol 中编辑记录钠电流所需的刺激模式和波型并保存,打开 Membrane Test 界面.

(2) 给电极内施加一个轻微的正压(10cm 水柱,过大会吹跑细胞),轻轻地将玻璃微电极插入浴液.给予正压的目的是防止电极尖端被浴液中的污染物污染,这些污染物通常漂浮在浴液表面,所以正压一定要在电极入浴液前给予.通过软件 clampex 给细胞一个去极化(或超极化)方波刺激,作为测试脉冲,监视整个封接、破膜过程中电流的变化.在电极入浴液前,电路中的电阻无穷大,通过电极的电流为 0,脉冲起始与结尾处的短刺是探头内的漂浮电容引起的充放电反应.在此过程中可能出现的情况:无电流方波出现原因是参比电极没接;电流方波过大是电极尖端断了;电流方波与电极未入液前一样是因为电极内液未接触到银丝或者电极尖端内有气泡;出现电流方波但随即又消失是因为电极内有污染物并被正压吹至电极尖端.

(3) 通过微操纵器将电极接近目标细胞,当接触到细胞时,因电极尖端阻力增加,电流方波幅度将会降低.撤除正压,方波幅度会进一步降低,在电极尖端施加小的负压,玻璃电极尖端与膜之间就可形成紧密接触,封接电阻达 1GΩ 以上,使离子不能从玻璃电极尖端与膜之间通过,只能从膜上的离子通道进出,高阻封结形成.此时进行电极电容补偿.在此过程中可能出现的情况.电流方波幅度增加:是因为电极尖端吸进了细胞物质,高阻封接不再有机会了,此时要更换电极,重新开始.出现膜电容充放电反应:电极尖端下的膜片破裂,需要更换电极重新来.

(4) 打破细胞膜:进一步在电极尖端施加负压打破细胞膜片,此时出现大的膜电容的充放电反应(瞬时电流)以及小的膜的稳态被动反应电流.此时进行膜电容与串联电阻补偿.负压施加方式与大小.对于开口大的电极(低于 2MΩ),因其覆盖的膜片大,只需要很小的负压破膜;对于开口小的电极,需要给予大的负压脉冲或持续增加负压(破膜后即刻停止负压);对于更小开口的电极(如大于 7MΩ),一般只能采用电击的方法破膜.一般的膜片钳放大器都具有破膜用的 ZAP 功能.

4) 钠通道电流的采集与分析

全细胞记录模式形成后,用实验前编辑好的刺激波形通过软件施加给细胞,从而来获得不同刺激方式下的钠电流.用软件对获得的正常组和微波辐射组的实验数据进行对比分析,主要分析钠电流的 I-V 曲线、激活曲线、失活曲线,从特性参数的变化得出实验结论.

参 考 文 献

陈军 . 2001. 膜片钳技术实验技术 . 北京:科学出版社

康华光,等 . 2003. 膜片钳技术及其应用 . 北京:科学出版社

刘振伟 . 2006. 实用膜片钳技术 . 北京:军事医学科学出版社

李泱,程芮 . 2007. 离子通道学 . 武汉:湖北科学技术出版社

附 录

Ⅰ. 中华人民共和国法定计量单位

表 1　国际单位制的基本单位

量的名称	单位名称	单位符号
长　度	米	m
质　量	千克（公斤）	kg
时　间	秒	s
电　流	安［培］	A
热力学温度	开［尔文］	K
物质的量	摩［尔］	mol
发光强度	坎［德拉］	cd

表 2　国际单位制的辅助单位

量的名称	单位名称	单位符号
［平面］角	弧度	rad
立体角	球面度	sr

表 3　国际单位制中具有专门名称的导出单位

量的名称	单位名称	单位符号	其他表示式例
频率	赫［兹］	Hz	s^{-1}
力、重力	牛［顿］	N	$kg \cdot m \cdot s^{-2}$
压力、压强、应力	帕［斯卡］	Pa	$N \cdot m^{-2}$
能［量］、功、热	焦［耳］	J	$N \cdot m$
功率、辐［射］能量	瓦［特］	W	$J \cdot s^{-1}$
电荷［量］	库［仑］	C	$A \cdot s$
电位、电压、电动势（电势）	伏［特］	V	$W \cdot A^{-1}$
电容	法［拉］	F	$C \cdot V^{-1}$
电阻	欧［姆］	Ω	$V \cdot A^{-1}$
电导	西［门子］	S	$A \cdot V^{-1}$
磁通［量］	韦［伯］	Wb	$V \cdot s$
磁通［量］密度、磁感应强度	特［斯拉］	T	$Wb \cdot m^{-2}$
电感	亨［利］	H	$Wb \cdot A$
摄氏温度	摄氏度	℃	

续表

量的名称	单位名称	单位符号	其他表示式例
光通量	流[明]	lm	cd・sr
[光]照度	勒[克斯]	lx	lm・m^{-2}
[放射性]活度	贝可[勒尔]	Bq	s^{-1}
吸收剂量	戈[瑞]	Gy	J・kg^{-1}
剂量当量	希[沃特]	Sv	J・kg^{-1}

表 4　国家选定的非国际单位制单位

量的名称	单位名称	单位符号	换算关系和说明
时间	分	min	1min＝60s
	[小]时	h	1h＝60min＝3600s
	天[日]	d	1d＝24h＝86400s
平面角	[角]秒	(″)	$1''=(\pi/64800)$rad（π 为圆周率）
	[角]分	(′)	$1'=60''=(\pi/10800)$rad
	度	(°)	$1°=(\pi/180)$rad
旋转速度	转每分	r・min^{-1}	1r・min^{-1}＝(1/60)s^{-1}
长度	海里	nmile	1nmile＝1852m(只用于航程)
速度	节	kn	1kn＝1nmile・h^{-1}＝(1852/3600)m・s^{-1}（只用于航程）
质量	吨	t	1t＝10^{3}kg
	原子质量单位	u	1u≈1.6605655×10^{-27}kg
体积	升	L,(l)	1L＝1dm^3＝10^{-3}m^3
能	电子伏[特]	eV	1eV≈1.6021892×10^{-19}J
级差	分贝	dB	
线密度	特[克斯]	tex	1tex＝1g・km^{-1}

表 5　用于构成十进倍数和分数单位的词头

所表示的因数	词头名称	词头符号	所表示的因数	词头名称	词头符号
10^{18}	艾[可萨]	E	10^{-1}	分	d
10^{15}	拍[它]	P	10^{-2}	厘	c
10^{12}	太[拉]	T	10^{-3}	毫	m
10^{9}	吉[咖]	G	10^{-6}	微	μ
10^{6}	兆	M	10^{-9}	纳[诺]	n
10^{3}	千	k	10^{-12}	皮[可]	p
10^{2}	百	h	10^{-15}	飞[母托]	f
10^{1}	十	da	10^{-18}	阿[托]	a

Ⅱ. 物理学常量表

物理学常量表	符号,公式	数值	不确定度(ppm)
光速	c	$299792458 \text{m} \cdot \text{s}^{-1}$	(精确)
普朗克常量	h	$6.6260755(40) \times 10^{-34} \text{J} \cdot \text{s}$	0.60
约化普朗克常量	$\hbar \equiv h/2\pi$	$1.05457266 \times 10^{-34} \text{J} \cdot \text{s}$ $= 6.5821220 \times 10^{-22} \text{MeV} \cdot \text{s}$	0.60,0.30
电子电荷	e	$1.60217733 \times 10^{-19} \text{C}$ $= 4.8032068 \times 10^{-10} \text{esu}$	0.30,0.03
电子质量	m_e	$0.51099906 \text{ MeV}/c^2$ $= 9.1093897 \times 10^{-31} \text{kg}$	0.30,0.59
质子质量	m_p	$938.27231 \text{ MeV}/c^2$ $= 1.6726231 \times 10^{-27} \text{kg}$	0.30,0.59
氘质量	m_d	$1875.61339(57) \text{ MeV}/c^2$	0.30
精细结构常量	$\alpha = e^2/4\pi\varepsilon_0 hc$	$1/137.0359895$	0.045
经典电子半径	$r_e = e^2/4\pi\varepsilon_0 m_e c^2$	$2.81794092(38) \times 10^{-15} \text{m}$	0.13
电子康普顿波长	$\lambda_e = \hbar/m_e c$	$3.86159323(35) \times 10^{-13} \text{m}$	0.089
玻尔半径(无穷大质量)	$a_\infty = 4\pi\varepsilon_0 \hbar^2/m_e c^2$	$0.529177249(24) \times 10^{-10} \text{m}$	0.045
里德伯常量	$hcR_\infty = m_e c^2 a^2/z$	$13.6056981(40) \text{eV}$	0.30
汤姆孙截面	$\sigma_r = 8\pi r_e^2/3$	$0.66524616(18) \text{barn}$	0.27
玻尔磁子	$\mu_B = e\hbar/2m_e$	$5.78838263(52) \times 10^{-11} \text{MeV} \cdot \text{T}^{-1}$	0.089
核磁子	$\mu = e\hbar/2m_p$	$3.15245166(28) \times 10^{-14} \text{MeV} \cdot \text{T}^{-1}$	0.089
引力常量	G_N	$6.67259(85) \times 10^{-11} \text{m}^3 \cdot \text{kg}^{-1} \cdot \text{s}^{-2}$	128
纬度45°海平面的重力加速度	g	$9.80665 \text{m} \cdot \text{s}^{-2}$	(精确)
阿伏加德罗数	N_A	$6.0221367(36) \times 10^{23} \text{mol}^{-1}$	0.59
玻尔兹曼常量	k	$1.380658(12) \times 10^{-23} \text{J} \cdot \text{K}^{-1}$	8.5
标准状况下理想气体的摩尔数	$N_A k$	$22.41410(19) \times 10^{-3} \text{m}^3 \cdot \text{mol}^{-1}$	8.4
斯特藩-玻尔兹曼常量	$\sigma = \pi^2 k^4/60 h^3 c^2$	$5.67051(19) \times 10^{-8} \text{W} \cdot \text{m}^{-2} \cdot \text{K}^{-4}$	34

Ⅲ. 里德伯常量表

a	1	12	2	23	3	34	4	45	5
0.00	109737.31	82302.98	27434.33	15241.30	12193.03	5334.45	6858.58	2469.09	4389.49
0.02	105476.08	78582.32	26893.76	14861.69	12032.07	5241.56	6790.51	2435.92	4354.59
0.04	101458.31	75089.29	26369.02	14494.74	11874.28	5150.48	6723.44	2403.35	4320.09
0.06	97665.82	71806.34	25859.48	14139.92	11719.56	5062.20	6657.36	2371.35	4286.01
0.08	94082.06	68717.48	25364.58	13796.72	11567.86	4975.61	6592.25	2339.92	4252.33
0.10	90691.99	65808.25	24883.74	13464.67	11419.07	4890.97	6528.10	2309.06	4219.04
0.12	87481.91	63065.46	24416.45	13143.30	11273.15	4808.28	6464.87	2278.72	4186.15
0.14	84439.30	60477.10	23962.20	12832.20	11130.00	4727.44	6402.56	2248.93	4153.63
0.16	81552.70	58032.19	23520.51	12530.95	10989.56	4648.42	6341.14	2219.64	4121.50
0.18	78811.63	55720.71	23090.92	12239.16	10851.76	4571.15	6280.61	2190.88	4089.73
0.20	76206.47	53533.47	22673.00	11956.47	10716.53	4495.59	6220.94	2162.61	4058.33
0.22	73728.37	51462.05	22266.32	11682.50	10583.28	4421.74	6162.11	2134.82	4027.29
0.24	71369.22	49498.74	21870.48	11416.92	10453.56	4349.45	6104.11	2107.50	3996.61
0.26	69121.51	47636.41	21485.10	11159.41	10325.69	4278.76	6046.93	2080.66	3966.27
0.28	66978.34	45868.52	21109.82	10909.67	10200.15	4209.60	5990.55	2054.27	3936.28
0.30	64933.32	44189.03	20744.29	10667.40	10076.89	4141.94	5934.59	2028.32	3906.63
0.32	62980.55	42592.38	20388.17	10432.32	9955.85	4075.72	5880.13	200.82	3877.31
0.34	61114.56	41073.41	20041.15	10204.18	9836.97	4010.91	5826.06	1977.73	3848.33
0.36	59330.29	39627.38	19702.91	9982.70	9720.21	3947.48	5772.73	1953.07	3819.66
0.38	57623.04	38249.88	19373.16	9767.64	9605.52	3885.39	5720.13	1928.82	3791.31
0.40	55988.42	36936.80	19051.62	9558.77	9492.58	3824.60	5668.25	1904.97	3763.28
0.42	54422.39	3568.48	18738.01	9355.87	9382.14	3765.07	5617.07	1881.51	3735.56
0.44	52921.16	34489.07	18432.09	9158.72	9273.37	3706.79	5566.58	1858.44	3708.14
0.46	51481.19	33347.59	18133.60	8967.13	9166.47	3649.70	5516.77	1835.74	3681.03
0.48	50099.21	32256.91	17842.30	8780.89	9061.41	3593.79	5467.62	1813.41	3654.21
0.50	48772.14	31214.17	17557.97	8599.82	8958.15	3539.02	5419.13	1791.45	3627.68
0.52	47492.10	30216.72	17280.38	8423.74	8856.64	3485.36	5371.28	1769.84	3601.44

a	1	12	2	23	3	34	4	45	5
0.54	46271.42	29262.10	17009.32	8252.47	8756.85	3432.97	5324.06	1748.58	3575.48
0.56	45092.58	28348.00	16744.58	8085.85	8658.73	3381.27	5277.46	1727.65	3549.81
0.58	43958.22	27472.24	16485.98	7923.72	8562.26	3330.79	5231.47	1707.06	3524.41
0.60	42866.14	26632.81	16233.33	7765.94	8467.39	3281.32	5186.07	1686.79	3499.28
0.62	41814.25	25827.81	15986.44	7612.36	8374.08	3232.81	5141.27	1666.86	3474.41
0.64	40800.61	25055.47	15745.14	7462.83	8282.31	3185.27	5097.04	1647.22	3449.82
0.66	39823.38	24314.12	15509.26	7317.21	8192.04	3138.65	5053.39	1627.91	3425.48
0.68	38880.85	23602.21	15278.64	7175.40	8103.24	3092.95	5010.29	1608.89	3401.40
0.70	37971.39	22918.26	15053.13	7037.26	8015.87	3048.13	4967.74	1590.17	3377.57
0.72	37093.47	22260.90	14832.57	6902.66	7929.91	3004.18	4925.73	1571.74	3353.99
0.74	36245.64	21628.81	14616.83	6771.50	7845.33	2961.08	4884.25	1553.59	3330.66
0.76	35426.56	20020.80	14405.76	6643.67	7762.09	2918.80	4843.29	1535.72	3307.57
0.78	34634.93	20435.70	14199.23	6519.06	7680.17	2877.33	4802.84	1518.12	3284.72
0.80	33869.54	19872.43	13997.11	6397.57	7599.54	2836.64	4762.90	1500.79	3262.11
0.82	33129.24	19329.79	13799.27	6279.10	7520.17	2796.71	4723.46	1483.73	3239.73
0.84	32412.96	18807.36	13605.60	6163.56	7442.04	2757.54	4684.50	1466.93	3217.57
0.86	31719.65	18303.67	13415.98	6050.86	7365.12	2719.09	4646.03	1450.38	3195.65
0.88	31048.36	17818.07	13230.29	5940.91	7289.38	2681.36	4608.02	1434.07	3173.59
0.90	30398.15	17349.72	13048.43	5833.62	7214.81	2644.33	4570.48	1418.01	3152.47
0.92	29768.15	16897.85	12870.30	5728.92	7141.38	2607.98	4533.40	1402.20	3131.20
0.94	29157.54	16461.75	12695.79	5626.73	7069.06	2572.29	4496.77	1386.62	3110.15
0.96	28565.52	16040.72	12524.80	5526.96	6997.84	2537.26	4460.58	1371.27	3089.31
0.98	27991.36	15634.11	12357.25	5429.56	6927.69	2502.87	4424.82	1356.14	3068.68

a	56	6	67	7	78	8	89	9	910	10
0.00	1341.23	3048.26	808.72	2239.45	524.89	1714.65	359.87	1354.78	257.41	1097.37
0.02	1326.55	3028.04	801.25	2226.79	520.69	1706.10	357.32	1348.78	255.78	1093.00
0.04	1312.07	3008.02	793.86	2214.16	516.53	1697.63	354.81	1342.82	245.17	1088.65
0.06	1297.81	2988.20	786.57	2201.63	512.42	1689.21	352.31	1336.90	252.58	1084.32
0.08	1283.76	2968.57	779.36	2189.21	508.35	1680.86	349.85	1331.01	250.99	1080.02
0.10	1299.91	2949.13	772.23	2176.90	504.33	1672.57	347.40	1325.17	249.42	1075.75
0.12	1256.26	2929.89	765.21	2164.68	500.34	1664.34	344.98	1319.36	247.86	1071.50
0.14	1242.80	2910.83	758.26	2152.57	496.40	1656.17	342.57	1313.60	246.32	1067.28
0.16	1229.54	2891.96	751.40	2140.56	492.50	1648.06	340.19	1307.87	244.79	1063.08
0.18	1216.45	2873.28	744.62	2128.66	488.65	1640.01	337.84	1302.17	243.26	1058.91
0.20	1203.56	2854.77	737.92	2116.58	484.83	1632.02	335.50	1296.52	241.76	1054.76
0.22	1190.85	2836.44	731.31	2105.13	481.04	1624.09	333.19	1290.90	240.26	1050.64
0.24	1178.32	2818.29	724.77	2093.52	477.30	1616.22	330.90	1258.32	238.78	1046.54
0.26	1165.96	2800.31	718.31	2082.00	473.60	1608.40	328.63	1279.77	237.31	1042.46
0.28	1153.78	2782.50	711.92	2070.58	469.94	1600.64	326.38	1274.26	325.85	1038.41
0.30	1141.77	2764.86	705.61	2059.25	466.31	1592.94	324.15	1268.79	234.41	1034.38
0.32	1129.92	2747.39	699.38	2048.01	462.72	1585.29	321.94	1263.35	232.98	1030.37
0.34	1118.25	2730.08	693.22	2036.86	459.17	1577.69	319.75	1257.94	231.55	1026.39
0.36	1106.72	2712.94	687.13	2025.81	455.66	1570.15	317.58	1252.57	230.14	1022.43
0.38	1095.35	2695.96	681.12	2014.86	452.17	1562.67	315.43	1247.24	228.74	1018.05
0.40	1084.15	2679.13	675.16	2003.97	448.74	1555.23	131.30	1241.93	227.35	1014.58
0.42	1073.09	2662.47	669.29	1993.18	445.33	1547.85	311.18	1236.67	225.98	1010.69
0.44	1062.18	2645.96	663.48	1982.48	441.95	1540.53	309.10	1231.43	224.61	1006.82
0.46	1051.43	2629.60	657.74	1971.86	438.61	1533.25	307.02	1226.23	223.25	1002.98
0.48	1040.82	2613.39	652.06	1961.33	435.30	1526.03	304.97	1221.06	221.91	999.15
0.50	1030.35	2597.33	646.44	1950.89	432.03	1518.86	302.93	1215.93	220.58	995.35

续表

a	56	6	67	7	78	8	89	9	910	10
0.52	1020.02	2581.42	640.90	1940.52	428.79	1511.73	300.91	1210.82	219.25	991.57
0.54	1009.82	2565.66	635.42	1930.24	425.58	1504.66	298.91	1205.75	217.94	987.81
0.56	999.77	2550.04	630.00	1920.04	422.40	1497.64	296.93	1200.71	216.64	984.07
0.58	989.85	2534.56	624.64	1909.92	419.26	1490.66	294.96	1195.70	215.35	980.35
0.60	980.06	2519.22	619.34	1899.88	416.14	1483.74	293.01	1190.73	214.07	976.66
0.62	970.39	2504.02	614.10	1889.92	413.06	1476.86	291.08	1185.78	212.80	972.98
0.64	960.86	2488.96	608.92	1880.04	410.01	1470.03	289.17	1180.86	211.53	969.33
0.66	951.44	2474.04	603.80	1870.24	406.99	1463.25	287.27	1175.98	210.29	965.69
0.68	942.16	2459.24	598.73	1860.51	404.00	1456.51	285.38	1171.13	209.05	962.08
0.70	932.99	2444.58	593.72	1850.86	401.03	1449.83	283.53	1166.30	207.81	958.49
0.72	923.94	2430.05	588.77	1841.28	398.10	1443.18	281.67	1161.51	206.59	954.92
0.74	915.01	2415.65	583.87	1831.78	395.19	1436.59	279.85	1156.74	205.38	951.36
0.76	906.19	2401.38	579.03	1822.35	392.32	1430.03	278.02	1152.01	204.18	947.83
0.78	897.49	2387.23	574.24	1812.99	389.46	1432.53	279.23	1147.30	202.99	944.31
0.80	888.90	2371.21	569.51	1803.70	386.64	1417.06	274.44	1142.62	201.08	940.82
0.82	880.42	2359.31	564.82	1794.49	383.85	1410.64	272.67	1137.97	200.62	937.35
0.84	872.03	2345.54	560.19	1785.35	381.08	1404.27	270.92	1133.35	199.46	933.89
0.86	863.77	2331.88	555.61	1776.27	378.34	1397.93	269.17	1128.76	198.31	930.45
0.88	855.61	2318.34	551.07	1767.27	375.63	1391.64	267.45	1124.19	197.15	927.04
0.90	847.55	2304.92	546.59	1758.33	372.93	1385.40	265.75	1119.65	196.01	923.64
0.92	839.58	2291.62	542.16	1749.46	370.27	1379.19	264.05	1115.14	194.88	920.26
0.94	831.72	2278.43	537.77	1740.66	367.63	1373.03	262.73	1110.66	193.76	916.90
0.96	823.96	2265.35	533.43	1731.92	365.02	1366.90	260.69	1106.21	192.66	913.55
0.98	816.29	2252.39	529.14	1723.25	362.43	1360.82	259.04	1101.78	191.55	910.23